程序员宝典系列

Java
应用与实战

刘磊　陈天竺　王科飞　等编著

电子工业出版社·

Publishing House of Electronics Industry

北京·BEIJING

内 容 简 介

本书基于 Java 的长期支持版本（Java 11）系统地讲解 Java 的核心语法，内容全面，深入浅出，贯穿了大量实例。本书详细讲解了 Java 及面向对象编程基础、图形用户界面的编程方法、基础类和工具类的使用方法、泛型与集合框架、Java I/O 技术、JDBC 编程技术、多线程机制、网络编程技术等实用内容。本书强调理论与应用相结合，自第 2 章开始，每章的最后一节均为编程实训，应用该章涉及的内容完成相应的实训案例，其中，第 2~3 章逐步完成气泡案例，第 4~13 章逐步完成飞机大战案例。

本书适合计算机相关专业的本科生、专科生及计算机初学者阅读，既可以作为应用型本科院校和高等职业院校 Java 基础课程的教材，又可以作为相关领域从业者的学习和参考用书。

图书在版编目（CIP）数据

Java 应用与实战 / 刘磊等编著. —北京：电子工业出版社，2023.5
（程序员宝典系列）

ISBN 978-7-121-45297-0

Ⅰ. ①J… Ⅱ. ①刘… Ⅲ. ①JAVA 语言 – 程序设计 Ⅳ. ①TP312.8

中国国家版本馆 CIP 数据核字（2023）第 052432 号

责任编辑：林瑞和　　　　　　特约编辑：田学清
印　　刷：三河市君旺印务有限公司
装　　订：三河市君旺印务有限公司
出版发行：电子工业出版社
　　　　　北京市海淀区万寿路 173 信箱　　　邮编：100036
开　　本：787×980　　1/16　　印张：31.75　　字数：709 千字
版　　次：2023 年 5 月第 1 版
印　　次：2023 年 5 月第 1 次印刷
定　　价：79.80 元

凡所购买电子工业出版社图书有缺损问题，请向购买书店调换。若书店售缺，请与本社发行部联系，联系及邮购电话：（010）88254888，88258888。

质量投诉请发邮件至 zlts@phei.com.cn，盗版侵权举报请发邮件至 dbqq@phei.com.cn。

本书咨询联系方式：010-51260888-819，faq@phei.com.cn。

编委会

前　言

　　Java 是应用最广泛的面向对象的程序设计语言之一，最初由 James Gosling 开发，并于 1995 年 5 月作为 Sun 公司 Java 平台的核心组件发布。受 C++的启发，Java 不仅吸收了 C++的各种优点，还摒弃了 C++中难以理解的多重继承、指针等概念。因此，Java 具有功能强大和易学易用的特点。与 C++不同的是，Java 是完全面向对象的语言，支持抽象、封装、继承和多态等面向对象的全部概念，开发者能够以更优雅的方式开发出系统稳定性好、可重用性和可维护性佳的应用程序。Java 具有平台独立性等特点，通过编译器将 Java 源代码文件编译成字节码文件，该字节码文件可以在任意平台上运行，如 Windows、Linux 和 macOS 等。平台独立性使 Java 能够实现"一次编译，随处运行"（Write Once，Run Anywhere），提高了 Java 程序的可移植性。

　　目前，Java 开发生态已经非常成熟，拥有庞大的用户群体和开源社区，在互联网、大数据、云计算和物联网等诸多领域都有大量应用。全球使用 Java 的开发者已经有数千万人。JetBrains 公司公布的 2021 年的统计数据显示，在中国大约有 47%的开发者使用 Java。

　　目前，市面上关于 Java 的书籍非常多，但是真正适合初学者学习的并不多。为此，达内时代科技集团将以往与 Java 相关的项目经验、产品应用和技术知识整理成册，并真正联合高等院校的一线授课老师编写适合初学者学习的知识内容与项目案例，达到通过本书来总结和分享 Java 领域实践成果的目的。本书从初学者的角度出发，循序渐进地讲解使用 Java 开发应用项目时应该掌握的各项技术。

本书内容

　　本书围绕 Java 展开介绍，在内容编排上由浅入深。
- 第 1 章：Java 语言概述。首先介绍了 Java 的发展历程和特点，然后介绍了 Java 技术三大平台和 Java 虚拟机，最后从零开始构建 Java 开发环境。
- 第 2 章：Java 语言基础。本章介绍了 Java 的标识符、关键字、保留字、变量、基本数据类型、运算符、表达式、流程控制语句及数组等内容。

- 第 3 章：面向对象编程基础。本章介绍了面向对象编程的思想、类、对象、方法的重载、实例成员与类成员、方法的参数传递机制、包，以及封装和访问控制等内容。
- 第 4 章：Java GUI 编程技术。本章介绍了 AWT 和 Swing、Swing 常用的容器类组件、Swing 常用的基本组件、布局管理器，以及事件处理等内容。
- 第 5 章：继承与多态。本章介绍了类的继承、成员变量的隐藏和方法重写、关键字 super、关键字 final、多态、对象的向上类型转换、虚拟方法调用，以及抽象方法和抽象类等内容。
- 第 6 章：异常机制。本章介绍了 Java 的异常机制、异常的分类、异常的处理、自定义异常和断言等内容。
- 第 7 章：接口与实现。本章介绍了接口、实现接口、接口回调、接口与多态、类与接口、函数接口与 Lambda 表达式，以及面向接口编程等内容。
- 第 8 章：基础类和工具类。本章介绍了基础类和工具类等内容。基础类包括 Object 类、包装类和 String 类，工具类包括数学类、Random 类、SecureRandom 类和日期时间类。
- 第 9 章：泛型与集合框架。本章介绍了泛型、List 集合、Set 集合、Map 集合、遍历集合的方法、集合转换、集合工具类，以及开发中如何选择集合实现类等内容。
- 第 10 章：Java I/O 技术。本章介绍了文件操作类、输入/输出流、字节流、字符流、RandomAccessFile 类、PrintStream 类和 PrintWriter 类、数组流、文件锁等内容。
- 第 11 章：JDBC 编程技术。本章介绍了数据库和数据库管理工具、JDBC 编程规范，以及预处理机制等内容。
- 第 12 章：Java 多线程机制。本章介绍了线程的定义、线程的创建、线程的状态控制、线程的同步和互斥，以及并发工具包等内容。
- 第 13 章：Java 网络编程技术。本章介绍了计算机网络的基础知识、Java 网络编程的地址类、TCP Socket 编程，以及 UDP Socket 编程等内容。

本书中的理论知识与实践的重点和难点部分均采用微视频的方式进行讲解，读者可以通过扫描每章中的二维码观看视频、查看习题的答案。

另外，想要获取更多的视频等数字化教学资源及最新动态，读者可以关注微信公众号，或者添加小书童获取资料与答疑等。

达内教育研究院教材资源

高慧强学公众号

达内教育研究院 小书童

致谢

　　本书由达内时代科技集团与吉林工商学院的各位专家教授联合编著，全书由冯华、刁景涛负责策划、组织及统稿。他们对相关章节材料的组织与选编做了大量细致的工作，在此对各位编者的辛勤付出表示由衷的感谢！

　　感谢电子工业出版社的老师们对本书的重视，他们一丝不苟的工作态度保证了本书的质量。

　　为读者呈现准确、翔实的内容是编者的初衷，但由于编者水平有限，书中难免存在不足之处，敬请广大读者批评指正。

编　者

2022 年 12 月

读者服务

微信扫码：45297

- 获取本书配套习题、赠送的精品视频课程，以及更多学习资源
- 获得本书配套教学 PPT（仅限专业院校老师）
- 加入本书交流群，与作者互动
- 获取【百场业界大咖直播合集】（持续更新），仅需 1 元

目　录

第 1 章

Java 语言概述

本章目标

- 了解 Java 的发展历程。
- 了解 Java 的特点。
- 掌握 Java 开发环境的构建。
- 掌握 IntelliJ IDEA 开发工具的基本使用方法。
- 理解 Java 虚拟机。

1.1 Java 的发展历程

1990 年年底，Sun 公司成立了名为 Green 的项目组，专攻计算机在家电产品上的嵌入式应用，Games Gosling（被称为 Java 之父）为该项目组的负责人。Green 项目组最初考虑采用 C++编写应用程序，但是 C++过于复杂和庞大，并且安全性差，缺少垃圾回收机制。因此，Green 项目组设计并开发了一种以 C++为基础的新的面向对象编程语言——Oak（橡树）。这个名字来源于 Green 项目组办公室窗外的一棵橡树。但是，Oak 已经被另一家公司注册为商标，因此，Green 项目组不得不考虑一个新的名字。有一天，Green 项目组的几位成员正在咖啡馆喝 Java（印度尼西亚爪哇岛的英文名称，此地因盛产咖啡而闻名）咖啡，其中一位成员灵机一动说就叫 Java 怎么样？其他成员欣然同意，于是将 Oak 更名为 Java，一杯热气腾腾的咖啡图案成了 Java 的商标。

Sun 公司将 Java 定位为互联网应用开发。为了推动 Java 的发展，Sun 公司决定对 Java 采用免费提供的方法，因此 Java 是开源免费的语言。

Java 的发展历程如下。

1995 年 5 月 23 日，Sun 公司在 Sun World 会议上发布了 Java，标志着 Java 的正式诞生。

1996 年 1 月，Sun 公司推出了 Java Development Kit 1.0（JDK 1.0）。JDK 主要包括 Java 程序的运行环境和开发工具。

1997 年 2 月，Sun 公司发布了 JDK 1.1。截至 1998 年 2 月，JDK 1.1 的下载次数超过 200 万次。

1998 年 12 月，Sun 公司发布了 JDK 1.2。JDK 1.2 的性能大幅度提升，成为里程碑式的产品。

1999 年 6 月，Sun 公司发布了 Java 的三大版本，分别为标准版（J2SE）、企业版（J2EE）和微型版（J2ME）。

2002 年 2 月，Sun 公司发布了 J2SE 1.4，Java 的计算能力有了大幅度的提升。

2004 年 9 月，Sun 公司又发布了 J2SE 1.5，引入了泛型、Annotation 等大量新特性。J2SE 1.5 成为 Java 发展史上的又一里程碑式的产品。为了表示该版本的重要性，Sun 公司将 J2SE 1.5 更名为 Java SE 5.0。

2005 年 6 月，Sun 公司发布了 Java SE 6.0，此时 Java 的各种版本已经更名，取消了其中的数字 2，J2EE 更名为 Java EE（Java Enterprise Edition），J2SE 更名为 Java SE（Java Standard Edition），J2ME 更名为 Java ME（Java Micro Edition）。

2009 年 10 月，Oracle（甲骨文）公司以 74 亿美元收购了 Sun 公司，取得了 Java 的版权。

2011 年 7 月，Oracle 公司发布了 Java SE 7。该版本为 Oracle 公司发布的第一个版本的 Java，引入了菱形语法、多异常捕获等新特性。

2014 年 3 月，Oracle 公司发布了 Java SE 8。该版本增加了全新的 Lambda 表达式等大量的新特性，使 Java 变得更加强大。

2017 年 9 月，Oracle 公司发布了 Java 9。该版本提供的新特性超过了 150 项，包括备受期待的模块化系统、可交互的 REPL 工具（JSHELL），以及安全增强、扩展提升和性能管理改善等。自此，Oracle 公司宣布每 6 个月更新一次 Java。

2022 年 10 月，Oracle 公司发布了 Java SE 18。

由 GitHub 在 2019 年发布的数据可知，Java 是最流行的语言之一，主要用于 Web 应用的开发。使用 Java 的开发者已超过 900 万人。JetBrains 公司公布的《开发者生态系统 2021》调研报告显示，在中国、韩国和德国 Java 是使用人数最多的开发语言。在中国使用 Java 的开发者约为 47%，在韩国和德国使用 Java 的开发者分别约为 53%和 33%。

由于大数据核心平台 Hadoop 及 Hadoop 生态系统中的众多组件都是基于 Java 开发的，因此 Java 在大数据应用开发中也得到了广泛的应用。

1.2　Java 的特点

Java 是一门优秀的编程语言。Java 之所以能够流行起来，应用广泛，并且长盛不衰，是因为它有很多突出的特点，其中最主要的特点如下。

1. 使用简单

Java 的设计目标之一就是能够方便学习，使用简单。因为 20 世纪 90 年代使用 C++ 的开发者很多，所以 Java 的设计风格与 C++ 的设计风格类似，但是摒弃了 C++ 中难以理解且容易引发程序错误的内容，如指针、内存管理、运算符重载和多重继承等。需要注意的是，Java 不使用指针，使用的是引用，并且提供了自动的垃圾回收机制，因此，程序员不必为内存管理而担忧。

2. 面向对象

面向对象是 Java 最重要的特性。在 Java 中可以理解为 "一切都是对象"，面向对象的程序的核心是由类和对象组成的，通过类和对象描述实现事物之间的联系。这种方法符合人们的思维习惯，并且容易扩充和维护，因此提高了程序的可重用性。Java 提供了类、接口和继承等原语，支持类之间的单重继承、接口之间的多重继承，以及类与接口之间的实现机制（采用关键字 implements 说明）。

3. 分布式

Java 是分布式语言。JDK（Java Development Kits，Java 开发工具包）中包含基于 TCP/IP 协议的类库，可以轻松实现分布式应用系统，进行分布式计算。Java 程序可以凭借 URL 打开并访问网络中的对象，其访问方式与访问本地文件系统几乎完全相同。

4. 平台无关性和可移植性

Java 采用解释与编译相结合的方式，Java 源程序文件（.java）先被编译成与机器结构（CPU 和操作系统）无关的字节码文件（*.class），再由 Java 虚拟机解释执行。任何种类的计算机，只要可以运行 Java 虚拟机，字节码文件就可以在该计算机上运行，从而实现程序运行效率和不同操作系统之间可移植性的完美结合。

5. 健壮性

健壮性是指程序运行的稳定性。Java 在编译和运行的过程中会进行比较严格的检查，以减少错误的发生。

Java 不提供指针，从而杜绝开发者对指针的误操作，如内存分配错误、内存泄漏等造成系统崩溃的可能性。

在内存管理方面，C/C++ 等采用手动分配和释放，经常导致内存泄漏，进而导致系统崩溃。而 Java 采用自动的内存垃圾回收机制，程序员不需要管理内存，这样可以减少内存错误的发生，提高程序的健壮性。

6. 安全性

Java 的安全性体现在两个层面，即 Java 的底层运行机制和 Java 提供的安全类 API。在底层运行机制方面：首先，Java 没有提供指针机制，避免了指针机制可能带来的各类安全问题；其次，Java 通过类型安全设计和自动的垃圾回收机制来提高程序代码的健壮性；最后，Java 提供了安全的类加载和验证机制，确保只执行合法的 Java 代码。在 API 层面，Java 提供了大量与安全有关的应用程序接口（Application Program Interface，API）、工具，以及常用安全算法、机制和协议的实现。因此，开发者可以专注于如何将安全性集成到应用程序中，而不是如何实现复杂的安全机制。

7. 支持多线程

Java 是原生支持多线程编程的。采用多线程机制可以并发处理多个任务，并且互不干涉，不会由于某一任务处于等待状态而影响其他任务的执行，这对于网络编程来说可以轻松实现网络中的实时交互操作，提高程序的执行效率。

8. 动态

Java 程序在运行过程中可以动态地加载各种类库，即使更新类库也不必重新编译使用这个类库的应用程序。这个特点使其非常适合在网络环境下运行，并且有利于软件的开发。当使用 C/C++编译时，将函数库或类库中被使用的函数、类同时生成机器码；当类库升级之后，程序必须重新修改和编译才能使用新类库提供的功能。

9. 异常处理

Java 采用面向对象的异常处理机制，使正常代码和错误处理代码分开，这样程序的业务逻辑更加清晰明了，并且能够简化错误处理任务。

1.3　Java 技术三大平台

Java 不仅是一门编程语言，还是一个开发平台。目前主流的 Java 应用包括桌面级应用、Web 企业级应用和移动端应用。Oracle 公司根据 Java 的应用领域不同将其分成 3 个平台，分别为 Java SE、Java EE 和 Java ME。

1.3.1　Java SE

Java SE 主要为开发台式机和工作站桌面应用（Application）程序提供解决方案。Java SE 是其他平台的基础，本书主要介绍的就是 Java SE 中的技术。

Java SE 中主要包含 JRE（Java SE Runtime Environment，Java SE 运行时环境）、JDK 和 Java 核心类库。如果只运行 Java 程序，不考虑开发 Java 程序，那么只安装 JRE 就可以。JRE 中包含运行 Java 程序所需要的 Java 虚拟机（Java 虚拟机是运行 Java 程序的核心虚拟机），而运行 Java 程序除了需要核心虚拟机，还需要其他的类加载器、字节码校验器及大量的基础类库。JRE 中不仅包含 Java 虚拟机，还包含运行 Java 程序的其他环境支持。JDK 中包含 JRE 和一些开发工具，这些开发工具包括编译器、文档生成器和文件打包等。

Java SE 提供了开发 Java 程序所需的基本的和核心的类库，如字符串、集合、输入/输出、网络通信和图形用户界面等。Java 语法及 Java 类库的使用在第 4 章、第 8 章、第 9 章、第 10 章和第 13 章展开介绍。

1.3.2　Java EE

Java EE 主要用来构建大规模基于 Web 的企业级应用和分布式网络应用程序。使用 Java EE 开发的程序具有可移植性、健壮性和可伸缩性，并且安全性高。Java EE 以 Java SE 为基础，提供了一套服务、API 接口和协议，主要包括 JSP、Servlet、EJB、JNDI 和 Java Mail 等，能够用来开发企业级分布式系统、Web 应用程序和业务组件等。

1.3.3　Java ME

Java ME 主要面向消费类电子产品，广泛应用于手机、机顶盒、掌上电脑等移动或嵌入式设备上运行的应用程序的开发。Java ME 在早期的诺基亚塞班系统中应用广泛。随着移动开发平台的普及，Java ME 渐渐没有了用武之地。

1.4　Java 虚拟机

Java 的跨平台性主要是通过 Java 虚拟机实现的。字节码经过 Java 虚拟机转化成特定平台架构的机器码，从而实现 Java 的跨平台性。如图 1.1 所示，不同软件和硬件平台的 Java 虚拟机是不同的，Java 虚拟机向下面对的是不同设备的操作系统和 CPU，在使用或开发时需要下载不同的 JRE 或 JDK。Java 虚拟机向上面对的是 Java 程序，为 Java 程序屏蔽不同的软件和硬件平台，使 Java 程序不需要修改和重新编译即可直接在其他平台上运行，具有"一次编译，随处运行"的特性。

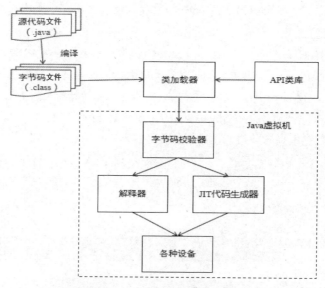

图 1.1　Java 虚拟机跨平台的原理

1.5　Java 开发环境的构建

JV-01-v-001

1.5.1　选择合适的 JDK 版本

　　JDK 是最基础的 Java 开发工具，很多 Java IDE 工具（如 Eclipse、IntelliJ IDEA 和 NetBeans 等）的运行都需要依赖 JDK。

　　从是否收费的维度来看，JDK 可分为两个版本，分别是 Oracle JDK（一般简称 JDK）和 OpenJDK。

- Oracle JDK 是 JDK 的收费版本，其中包含 Oracle 公司的商用技术。Oracle 公司仅允许少数的免费使用场景，如个人用户使用或支持开发工作使用（调试、支持 IDE 软件运行等）。
- OpenJDK 是 JDK 的免费开源实现，是 Sun 公司于 2006 年开始的一系列努力的成果。目前，Oracle 公司每次在发布 JDK 时，都会同时发布对应的 OpenJDK。一些大型的技术公司会在 OpenJDK 的基础上开发自己版本的 JDK，如阿里巴巴的 Dragonwell 和亚马逊的 Corretto 等。值得一提的是，自 Games Gosling 加入亚马逊，他负责的一项重要工作就是推动 Corretto 的发展。

从是否持续维护的维度来看，JDK 可以分为 LTS 版本和非 LTS 版本。2017 年，Oracle 公司公布了新的 JDK 版本发行周期，计划每 3 年发布一个 LTS 版本，每半年发布一个非 LTS 版本。

- LTS 表示长期支持版，即在截止日期前，会持续修复该版本的 Bug，并发布免费的修复版。例如，JDK 17 是截至 2022 年 10 月最新的 LTS 版本，发布于 2021 年 9 月，结束支持的日期为 2029 年 9 月。
- 非 LTS 版本的维护期较短，一般到下一个非 LTS 版本发布时结束。例如，JDK 19 是截至 2022 年 10 月最新发布的非 LTS 版本，发布于 2022 年 9 月，结束支持的日期为 2023 年 3 月。

截至 2023 年 2 月仍处于维护期内的 LTS 版本包括 JDK 8、JDK 11 和 JDK 17。

个人开发者在学习 Java 时，选择 Oracle JDK 或 OpenJDK 均可（建议选择 LTS 版本）。在生产环境中普遍使用 LTS 版本，使用非 LTS 版本的占比仅为 2.7%左右。目前较为流行的 LTS 版本是 JDK 8 和 JDK 11，占总使用量的 90%以上。

本书中的案例采用 Oracle JDK 11 编写，具体版本为 JDK 11.0.10。

1.5.2　下载和安装 JDK

可以通过访问 Oracle 公司的官方网站下载 JDK 的最新版本或历史版本，如图 1.2 所示。

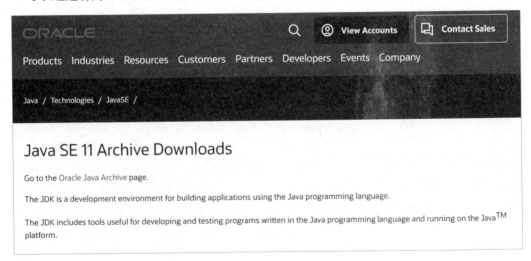

图 1.2　下载 JDK

读者可以根据自己的操作系统和 CPU 类型选择要下载的 JDK 版本。

本节以 64 位的 Windows 操作系统下的 JDK 的安装和配置为例，介绍安装和配置 JDK 的具体步骤。

1. 下载 JDK

打开 Oracle 公司的官方网站，下载安装文件 jdk-11.0.10_windows-x64_bin.exe，双击该文件，进入安装界面，如图 1.3 所示。

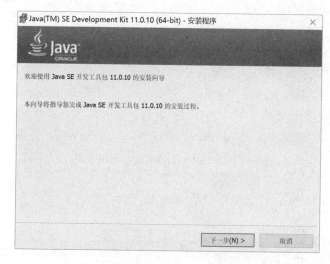

图 1.3   JDK 11 的安装界面

2. 自定义安装路径

单击"下一步"按钮进入 JDK 11 的定制安装界面，如图 1.4 所示。

图 1.4   JDK 11 的定制安装界面

按照安装向导进行安装，JDK 默认的安装路径是 C:\Program Files\Java\jdk-11.0.10。

在图 1.4 中，单击"下一步"按钮开始安装，如图 1.5 所示。JDK 11 的安装完成界面如图 1.6 所示。

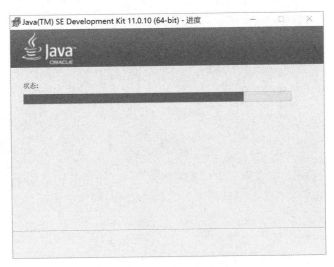

图 1.5　JDK 11 的安装过程界面

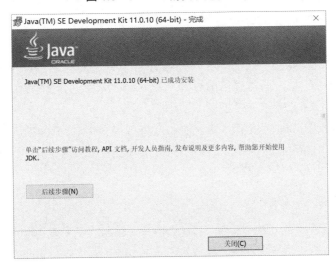

图 1.6　JDK 11 的安装完成界面

3. JDK 目录

当 JDK 安装完成之后，会在磁盘上生成一个目录，该目录称为 JDK 目录，如图 1.7 所示。

图 1.7　JDK 目录

为了更好地学习 Java，初学者应该对 JDK 目录下各个子目录的意义和作用有所了解。

（1）bin 目录：用于保存一些可执行程序，这些可执行程序是 Java 开发中常用的工具，其中最重要的是 javac.exe 和 java.exe。

- javac.exe（Java 编译器）：负责将 Java 源代码文件编译成字节码文件。
- java.exe（Java 解释器）：负责解释和执行字节码文件。
- jar.exe（打包工具）：Java 归档工具，可以将包含包结构在内的.class 文件、.java 文件、配置文件和资源文件等压缩成以.jar 为扩展名的归档文件。
- javadoc.exe（文档生成工具）：Java 文档生成器，将源程序中的文档注释（/*...*/）提取成 HTML 格式的文档。

（2）include 目录：由于 JDK 是使用 C 语言和 C++开发的，因此在启动时需要引入一些 C 语言的头文件，该目录就是用来保存这些头文件的。

（3）lib 目录：lib 是 library 的缩写，意为 Java 类库或库文件，是开发工具使用的归档包文件。

（4）legal 目录：该路径下保存了 JDK 的各种模块的授权文档。

（5）jmods 目录：该路径下保存了 JDK 的各种模块，文件扩展名均为.jmod。

4. 配置环境变量

path 环境变量用于保存一系列命令（可执行程序）路径，不同路径之间以分号分隔。当在命令行窗口中运行一个可执行文件时，操作系统先在当前目录下查找是否存在该文件，如果不存在，那么操作系统会继续在 path 环境变量中定义的路径下寻找这个文件，如果仍然未找到，系统就会报错。

当安装 JDK 之后，自动在 path 路径下添加搜索路径 C:\Program Files\Common Files\Oracle\Java\javapath，使关于 Java 路径的命令自动生效，如 javac 命令和 java 命令。

读者也可以自行将 JDK 默认的安装路径 C:\Program Files\Java\jdk-11.0.10 下的 bin 目录添加到 path 路径下，具体的做法如下。

单击桌面左下角的"开始"图标，输入"查看高级系统设置"，效果如图 1.8 所示。单击上方搜索到的"查看高级系统设置"图标，自动进入"系统属性"对话框中的"高级"选项卡，如图 1.9 所示。

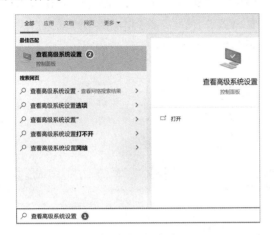

图 1.8　输入"查看高级系统设置"　　　　　图 1.9　"高级"选项卡

单击"环境变量"按钮，在"系统变量"选项组中选择名为"Path"的系统变量，单击"编辑"按钮，如图 1.10 所示。

在打开的"编辑环境变量"对话框中，先单击右侧的"新建"按钮，再在左侧的列表的最下方输入目标路径"C:\Program Files\Java\jdk-11.0.10\bin"。需要注意的是，在输入完成后，需要选中配置项，单击右侧的"上移"按钮，将刚刚配置的内容上移到首位，以保证配置优先生效，最后单击"确定"即可。配置完成之后的效果如图 1.11 所示。

图 1.10　"环境变量"对话框　　　　　　图 1.11　配置完成之后的效果

5. 测试

右击桌面左下角的"开始"图标，选择"运行"命令，在弹出的对话框中输入"cmd"，单击"确定"按钮，打开一个 Windows 的命令行窗口。在该命令行窗口中输入"java -version"命令进行测试，若显示版本信息，则表明安装和配置成功，如图 1.12 所示。

图 1.12　安装 JDK 11 的测试界面

1.5.3　IntelliJ IDEA 开发工具

IDEA（全称为 IntelliJ IDEA）是 JetBrains 公司开发的产品，用于 Java 程序开发的集成环境（也可用于其他语言），在业界被公认为是理想的 Java 开发工具。在智能代码助手、代码自动提示、重构、J2EE 支持、Ant、JUnit、CVS 整合、代码审查和创新的 GUI 设计等方面，IDEA 为用户带来了良好的使用体验。

可以登录 IDEA 官方网站下载 IDEA 安装包。IDEA 有两个版本，分别是旗舰版和社区版，因为旗舰版的免费试用期只有 30 天，所以本书采用社区版作为开发工具。

在下载完成后，双击 IDEA 安装包，会弹出安装欢迎界面，如图 1.13 所示。

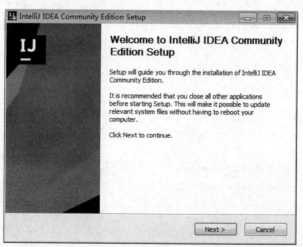

图 1.13　安装欢迎界面

在图 1.13 中，单击"Next"按钮，弹出安装路径设置界面，如图 1.14 所示。

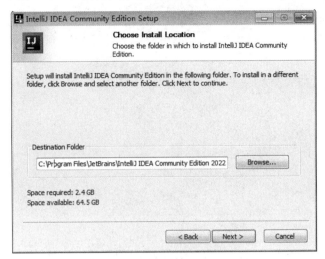

图 1.14　安装路径设置界面

图 1.14 中显示的是 IDEA 默认的安装路径，可以通过单击"Browse..."按钮来修改安装路径。当设置完安装路径之后，单击"Next"按钮，弹出基本安装选项界面，如图 1.15 所示。

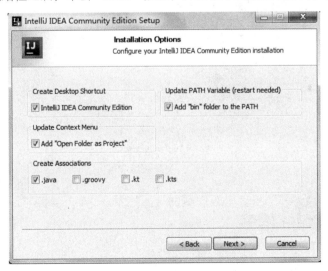

图 1.15　基本安装选项界面

如图 1.16 所示，选择在"开始"菜单中显示的文件夹的界面，单击"Install"按钮即可开始安装 IDEA，安装完成界面如图 1.17 所示。

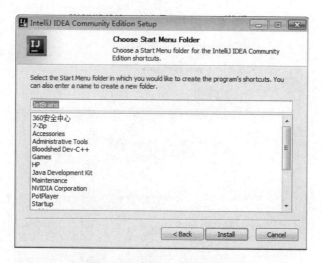

图 1.16　选择"开始"菜单

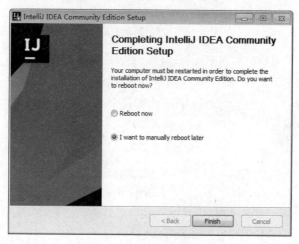

图 1.17　安装完成界面

1.6　第一个 Java 程序

本节通过一个简单的程序在控制台中输出"Hello world!",并以此为切入点,帮助读者初步了解 Java 程序的编写、Java 源代码的结构,以及一些基础知识。

在 Java 中,程序都是以类的方式组织的,Java 源文件都保存为.java 文件。每个可运行的程序都是一个类文件,或者称为字节码文件,保存为.class 文件。要实现在控制台中输出"Hello world!",需要编写一个 Java 类。

1.6.1　使用文本编辑工具实现

JV-01-v-002

1. 编写源文件

在 D 盘的根目录下创建一个 chapter01 文件夹，用于保存实例 1.1 的代码。在 chapter01 文件夹下新建文本文档，并命名为 Hello.java（要保证扩展名为.java），此文件就是源文件。

使用记事本或其他文本编辑器打开 Hello.java 文件，编写代码。

【实例 1.1】第一个 Java 程序。

```java
public class Hello {
    public static void main(String[] args) {
        System.out.println("Hello world!");
    }
}
```

下面对这个 Java 程序进行简要说明。

- 程序的第一行使用关键字 class 定义了一个名为 Hello 的类，其修饰符为 public，说明此类为公共类。在一个 Java 源文件中，只能有一个 public 修饰的类，并且使用 public 修饰的类必须和 Java 源文件同名，同时大小写也要一致，因此这个源文件的名称必须为 Hello.java。
- Hello 类用一对"{}"指定，定义了当前这个类的类体，public 是 Java 的关键字，用来表示该类为公共类，也就是说，在整个程序中都可以访问该类。
- Hello 类中有且只有一个 main() 方法，该方法为 Java 程序的主方法，即 Java 程序的执行入口，有 main() 方法 Java 程序才可以运行。
- System.out.println() 的作用是在控制台中打印双引号引起来的内容。
- Java 是严格区分大小写的编程语言，在程序中 String 和 System 等的首字母都要使用大写形式。
- 在 main() 方法中，一般一条语句占一行，语句必须以英文的分号结束。
- 在一个 Java 源文件中可以有多个 Java 类，但建议将一个 Java 类保存成一个 Java 源文件。

2. 编译和运行程序

使用 JDK 中提供的 javac.exe 工具可以将.java 文件编译成.class 文件。本节以 Windows 操作系统为例展开介绍。

右击桌面左下角的"开始"图标，选择"运行"命令，在弹出的对话框中输入"cmd"，如图 1.18 所示，单击"确定"按钮，打开一个 Windows 的命令行窗口。

图 1.18　输入"cmd"

　　打开命令行窗口，进入 Java 源文件所在的目录，如 "D:\chapter01"，输入 "javac Hello.java"（前面已经完成系统环境的配置），将 .java 文件编译为 .class 文件，在当前目录下会生成 Hello.class 文件，操作过程如图 1.19 所示。

图 1.19　编译 Hello.java 文件

　　编译成功后，在命令行窗口中输入 "java Hello"，运行 Hello.class 文件的结果如图 1.20 所示。

```
D:\chapter01>java Hello
Hello world!
```

图 1.20　运行 Hello.class 文件的结果

　　【注意】在使用记事本编写 Java 源文件时，需要将默认的文件扩展名 .txt 修改为 .java。如果文件扩展名被隐藏了，那么可以打开文件夹选项，取消勾选 "隐藏已知文件类型的扩展名" 复选框。

JV-01-v-003

1.6.2　使用 IntelliJ IDEA 实现

　　下面使用 IDEA 创建一个 Java 程序，实现在控制台中输出 "Hello world！" 的功能，具体步骤如下。

1. 创建 Java 项目

　　当启动 IDEA 之后，可以先选中如图 1.21 所示的 "Customize" 选项进行个性化设置，如设置颜色主题、字号等。

　　单击如图 1.22 所示的 "New Project"（创建新项目）图标，打开 "New Project" 对话框，如图 1.23 所示。

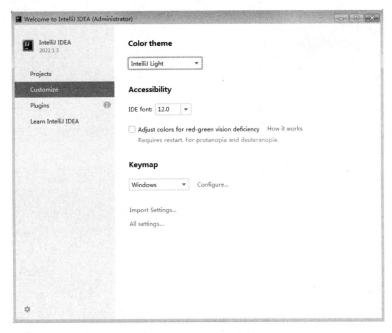

图 1.21 个性化设置界面

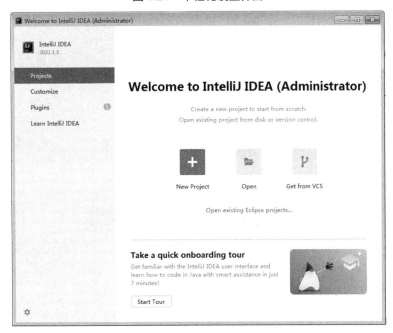

图 1.22 欢迎界面

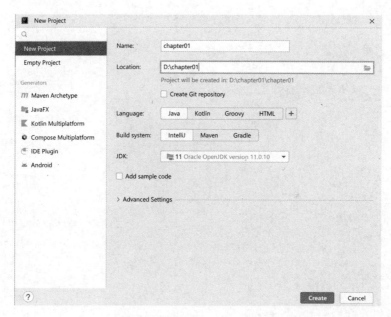

图 1.23 "New Project"对话框

将"Name"（项目名）设置为"chapter01"，"Location"（项目路径）设置为"D:\chapter01"，"Language"和"Build system"都设置为默认选项。"JDK"既可以设置为安装的 JDK 版本，又可以由系统自动识别。

2. 编写程序代码

新建项目完成后，会形成一个简单的项目目录结构。其中，src 是用来保存 Java 源代码的文件夹。可以右击"src"文件夹，在弹出的快捷菜单中选择"New"→"Java Class"命令，在如图 1.24 所示的类创建面板中输入"Main"作为类名，按 Enter 键即可完成类的创建。

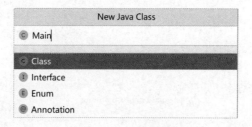

图 1.24 类创建面板

当完成类的创建之后，IDEA 会自动在窗口中的右侧展示该类的内容。可以在该窗口中编写 Java 代码。IDEA 默认使用自动保存功能，可以动态检查和保存开发者编写的内容。开发者编写完代码后，无须单击"保存"按钮，代码也可持久保存和生效。在 Main 类中添加与实例 1.1 类

似的代码。需要注意的是，此时的类名为 Main，不可修改为 Hello。只需在 Main 类中添加 main()
方法和输出语句即可。Main 类中的代码如图 1.25 所示。

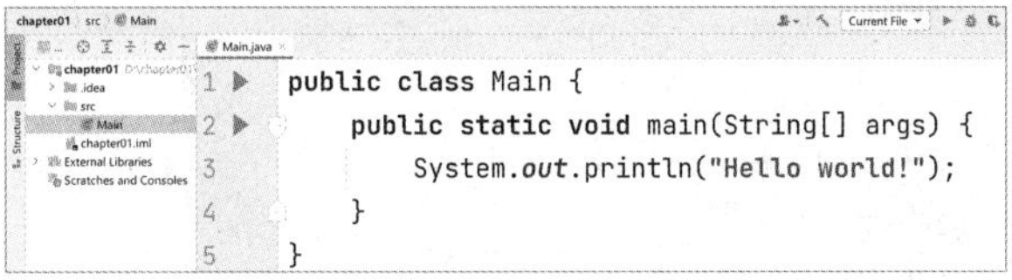

图 1.25　Main 类中的代码

3．运行程序

单击如图 1.25 所示的 main()方法前面的三角形按钮，选择 "Run "Main.main()"" 选项，IDEA
会自动完成文件编译和执行工作，并在控制台中显示程序的运行结果，如图 1.26 所示。

```
Hello world!
```

图 1.26　运行结果

至此，第一个 Java 程序在 IDEA 开发环境中顺利完成。通过学习本节，读者可以了解在此
环境下编辑和运行 Java 程序的过程。IDEA 不仅有强大的功能，还有强大的插件和使用非常方
便的快捷方式等，读者可自行查阅资料进行学习。

本章小结

本章简单介绍了 Java 的发展历程和特点、Java 虚拟机、Java 技术三大平台，并详细介绍了
Java 的编译、解释运行机制。本章的重点是如何搭建 Java 开发环境，包括安装 JDK，设置 path
环境变量，以及安装 IDEA，同时演示编写一个简单 Java 程序的步骤。通过学习本章，读者不
仅可以了解 Java 的特点，还可以掌握开发环境的构建、Java 的运行机制等。

习题

一、选择题

1．下列说法正确的是（　　　）。
　　A．一个程序可以包含多个源文件

  B．一个源文件中只能有一个类

  C．一个源文件中可以有多个公共类

  D．一个源文件只能供一个程序使用

2．下列说法正确的是（　　　）。

  A．Java 程序中的 main()方法并不是必须写到类中

  B．Java 程序中只能有一个 main()方法

  C．Java 程序的类名必须与文件名保持一致

  D．Java 程序的 main()方法中若只有一条语句，则可以不用"{}"括起来

3．Java 源代码文件的扩展名是（　　　）。

  A．.java　　　　　　B．.class　　　　　　C．.txt　　　　　　D．.doc

4．在 Java 程序中，main()方法的格式正确的是（　　　）。

  A．static void main(String[] args)　　　　B．public void main(String[] args)

  C．public static void main(String[])s　　　D．public static void main(String[] args)

5．控制台中显示的消息语句正确的是（　　　）。

  A．System.out.println("第 1 章自测题");　　B．System.Out.println("第 1 章自测题");

  C．system.out.println("第 1 章自测题");　　D．System.out.println(第 1 章自测题);

6．下列说法正确的是（　　　）。

  A．Java 程序经编译后会产生机器码

  B．Java 程序经编译后会产生字节码

  C．Java 程序经编译后会产生 DLL

  D．以上说法都不正确

7．Java 程序在执行过程中会使用一套 JDK 工具，其中的 javac.exe 是指（　　　）。

  A．Java 类分解器　　　　　　　　　　B．Java 字节码解释器

  C．Java 文档生成器　　　　　　　　　　D．Java 编译器

8．下列说法正确的是（　　　）。

  A．当使用 javac 对.java 文件进行编译时，它对.java 文件名的大小写敏感

  B．当使用 javac 对.class 文件进行编译时，它对.class 文件名的大小写不敏感

  C．当使用 java 指令运行.class 文件时，它对.class 文件名的大小写是敏感的

  D．当使用 java 指令运行.java 文件时，它对.java 文件名的大小写是不敏感的

9．下列说法错误的是（　　　）。

  A．一个 Java 源文件中至多只能有一个 public 修饰的 class，但可以有多个 class 的定义

  B．源文件名必须和程序中定义的 public 的类名的大小写完全相同

  C．Java 采用面向对象的编程技术，其应用程序是由类的定义组成的

　　D．Java 采用面向过程的编程技术，其应用程序是由类的定义组成的

10．下列关于 JDK 的描述错误的是（　　　）。

　　A．运行 Java 程序只要有 JRE 环境就可以，不一定需要 JDK 全部的功能

　　B．JDK 中包括 Java 虚拟机、核心类库和 Java 开发工具等

　　C．JDK 本身与平台无关，不同的操作系统安装的 JDK 是一样的

　　D．JDK 的英文全称是 Java Development Kit

二、简答题

简述 Java 虚拟机、JRE 和 JDK 之间的区别与联系。

JV-01-c-001

第 2 章

Java 语言基础

本章目标

- 掌握 Java 的标识符和关键字。
- 掌握变量的声明、初始化和访问。
- 掌握 Java 的基本数据类型。
- 理解基本数据类型的转换。
- 可以熟练使用各种运算符和流程控制语句。
- 了解运算符的优先级。
- 掌握 Java 数组的使用。

Java 主要由标识符、关键字、数据类型、分隔符、语句、运算符、表达式、方法、类和包等元素组成。本章将详细介绍 Java 中的部分构成元素。

2.1 标识符、关键字和保留字

2.1.1 标识符

标识符是指用来标识某个实体的一个符号。在 Java 中，标识符主要是指用户在编程时使用的名字。使用标识符需要遵循一定的规则。

Java 中的标识符由字母、数字、下画线 "_" 或美元符号 "$" 组成，并且必须以字母、下画线或美元符号开头。

命名 Java 标识符的规则包括以下几点。

- 可以包含数字，但不能以数字开头。
- 除下画线和美元符号以外，不包含任何其他特殊的字符，如空格。
- 不能将 Java 关键字或保留字作为标识符。
- Java 标识符对大小写敏感。

合法的标识符如图 2.1 所示。

```
int    a = 3;
int    _123 = 3;
int    $12aa = 3;
int    变量1 = 55;  //不建议使用中文命名标识符
```

图 2.1　合法的标识符

不合法的标识符如图 2.2 所示。

虽然 Java 语法允许以下画线和美元符号开头，但是很多企业的开发规范约定，不能将这两者作为标识符的开头，以达到统一标识符格式及减少歧义

```
int    1a = 3;    //不能以数字开头
int    a# = 3;    //不能包含 "#" 这样的特殊字符
int    int = 3;   //不能使用关键字
```

图 2.2　不合法的标识符

的效果。企业的开发规范也称为编程规约，是企业在生产实践过程中总结出来的编程规则或建议，主要具有提高代码规范性和安全性，以及减少程序异常和漏洞的作用。本书后续在介绍 Java 标准语法的同时，会适当加入对企业编程规约的介绍，为读者带来更丰富的内容。

2.1.2　关键字和保留字

关键字是 Java 本身使用的系统标识符，全部采用小写字母，有特定的语法含义，不能用作标识符。Java 有 50 个关键字，如表 2.1 所示。

表 2.1　Java 的关键字

序号	关键字	序号	关键字	序号	关键字	序号	关键字	序号	关键字	序号	关键字
1	abstract	10	const	19	finally	28	interface	37	strict	46	transient
2	assert	11	continue	20	float	29	long	38	short	47	try
3	boolean	12	default	21	for	30	native	39	static	48	void
4	break	13	do	22	goto	31	new	40	super	49	volatile
5	byte	14	double	23	if	32	package	41	switch	50	while
6	case	15	else	24	implements	33	private	42	synchronized		
7	catch	16	enum	25	import	34	protected	43	this		
8	char	17	extends	26	instanceof	35	public	44	throw		
9	class	18	final	27	int	36	return	45	throws		

除 const 和 goto 作为保留字（没有具体的作用）以外，Java 的每个关键字都有特殊的作用，如关键字 int 用于定义整型变量。后续会具体介绍相应关键字的具体用法。

2.2　变量

JV-02-v-001

变量是 Java 程序中的基本存储单元，用来存储数据。从本质上来说，变量代表了内存中的一个存储区域，这个区域中的数据在同一数据类型下可以不断地变化。通过变量可以非常方便地读取和操作该区域中的数据。变量的内存示意图如图 2.3 所示。

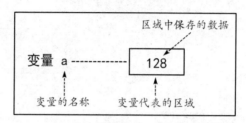

图 2.3　变量的内存示意图

1. 变量的声明

在 Java 中，需要先声明一个变量才能使用这个变量。变量的声明包含两点，分别为数据类型和变量名。声明变量的语法格式如下：

```
数据类型 变量名;
```

数据类型可以是 Java 的任意数据类型之一；变量名即变量的名称，用于存储变量值。例如：

```
int a;
char b;
```

上述代码中的第一行声明了一个变量 a，它的数据类型是 int。第二行声明了一个变量 b，它的数据类型是 char。关于数据类型，将在 2.3 节详细介绍。

可以同时声明多个同一数据类型的变量，变量之间用 "," 隔开。例如：

```
int c,d,e;
```

等同于：

```
int c;
int d;
int e;
```

上述操作并没有声明变量的值，这相当于没有指定该变量代表的存储空间，如图 2.4 所示。

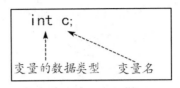

图 2.4　变量的声明示意图

2. 变量的初始化

变量的第一次赋值是对变量进行初始化。在 Java 中，使用等号 "=" 实现变量的赋值。变量的初始化有以下两种方式。

（1）在声明变量的同时对变量进行初始化，语法格式如下：

```
数据类型 变量名 = 初始值;
```

例如：

```
int f = 5;
```

（2）在第一次使用变量前对变量进行初始化，语法格式如下：

```
数据类型 变量名;
……
变量名 = 初始值;
```

例如：

```
int sum;                       // 声明变量 sum
System.out.println(sum);       // 报错，不能使用未赋值的变量
sum = 100;                     // 为变量 sum 赋值
System.out.println(sum);       // 正确，输出变量的值，即 100
```

3. 变量的访问

在声明和初始化变量之后，可以对变量进行访问，包括读取变量的值和修改变量的值。例如：

```
int sum = 100;                 // 声明变量 sum
System.out.println(sum);       // 输出变量的值，即 100
sum = 200;                     // 修改变量 sum 的值
System.out.println(sum);       // 再次输出变量的值，即 200
```

在访问变量时应注意以下几个方面。

（1）变量的操作必须与数据类型匹配。

变量在声明时指定了数据类型，Java 编译器会检测对该变量的操作是否与其数据类型匹配，如果对变量的赋值或操作与其数据类型不匹配，那么会产生编译错误。例如：

```
// 编译错误，变量 a 的数据类型为 int，不能赋浮点类型的值
int a = 3.14;
```

（2）变量的数据类型只标注一次。

变量在第一次声明时标注数据类型，再次使用时不标注数据类型。例如：

```
int n;
n = 5;          // 正确，再次使用变量 n 时不标注数据类型
int n = 10;     // 如果再次指定变量的数据类型，就会出现编译错误
```

（3）未经声明的变量不能使用。

变量必须先声明再使用，否则会出现编译错误。例如：

```
k=5;
System.out.println(k);  // 编译错误，没有声明变量
```

（4）变量初始化之后才可以使用。

声明一个变量，必须初始化之后才能使用。例如：

```
int t;
System.out.println(t);  // 变量 t 没有初始化，出现编译错误
```

2.3　基本数据类型

2.3.1　数据类型的分类

Java 是一门强类型的编程语言，所有的变量必须显式声明数据类型。Java 中定义了多种数据类型，根据数据的特点，数据类型分为两大类：基本数据类型和引用数据类型（简称引用类型）。Java 中数据类型的分类如图 2.5 所示。

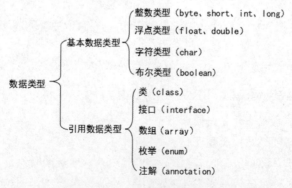

图 2.5　Java 中数据类型的分类

基本数据类型包括 4 类 8 种，4 类分别是整数类型、浮点类型、字符类型和布尔类型。引用类型是指除基本数据类型以外的所有类型，包括类、接口、数组和枚举等，后续会具体介绍。

2.3.2　整数类型

由图 2.5 可知，Java 中的整数类型包括 byte、short、int 和 long，这四者之间的区别仅仅是宽度和范围不同。例如，一个 byte 型变量代表的值占用 1 字节的内存空间（8 位），能够表示的十进制整数数据的范围为-128~127（包含 0）。一个 int 型变量代表的值占用 4 字节的内存空间（32 位），能够表示的十进制整数数据的范围为-2147483648~2147483647（包含 0）。一个 int 型变量的值也可以是-128~127 的任意整数。相对于使用 byte 型变量，int 型变量会额外占用 3 字节的内存空间。使用不同类型存储数字 127 的区别如图 2.6 所示。

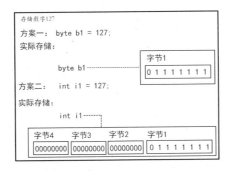

图 2.6　使用不同类型存储数字 127 的区别

在内存资源非常有限或对计算效率要求非常高的应用场景中，根据准备存储的数据的大小，选择占用内存空间最小的数据类型是很有意义的。反之，在资源较为充裕的应用场景中，一般使用 int 型变量来存储整数，仅当需要存储超过 int 型的整数时，才使用 long 型变量。

整数类型如表 2.2 所示。

表 2.2　整数类型

整数类型	占用的存储空间	表数范围
byte	1 字节	$-2^7 \sim 2^7-1$（-128~127）
short	2 字节	$-2^{15} \sim 2^{15}-1$（-32768~32767）
int	4 字节	$-2^{31} \sim 2^{31}-1$（-2147483648~2147483647）
long	8 字节	$-2^{63} \sim 2^{63}-1$

1. 整型数据的定义

在使用整型数据之前必须先声明，在声明时也可以赋初值。例如：

```
byte a = 7;
short b= 128;
int c = 7;
```

2. 整数字面量的默认数据类型

在计算机科学中，字面量（literal）是用于表达源代码中一个固定值的表示法（notation）。几乎所有的计算机编程语言都支持对基本值的字面量表示，如整数、浮点数及字符串，很多布尔类型和字符类型的值也支持用字面量表示，还有一些甚至对枚举类型的元素，以及数组、记录和对象等复合类型的值也支持用字面量表示。

简单来说，在 Java 源代码中直接出现的值均是字面量。例如：

```
int c = 7;                   // 其中 7 是字面量
System.out.println(128);     // 其中 128 是字面量
```

在 Java 中，整数类型的字面量默认是 int 型的。例如：

```
System.out.println(128);     // 其中 128 是 int 型的字面量
```

如果在整数类型的字面量后面显式地添加大写英文字母 L（推荐）或小写英文字母 l，那么该整数字面量的类型为 long。例如：

```
System.out.println(128L);    // 其中 128 是 long 型的字面量
```

2.3.3　浮点类型

浮点类型主要用来存储小数，也可以用来存储范围较大的整数。浮点数分为单精度浮点数（float）和双精度浮点数（double）两种，双精度浮点数比单精度浮点数所使用的内存空间更大，可以表示的数值范围与精确度也较大。

这里需要注意的是，Java 中的浮点类型使用 IEEE 754（二进制浮点算术标准）来存储变量的值。因此，虽然 float 型变量和 int 型变量都占用 4 字节的内存空间，但是 float 型变量能表示的整数范围远大于 int 型的。

浮点类型如表 2.3 所示。

表 2.3　浮点类型

浮点类型	占用的存储空间	表数范围
float	4 字节	−3.403E38～3.403E38
double	8 字节	−1.798E308～1.798E308

1. 浮点类型的使用

浮点类型需要使用关键字 float 和 double，也可以在声明时赋初值。例如：

```
float a = 7.5F;
double b= 123.6D;
```

2. 浮点数字面量的默认数据类型

在 Java 中，浮点数字面量的默认数据类型是 double。也可以在浮点数字面量的后面显式地添加大写英文字母 D 或小写英文字母 d 来表示该字面量是 double 型的。如果想声明一个 float 型的字面量，那么需要在字面量的后面显式地添加大写英文字母 F 或小写英文字母 f。

2.3.4　字符类型

字符类型表示单个字符。Java 中的字符类型的变量使用关键字 char 声明，而字符型字面量必须用单引号引起来。例如：

```
char c = 'A';
```

Java 中的字符采用双字节 Unicode 编码，占 2 字节（16 位），最高位不是符号位，没有负数的 char。Unicode 编码可以简单地理解为数字到字符的映射，并且为每种语言中的每个字符设定了统一且唯一的二进制编码，以满足跨语言、跨平台进行文本转换和处理的要求。例如，字符 'A'在 Unicode 编码中对应的十进制形式为 65，对应的二进制形式为 00000000 01000001，对应的十六进制形式为 0041。在 Java 中，char 型变量的赋值支持两种方式，一是直接使用字符进行赋值，二是使用 Unicode 编码进行赋值。例如，字符 'A'也可以用 Unicode 编码 '\u0041'表示，前缀 u 表示 Unicode 编码。双字节 Unicode 编码的存储范围为\u0000 ~ \uFFFF，所以 char 型变量的取值范围为 0 ~ 2^{16} -1（0 ~ 65535）。

有些字符（如回车换行符）不能通过键盘输入字符串或程序中，这时就需要使用转义字符常量来表示一些特殊字符，但是要在前面加上反斜杠"\"。常见的转义符如表 2.4 所示。

表 2.4　常见的转义符

字符表示	Unicode 编码	说明
\n	\u000a	换行符
\t	\u0009	水平制表符
\r	\u000d	回车符
\b	\u0008	退格符（Backspace）

续表

字符表示	Unicode 编码	说明
\'	\u0027	单引号
\"	\u0022	双引号
\\	\u005c	杠

【实例 2.1】编写一个应用程序，给出英文字母及汉字在 Unicode 表中的位置。

```java
public class Example2_1{
    public static void main(String[]args) {
        System.out.println((int)'A');
        System.out.println((int)'B');
        System.out.println((int)'我');
        System.out.println((int)'你');
        System.out.println((int)'他');
    }
}
```

运行结果如图 2.7 所示。

```
65
66
25105
20320
20182
```

图 2.7   运行结果

2.3.5   布尔类型

在 Java 中声明布尔类型的变量的关键字是 boolean。布尔类型只有两个字面量：true 和 false。不可以使用 0 和非 0 的整数来代替 true 和 false，其他基本数据类型的值也不能转换成布尔类型。布尔类型用来判断逻辑条件，一般用于程序流程控制。

例如：

```java
boolean isBig = true;
boolean isSmall = false;
```

如果试图为它们赋 true 和 false 之外的常量，如下所示：

```java
boolean isBig = 1;
boolean isSmall = 'a';
```

那么会发生类型不匹配编译错误。

2.3.6　数据类型转换

在 Java 中，所有的数值型变量可以相互转换，布尔类型不能与它们进行转换。有两种类型的转换方式：自动类型转换和强制类型转换。

1. 自动类型转换

自动类型转换就是类型之间的转换是自动的，不需要采取其他手段。自动类型转换的基本原则如下：当把一个表数范围小的数值或变量直接赋给另一个表数范围大的变量时，系统可以进行自动类型转换。Java 支持的自动类型转换如图 2.8 所示，箭头左边的数值类型可以自动转换为箭头右边的数值类型。

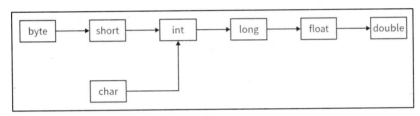

图 2.8　Java 支持的自动类型转换

需要注意的是，char 型比较特殊，char 型可以自动转换为 int 型、long 型、float 型和 double 型，但 byte 型和 short 型不能自动转换为 char 型，并且 char 型也不能自动转换为 byte 型或 short 型。

例如：

```
int x = 20;
float y;
y = x;                      // 如果输出 y 的值，那么结果是 20.0
char c='a';
float z=c;
System.out.println(z);      // 输出结果为 97.0
```

【实例 2.2】自动类型转换。

```
public class Example2_2 {
    public static void main(String[] args) {
        int a = 100;
        // 编译正确，小类型到大类型的自动转换
        long b = a;
        // 100
        System.out.println(b);
        // 编译正确，int 型变量自动转换为 double 型变量
        double c = a;
        // 结果为 100.0
        System.out.println(c);
```

```
        // ①编译错误，数值类型不兼容，int 型不能转换为布尔类型
        boolean e = a;
        // ②编译错误，目标类型小于原类型，不会发生自动类型转换
        byte f = a;
        // 输出 "7hello"
        System.out.println(2 + 5 + "Hello");
        // 输出 "hello25"
        System.out.println("Hello" + 2 + 5);
    }
}
```

在程序运行之前先将①处和②处的代码行变成注释行，再运行程序，运行结果如图 2.9 所示。

```
100
100.0
7Hello
Hello25
```

图 2.9　运行结果

2. 强制类型转换

在数值类型转换过程中，除了自动类型转换，还有强制类型转换。强制类型转换是通过在变量或常量之前加上 "(目标类型)" 实现的，但这种转换可能会导致计算精度下降和数据溢出（Overflow）。例如，当把一个 int 型常量赋给 byte 型或 short 型变量时，不可以超出这些变量的取值范围，否则必须进行类型转换运算。

强制类型转换的语法格式如下：

目标变量类型 目标变量=(目标变量类型)源变量

【实例 2.3】强制类型转换。

```
public class Example2_3 {
    public static void main(String[] args) {
        int i = 100;
        // ①编译错误，大范围不能自动转换为小范围
        byte b = i;
        // ②编译错误，编译器提示 "possible of precision"
        float x = 10.2;
        // 编译正确，将 int 型变量 i 强制转换为 byte 型
        byte b = (byte) i;
        // ③128 超出 byte 型表数范围，编译错误
        byte c = 128;
        // 强制转换为 byte 型
        byte d = (byte)128;
        // 显示结果为-128，结果失真
        System.out.println(d);
```

```
        long p = 100000000000L;
        int k = (int) p;
        // 显示结果为 1215752192，结果产生了溢出
        System.out.println(k);
        double t = 3.1415926535897932384;
        // 需要进行强制类型转换
        float f = (float)t;
        // 显示结果为 3.1415927，造成精度的损失
        System.out.println(f);
    }
}
```

请读者对照注释自行练习上述实例，注意代码中的①处、②处和③处会出现编译错误。

2.3.7　字符串类型

Java 中使用 String 型变量来存储字符串类型的数据。例如：

```
String str = "abc";
```

String 属于 Java 中的引用类型。要理解 String 的概念、原理和使用方法，读者需要先了解一些前置知识。因此，第 8 章会详细介绍 String 类。在这里引入对 String 的介绍，主要是因为字符串字面量是程序中最常见的字面量类型之一，初学者容易将 String 型与基本数据类型混淆。这里需要强调以下两点。

- Java 中的字符串类型字面量是 String 型的，而不是 char 型的。
- String 型不属于基本数据类型，属于引用类型。

2.4　运算符与表达式

运算符按照操作数的数目不同可分为 3 类，即单目运算符、双目运算符和三目运算符，如表 2.5 所示。

表 2.5　按照操作数的数目分类

分类	运算符
单目运算符	+、-、++、--、!、~
双目运算符	%、+、-、*、/、<、<=、>、>=、!=、&&、&、||、|、^、>>、>>>、<<、=、+=、-=、*=、/=、&=、|=、%=、<<=、>>=、>>>=
三目运算符	?:

按照运算功能划分，运算符可分为 7 类，如表 2.6 所示。

表 2.6　按照运算功能分类

分类	运算符
算术运算符	+、-、*、/、%、++、--
关系运算符	<、<=、>、>=、==、!=
逻辑运算符	&&、&、||、|、!、^
赋值运算符	=、+=、-=、*=、/=、&=、|=、%=、<<= 、>>=、>>>=
条件运算符	?:
其他运算符	(类型)、.、[]、()、instanceof、new

2.4.1　算术运算符与算术表达式

算术运算符包括"+"、"-"、"*"、"/"、"%"、"++"和"--"。操作数要求是除逻辑类型之外的基本数据类型。算术运算符的用法如表 2.7 所示。

JV-02-v-002

表 2.7　算术运算符的用法

运算符	名称	说明	例子
-	取反符号	取反运算，实现正数和负数之间的转换	b = -a
++	自加 1	先取值再加 1，或者先加 1 再取值	a++ 或 ++a
--	自减 1	先取值再减 1，或者先减 1 再取值	a-- 或 --a
+	加法	求 a 加 b 的和，还可用于字符串类型，执行字符串连接操作	a + b
-	减法	求 a 减 b 的差	a - b
*	乘法	求 a 乘以 b 的积	a * b
/	除法	求 a 除以 b 的商	a / b
%	取余	求 a 除以 b 的余数	a % b

当"-"作为单目运算符使用时，是取反运算；当"-"作为双目运算符使用时，是减法运算。算术运算符的运算规则如下。

1）"++"和"--"

- 前置运算先进行自增或自减运算，再使用操作数变量的值。
- 后置运算先使用操作数变量的值，再进行自增或自减运算。

例如：

```
int a=10;
```

```
System.out.println(++a);     // 前置运算，先做运算，后输出值，输出 11
int b=10;
System.out.println(b++);     // 后置运算，先使用值，后做运算，输出 10
System.out.println(b);       // 这里输出 11
```

2）整数运算

- 如果两个操作数有一个是 long 型的，那么结果也是 long 型的。
- 如果操作数没有 long 型的，那么结果是 int 型的。即使操作数全是 short 型和 byte 型的，结果也是 int 型的。
- 如果两个整数做除法运算，那么结果仅保留整数，小数部分会被舍弃。

例如：

```
System.out.println(3/2);  // 这里输出 1，而不是 1.5 或 2
```

3）浮点运算

- 如果两个操作数有一个是 double 型的，那么结果也是 double 型的
- 只有两个操作数都是 float 型的，结果才是 float 型的。
- 有浮点类型参与的除法运算，结果是浮点类型的。

4）取模运算

取模运算的操作数可以是浮点数，但一般使用整数，结果是"余数"，"余数"的符号和左边的操作数的符号相同，如 5%3=2、–5%3= –2 和 5%–3=2。

【实例 2.4】算术运算符的用法。

```
public class Example2_4 {
    public static void main(String[] args) {
        // a 的值为 3，两个整数相除只取整数部分
        int a = 10/3;
        // i 的值为 0
        int i = 3/5 * 2;
        // d = 5.0，而不是 5
        double d = 16.0/3.2;
        // int j = 2/0; // 除数为 0，可以通过编译，但运行时会出现异常
        System.out.println("-------------------------------");
        int c = 10;
        int h = c++;
        // c 的值为 11，h 的值为 10
        System.out.printf("c 的值%d,h 的值%d\n",c, h);
        System.out.println("---------------------------");
        // c 的值为 11，h 的值为 12
        System.out.printf("c 的值%d,h 的值%d\n",c, h = ++c);
        System.out.println("---------------------------");
        int f = 15;
        int g = ++f + 10;
```

```
                // g 的值为 26
                System.out.println("g 的值"+g);
                System.out.println("-------------------------");
                int a1 = 5, a2 = 6;
                // 输出值为 30
                System.out.println(a1++ *a2++);
                // a1 的值为 6, a2 的值为 7
                System.out.println("a1、a2 的值分别为："+a1+"，"+a2);
                // 输出值为 56
                System.out.println(++ a1* ++a2);
        }
    }
```

这个实例比较简单，请读者自行编写程序并验证结果。

2.4.2　关系运算符与关系表达式

关系运算用于比较两个表达式的大小关系，它的结果是布尔类型的，即 true 或 false。关系运算符包括 "<"、"<="、">"、">="、"=="和"! ="，具体用法如表 2.8 所示。

表 2.8　关系运算符

运算符	名称	说明	例子
==	等于	当 a 等于 b 时返回 true，否则返回 false，可以应用于基本数据类型和引用类型	a == b
!=	不等于	与 "=="相反	a != b
>	大于	当 a 大于 b 时返回 true，否则返回 false，只应用于基本数据类型	a > b
<	小于	当 a 小于 b 时返回 true，否则返回 false，只应用于基本数据类型	a < b
>=	大于或等于	当 a 大于或等于 b 时返回 true，否则返回 false，只应用于基本数据类型	a >= b
<=	小于或等于	当 a 小于或等于 b 时返回 true，否则返回 false，只应用于基本数据类型	a <= b

2.4.3　逻辑运算符与逻辑表达式

逻辑运算是指对布尔类型的变量进行运算，其结果也是布尔类型的。逻辑运算符包括逻辑与运算符 "&"、逻辑或运算符 "|"、短路与运算符 "&&"、短路或运算符 "||"和逻辑非运算符 "!"，如表 2.9 所示。

表 2.9　逻辑运算符

运算符	名称	说明	例子
!	逻辑非	当 a 为 true 时，计算结果为 false；当 a 为 false 时，计算结果为 true	!a
&	逻辑与	当 a 和 b 全为 true 时，计算结果为 true，否则为 false	a&b
|	逻辑或	当 a 和 b 全为 false 时，计算结果为 false，否则为 true	a | b
&&	短路与	当 a 和 b 全为 true 时，计算结果为 true，否则为 false。若 a 为 false，则不计算 b	a && b
||	短路或	当 a 和 b 全为 false 时，计算结果为 false，否则为 true。若 a 为 true，则不计算 b	a || b

注意：

（1）如果"&"和"|"用在整型（byte、short、int 和 long）之间，就是位运算符；如果用在逻辑数据之间，就是逻辑运算符。

（2）"||"的两侧必须是布尔表达式。

（3）"&&"和"||"能够采用最优化的计算方式，从而提高效率。在实际编程时，应该优先考虑使用"&&"和"||"。

【实例 2.5】"&"和"&&"的用法。

```java
public class Example2_5 {
    public static void main(String[] args) {
        int x = 2;
        boolean flag1 = --x>0 && --x>0 && --x>0;
        System.out.println("flag1 的结果:"+flag1);
        System.out.println("x 的值:"+x);
        System.out.println("----------------");
        x = 0;
        boolean flag2 = --x>0 & --x>0 & --x>0;
        System.out.println("flag2 的结果:"+flag2);
        System.out.println("x 的值:"+x);
    }
}
```

运行结果如图 2.10 所示。

```
flag1的结果:false
x的值:0
----------------
flag2的结果:false
x的值:-3
```

图 2.10　运行结果

2.4.4　赋值运算符与赋值表达式

赋值运算符包括基本赋值运算符（如"="）和扩展赋值运算符（如"+="、"-="、"*="、"/="、"%="、"&="、"|="、"<<="、">>="和">>>="等）。

基本赋值运算符的语法格式如下：

变量名 = 表达式;

注意：

（1）先计算表达式，再赋值。

（2）等号"=="是关系运算符，与赋值运算符"="的意义不同，不要混淆。

（3）"=="两侧的数据类型应相容，否则需要强制转换。

扩展赋值运算符只是一种简写，一般用于变量自身的变化，如表 2.10 所示。

表 2.10　扩展赋值运算符

运算符	名称	例子	说明
+=	加赋值	a += b	等价于 a=a+b
-=	减赋值	a -= b	等价于 a=a-b
*=	乘赋值	a *= b	等价于 a=a*b
/=	除赋值	a /= b	等价于 a=a/b
%=	取余赋值	a %= b	等价于 a=a%b
&=	位与等于	a&=b	等价于 a=a&b
|	位或等于	a|=b	等价于 a=a|b
^=	位异或等于	a^=b	等价于 a=a^b
<<=	左移等于	a<<=b	等价于 a=a<<b
>>=	右移等于	a>>=b	等价于 a=a>>b
>>>=	无符号右移等于	a>>>=b	等价于 a=a>>>b

【实例 2.6】赋值运算符的应用。

```java
public class Example2_6 {
    public static void main(String[] args) {
        int a = 1;
        int b = 2;
        // 相当于a=a+b
        a += b;
        System.out.println(a);
        // 相当于a=a+b+3
        a += b + 3;
        System.out.println(a);
```

```
        // 相当于a=a-b
        a -= b;
        System.out.println(a);
        // 相当于a=a*b
        a *= b;
        System.out.println(a);
        // 相当于a=a/b
        a /= b;
        System.out.println(a);
        // 相当于a=a%b
        a %= b;
        System.out.println(a);
    }
}
```

运行结果如图 2.11 所示。

```
3
8
6
12
6
0
```

图 2.11 运行结果

2.4.5 条件运算符与条件表达式

条件运算符也称为三目运算符，其特点是有 3 个操作符参与运算。

条件运算符的语法格式如下：

逻辑表达式 1?表达式 2:表达式 3

功能：先判断逻辑表达式 1 的值，若为 true，则结果为表达式 2 的值，否则结果为表达式 3 的值。

【实例 2.7】条件运算符的应用。

```
public class Example2_7{
    public static void main(String[] args) {
        int score = 90;
        int x = -10;
        String type = score>60?"及格":"不及格";
        // 条件运算符可以嵌套使用
        int flag = x > 0 ? 1 : (x == 0 ? 0 : -1);
```

```
            System.out.println("type = " + type);
            System.out.println("flag = "+flag);
    }
}
```

运行结果如图 2.12 所示。

```
type= 及格
flag=-1
```

图 2.12　运行结果

2.4.6　运算符的结合性和优先级

所有的数学运算都认为是从左向右进行的，Java 中的大部分运算符也是从左向右结合的，只有单目运算符、赋值运算符和三目运算符例外（它们是从右向左结合的，也就是从右向左运算的）。

运算符有不同的优先级，所谓的优先级就是在表达式运算中的运算顺序。表 2.11 中列举了包括分隔符在内的所有运算符，上一行的运算符的优先级总是优于下一行的。

表 2.11　运算符的优先级

序号	运算符说明	运算符
1	分隔符	、[]、()、{}、,、;
2	单目运算符	++、--、~、!、（数据类型）
3	算术运算符	*、/、%
4	算术运算符	+、-
5	关系运算符	<、>、<=、>=
6	关系运算符	==、!=
7	逻辑运算符	&
8	逻辑运算符	^
9	逻辑运算符	|
10	逻辑运算符	&&
11	逻辑运算符	||
12	条件运算符	?:
13	赋值运算符	=、*=、/=、%=、+=、<<=、>>=、>>>=、&=、^=、|=

运算符的优先级从高到低的顺序大体是算术运算符→关系运算符→逻辑运算符→条件运算

符→赋值运算符。

2.5　流程控制语句

流程控制（或控制流）是指程序的各语句、指令或函数调用的执行顺序。程序中常见的语句的执行顺序包括顺序执行、选择执行和循环执行。流程控制语句用来控制程序中各语句的执行顺序，可以把语句组合成按特定顺序执行的结构。

2.5.1　顺序结构

顺序结构是 Java 流程控制语句中最简单的一种，按照代码的先后顺序依次执行。顺序结构的流程图如图 2.13 所示。

图 2.13　顺序结构的流程图

2.5.2　分支结构

分支结构又称为选择结构，根据计算所得的表达式的值来判断应该执行哪个流程的分支。Java 提供了 if 和 switch 两种分支语句。

1. if 条件分支语句

if 结构又可以分为 if 单分支结构、if-else 双分支结构、if-else if-else 多分支结构。

if 单分支结构的语法格式如下：

```
if(条件表达式){
    语句块 1
}
```

上述语句的执行逻辑如下：如果条件表达式的值为 true，那么执行语句块 1；如果为 false，那么跳过该语句块。简单来说，应该根据条件表达式的结果选择是否执行语句块 1。

例如：

```java
if(age < 18){
    System.out.println("未成年"); // 当变量age的值小于18时才会执行
}
```

if-else 双分支结构的语法格式如下：

```java
if(条件表达式){
    语句块1
} else {
    语句块2
}
```

上述语句的执行逻辑如下：如果条件表达式的值为 true，那么执行语句块 1；如果为 false，那么执行语句块 2，即根据条件表达式的值选择执行语句块 1 还是语句块 2。

if-else 双分支结构的流程图如图 2.14 所示。

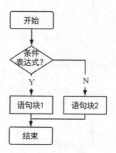

图 2.14　if-else 双分支结构的流程图

需要注意以下几点。

（1）条件表达式的值应该是布尔类型的。

（2）当语句块 1 和语句块 2 中仅有一行代码时，在语法上可以省略语句块前后的花括号。

（3）从代码可读性的角度来看，建议不要省略花括号。

if-else if-else 是多条件、多分支结构，即根据多个条件来控制程序执行的流程，语法格式如下：

```java
if(条件表达式1){
    语句块1
}
else if (条件表达式2){
    语句块2
}
```

```
......
else{
    语句块 n
}
```

if-else if-else 多分支结构的流程图如图 2.15 所示。

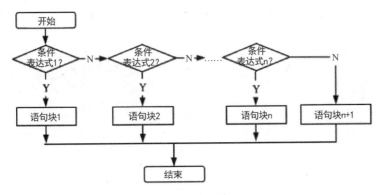

图 2.15　if-else if-else 多分支结构的流程图

【实例 2.8】if-else if-else 多分支结构的应用。

```
public class Example2_8 {
    public static void main(String[] args) {
        int scores = 87;
        String Grade;
        if (scores >= 90&&scores< =100) {
            Grade = "优秀";
        } else if (scores >= 80) {
            Grade = "良好";
        } else if (scores >= 70) {
            Grade = "中等";
        } else if (scores >= 60) {
            Grade = "及格";
        } else {
            Grade = "不及格";
        }
        System.out.println(scores+"分的等级： " + Grade);
    }
}
```

运行结果如图 2.16 所示。

87分的等级： 良好

图 2.16　运行结果 1

2. switch 语句

switch 语句由一个控制表达式和多个 case 标签组成。switch 语句中的控制表达式的数据类型在 Java 5 之前只能是 byte、short、int 和 char 这 4 种类型，枚举类型和字符串类型从 Java 7 才允许使用。

switch 语句的语法格式如下：

```
switch(控制表达式){
    case 常量1:
        语句块 1;
        break;
    case 常量2:
        语句块 2;
        break;
        ......
    case 常量n:
        语句块 n;
        break;
    default:
        语句块 n+1;
        break;
}
```

在 case 语句中给出的必须是一个常量，并且 case 语句中的常量值各不相同。

当程序执行到 switch 语句时，首先计算控制表达式的值，假设值为 A。然后将 A 与第 1 条 case 语句中的常量 1 进行匹配，若值相等则执行语句块 1，语句块执行完成后不跳出 switch 语句，直到遇到第 1 条 break 语句时才跳出 switch 语句。如果 A 与常量 1 不相等，那么与第 2 条 case 语句中的常量 2 进行匹配，若值相等则执行语句块 2，以此类推，直到执行语句块 n。如果所有的 case 语句都没有执行，就会执行 default 的语句块 n+1，执行完毕就跳出 switch 语句。

简单总结，switch 语句是根据控制表达式的值与 case 语句中的常量值是否相等来选择执行哪个语句块的。

需要特别注意的是，如果没有遇到 break 语句，那么 switch 语句将从匹配的 case 语句对应的语句块一直向下执行，直到 switch 语句完全结束（包括 default 的语句块）。例如：

```
int a=1;
switch (a){
case 1:
    System.out.println(1); // 语句 1
case 2:
    System.out.println(2); // 语句 2
case 3:
    System.out.println(3); // 语句 3
default:
```

```
        System.out.println(4); // 语句 4
    }
```

在上述示例中，语句 1～语句 4 均会被执行。

另外，从语法的角度来看，default 的语句块是允许省略的。但是从代码规范性的角度来看，一般强调必须提供 default 的语句块。

【实例 2.9】利用 switch 语句判断成绩等级。

```
public class Example2_9 {
    public static void main(String[] args) {
        Scanner reader = new Scanner(System.in); // 能接收键盘输入的小工具
        System.out.println("请输入整数分数：");
        int score = reader.nextInt();
        switch(score/10){
            case 10:
            case 9:
            System.out.println("优秀");
            break;
            case 8:
            System.out.println("良好");
            break;
            case 7:
            System.out.println("中等");
            break;
            case 6:
            System.out.println("及格");
            break;
            default:
            System.out.println("不及格");
        }
    }
}
```

运行结果如图 2.17 所示。

```
请输入整数分数：
87
良好
```

图 2.17　运行结果 2

3. 分支语句的选择

通过学习分支语句，读者现在可以使用两种流程控制语句来实现分支结构。接下来要思考的问题是，如何结合特定的场景进行选择。这需要明确两种流程控制语句的优势和适用场景，如表 2.12 所示。

表 2.12　两种流程控制语句的对比

流程控制语句	优势	适用场景
if-else	语法简单	单分支、双分支、基于值的范围进行判断等场景
	能进行范围判断	
switch	语句结构清晰	与多个具体值进行匹配的场景
	可以基于 break 实现更多样的控制	

2.5.3　循环结构

JV-02-v-003

循环结构是在一定条件下反复执行一段语句的流程结构，如重复输出一条语句特定的次数或对数据集中的每个数据执行相同的验证逻辑。Java 中有 3 种循环语句：while、do-while 和 for。

1. while 循环语句

while 循环语句的语法格式如下：

```
while(循环条件){
    循环体;
}
```

上述语句的执行顺序如下。
- 计算循环条件的值。
- 如果循环条件的值为 true，那么先执行一次循环体，再返回上一步。
- 如果循环条件的值为 false，那么结束循环语句。

while 循环语句的流程图如图 2.18 所示。

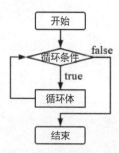

图 2.18　while 循环语句的流程图

while 循环语句的特点是先判断再循环，循环体的执行次数大于或等于 0。当循环条件的值为 true 时执行。while 循环语句中应有使循环趋向于结束的语句，否则会出现无限循环，即死循环。

【实例 2.10】使用 while 循环语句求 1~100 的累加和。

```java
public class Example2_10{
    public static void main(String[] args) {
        int i = 1;
        int sum = 0;                 // 用于统计最终的结果
        while (i <= 100) {           // 循环条件
            // 相当于 sum = sum+i;
            sum + = i;
            i++;
        }
        System.out.println("Sum = " + sum);
    }
}
```

上述程序的实现比较简单，请读者自行练习并验证结果。

2．do–while 循环语句

do-while 循环语句与 while 循环语句类似，只是 while 循环语句先判断后循环，do-while 循环语句则先循环后判断，循环体至少执行一次。

do-while 循环语句的语法格式如下：

```java
do{
    循环体；
}while(条件表达式)；
```

do-while 循环语句的流程图如图 2.19 所示。

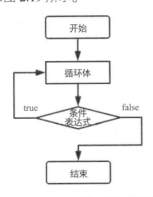

图 2.19 do-while 循环语句的流程图

【实例 2.11】使用 do-while 循环语句改写实例 2.10。

```java
public class Example2_11 {
    public static void main(String[] args) {
        int i = 1;
```

```
        int sum = 0;
        do {
            sum + = i;
            i++;
        } while (i <= 100);
        System.out.println("Sum = " + sum);
    }
}
```

请读者自行验证结果。

3. for 循环语句

for 循环语句是应用最广泛、功能最强的一种循环结构，一般用于已知循环次数的情况下。for 循环语句的特点是先判断后执行，循环体的执行次数大于或等于 0，当条件表达式的值为 true 时执行。

for 循环语句的语法格式如下：

```
for([初始化表达式]; [条件表达式]; [迭代表达式]){
    循环体
}
```

上述语句的执行顺序如下。

（1）执行初始化表达式，它的作用是初始化循环变量和其他变量。初始化表达式在整个循环过程中仅执行一次。

（2）执行条件表达式。

- 如果条件表达式的值为 true，那么执行一次循环体。

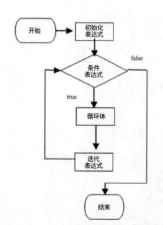

图 2.20　for 循环语句的流程图

- 如果条件表达式的值为 false，那么跳出循环。

（3）每次循环体执行完成后，会执行一次迭代表达式。

for 循环语句的流程图如图 2.20 所示。

【实例 2.12】使用 for 循环语句改写实例 2.11。

```
public class Example2_12 {
    public static void main(String[] args) {
        int sum = 0;
        for(int i = 1 ; i<= 100; i++) {
            sum + = i;
        }
        System.out.println(sum);
    }
}
```

请读者自行验证结果。

需要注意的是，初始化表达式、条件表达式及迭代表达式都可以省略，但分号不能省略，当三者都省略时循环会一直执行，即出现死循环。

4. 循环语句的选择

通过对循环语句的学习，读者现在可以使用 3 种流程控制语句来实现循环结构。接下来要思考的问题是，如何结合特定的场景进行选择。

- for 循环语句和 while 循环语句在执行循环体之前测试循环条件，属于当型循环，循环体可能一次都不执行。
- do-while 循环语句在执行循环体之后测试循环条件，属于直到型循环，至少执行一次循环体。
- for 循环语句更适合用于明确知道循环次数的场景。
- while 循环语句和 do-while 循环语句更适合用于循环次数不明确，以及当某个条件改变时再结束循环的场景。

2.5.4 中断和跳转

1. break 语句

break 语句用于终止某个语句块的执行，跳转到该语句块后的第一条语句开始执行。break 语句也可用在 switch 语句中。

在循环体中使用 break 语句有两种方式：带标签和不带标签。break 语句的语法格式如下：

```
break;                  // 不带标签
break label;            // 带标签，label 是标签名
```

不带标签的 break 语句使程序跳出所在层的循环体，而带标签的 break 语句使程序跳出标签指示的循环体。

【实例 2.13】不带标签的 break 语句的用法。

```
import static java.lang.Math.sqrt;
public class Example2_13 {
    public static void main(String[] args) {
        // 输出 100 以内的所有素数
        int i;
        int j;
        int c = 0;
        // 注释①
        for( i = 2; i<= 100; i++){
            // 注释②
            for (j = 2; j <= sqrt(i); j++){
                if(i%j == 0){
                    break;
```

```
                }
            }
            if(j>sqrt(i)){
                System.out.printf("%5d", i);
                c++;
                if(c%5 == 0){
                    System.out.println();
                }
            }
        }
    }
}
```

```
 2   3   5   7  11
13  17  19  23  29
31  37  41  43  47
53  59  61  67  71
73  79  83  89  97
```

图 2.21　运行结果 1

运行结果如图 2.21 所示。

在上面的程序中，当条件 i%j==0 为 true 时，执行 break 语句，结束注释②处的内层循环，返回注释①处的外层循环中继续执行下一次循环。

【实例 2.14】带标签的 break 语句的用法。

```
public class Example2_14 {
    public static void main(String[] args) {
        label:for (int i=0; i<5; i++){
            for (int j=3; j>0; j--){
                System.out.println("i 的值: "+i+", j 的值: "+j);
                if (i==j){
                    break label;
                }
            }
        }
    }
}
```

运行结果如图 2.22 所示。

```
i的值: 0，j的值: 3
i的值: 0，j的值: 2
i的值: 0，j的值: 1
i的值: 1，j的值: 3
i的值: 1，j的值: 2
i的值: 1，j的值: 1
```

图 2.22　运行结果 2

上述代码中的 break 语句的后面指定了 label 标签，当条件满足 i==j 时，执行 break 语句，程序就会跳出 label 标签所指定的循环，即外层循环，所以最后输出的是 "i 的值：1，

j 的值：1"。

2. continue 语句

continue 语句用来结束本次循环，跳过循环体中尚未执行的语句，接着进行终止条件的判断，以决定是否继续循环。在循环体中使用 continue 语句有两种方式：带标签和不带标签。continue 语句的语法格式如下：

```
continue [label];
```

【实例 2.15】不带标签的 continue 语句的用法。

```java
// 删除 1~20 的自然数列中的 3 的倍数和以 3 为结尾的数
public class Example2_15 {
    public static void main(String[] args) {
        int[] a = new int[10];
        int c = 0;
        for(int i = 1 ; i<= 20 ; i++) {
            //  i 是 3 的倍数或尾数是 3
            if(i%3 == 0 || i%10 == 3) {
                // 将满足条件的数放到数组 a 中
                a[c] = i;
                // 累计满足条件的个数
                c++;
                continue;
            }
            System.out.print(i+"   ");
        }
        System.out.println();
        System.out.println("被删除的数为：");
        for (int j = 0; j<c; j++){
            System.out.print(a[j]+"   ");
        }
    }
}
```

运行结果如图 2.23 所示。

1 2 4 5 7 8 10 11 14 16 17 19 20

图 2.23　运行结果 3

2.6　数组

JV-02-v-004

单个变量只能存储一个数据。为了方便存储一组同一数据类型的多个数据，和绝大部分计算机语言一样，Java 提供了数组。在计算机科学中，数组是一种数据结构，由一组元素（值或变量）组成，每个元素至少由一个数组索引或键标识。在 Java 中较为常用的数组是一维数组和二维数组。将数组和循环结构相结合可以解决许多复杂的问题。

2.6.1 一维数组

一维数组是一种线性数组。访问一维数组中的元素涉及单个下标，它可以表示行索引或列索引。一维数组的示意图如图 2.24 所示。

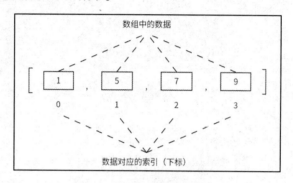

图 2.24 一维数组的示意图

1. 一维数组的声明

声明一维数组的语法格式如下：

```
数据类型[] 数组名;
```

```
数据类型 数组名[];
```

从面向对象的角度来看，推荐采用第一种声明方式，因为它把"元素数据类型[]"看成一个整体类型，即数组类型。

这里需要注意的是，数组不是基本数据类型而是引用类型。即使是用于存储基本数据类型数据的数组，本身的数据类型也是引用类型。

2. 一维数组的创建（动态初始化）

数组声明完成后，数组的长度还不能确定，Java 虚拟机还没有为元素分配内存空间。数组的创建过程就是 Java 虚拟机在堆空间（Heap）中为数组元素分配内存空间并返回地址的过程。

动态初始化就是使用 new 运算符分配指定长度的内存空间，语法格式如下：

```
数组名 = new 数组元素类型[元素个数];
```

需要注意的是，数组的声明和内存空间的分配可以在声明时同时完成，例如：

```
int[] arr = new int[4]; // 创建一个长度为 4 的数组
```

3. 数组的静态初始化

可以在声明一个数组的同时对数组中的每个元素进行赋值，语法格式如下：

数据类型[] 数组名={初值表}；

例如：

```
int[] arr = {4,3,7,9};
```

也可以将声明和初始化过程分开进行，例如：

```
int[] arr;
arr = new int[]{4,3,7,9};①
```

①处的语句不可以写成 arr={4,3,7,9};。

4. 数组元素的初始化

在创建数组时 Java 虚拟机会根据数组元素的类型自动赋初值：int 型的默认值为 0，float 型和 double 型的默认值为 0.0，char 型的默认值是 Unicode 编码'\u0000'，布尔类型的默认值为 false，引用类型的默认值为 null。例如：

```
int[] arr = new int[4]; // {0,0,0,0}
```

5. 一维数组的长度

一维数组中元素的个数称为数组的长度。对于一维数组，"数组名.length" 的值就是数组中元素的个数。例如：

```
float[] a = new float[10]; // a.length 的值为 10
```

6. 一维数组的访问

对一个数组中的元素进行访问是通过数组的下标实现的。下标是数组为其中的元素默认提供的访问索引。在 Java 中，数组的下标从 0 开始，长度为 n 的数组的下标合法的取值范围为 0～n-1。在程序运行过程中，如果数组的下标超过这个范围就会抛出下标越界异常，即 IndexOutOfBoundsException。

例如：

```
int[] arr=new int[4];
System.out.println(arr[0]);    // 读取数组中下标为 0 的元素的值，输出结果为 0
arr[0] = 5;                    // 为数组中下标为 0 的元素赋值
```

```
System.out.println(arr[0]);        // 再次读取数组中下标为 0 的元素的值，输出结果为 5
```

【实例 2.16】一维数组的应用。

```java
public class Example2_16 {
    public static void main(String[] args) {
        // 0, 0, 0, 0
        int[] arr = new int[4];
        // 0
        System.out.println(arr[0]);
        arr[0] = 8;
        arr[1] = 10;
        arr[2] = 30;
        arr[3] = 100;
        // arr[4] = 10;// ArrayIndexOutOfBoundsException: 4
        System.out.println(arr[0]);
        System.out.println(arr[1]);
        System.out.println(arr[2]);
        System.out.println(arr[3]);
        // 数组相当于存储了一组变量，每个元素都是一个变量
        int n = arr[2] + arr[1] * 10;
        System.out.println(n);
        // 利用 length 可以读取数组的长度
        System.out.println(arr.length);
        double[] arr1 = new double[3];
        // 0.0
        System.out.println(arr1[0]);
        arr1[0] = 35;
        System.out.println(arr1[0]);
        // 使用已知数据直接初始化数组中的元素
        int[] arr2 = new int[] {9, 19, 23, 65, 8};
        // 23
        System.out.println(arr2[2]);
        // 简写形式：只能在声明数组的同时进行初始化
        int[] arr3 = {9, 19, 23, 65, 8};
        int[] arr4;
        // arr4 - {5, 2, 4, 5}; // 编译错误
        arr4 = new int[] {5, 2, 4, 5};
        // char 数组
        // 每个元素存储的是编号为 0 的字符
        char[] chars = new char[5];
        // 编号为 0 的字符是控制字符，输出基本没有效果
        // System.out.println(chars[0]);
        // 转换成 int 型值输出，结果为 0
        System.out.println((int)chars[0]);
    }
}
```

请读者自行练习，并对照注释观察所得的结果。

7. 数组的遍历

数组的遍历是指按照特定的顺序访问数组中的全部元素，这是数组使用中的一类特别常见的操作。例如，遍历数组中的元素，查找满足特定条件的元素。数组的遍历一般是通过循环实现的，如 for 循环。

【实例 2.17】使用 for 循环遍历数组。

```
public class Example2_17 {
    public static void main(String[] args) {
        int[] array=new int[100];
        // 将数组中的元素设为 1~100
        for(int i=0;i<array.length;i++){
            array[i] = i+1;
        }
        // 输出数组中所有 13 的倍数
        for(int i = 0;i<array.length;i++){
            if (array[i]%13 == 0){
                System.out.print(array[i]+"  ");
                    // 13  26  39  52  65  78  91
            }
        }
    }
}
```

除了实例 2.17 中展示的使用 for 循环的方式，从 Java 5 开始还提供了一种简化的数组遍历方式，称为 for each 循环，或者称为增强型 for 循环。for each 循环的语法格式如下：

```
for(数组中的元素的类型 临时变量：被遍历的数组){
    // 循环体，使用临时变量访问数组中的元素
}
```

上述语句的执行逻辑如下。

- 除非使用语句跳出循环，否则循环的执行次数与数组的长度一致。
- 当第一次执行循环时，临时变量的值与被遍历数组中第一个元素的值相等。
- 当第二次执行循环时，临时变量的值与被遍历数组中第二个元素的值相等。

【实例 2.18】使用 for each 循环遍历数组。

```
public class Example2_18 {
    public static void main(String[] args) {
        int[] array=new int[]{2,4,6,8};
        for(int i : array){
            System.out.print(i+" ");  // 2 4 6 8
        }
    }
}
```

在使用 for each 循环时需要特别注意，临时变量并不是数组中该位置的元素，仅仅表示其值与数组中该位置元素的值相等。因此，不能通过临时变量对数组中的元素进行修改，仅能读取该位置的值。

因此，for each 循环大多用于按照从头到尾的顺序逐个访问数组中的元素的值的场景，不能用于修改数组中的元素的值。

2.6.2　二维数组

当数组中的元素也是一维数组时，将该数组称为二维数组。二维数组的示意图如图 2.25 所示。

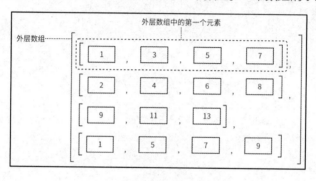

图 2.25　二维数组的示意图

二维数组的每行的元素个数可能不同，所以也称为锯齿数组。

1.　二维数组的声明

声明二维数组的语法格式如下：

```
数据类型[][] 数组名;
```

```
数据类型 数组名[][];
```

2.　二维数组的创建（动态初始化）

创建二维数组的语法格式如下：

```
数组名=new 数据类型[元素个数][];
```

例如：

```
// 在声明二维数组时至少要给出第一维的长度，即确定行数
// 每行元素的个数还不确定
int[][] ia = new int[3][];
```

```
// 创建一个 3 行 4 列的二维数组
Int[][] ib = new int[3][4];
```

3. 数组元素的初始化

和一维数组一样，在创建二维数组时 Java 虚拟机会根据数组元素的类型自动赋初值。例如：

```
int[][] ia = new int[3][];       // {null, null, null}
Int[][] ib = new int[3][2];      // {{0, 0}, {0, 0}, {0, 0}}
```

4. 二维数组的创建（静态初始化）

创建二维数组的语法格式如下：

数据类型 数组名[][]={{初值表},{初值表},...};

例如：

```
int[][] a = {{1,2,3,4}, {5,6}, {7,8,9}};
```

5. 二维数组的长度

length 是数组的一个属性，用来表示数组的长度。但对于二维数组来说，"数组名.length"的值是它包含的一维数组的个数。例如：

```
int[][] b=new int[2][5];
System.out.println(b.length);        // 输出 2，即外层数组的长度
System.out.println(b[0].length);     // 输出 5，即内层数组的长度
```

6. 二维数组的访问

通过"数组名[行下标][列下标]"的方式来访问二维数组的元素。例如，a.length 代表行数，a[i].length 代表第 i 行的元素的个数。

使用二重循环遍历二维数组的程序片段如下所示：

```
int[][] a = {{14,22,35,42}, {15,67,45}, {16,34}};
for( int i = 0; i< a.length; i++ ){
    for( int j = 0; j < a[i].length; j++){
        System.out.print(a[i][j]+" ");
    }
    System.out.println();
}
```

2.7 编程实训——气泡案例（随机控制气泡）

JV-02-v-005

1. 实训目标

（1）理解气泡的实现原理。
（2）理解随机数的控制原理。
（3）了解可视化界面的生成。
（4）理解气泡运动的控制原理。

2. 实训环境

实训环境如表 2.13 所示。

表 2.13　实训环境

软件	资源
Windows 10	tedu_utils1.0.jar
Java 11	

3. 实训步骤

本实训使用随机数及可视化编程库，实现一个气泡在窗口中运动的功能，效果如图 2.26 所示。

图 2.26　气泡在窗口中运动

本实训实现的功能主要包括以下几点：气泡的颜色随机，气泡的初始位置随机，气泡运动的方向和速度随机，气泡在碰到窗口边缘时会回弹。

步骤一：导入 jar 包。

首先使用 IDEA 创建新项目 bubble，将 tedu_utils1.0.jar 文件放到 lib 文件夹下，如图 2.27 所示。

然后导入 jar 包，如图 2.28 所示，选择"Project Structure..."命令。

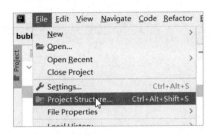

图 2.27　将 jar 包放到 lib 文件夹下　　　　图 2.28　选择"Project Structure..."命令

选中"Modules"选项，单击"+"按钮，选择第一条命令，如图 2.29 所示。

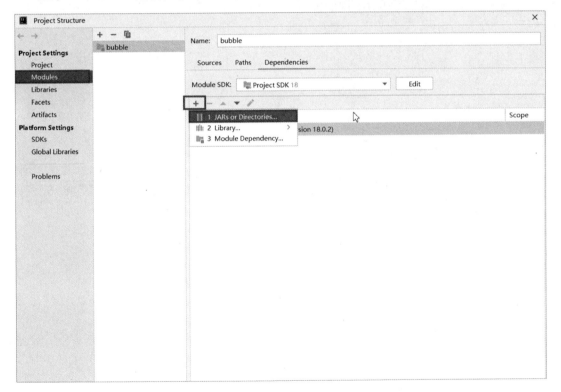

图 2.29　添加 jar 包步骤 1

弹出窗口后，选择当前项目下的 jar 包，单击"OK"按钮即可，如图 2.30 所示。

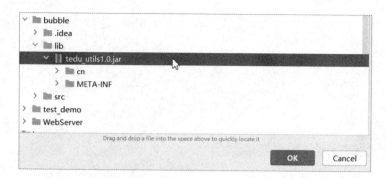

图 2.30　添加 jar 包步骤 2

返回原窗口后，可以看到刚才的 jar 包的信息，勾选如图 2.31 所示的复选框，单击"Apply"按钮和"OK"按钮后，退出窗口。

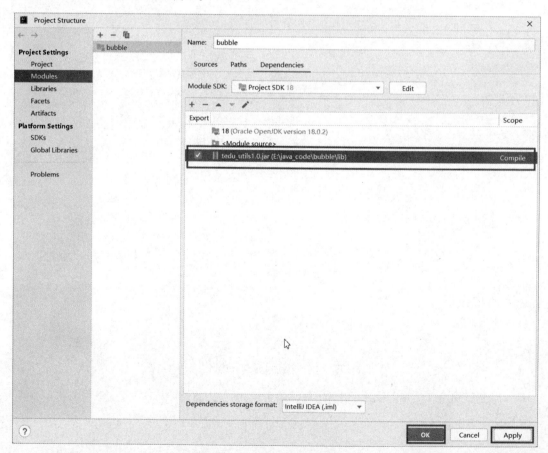

图 2.31　添加 jar 包步骤 3

添加 jar 包后，可以看到项目目录 jar 包下出现新的文件夹，这表示添加 jar 包成功，如图 2.32 所示。

图 2.32　添加 jar 包步骤 4

步骤二：导入必要的库。

在 src 文件夹下创建 ball 包，并在 ball 包下创建代码文件 Test.java，导入下面的内容：

```java
package ball;

// 导入 2D 可视化界面
import java.awt.Graphics2D;
// 控制气泡颜色的库
import java.awt.Color;

// 导入 jar 包中的代码
import cn.tedu.util.App;
```

步骤三：添加属性。

在 Test 类中添加如下属性，文件中涉及部分可视化代码，先使用继承方式实现这一部分代码：

```java
// 用于模型的继承，里面已经编写了很多功能
public class Test extends App{

    // 随机数的设置
    // 如果需要生成[min,max)随机数，那么使用如下公式即可
    // int r = (int)(Math.random()*(max-min))+min

    // 气泡出现的位置
    // 气泡的半径
    int d = (int)(Math.random()*(60-10))+10;
    // 屏幕的宽为 800 像素
    double x = (int)(Math.random()*(800-d));
    // 屏幕的高为 600 像素
    double y = (int)(Math.random()*(600-d));

    // 气泡的颜色 RGB 每个值的取值范围是 0~255
    int r = (int)(Math.random()*256);
    int g = (int)(Math.random()*256);
```

```
        int b = (int)(Math.random()*256);
        // 创建气泡的颜色
        Color color = new Color(r,g,b);

        // 控制气泡运动的方向
        double offsetX = Math.random()*(6-1)+1;
        double offsetY = Math.random()*(6-1)+1;
        // 语句块用于判定移动是正方向的还是反方向的
        {
            offsetX = Math.random()<0.5 ? -offsetX : offsetX;
            offsetY = Math.random()<0.5 ? -offsetY : offsetY;
        }
```

步骤四：气泡功能的实现。

在 Test 类中添加方法，完成气泡运动的控制：

```
public void painting(Graphics2D g) {
    g.setColor(color);
    x += offsetX;
    y += offsetY;
    if(x >= 800-d) {
        offsetX = -offsetX;
        System.out.println("碰到右边缘："+x);
    } else if(y >= 600-d) {
        offsetY = -offsetY;
        System.out.println("碰到下边缘："+y);
    } else if(x<0) {
        offsetX = -offsetX;
        System.out.println("碰到左边缘："+x);
    } else if(y<0) {
        offsetY = -offsetY;
        System.out.println("碰到上边缘："+y);
    } else {
        System.out.println("正常飞行");
    }
    g.fillOval((int)x, (int)y, d, d);
}
```

步骤五：主函数的调用。

在 Test 类中调用主函数，用于运行程序：

```
public static void main(String[] args) {
    Test test = new Test(); // 创建一个对象
    test.start();    // 继承得到的方法，用于启动代码
}
```

运行代码，可以看到气泡的运动效果，如图 2.26 所示。

Test.java 文件中完整的代码如下：

```java
package ball;

// 导入 2D 可视化界面
import java.awt.Graphics2D;
// 控制气泡颜色的库
import java.awt.Color;

// 导入 jar 包中的代码
import cn.tedu.util.App;

// 用于模型的继承，里面已经编写了很多功能
public class Test extends App{

    // 随机数的设置
    // 如果需要生成[min,max)随机数，那么使用如下公式即可
    // int r = (int)(Math.random()*(max-min))+min

    // 气泡出现的位置
    // 气泡的半径
    int d = (int)(Math.random()*(60-10))+10;
    // 屏幕的宽为 800 像素
    double x = (int)(Math.random()*(800-d));
    // 屏幕的高为 600 像素
    double y = (int)(Math.random()*(600-d));

    // 气泡的颜色 RGB 每个值的取值范围是 0~255
    int r = (int)(Math.random()*256);
    int g = (int)(Math.random()*256);
    int b = (int)(Math.random()*256);
    // 创建气泡的颜色
    Color color = new Color(r,g,b);

    // 控制气泡运动的方向
    double offsetX = Math.random()*(6-1)+1;
    double offsetY = Math.random()*(6-1)+1;
    // 语句块用于判定移动是正方向的还是反方向的
    {
        offsetX = Math.random()<0.5 ? -offsetX : offsetX;
        offsetY = Math.random()<0.5 ? -offsetY : offsetY;
    }

    public void painting(Graphics2D g) {
        g.setColor(color);
        x += offsetX;
        y += offsetY;
        if(x> = 800-d) {
```

```
            offsetX = -offsetX;
            System.out.println("碰到右边缘: "+x);
        } else if(y>= 600-d) {
            offsetY = -offsetY;
            System.out.println("碰到下边缘: "+y);
        } else if(x<0) {
            offsetX = -offsetX;
            System.out.println("碰到左边缘: "+x);
        } else if(y<0) {
            offsetY = -offsetY;
            System.out.println("碰到上边缘: "+y);
        } else {
            System.out.println("正常飞行");
        }
        g.fillOval((int)x, (int)y, d, d);
    }

    public static void main(String[] args) {
        // 创建一个对象
        Test test = new Test();
        // 继承得到的方法，用于启动代码
        test.start();
    }
}
```

本章小结

本章从介绍 Java 标识符开始，详细讲解了 Java 的基本数据类型、变量、运算符与表达式、流程控制语句及 Java 数组等内容。通过学习本章内容，读者能够掌握 Java 的基本语法知识。

习题

一、选择题

1. 属于合法的 Java 标识符的是（   ）。

    A．public   B．3num

    C．good-class   D．_age

2．执行下面的代码段后，i 和 j 的值分别是（　　　　）。

```
int i=1; int j; j=i++;
```

　　　A．1 和 1　　　　　　　　　　　　B．1 和 2

　　　C．2 和 1　　　　　　　　　　　　D．2 和 2

3．下面的赋值语句中错误的是（　　　　）。

　　　A．float f = 11.1;　　　　　　　　B．double d = 5.3E12;

　　　C．double d = 3.14159;　　　　　　D．double d = 3.14D;

4．在 Java 中，不能正确通过编译的是（　　　　）。

　　　A．System.out.println(1+1);　　　　B．char i =2+'2'; System.out.println(i);

　　　C．String s="on"+3;　　　　　　　D．int b=255.0;

5．在下列各项中，用于声明 char 型变量的是（　　　　）。

　　　A．char ch='\\'　　　　　　　　　B．char ch='ABCD'

　　　C．char ch="ABCD"　　　　　　　D．char ch="R"

6．在下列各项中，（　　　　）是正确的 float 型变量的声明。

　　　A．float foo=1;　　　　　　　　　B．float foo=1.0;

　　　C．float foo=2e1;　　　　　　　　D．float foo=2.02;

7．阅读下面的代码，叙述正确的是（　　　　）。

```
public class Test{
    public static void main(String args[]){
        int arr[] = new int[10];
        System.out.println(arr[1]);
    }
}
```

　　　A．产生编译错误　　　　　　　　　B．输出 null

　　　C．编译正确，发生运行异常　　　　D．输出 0

8．下列叙述错误的是（　　　　）。

　　　A．System 是关键字

　　　B．对于 int a[]=new int[3];，a.length 的值是 3

　　　C．char 型字符在 Unicode 表中的位置范围为 0 ～ 65535

　　　D．_class 可以作为标识符

9．对于 int n=6789;，表达式的值为 7 的是（　　　　）。

　　　A．nn/1000%10　　　　　　　　　B．n/100%10

　　　C．n/10%10　　　　　　　　　　　D．%10

10．下列叙述正确的是（　　　）。

　　A．'a'+ 10 的结果是 int 型数据

　　B．(int)5.8+ 2e1 的结果是 int 型数据

　　C．'苹'+ '果'的结果是 char 型数据

　　D．(byte)3.14+ 1 的结果是 byte 型数据

11．下列数据类型转换，必须进行强制类型转换的是（　　　）。

　　A．byte→int　　　　　　　　　　　　B．int→char

　　C．short→long　　　　　　　　　　　D．float→double

12．下列叙述错误的是（　　　）。

　　A．while(表达式)语句中的"表达式"的值必须是布尔类型的

　　B．for(表达式 1;表达式 2;表达式)语句中的"表达式 2"的值必须是布尔类型的

　　C．switch 语句中必须有 default 的语句块

　　D．if(表达式)语句中的"表达式"的值必须是布尔类型的

13．下列叙述错误的是（　　　）。

　　A．表达式 5.0/2+ 10 的结果是 double 型的，即 12.5

　　B．表达式 5/2 的结果是 2

　　C．表达式 10>12−8 的结果是 1

　　D．表达式 5>4 的结果是 true

14．在 Java 语句中，位运算操作数只能为整型或（　　　）的数据。

　　A．实型　　　　　　　B．字符型　　　　　　C．布尔类型　　　　　D．字符串类型

15．下列代码的输出结果是（　　　）。

```
int a = 10;
int b = 0;
int c;
if (a > 50) {
    b = 9;
}
c = b + a;
System.out.println(c);
```

　　A．10　　　　　　　　B．19　　　　　　　C．0　　　　　　　　D．编译出错

二、判断题

1．float height = 1.0f;是正确的 float 型变量的声明。　　　　　　　　　　　　（　　　）

2．byte amount = 128;是正确的 byte 型变量的声明。　　　　　　　　　　　　（　　　）

3．6 = 6 是非法的表达式。　　　　　　　　　　　　　　　　　　　　　　　　（　　　）

4．表达式 2>8&&9>2 的结果为 false。 （　　）

5．逻辑运算符的运算结果是布尔类型的数据。 （　　）

6．int a[20];是正确的数组声明。 （　　）

7．表达式 5/2 的结果是 2。 （　　）

8．在 while 循环语句的循环体中，执行 break 语句的效果是结束 while 循环语句。 （　　）

9．标识符不能是 true、false 和 null（尽管 true、false 和 null 不是 Java 关键字）。 （　　）

10．if 语句中的条件表达式的值可以是 int 型的。 （　　）

11．汉字可以出现在标识符中。 （　　）

12．int a,b[];声明了一个 int 型一维数组 a 和一个 int 型二维数组 b。 （　　）

13．char ch = 97;是错误的 char 型变量的声明。 （　　）

14．关系运算符的运算结果是布尔类型的。 （　　）

15．循环体中应包含循环变量控制语句，否则会出现死循环。 （　　）

三、简答题

1．请写出 Java 中所有的基本数据类型。

2．请描述在 Java 中定义标识符时需要注意的问题。

3．简述 i++和++i 的异同。

4．请写出下列各运算中 e 的结果。

```
int a = 20; int b = 30; int c = 40; int d = 50; int e ;
e = a++;  e = ++b;  e = c++ + b;
e = (a > b) ? a : b;  e = 2 / 3;
e = 9 % 4;  e = 5 | 7;
e = 9 & 4;  e = -8 % -5;  e = -8 % 5;  e += d++;
```

5．简述 for 循环语句的执行过程。

四、编程题

1．请编写打印"九九乘法口诀表"的 Java 程序。

2．编写一个 Java 程序，显示"我"、"爱"、"中"和"国"在 Unicode 表中的位置。

3．编写 Java 程序实现冒泡法排序算法，要求将待排序的整数放到数组中，用 for each 循环实现排序前和排序后数组元素的输出。

JV-02-c-001

第 3 章

面向对象编程基础

本章目标

- 理解面向对象编程的思想。
- 掌握类与对象的定义和使用。
- 理解对象的内存模型。
- 掌握方法的参数传递机制和方法的重载。
- 理解并掌握实例成员与类成员的用法。
- 掌握关键字 this 和 static 的使用。
- 熟练使用包、访问控制符对类进行良好的封装。

3.1 面向对象编程的思想

学习编程语言的核心目标之一是使用该语言开发软件，进而解决现实世界中的一些特定的问题或满足现实世界中的一些特定的需求。例如，通过开发计算器软件来满足用户的计算需求，通过开发聊天软件来满足用户的沟通需求，以及通过编写在线商城软件来满足用户的在线购物需求等。

在使用编程语言开发软件的过程中，一项不可或缺的工作是建立现实世界和代码程序之间的联系。例如，现实世界中的用户想要计算两个整数的和，在程序中需要声明两个变量来分别保存这两个整数，并对这两个变量执行求和运算。这听起来还是比较简单的。但是当现实世界中的需求变为满足用户的在线沟通时，各位读者可能就会因为问题过于复杂而感到有些无从下手。当现实世界中的需求变为满足数千万用户的在线购物需求时，各位读者会觉得这明显是强人所难。妥善地建立现实世界和代码程序之间的联系，就需要编程思想的支持。

面向对象编程（Object-Oriented Programming，OOP）是指以软件中的"对象个体"为思考方向的编程思想。其核心思想是从软件中的"对象个体"入手，通过分析对象的属性（数据）和行为（算法）等，逐步归纳并抽象出可以复用的软件组件。面向对象编程的核心思想是可以复用和扩展。

3.1.1　面向对象简介

早期的面向对象是指在程序设计中采用抽象、封装、继承和多态等设计方法。但是，随着面向对象应用的扩展，面向对象已经超越程序设计的界限。面向对象的思想涉及软件开发的各个方面，如面向对象分析（Object Oriented Analysis ，OOA）、面向对象设计（Object Oriented Design，OOD）和面向对象编程。

- 面向对象分析是从确定需求或业务的角度，按照面向对象的思想来分析业务。
- 面向对象设计是一个中间过渡环节，其主要作用是在面向对象分析的基础上进一步规范化整理，从而建立所要操作的对象及对象之间的联系，以便能够被面向对象编程直接接受。
- 面向对象编程是在前两者的基础上，对数据模型进一步细化。面向对象编程根据真实的对象来构建应用程序模型，是当今软件开发的主流设计模型。精通面向对象编程是编写出高品质程序的关键。

在学习面向对象的程序设计语言的过程中，应始终保持面向对象的理念，也就是说，在需要完成某项功能时，首先要设计好由哪个或哪些对象完成任务，以及程序中用到的数据属于哪个对象等。面向对象编程不但符合人们的思维习惯，而且更容易编写出易维护、易扩展和易复用的程序代码。

3.1.2　面向对象的特征

面向对象的特征可以概括为封装性、继承性和多态性。

1. 封装性

封装指的是将对象的属性和行为进行隐藏，不需要让外部使用者知道具体的实现细节。例如，一台计算机的内部极其复杂，有主板、CPU、硬盘和内存等，而一般用户不需要了解它的细节，于是计算机制造商用机箱把计算机封装起来，对外提供了一些接口，如鼠标、键盘和显示器等，这样用户使用计算机就会非常方便。

2. 继承性

继承性描述的是类与类之间的关系，是指子类自动继承父类的属性和行为。通过继承，子类可以扩充自己的特性。例如，车和汽车描述的就是继承的关系，汽车具有车的所有特性和功能，同时还应该增加汽车本身的特性。

3. 多态性

多态性是面向对象的又一重要特征，是指程序中出现的方法或变量"重名"的现象。

想要理解面向对象的特征，需要先充分了解面向对象的基本概念。因此，关于封装的详细介绍请参考 3.10 节，关于继承与多态的详细介绍请参考第 5 章。

3.1.3 类与对象的关系

面向对象编程的思想力图使程序中对事物的描述与该事物在现实中的形态保持一致。为了做到这一点，面向对象编程的思想中有两个重要的概念——类和对象。类是对某类事物的抽象描述，而对象用于表示现实中该类事物的个体。例如，可以将人看作一个类，现实生活中的每个具体的人就可以当成一个对象；可以将机动车看作一个类，大街上的每辆车就可以当成一个对象。所以，类用于描述多个对象的共同特征，是对象的模板；而对象用于描述现实中的个体，是类的实例。另外，一个类可以对应多个对象。

JV-03-v-001

3.2 类

类是 Java 程序的基本要素，一个 Java 程序就是由若干类构成的。类是 Java 中最重要的"数据类型"。类声明的变量被称作对象变量，简称对象。

3.2.1 定义类的语法格式

类（class）是一种新的数据类型，是具有相同特征（属性）和共同行为（方法）的一组对象的集合。定义类的语法格式如下：

```
[访问控制修饰符] class <类名> {
    [成员变量]
    [成员方法]
    ...
}
```

（1）访问控制修饰符即权限控制符：在 3.10 节中介绍。

（2）class：定义类的关键字，不能省略。

（3）类的成员。

- 成员变量（Member Variable）：主要用于描述类的静态特征。
- 成员方法（Member Method）：表明类所具有的行为。
- 构造方法（Constructors）：用于构造对象的方法。
- 类的其他成员将在后续章节中介绍。

【实例 3.1】定义一个 Person 类。

```java
public class Person {
    String name;
    int age;
    String address;

    public void introduce() {
        System.out.println("姓名:"+ name + ", 年龄:" + age +
            ",地址:"+ address);
    }
}
```

上述代码定义了一个名为 Person 的类，类体中有 3 个属性和 1 个方法。3 个属性分别代表人的姓名、年龄和地址 3 个特征；introduce()方法代表了人的自我介绍的行为。Person 类的结构如图 3.1 所示。

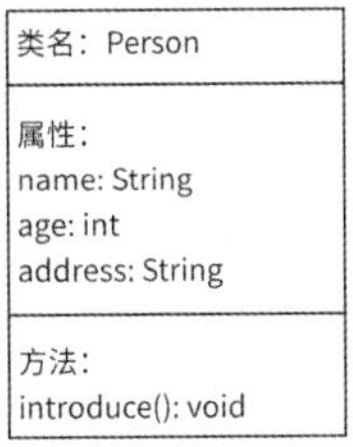

图 3.1　Person 类的结构

3.2.2　成员变量

成员变量是指定义在类中且在方法外的变量。定义成员变量的语法格式如下：

[访问控制修饰符] <数据类型> 名 [= 初值];

关于成员变量有以下几个问题需要说明。

- 成员变量修饰符：在 3.10 节中介绍。
- 成员变量的类型：成员变量的类型可以是 Java 中的任意一种数据类型，包括 8 种基本数据类型和引用类型（如数组和类等）。

　　在声明成员变量时如果没有指定初始值，那么 Java 编译器会为其指定默认值。例如，布尔类型的变量的默认值为 false，byte 型、short 型、int 型和 long 型变量的默认值为 0，char 型变量的默认值为'\0'（空字符），浮点类型变量的默认值为 0.0，引用类型变量的默认值为 null。

　　成员变量的有效范围是整个类，相当于全局变量，在整个类的所有方法中都有效。虽然成员变量的有效性与它在类体中出现的位置无关，但不提倡把成员变量的声明分散地写在方法之间（一般放在方法定义的前面）。

3.2.3　成员方法

　　方法（Method）是能完成一定的数据处理功能，并且可以被反复调用的语句的集合。在 Java 中，方法必须在类中定义，代表该类具有的某项行为特征。从语法的角度来看，方法要先定义后使用。虽然方法不能嵌套定义，但可以嵌套调用。

　　方法的语法格式如下：

```
[访问控制修饰符] <返回值类型> 方法名 (参数列表) {
    // 方法体......
    [return 返回值;]
}
```

　　关于成员方法，有以下几个问题需要说明。

　　（1）访问控制修饰符：在 3.10 节中介绍。

　　（2）参数列表：方法计算过程中依赖的数据。

　　（3）方法体：方法中的计算过程往往是可以复用的。

　　（4）返回值类型：方法的计算结果的数据类型。如果方法不返回任何计算结果，那么需要声明为 void。

　　（5）return 语句：返回方法的计算结果并终止方法的执行。当方法的返回值的类型不是 void 时，必须使用 return 语句向方法的调用者返回计算结果，该计算结果的类型必须与方法声明的返回值的类型相同。

　　方法最大的好处是可以复用，在类中声明的方法可以被该类的全体对象复用。一个方法的示例如下：

```
public class Calculator {
    /*
    * 计算平方和的方法
    */
    public int quadraticSum(int num1, int num2) {
        int result = num1*num1+num2*num2;
        return result;
    }
```

```
}
```

上述方法用于计算两个整数的平方和。方法的参数列表中包含两个参与计算的整数；方法体中是计算两个整数的平方和的逻辑，先使用局部变量 result 来保存计算结果，再使用 return 语句返回计算结果。声明了该方法后，后续需要计算两个整数的平方和时，不需要再开发相关的代码，直接调用该方法即可。

在上述方法中声明的 result 变量为局部变量。局部变量是指定义在方法中的变量（包括方法的参数），仅在这个方法中有效。如果局部变量的声明在复合语句中，那么局部变量的有效范围就是该复合语句。

在方法中使用变量时，需要注意区分成员变量和局部变量。如果局部变量的名称与成员变量的名称相同，那么成员变量被隐藏，即该成员变量在这个方法中暂时失效。例如：

```
class A {
    int x = 3;                      // 成员变量
    int y;                          // 默认的初始值为 0
    void m1(){
        int x = 4;                  // 局部变量
        y = x+1;                    // 使用的是局部变量
        System.out.println("y="+y); // 输出 5
    }
    void m2(){
        y=x+1;                      // 使用全局变量
        System.out.println("y="+y); // 输出 4
    }
    void m3(){
        int x = 4;                  // 局部变量
        y=this.x+1;                 // 使用全局变量
        System.out.println("y="+y); // 输出 4
    }
}
```

在上述代码中，如果 m1()方法被调用，那么输出 y=5，这是因为使用的是方法中声明的局部变量 x 的值。如果 m2()方法被调用，那么输出 y=4，这是因为使用的是类中声明的全局变量 x。需要注意的是，m1()方法中声明的局部变量仅在该方法中有效，因此，在 m2()方法中使用的变量 x 是全局变量。

当 m3()方法被调用时，会输出 y=4，这是因为在局部变量和全局变量都生效的情况下，可以通过关键字 this 来显式指定使用全局变量。

在实际开发中，应尽量避免出现局部变量和全局变量同名的情况，这样既可以保持代码的可读性，又可以降低出现异常的概率。

3.3　对象

JV-03-v-002

　　完成类的定义之后，就可以使用这种新类型来创建该类的对象。和基本数据类型不同，在用类声明对象时必须创建对象，即为声明的对象分配所拥有的变量。通过类创建对象的过程也被称为创建该类的一个实例，或者叫类的实例化。

3.3.1　创建对象

　　Java 提供的运算符 new 用于通过类创建对象，具体的语法格式如下：

类的名称 对象名称 = new 类的名称();

例如：

```
Person p = new Person();
```

　　创建对象的本质是在 Java 内存中创建一组相关数据，这组数据就是软件中的对象实例。利用类创建对象的好处是只有一个类就可以反复分配多组数据，以及避免反复定义数据。通过类创建对象的示意图如图 3.2 所示。

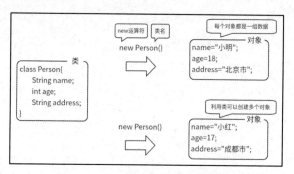

图 3.2　通过类创建对象的示意图

【实例 3.2】创建 Person 类的对象。

```
class Person {
    String name;
    int age;
    String address;
    void speak(){
        System.out.println("我叫"+name+"，今年"+age+"岁了。");
    }
}
public class Example3_2 {
```

```
    public static void main(String[] args) {
        Person p1 = new Person();
        Person p2 = new Person();
    }
}
```

3.3.2　使用对象

创建对象之后就可以使用该对象。通过使用访问符 "."，对象可以实现对自己的变量的访问和方法的调用。

- 访问对象的变量，体现对象的属性，调用格式为 "对象.变量"。
- 调用对象的方法，体现对象的行为，调用格式为 "对象.方法"。

【实例 3.3】Person 类的对象的创建及使用。

```
class Person{
    String name;
    int age;
    String address;
    void speak(){
        System.out.println("我叫"+name+"，今年"+age+"岁了。");
    }
}

public class Example3_3 {
    public static void main(String[] args) {
        Person p1 = new Person();
        Person p2 = new Person();
        p1.name = "小明";
        p1.age = 13;
        p2.name = "小红";
        p2.age = 11;
        p1.speak();
        p2.speak();
    }
}
```

运行结果如图 3.3 所示。

```
我叫小明，今年13岁了。
我叫小红，今年11岁了。
```

图 3.3　运行结果

在上面的代码中，p1 和 p2 引用的是 Person 类的两个不同的实例对象，是两个独立的个体，并且有属于自己的 name 值、age 值和 address 值。对象 p1 和 p2 在调用 speak()方法时，打印的 name 值和 age 值是不同的。

3.4　引用类型与垃圾回收

3.4.1　引用类型与引用类型变量

Java 中除基本数据类型以外的类型都是引用类型，如 String、数组和 Person 等。开发者声明的类也是引用类型，这样可以将类型进行丰富的扩展。使用引用类型声明的变量称为引用类型变量。使用基本类型变量的目的是控制基本类型数据，与此类似，使用引用类型变量的目的是控制对象数据。例如：

```
Person p1 = new Person();
p1.name = "小明";
p1.age=18;
```

变量 p1 可以控制属于这个 Person 对象的数据，其中，p1.name="小明"和 p1.age=18 就是操作这组数据将变量 p1 移到 name 和 age 位置上的。其中，"."是一个运算符，用于访问被变量 p1 引用对象的数据。引用变量的示意图如图 3.4 所示。

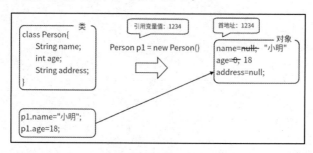

图 3.4　引用变量的示意图

引用类型变量的语法要点如下。

- 使用引用类型声明的变量是引用类型变量，也就是除基本类型变量以外的变量都是引用类型变量。
- 引用类型变量也是变量，也要遵守变量命名的语法规则。
- 引用类型变量的值是对象的内存首地址，引用类型变量通过这个地址间接地引用对象。
- 引用类型变量和对象之间是间接的关系，这也是"引用"这个词的由来。
- 引用类型变量的值是对象的内存首地址，不是对象本身，这就像气球和拴住气球的绳子之间的关系。

- 引用类型变量可以赋值为 null（空），表示变量没有引用任何对象。
- 在引用类型变量上使用 "." 运算可以访问对象的属性或方法。
- 在值为 null 的引用类型变量上访问属性或方法将出现 "空指针异常"。

计算机的内存可以看作有连续编号的库房，将对象和数据放到内存中就是存储在这个有连续编号的库房内，而内存地址就是指这个 "库房" 的编号。

3.4.2　垃圾回收

创建对象会占用内存空间来存储对象的数据，当程序不再需要一个对象时，应释放该对象占用的内存空间。Java 通过垃圾回收机制（Garbage Collection）实现这一操作。Java 的垃圾回收机制周期性地检测某个实体是否已经不再被任何变量引用，如果发现这样的实体，就释放实体占用的内存空间。

当一个对象的实体失去引用后会被垃圾回收机制回收，但开发者无法精确控制垃圾回收的时机。垃圾回收机制的执行原理超出了本书的讨论范围，感兴趣的读者可自行扩展学习。

开发者可以强制系统进行垃圾回收——这种强制只是通知系统进行垃圾回收，但系统是否进行垃圾回收依然不确定。大部分时候，程序强制系统进行垃圾回收后总会有一些效果。强制系统进行垃圾回收有如下两种方式。

- 调用 System 类的 gc() 静态方法：System.gc()。
- 调用 Runtime 对象的 gc() 实例方法：Runtime. getRuntime().gc()。

3.5　方法的重载

为了体现设计的优雅性，Java 支持方法的重载（Override）。方法的重载是指在一个类中可以定义多个方法名相同但参数不同的方法。在调用时，会根据不同的参数自动匹配对应的方法。重载的方法是完全不同的方法，只是方法名相同。

参数不同又分为两种情况：一是参数个数不同；二是参数个数可能相同，但参数列表中对应的参数的数据类型不同。

另外，值得注意的是，只有返回值不同不构成方法的重载，如 int a(String str){} 与 void a(String str){} 不构成方法的重载。只是形参的名称不同，也不是方法的重载，如 int a(String str){} 与 int a(String s){} 不构成方法的重载。

构造方法的重载和本节讨论的非构造方法的重载基本相似，构造方法的名称就是类的名称。

为了使系统能区分不同的构造方法，多个构造方法的参数列表必须不同。

【实例 3.4】使用方法的重载实现不同的功能。

```java
public class Example3_4 {
    // 下面定义两个 speak() 方法，这两个方法的参数列表是不同的
    public void speak(int i){
        System.out.println("重载的方法，输出整数："+i);
    }
    public void speak(String str){
        System.out.println("重载的方法，输出字符串："+str);
    }
    public static void main(String[] args) {
        Example3_4 overload = new Example3_4();
        // 调用 speak() 方法，实参是整型数据
        overload.speak(20);
        // 调用 speak() 方法，实参是字符串
        overload.speak("hello world!");
    }
}
```

运行结果如图 3.5 所示。

```
重载的方法，输出整数：20
重载的方法，输出字符串：hello world!
```

图 3.5　运行结果

3.6　构造方法

JV-03-v-003

3.6.1　使用构造方法

构造方法是类中的特殊方法，用于封装对象属性的初始化过程，在使用运算符 new 创建对象时自动调用。

构造方法的语法格式如下：

```
[访问控制修饰符] 构造方法名() {
    // 方法体......
}
```

- 构造方法也称为构造器。
- 构造方法的名称与类的名称必须严格一致，包括大小写也必须一致。
- 构造方法不能定义返回值的类型，包括 void。

- 构造方法只能与运算符 new 结合使用。

构造方法的示意图如图 3.6 所示。

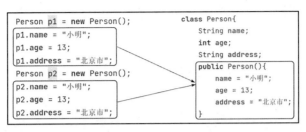

图 3.6　构造方法的示意图

如图 3.6 所示，构造方法中封装了初始化对象属性的代码。当通过运算符 new 创建一个 Person 对象时，会自动调用这个构造方法，其中的代码会被执行。因此，创建好的 Person 对象中的 3 个属性已经有了具体的值，不再需要编写重复性的赋值语句。

有些读者会想到一个问题：在构造方法中为属性指定的初始值是固定的，通过该构造方法创建的所有对象都有相同的属性值，这其实并不符合现实的需求。现实的需求是便捷地创建具有不同初始值的对象，封装每个对象独有的特征。Java 提供的有参构造方法可以实现这一需求。

3.6.2　有参构造方法

Java 支持带有参数的构造方法称为有参构造方法或带参构造器。有参构造方法的作用是利用参数初始化对象的属性。有参构造方法的语法格式如下：

```
[访问控制修饰符] 构造方法名(参数列表) {
    // 方法体......
}
```

有参构造方法的示意图如图 3.7 所示。

有参数构造方法的好处是可以复用参数赋值过程，如图 3.8 所示。

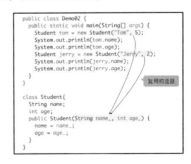

图 3.7　有参构造方法的示意图　　　　图 3.8　复用参数赋值过程

3.6.3　默认构造器与构造器重载

　　细心的读者会发现，在类中没有声明任何构造方法时，也可以使用运算符 new 创建对象，此时调用的是哪个构造方法呢？ Java 为简化开发者的编码操作，对构造方法设计了如下机制。

- 如果类中没有编写构造方法，那么编译器会默认为该类添加一个无参数、方法体为空的构造方法，即默认添加一个空的无参构造方法。
- 如果类中定义了一个或多个构造方法，那么编译器将不再提供默认的构造方法。

　　例如，下面的 Point 类中声明了一个有参构造方法，此时使用 new Point()创建对象会报错，这是因为该类中没有无参构造方法：

```java
class Point{
    double x, y;
    Point(double x_, double y_){
        x = x_;
        y = y_;
    }
}
```

　　构造器重载是指在一个类中同时声明多个参数不同的构造器。构造器重载的好处是可以有更多的对象创建方式，使用起来更加灵活方便。构造器重载的示意图如图 3.9 所示。

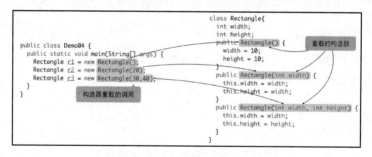

图 3.9　构造器重载的示意图

3.6.4　关键字 this

　　this 是 Java 中的一个关键字，代表某个对象，其本质是"创建好的对象的地址"。关键字 this 可以在实例方法中使用。由于在调用构造方法前，在运算符 new 的作用下已经创建对象，因此在构造方法中也可以使用关键字 this 来代表"当前对象"。

　　关键字 this 常见的用法如下。

（1）调用实例变量和实例方法。在程序中产生二义性之处，应使用关键字 this 来指明当前对象。在普通方法中，关键字 this 总是指向调用该方法的对象；在构造方法中，关键字 this 总是指向正要初始化的对象。

（2）使用关键字 this 调用重载的构造方法，应避免相同的初始化代码。但只能在构造方法中使用，并且必须位于构造方法的开头。

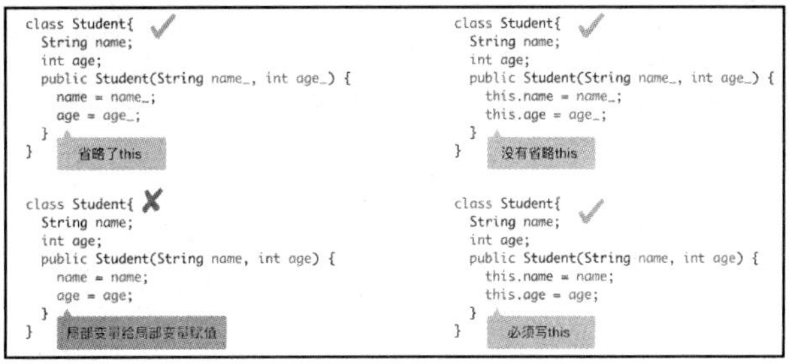

图 3.10　第一种用法的示意图

第一种用法的示意图如图 3.10 所示。

【实例 3.5】关键字 this 的应用。

```java
class Student {
    // 成员变量
    int sid;
    // 成员变量
    String sname;
    // 显式定义默认的构造方法
    Student(){ }
    // 带两个参数的构造方法
    public Student(int sid, String sname){
        System.out.println("初始化已经建好的对象: "+this);
        // 以下两行代码中的 this 代表正在初始化的对象，不能省略
        // 否则无法区分局部变量 sid 和成员变量 sid
        this.sid = sid;
        this.sname = sname;
    }
    public void login(){
        // 下面一行代码中的 this 代表调用此方法的对象，此处可以省略
        System.out.println(this.sname+ "登录系统");
    }
}
public class Example3_5 {
    public static void main(String[] args) {
        Student student = new Student(1001,"张三");
        System.out.println("student 对象的引用: "+student);
        student.login();
    }
}
```

运行结果如图 3.11 所示。

初始化已经建好的对象: Example3_5.Student@27d6c5e0
student对象的引用: Example3_5.Student@27d6c5e0
张三登录系统

图 3.11　运行结果 1

第二种用法的示意图如图 3.12 所示。

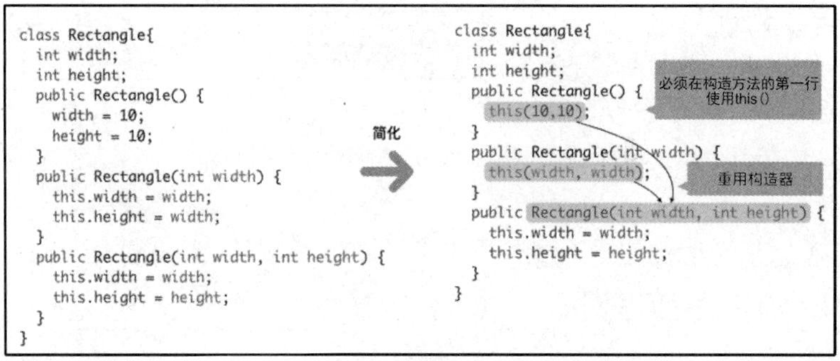

图 3.12　第二种用法的示意图

【实例 3.6】使用 this() 调用重载构造方法。

```java
class Student {
    int sid;
    String sname;
    String address;
    Student() {}
    // 带两个参数的构造方法
    public Student(int sid, String sname) {
        System.out.println("初始化已经建好的对象: " + this);
        this.sid = sid;
        this.sname = sname;
    }
    // 带 3 个参数的构造方法
    public Student(int sid, String sname, String address) {
        // 下面一行代码通过 this() 调用带两个参数的构造方法
        // 并且必须位于第一行
        this(sid, sname);
        this.address = address;
    }
    public void login(){
        // 下面一行代码中的 this 代表调用此方法的对象，此处可以省略
        System.out.println("学号: "+ this.sid);
        System.out.println("姓名: "+ this.sname);
        System.out.println("地址: "+ this.address);
    }
}
```

```
public class Example3_6 {
    public static void main(String[] args) {
        Student student = new Student(1001, "张三", "中国");
        student.login();
    }
}
```

运行结果如图 3.13 所示。

```
初始化已经建好的对象：Example3_6.Student@27d6c5e0
学号：1001
姓名：张三
地址：中国
```

图 3.13　运行结果 2

3.7　实例成员与类成员

3.7.1　实例变量和类变量

在定义类时类体包括成员变量的声明和方法的定义，而成员变量可以再分为实例变量和类变量。

实例变量和类变量的特点及区别如下。

（1）不同对象的实例变量互不相同。

一个类使用运算符 new 可以创建多个对象，这些对象被分配不同的实例变量，即不同对象的实例变量占用不同的内存空间，改变其中一个对象的实例变量不会影响其他对象的实例变量的值。

（2）所有的对象共享类变量。

类变量属于类的共用变量，所有的对象共享类变量。因此，类变量不仅可以通过某个对象访问，还可以直接通过类名访问。在 Java 程序中定义类变量，需要使用关键字 static。

【实例 3.7】类变量的应用。

```
class Student{
    String name;
    // 声明类变量
    static String schoolName;
}
public class Example3_7 {
    public static void main(String[] args) {
        Student student1 = new Student();
        Student student2 = new Student();
```

```
            student1.name = "张三";
            student2.name = "李四";
            // 为类变量赋值
            Student.schoolName = "工学院";
            System.out.println("我的名字是: "+student1.name+", 是"+
                student1.schoolName+"的学生");
            System.out.println("我的名字是: "+student2.name+", 是"+
                student2.schoolName+"的学生");
        }
    }
```

运行结果如图 3.14 所示。

```
我的名字是: 张三, 是工学院的学生
我的名字是: 李四, 是工学院的学生
```

图 3.14 运行结果

在上述代码中，Student 类中定义了一个类变量 schoolName，该变量被所有的实例对象共享。因此，student1 和 student2 的 schoolName 属性的值均为"工学院"。

3.7.2 实例方法和类方法

类中的方法分为实例方法和类方法。声明方法时，在方法类型前面加关键字 static 修饰的是类方法，也称为静态方法或 static 方法，不加关键字 static 修饰的是实例方法。但是，关键字 static 不能用来修饰构造方法。

实例方法和类方法的区别如下。

（1）当类的字节码文件被加载到内存空间中时，不会为实例方法分配入口地址，只有当类创建对象后，才会为实例方法分配入口地址，供对象调用，并且这个入口地址被此类所有的对象所共享。当所有的对象不存在时，实例方法的入口地址才会被取消。

（2）在实例方法中不仅可以操作实例变量和类变量，还可以调用类方法和其他实例方法，但不可以调用构造方法。

（3）在类方法中可以调用其他的类方法和访问类变量，但是不可以调用实例方法或访问实例变量。

【实例 3.8】类方法的应用。

```
class Student{
    public static void speak(){
        System.out.println("hello world!");
    }
}
```

```java
public class Example3_8 {
    public static void main(String[] args) {
        Student student = new Student();
        // 用"类名.类方法名"调用此静态方法
        Student.speak();
        // 用"对象名.类方法名"调用此静态方法
        student.speak();
    }
}
```

运行结果如图 3.15 所示。

```
hello world!
hello world!
```

图 3.15　运行结果

在上述代码中，Student 类中定义了一个类方法 speak()，并且在 main()方法中用两种方式调用得到的结果是一样的。

3.8　方法的参数传递机制

JV-03-v-004

Java 中方法的参数称为形参，向其传递的变量或常量称为实参。Java 中的所有参数都采用值传递，也就是说，传递的是值的副本。在实参向形参传递值之后，程序如果改变形参的值，不会影响实参的值，同样，改变实参的值也不会影响形参的值。因此，得到的是"实参的复印件，而不是原件"。

3.8.1　基本数据类型参数的传值

对于基本数据类型的参数，传递的是值的副本。副本的改变不会影响原件。向形参传递的实参的值的级别不可以高于形参的值的级别。例如，不可以向方法的 int 型参数传递一个 double 型值，但可以向 double 型参数传递一个 int 型值。

【实例 3.9】基本数据类型参数的值传递。

```java
public class Example3_9 {
    public static void main(String[] args){
        int a = 2, b = 3;
        System.out.println("交换前变量: a="+a+", b="+b);
        swap(a, b);
        System.out.println("交换后变量: a="+a+", b="+b);
```

```
        }
public static void swap(int a, int b){
        int temp;
        temp = a;
        a = b;
        b = temp;
        System.out.println("swap()方法中 a 的值为："+a+"; b 的值为："+b);
    }
    }
```

运行结果如图 3.16 所示。

```
交换前变量：a=2, b=3
swap()方法中a的值为：3; b的值为：2
交换后变量：a=2, b=3
```

图 3.16　运行结果

运行结果表明：main()方法中的实参 a 和 b，在调用 swap()方法前后，其值没有任何变化，声明 swap()方法时的形参 a 和 b，并不是 main()方法中的实参 a 和 b。所以，当基本数据类型作为参数传递时，改变形参的值不影响实参。

3.8.2　引用类型参数的传值

当参数是引用类型时，传递的也是值的副本，但是引用类型的值指的是数组、对象等的地址，即传递的是实参变量中存储的"引用"，而不是变量引用的实体。因此，副本和原参数都指向同一个"地址"，改变"副本"指向地址的对象的值，意味着原参数指向对象的值也发生了变化，反之亦然。传值过程中的内存模型如图 3.17 所示。

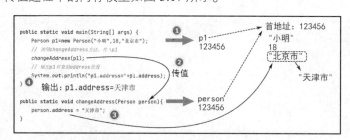

图 3.17　传值过程中的内存模型

【实例 3.10】引用类型参数的值传递。

```
// 定义一个油箱类
class PetrolTank {
    double petrolAmout;
```

```
    PetrolTank(double amout){
        petrolAmout=amout;
    }
}
class Car {
    void run(PetrolTank tank){
        tank.petrolAmout = tank.petrolAmout-7.5;
    }
}
public class Example3_10{
    public static void main(String[] args) {
        // 创建一个油箱对象，为油量赋初值
        PetrolTank mytank = new PetrolTank(50.0);
        // 显示汽车行驶之前的油量
        System.out.println("当前油箱的油量显示："+mytank.petrolAmout);
        // 创建一个汽车对象
        Car mycar = new Car();
        System.out.println("汽车启动，开始消耗油量");
        mycar.run(mytank);
        System.out.println("行驶后汽车油箱的油量显示："+
            mytank.petrolAmout);
    }
}
```

运行结果如图 3.18 所示。

```
当前油箱的油量显示：50.0
汽车启动，开始消耗油量
行驶后汽车油箱的油量显示：42.5
```

图 3.18 运行结果

运行结果表明：当执行 mycar.run(mytank);语句后，mytank 引用值传递给 Car 类的成员方法 run()中的形参 tank，两个对象名具有相同的实体。

3.8.3 可变参数

从 Java 5 之后，Java 不仅允许定义形参个数可变的参数，还允许为方法指定数量不确定的形参。如果定义方法时，在最后一个形参的类型后增加 3 个点 "…"，那么表明该形参可以接收多个参数值，多个参数值被当成数组传入，因此，要求这些参数的类型必须相同。例如：

```
public void fun(int ...x)
```

可以连续出现多个 int 型参数，可以将 x 称为参数代表。

需要注意的是，可变参数必须写在参数列表最后的位置上。例如，下面的用法就是错误的：

```
public void fun(int ...x, y) // 错误
```

【实例 3.11】形参个数可变的方法的调用。

```
public class Example3_11 {
    public static void printString(int x, String...name){
        System.out.println(x+"个人名: ");
        for (String i:name) {
            System.out.println(i);
        }
    }
    public static void main(String[] args) {
        printString(3,"张三","李四","王五");
    }
}
```

运行结果如图 3.19 所示。

```
3个人名:
张三
李四
王五
```

图 3.19　运行结果

从上面的运行结果可以看出，当调用 printString() 方法时，参数 name 可以传入多个字符串作为参数值。从 printString() 的方法体来看，形参个数可变的参数从本质上来说就是一个数组。如果参数的个数需要灵活变化，那么使用可变参数可以使方法的调用更加灵活。

3.9　包

包（Package）机制是 Java 中管理类的重要手段。在不同的 Java 源文件中可能会出现名称相同的类，如果用户想区分这些类，就需要使用包名。使用包名可以有效地区分名称相同的类，当不同源文件中的两个类的名称相同时，可以通过它们隶属于不同的包进行区分。包对于类，相当于文件夹对于文件的作用。

借助包还可以将自己定义的类与其他类库中的类分开管理。Java 中的基础类库就是使用包管理的，如 java.util 包和 java.sql 包等。在不同的包中，类的名称可以相同，如 java.util.Date 类和 java.sql.Date 类，这两个类的名称都是 Date，但是分别属于 java.util 包和 java.sql 包，因此能够同时存在。用户可以非常方便地通过"包路径.类名"的方式来访问类或接口。

3.9.1 包的定义

Java 中使用 package 语句定义包。package 语句应该放在源文件的第一行，在每个源文件中只能有一条包定义语句。另外，package 语句适用于所有类型（类、接口、枚举和注释）的文件。

定义包的语法格式如下：

```
package 包名 1[.包名 2[.包名 3...]];
```

包名 1～包名 3 都是组成包名的一部分，并且用 "."连接。包名应该是合法的标识符，并且遵守 Java 包的命名规范，即所有字母都是小写的。

需要注意的是，Java 中不允许用户程序使用 "java" 作为包名的第一部分。

如果在源文件中没有定义包，那么类、接口、枚举和注释类型将被放在无名包［也称为默认包（Default Package）］中。

一般先采用倒序域名来定义包结构，再将所有的类和接口分类存放在指定的包中，如 package cn.edu.yjy;。包定义的结构和编译后生成的文件夹结构是一一对应的。

【实例 3.12】包的应用。

```
// 包名为 chapter3，对应的文件夹存储在当前项目的 src/main/java 文件夹下
package chapter3;
public class Example3_12 {
    public static void main(String[] args) {
        System.out.println("hello world!");
    }
}
```

定义好包之后，包采用层次结构管理类、接口、枚举和注释类型，如图 3.20 所示，在 IDEA 软件包资源视图中查看包。

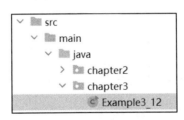

图 3.20 在 IDEA 软件包资源视图中查看包

3.9.2 包的引入

Java 中的一个类可以访问其所在包中其他所有的类，如果需要访问其他包中的类，那么可以使用 import 语句引入包。引入包的操作通常也称为导包操作。在 Java 中，引入包的语法格式

如下：

```
import 包名1[.包名2[.包名3...]].类型名|*;
```

"包名.类型名"形式只引入具体类型，"包名.*"采用通配符，表示引入这个包中所有的类型。但从编程规范性上来说，提倡明确引入类型名，即采用"包名.类型名"形式，这样可以提高程序的可读性。

import 语句必须放在所有类定义之前，用来引入指定包的类或接口。

Java 编译器默认为所有的 Java 程序引入 Java.lang 包中所有的类，因此，用户可以直接使用 java.lang 包中的类而不必显式引入。

如果引入两个名称相同的类，那么只能用包名+类名来显式调用相关类，例如：

```
java.util.Date date = new java.util.Date();
```

【实例3.13】引入名称相同的类的处理。

```
package chapter3;
import java.sql.Date;
import java.util.*;// 引入该包中的所有类
public class Example3_13 {
public static void main(String[] args) {
        // 此处用的是java.sql 包中的 Date 类
        Date now1;
        // Date 类重名，此处类名前加上包名
        java.util.Date now2 = new java.util.Date();
        System.out.println(now2);
    }
}
```

请读者自行验证结果。

3.9.3　常用的包

Java 提供了 130 多个包，Java 的核心类都放在 java 包及其子包下，Java 扩展的许多类都放在 javax 包及其子包下。这些实用类也就是常说的 API，按照这些类的功能分别放在不同的包下。下面几个包是 Java 中的常用包，在后续章节中会经常用到这些包中的类。

1．java.lang 包

java.lang 包中包含 Java 的核心类，如 Object、Class、String、包装类和 Math 等，以及包装类 Boolean、Character、Integer、Long、Float 和 Double。使用 java.lang 包中的类不需要显式使用 import 语句引入，而是由解释器自动引入的。

2. java.util 包

java.util 包中包含一些实用工具类和接口，如集合、日期，以及与日历相关的类和接口。

3. java.io 包

java.io 包中包含输入/输出类，如 InputStream、OutputStream、Reader 和 Writer，以及文件管理相关的类和接口，如 File 类、FileDescriptor 类及 FileFilter 接口。

3.10 封装和访问控制

封装（Encapsulation）是面向对象的三大特征之一，指的是将对象的状态信息隐藏在对象内部，不允许外部程序直接访问，而是通过该类所提供的方法来实现对内部信息的操作和访问。封装性符合程序设计中"高内聚，低耦合"的要求。高内聚就是类的内部数据操作由自己完成，不允许外部干涉；低耦合是指仅提供少量的方法供外部使用，尽量方便外部调用。

对一个类或对象实现良好的封装具有以下几点好处。

- 隐藏类的实现细节。
- 让使用者只能通过类中编写的方法来访问数据，从而可以在该方法中加入控制逻辑，限制对成员变量的不合理访问。
- 可以进行数据检查，从而有利于保证对象信息的完整性。
- 便于修改，提高代码的可维护性。

Java 的封装性是通过对成员变量和方法进行访问控制实现的。访问控制分为 4 个级别，从低到高的顺序为私有级别、默认级别、保护级别和公有级别。其中，默认级别没有关键字修饰，通常表示为 default。访问控制级别如表 3.1 所示。

表 3.1 访问控制级别

访问范围	私有级别	默认级别	保护级别	公有级别
同一个类中	√	√	√	√
同一个包中		√	√	√
非同包子类中			√	√
其他位置				√

下面对这 4 个访问控制级别进行详细介绍。

1）私有级别

私有级别即当前类访问权限，使用 private 修饰的成员变量和方法只能在其所在类的内部自由使用，在其他的类中不允许直接访问。私有级别的限制性最高。显然，这个访问控制符用于修饰成员变量最合适，因为使用它修饰成员变量可以把成员变量隐藏在该类的内部。

2）默认级别

默认级别没有关键字。也就是说，在没有明确地添加访问控制符时，使用的就是默认级别。默认级别的成员变量和方法，可以在其所在类内部和同一个包的其他类中被直接访问，所以是"包访问权限"，或者称为"友好的"，但在不同包的类中不允许直接访问。

3）保护级别

保护级别是子类访问权限，在同一个包中完全与默认级别一样，但是不同包中的子类能够继承父类的 protected 变量和方法，这就是所谓的保护级别，"保护"就是保护某个类的子类都能继承该类的变量和方法。在一般情况下，如果在一个类中使用 protected 来修饰一个方法，那么希望其子类来重写这个方法。

4）公有级别

公有级别的成员变量和方法可以被该项目的所有包中的所有类访问，不管访问类和被访问类是否处于同一个包中，以及是否具有父子继承关系。这是最宽松的一种访问控制等级。

访问控制符用于控制一个类的成员是否可以被其他类访问，但对于局部变量来说，其作用域就是它所在的方法，不可能被其他类访问，因此不能使用访问控制符来修饰。

下面通过实例来介绍使用合理的访问控制符定义一个类，以及类具有的良好的封装性的好处。

【实例 3.14】访问控制符的应用（使类具有良好的封装性）。

```java
package chapter3;
class Student {
    // 使用 private 修饰两个成员变量，将它们隐藏起来
    private String name;
    private int age;
    public String getName() {
        return name;
    }
    // 提供方法操作成员变量 name
    public void setName(String name) {
        // 执行合理性校验，要求姓名的长度为 2~8 个字符
        if (name.length() < 2 || name.length() > 8) {
            System.out.println("输入的姓名不合理");
            return;
        } else {
            this.name = name;
        }
    }
    public int getAge() {
        return age;
    }
```

```
        // 提供方法操作成员变量 age
        public void setAge(int age) {
            // 执行合理性校验，要求年龄在 40 岁以内，不能是负数
            if (age <= 0 || age > 40) {
                System.out.println("输入的年龄值不合理");
                return;
            } else {
                this.age = age;
            }
        }
}
public class Example3_14 {
    public static void main(String[] args) {
        Student student=new Student();
        student.setAge(80);
        System.out.println("未能成功设置 age 成员变量时的值是: "+
            student.getAge());
        student.setAge(20);
        System.out.println("成功设置 age 成员变量时的值是: "+
            student.getAge());
        student.setName("张");
        System.out.println("未能成功设置 name 成员变量时的值是: "+
            student.getName());
        student.setName("张三");
        System.out.println("成功设置 name 成员变量时的值是: "+
            student.getName());
    }
}
```

运行结果如图 3.21 所示。

在上述代码中，Student 类的两个成员变量 name 和 age 是使用 private 修饰的，只有在 Student 类中才可以直接操作和访问。因此，若在主类 Example3_14 的 main()方法中有 student.age=20;，则会出现编译错误。所以，只能通过各自对应的 setter/getter 方法来操作这两个实例变量的值。允许程序员在 setter 方法中加入控制逻辑，即条件分支语句，从而保证 Student 对象的两个实例变量 name 和 age 的值在合理的范围内。

```
输入的年龄值不合理
未能成功设置age成员变量时的值是: 0
成功设置age成员变量时的值是: 20
输入的姓名值不合理
未能成功设置name成员变量时的值是: null
成功设置name成员变量时的值是: 张三
```

图 3.21　运行结果

为了使类有更好的封装性，在使用访问控制符时一般遵循以下基本原则。

- 类中的绝大部分成员变量都应该使用 private 修饰，只有一些使用 static 修饰的成员变量，才可能考虑使用 public 修饰。除此之外，有些方法只用于辅助实现该类的其他方法，这些方法被称为工具方法，工具方法也应该使用 private 修饰。

- 如果某个类主要用作其他类的父类，该类中包含的大部分方法可能仅希望被其子类重写，而不希望被外界直接调用，那么应该使用 protected 修饰这些方法。
- 希望暴露出来给其他类自由调用的方法应该使用 public 修饰，因此，类的构造方法使用 public 修饰，从而允许在其他地方创建该类的实例。

3.11 编程实训——气泡案例（气泡吞噬）

JV-03-v-005

1. 实训目标

（1）能够使用面向对象创建多个气泡。
（2）理解气泡吞噬的原理。
（3）理解缩容的必要性。
（4）理解整体项目的原理。

2. 实训环境

实训环境如表 3.2 所示。

表 3.2 实训环境

软件	资源
Windows 10	tedu_utils1.0.jar
Java 11	

本实训沿用第 2 章随机控制气泡的思路，并且添加了多个气泡。气泡如果出现碰撞，那么大气泡会吞噬小气泡并且增加大气泡的尺寸。运动效果如图 3.22 所示。

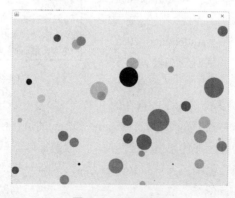

图 3.22 运动效果

3. 实训步骤

本实训沿用第 2 章的项目目录，同时编写两个 .java 文件：Ball.java 文件用于编写气泡类，定义属性及其方法；BallApp.java 文件用于创建界面，生成多个气泡，以及气泡之间互动的方法。项目目录如图 3.23 所示。

图 3.23　项目目录

编写 Ball.java 文件，完成属性和方法的创建。

步骤一：创建 Ball 类，编写属性，用于设置气泡的初始位置、颜色及运动方向。

代码如下：

```java
package ball;

import java.awt.Color;
import java.awt.Graphics2D;

public class Ball {
    // 属性设置
    // 用于设置气泡的初始位置、颜色及运动方向
    double x;
    double y;
    int d;
    int r;
    int g;
    int b;
    Color color;
    double offsetX;
    double offsetY;
}
```

步骤二：在 Ball 类中添加方法，完成气泡属性的设置。

代码如下：

```java
// 定义气泡属性，采用随机生成方式
public Ball() {
    // 设置半径
    d = (int)(Math.random()*(40-2)+2);
```

```
    // 设置初始位置
    x = Math.random()*(800-d);
    y = Math.random()*(600-d);
    // 设置颜色
    r = (int)(Math.random()*256);
    g = (int)(Math.random()*256);
    b = (int)(Math.random()*256);
    color = new Color(r,g,b);
    // 设置位移
    offsetX = Math.random()*(6-1)*1;
    offsetY = Math.random()*(6-1)*1;
    // 向正方向移动的概率为50%，向负方向移动的概率为50%
    offsetX = Math.random()>0.5 ? offsetX : -offsetX;
    offsetY = Math.random()>0.5 ? offsetY : -offsetY;
}
```

步骤三：在 Ball 类中添加方法，完成气泡碰撞边界的设置。

代码如下：

```
// 设置碰撞边界
// 如果碰到x轴边界，那么x位移方向转变为负方向
// 如果碰到y轴边界，那么y位移方向转变为负方向
public void move() {
    x += offsetX;
    y += offsetY;
    if(x>800-d) {
        offsetX = -offsetX;
        x = 800-d;
    }else if(y>600-d) {
        offsetY = -offsetY;
        y = 600-d;
    }else if(x<0) {
        offsetX = -offsetX;
        x = 0;
    }else if(y<0){
        offsetY = -offsetY;
        y = 0;
    }
}
```

步骤四：在 Ball 类中添加方法，用于在界面中绘制气泡。

代码如下：

```
public void paint(Graphics2D g) {
    g.setColor(color);
    g.fillOval((int)x, (int)y, d, d);
}
```

步骤五：在 Ball 类中添加方法，用于气泡之间的合并。

代码如下：

```
public boolean eat(Ball ball) {
    // 大气泡
    double X = x, Y = y, D = this.d;
    // 小气泡
    double x = ball.x, y = ball.y, d = ball.d;
    // 检查气泡的直径是否合理
    if(d > D) {
        // 若直径不合理，则不进行进一步比较
        return false;
    }
    // 利用勾股定理计算两个气泡之间的距离
    double a = (X+D/2) - (x+d/2);
    double b = (y+d/2) - (Y+D/2);
    double c = Math.sqrt(a*a + b*b);
    boolean eaten = c < D/2-d/2;
    // 如果发生"吃了"就进行两个气泡的合并
    if(eaten) {
        // 计算合并以后的气泡的面积
        double R = D/2, r = d/2;
        double area = Math.PI*R*R + Math.PI*r*r;
        double rx = Math.sqrt(area/Math.PI);
        // 替换当前气泡的直径
        this.d = (int)(rx*2);
    }
    return eaten;
}
```

编写 BallApp.java 文件，用于创建界面，生成多个气泡，以及气泡之间互动的方法。

步骤一：创建多个气泡，进行初始化设置。

代码如下：

```
package ball;

import java.awt.Graphics2D;
import java.util.Arrays;
import cn.tedu.util.App;

public class BallApp extends App {

    // 最多 100 个气泡
    Ball[] balls = new Ball[100];

    // 创建多个气泡对象
    public BallApp() {
        for(int i = 0; i<balls.length; i++) {
```

```
            balls[i] = new Ball();
        }
    }

    public void painting(Graphics2D g) {
        for(int i = 0; i<balls.length; i++) {
            balls[i].move();
            balls[i].paint(g);
        }
        eating();
    }
}
```

步骤二：创建吞噬函数，完成气泡之间的碰撞效果。

代码如下：

```
public void eating() {
    // 一组大气泡，一组小气泡
    Ball[] big = balls;
    Ball[] small = balls;
    // 创建了吃掉标志，默认都是 false，表示没有吃掉
    boolean[] eaten = new boolean[small.length];
    // 记录有几个气泡被吃掉
    int n = 0;
    // 遍历每个大气泡
    for(int i = 0; i<big.length; i++) {
        // 如果大气泡已经被吃掉，就忽略
        if(eaten[i]) {
            continue;
        }
        // 遍历每个小气泡
        for(int j = 0; j<small.length; j++) {
            // 气泡不能吃自己
            if(i == j) {
                continue;
            }
            // 如果小气泡是被吃掉的就忽略
            if(eaten[j]) {
                continue;
            }
            if(big[i].eat(small[j])) {
                // 把小气泡的位置设置为 true
                eaten[j] = true;
                n++;
            }
        }
    }
}
```

```
    }
```

步骤三：对程序进行缩容，去除被吞噬掉的气泡，提升运行效率。

代码如下：

```
// 缩容处理
Ball[] arr = new Ball[small.length];
int index = 0;
for(int i=0; i<small.length; i++) {
    if(!eaten[i]) {
        arr[index++] = small[i];
    }
}
// 缩容，并且替换原始数组
balls = Arrays.copyOf(arr, arr.length-n);
```

步骤四：调用主函数。

代码如下：

```
public static void main(String[] args) {
    BallApp app = new BallApp();
    app.start();
}
```

运行代码，可以看到气泡的运动效果，如图 3.22 所示。

Ball.java 文件中完整的代码如下：

```
package ball;

import java.awt.Color;
import java.awt.Graphics2D;

public class Ball {
    // 属性设置
    // 用于设置气泡的初始位置、颜色及运动方向
    double x;
    double y;
    int d;
    int r;
    int g;
    int b;
    Color color;
    double offsetX;
    double offsetY;

    // 定义气泡属性，采用随机生成方式
    public Ball() {
        // 设置半径
        d = (int)(Math.random()*(40-2)+2);
        // 设置初始位置
        x = Math.random()*(800-d);
```

```java
        y = Math.random()*(600-d);
        // 设置颜色
        r = (int)(Math.random()*256);
        g = (int)(Math.random()*256);
        b = (int)(Math.random()*256);
        color = new Color(r,g,b);
        // 设置位移
        offsetX = Math.random()*(6-1)*1;
        offsetY = Math.random()*(6-1)*1;
        // 向正方向移动的概率为50%, 向负方向移动的概率为50%
        offsetX = Math.random()>0.5 ? offsetX : -offsetX;
        offsetY = Math.random()>0.5 ? offsetY : -offsetY;
    }

    // 设置碰撞边界
    // 如果碰到 x 轴边界, 那么 x 位移方向转变为反向
    // 如果碰到 y 轴边界, 那么 y 位移方向转变为反向
    public void move() {
        x += offsetX;
        y += offsetY;
        if(x>800-d) {
            offsetX = -offsetX;
            x = 800-d;
        }else if(y>600-d) {
            offsetY = -offsetY;
            y = 600-d;
        }else if(x<0) {
            offsetX = -offsetX;
            x = 0;
        }else if(y<0){
            offsetY = -offsetY;
            y = 0;
        }
    }

    public void paint(Graphics2D g) {
        g.setColor(color);
        g.fillOval((int)x, (int)y, d, d);
    }

    public boolean eat(Ball ball) {
        double X=x, Y=y, D=this.d;          //大气泡
        double x=ball.x, y=ball.y, d=ball.d;    //小气泡
        // 检查气泡的直径是否合理
        if(d > D) {
            // 若直径不合理, 则不进行进一步比较
            return false;
        }
        // 利用勾股定理计算两个气泡之间的距离
        double a = (X+D/2) - (x+d/2);
        double b = (y+d/2) - (Y+D/2);
        double c = Math.sqrt(a*a + b*b);
        boolean eaten = c < D/2-d/2;
```

```
                // 如果发生"吃了"就进行两个气泡的合并
            if(eaten) {
                // 计算合并以后的气泡的面积
                double R = D/2, r = d/2;
                double area = Math.PI*R*R + Math.PI*r*r;
                double rx = Math.sqrt(area/Math.PI);
                this.d = (int)(rx*2); // 替换当前气泡的直径
            }
            return eaten;
        }
    }
```

BallApp.java 文件中完整的代码如下：

```java
package ball;

import java.awt.Graphics2D;
import java.util.Arrays;

import cn.tedu.util.App;

public class BallApp extends App {

    // 最多100个气泡
    Ball[] balls = new Ball[100];

    // 创建多个气泡对象
    public BallApp() {
        for(int i=0; i<balls.length; i++) {
            balls[i] = new Ball();
        }
    }

    public void painting(Graphics2D g) {
        for(int i=0; i<balls.length; i++) {
        balls[i].move();
        balls[i].paint(g);
        }
        eating();
    }

    public void eating() {
        // 一组大气泡，一组小气泡
        Ball[] big = balls;
        Ball[] small = balls;
        // 创建了吃掉标志，默认都是 false，表示没有吃掉
        boolean[] eaten = new boolean[small.length];
        int n = 0; // 记录有几个气泡被吃掉
        // 遍历每个大气泡
        for(int i=0; i<big.length; i++) {
        // 如果大气泡已经被吃掉，就忽略
        if(eaten[i]) {
```

```
                continue;
            }
            // 遍历每个小气泡
            for(int j=0; j<small.length; j++) {
                    // 气泡不能吃自己
                    if(i == j) {
                        continue;
                    }
                    // 如果小气泡是被吃掉的就忽略
                    if(eaten[j]) {
                        continue;
                    }
                    if(big[i].eat(small[j])) {
                        // 把小气泡的位置设置为 true
                        eaten[j] = true;
                        n++;
                    }
            }
        }

        // 缩容处理
        Ball[] arr = new Ball[small.length];
        int index = 0;
        for(int i=0; i<small.length; i++) {
        if(!eaten[i]) {
                arr[index++] = small[i];
        }
        }
        // 缩容，并且替换原始数组
        balls = Arrays.copyOf(arr, arr.length-n);
    }

    public static void main(String[] args) {
        BallApp app = new BallApp();
        app.start();
    }
}
```

本章小结

　　本章主要介绍了 Java 面向对象编程的一些基础知识，包括面向对象的 3 个基本特征，如何定义类，如何为类定义成员变量、方法，以及如何创建对象等。本章还深入分析了对象和引用变量之间的关系。另外，本章详细介绍了方法的参数传递机制、方法的重载、可变长度形参等内容，并详细对比了成员变量与局部变量、实例成员与类成员在用法上的区别等。

　　本章详细讲解了如何使用访问控制符来设计封装良好的类，如何使用 package 语句来组合系统中大量的类，以及如何使用 import 语句来导入其他包中的类。

通过学习本章内容，读者在面向对象编程过程中不仅可以正确地使用类和对象，还可以提高解决复杂问题的能力。

习题

一、选择题

1．关于类的说法错误的是（   ）。

A．类属于 Java 中的复合数据类型　　B．对象是 Java 中的基本数据类型

C．类是同种对象的集合和抽象　　　　D．类就是对象

2．关于方法的说法错误的是（   ）。

A．类的私有方法不能被其他类直接访问

B．Java 中的构造方法的名称必须和类的名称相同

C．方法体是对方法的实现，包括变量声明和合法语句

D．如果一个类中定义了构造方法，那么也可以使用该类默认的构造方法

3．关于对象的说法错误的是（   ）。

A．对象成员是指一个对象所拥有的属性或可以调用的方法

B．由类生成对象，称为类的实例化过程，一个实例可以是多个对象

C．在创建类的对象时，需要使用 Java 的关键字 new

D．在 Java 中要引用对象的属性和方法，需要使用 "." 操作符来实现

4．有一个类 B，下面为其构造方法的声明，正确的是（   ）。

A．void b(int x) {}　　　　　　　　B．void B(int x) {}

C．B(int x) {}　　　　　　　　　　D．b(int x) {}

5．区分类中重载方法的依据是（   ）。

A．形参的名称不同　　　　　　　　B．返回值的类型不同

C．形参列表的类型和顺序　　　　　D．访问权限不同

6．下列描述正确的是（   ）。

```
class Hello{
    Hello(int m){
    }
    int Hello(){
        return 20;
    }
}
```

```
    Hello(){
    }
}
```

  A．Hello 类中有两个构造方法

  B．Hello 类中的 int Hello()是错误的方法

  C．Hello 类中没有构造方法

  D．Hello 类无法通过编译，因为其中的 Hello()方法的方法头是错误的（没有类型）

7．下列描述正确的是（ ）。

  A．成员变量的名称不可以和局部变量的名称相同

  B．方法的参数的名称可以和方法中声明的局部变量的名称相同

  C．成员变量没有默认值

  D．局部变量没有默认值

8．下列描述正确的是（ ）。

  A．一个类最多可以实现两个接口

  B．如果一个抽象类实现某个接口，那么它必须重写接口中的全部方法

  C．允许接口中只有一个抽象方法

  D．如果一个非抽象类实现某个接口，那么它可以只重写接口中的部分方法

9．下列描述正确的是（ ）。

  A．Java 程序由若干类构成，这些类必须分布在一个源文件中

  B．Java 程序由若干类构成，这些类可以分布在一个源文件中，也可以分布在若干源文件中，其中必须有一个源文件包含主类

  C．Java 源文件必须包含主类

  D．Java 源文件如果包含主类，那么主类必须是 public

10．下列描述正确的是（ ）。

  A．this 可以出现在使用 static 修饰的方法中

  B．局部变量也可以用访问修饰符 public 和 private

  C．成员变量有默认值

  D．类中的实例方法可以用类名调用

二、判断题

1．类中的实例方法可以用类的名称直接调用。   （ ）

2．成员变量的名称不可以和局部变量的名称相同。   （ ）

3．类是对象的抽象。   （ ）

4．一个类的构造方法可以有多个。   （ ）

5. 类中的实例变量在用该类创建对象的时候才会被分配内存空间。 （ ）

6. 类是最重要的数据类型，类声明的变量被称为对象变量，简称对象。 （ ）

7. 局部变量没有默认值。 （ ）

8. 构造方法没有类型。 （ ）

9. static()方法不可以重载。 （ ）

10. this 可以出现在实例方法和构造方法中。 （ ）

三、简答题

1. 分别描述封装、继承和多态的含义。

2. 举例说明对象和类的区别。

3. 简述构造方法的作用和特征。

四、程序题

1. 运行下列程序，输出结果是_____。

```java
public class Test {
    int count = 9;
    public void count1(){
        count = 10;
        System.out.print("count1 = "+count);
    }
    public void count2(){
        System.out.print("count2 = "+count);
    }
    public static void main(String[ ] args) {
        Test t = new Test();
        t.count1();
        t.count2();
    }
}
```

2. 运行下列程序，输出结果是_____。

```java
class A{
    double f(int x, double y){
        return x+y;
    }
    int f(int x, int y){
        return x*y;
    }
    public class Main {
        public static void main(String args[]){
            A a = new A();
```

```
            System.out.println(a.f(10,10));
            System.out.println(a.f(10,10.0));
        }
    }
}
```

五、编程题

　　编写 Java 程序，用于显示人的姓名和年龄。定义一个 Person 类，该类中应该有两个私有属性，分别为姓名（name）和年龄（age）。先定义构造方法用来初始化数据成员，再定义显示（display()）方法将姓名和年龄打印出来。在 main() 方法中创建 Person 类的实例，并将信息显示出来。

JV-03-c-001

第4章

Java GUI 编程技术

本章目标

- 了解 AWT 和 Swing 的概念。
- 学会使用常用组件创建交互式 GUI。
- 掌握 GUI 中布局管理器的使用方法。
- 学会事件处理程序的编写方法。

顾名思义，GUI 就是可以让用户直接操作的图形化界面。本章主要对 Java 中实现 GUI 编程的核心库 AWT 和 Swing 进行介绍。GUI 的核心包括窗口、菜单、按钮、工具栏和其他各种图形界面元素，开发者必须考虑这些图形界面元素在窗口中应该如何布局。另外，GUI 强调与用户的交互性，这就涉及为窗口、菜单及按钮等和用户交互的组件添加具体的功能。

4.1 AWT 和 Swing 简介

可以使用 Java 提供的如下 3 个包来开发 GUI。

- java.awt 包：主要提供字体和布局管理器。
- java.swing 包：主要提供各种组件（如窗口和按钮等）。
- java.awt.event 包：提供处理由 AWT 组件所激发的各类事件的接口和类，负责后台功能的实现。

4.1.1　AWT 概述

AWT（Abstract Window Toolkit，抽象窗口工具集）是 Sun 公司提供的 GUI 库。虽然这个 GUI 库提供了一些基本功能，但是比较有限，并且使用 AWT 组件开发的 GUI 库需要依赖本地系统，一旦移植到其他系统中运行，外观和风格可能会发生变化。在 Windows 操作系统中，它就表现出 Windows 风格；在 UNIX 操作系统中，它就表现出 UNIX 风格。AWT 组件不仅提供了按钮、标签、菜单、颜色、字体和布局管理器等基本 GUI 应用程序组件，还提供了事件处理等功能，但是组件种类相对较少。因此，在 Java 2 以后，Sun 公司开发了功能更强大的 Swing 组件。

4.1.2　Swing 概述

Swing 组件位于 java.swing 包中，该组件的实现完全用 Java 编写，即使移植到其他平台上，界面的外观也不会发生变化。不同于 AWT，Swing 提供的用户界面不依赖本地平台。Swing 底层以 AWT 为基础，继承了 AWT，所以其组件更加丰富，外观也更加灵活多样。

Swing 并不能完全代替 AWT。在 Swing 程序开发过程中，如进行布局管理和事件处理，也需要使用 AWT 中的对象来完成。将一般 AWT 组件称为重量级组件。Swing 中只保留了几个重量级组件，其他的都是轻量级组件。

4.1.3　Swing 组件的层次结构

Swing 组件大多数都位于 java.awt 包、javax.swing 包及其子包中，这些包中提供了实现 GUI 的主要类。其中，java.awt 包及其子包中的一些类属于原有 AWT 组件的底层实现，而 javax.swing 包及其子包中的一些类属于 Swing 组件后期扩展的，它们之间的继承关系如图 4.1 所示。由图 4.1 可以看出，Swing 组件的所有类都继承自 Container 类，根据 GUI 开发的功能扩展了两个主要分支，分别为容器分支（包括 Window 窗口和 Panel 面板）和组件分支。容器分支就是为了实现 GUI 窗口容器而设计的，组件分支是为了实现向容器中填充数据、元素及人机交互组件等功能而设计的。

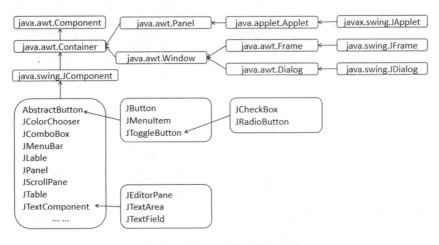

图 4.1 Swing 组件的继承关系

4.1.4 Swing 编程的流程

Swing 编程一般遵循如下流程。

（1）写一个继承 JFrame 等顶层容器的类。

（2）设置顶层容器的内容（布局管理器、窗口大小和位置、可见性等）。如果有需要，那么定义中间容器（JPanel 等）并加入顶层容器中。

（3）定义和初始化组件，并加入容器中。

（4）设置各组件的事件监听器。

（5）编写事件处理代码。

下面以开发一个桌面计算器为例进行介绍。

（1）创建一个计算器的界面容器，可以理解为在操作系统的桌面上创建一个矩形的空白面板。

（2）对创建的矩形面板进行设置，包括面板的尺寸、背景色，以及面板中元素的排列规则等。

（3）创建显示框、数字键按钮、运算符按钮、确认键按钮和重置键按钮等组件，先设置每个组件的形状、大小和外观等属性，再将这些按钮放到创建的矩形面板上。需要注意的是，此时这些按钮并不具备与用户交互的功能，当用户单击这些按钮时，不会有任何效果。

（4）为每个按钮添加监听事件，如监听数字键按钮被单击的事件，以及监听数字键按钮被按下超过两秒的事件等。此时，开发的计算器程序可以识别用户对这些按钮执行了某类操作，但是程序还是无法做出响应。

（5）编写事件处理代码。例如，当用户单击数字键按钮时，在程序中声明一个 int 型变量，赋值为该数字键的值，并在显示框组件中打印该数字。当用户单击运算符按钮时，在程序中声明一个 char 型变量，赋值为用户输入的运算符。当用户单击等号按钮时，使用记录的数字和运算符，先执行具体的计算，再在显示框组件中打印计算的结果等。

由此可以看出，一个 GUI 应用程序至少包含 3 个模块的内容。第一个是视图模块，是可以被用户看到的、能够和用户进行交互的视图组件；第二个是数据和业务处理模块，能够记录用户操作产生的数据，根据用户的操作执行相应的计算逻辑，产生操作的结果；第三个是控制模块，负责连接视图模块与数据和业务处理模块，如上面提到的监听器，实现特定按钮被单击到相应处理方法的绑定。控制模块的存在，使数据和业务处理模块的复用成为可能，多个按钮可以通过控制器绑定到一个处理方法上。结合上面介绍的流程来看，流程（1）～（3）属于视图模块，流程（4）属于控制模块，流程（5）属于数据和业务处理模块。

4.2 Swing 常用的容器类组件

Swing 中的容器类组件是指可以容纳其他 GUI 组件的组件类。容器主要分为顶级容器和中间容器。Swing 提供了 3 个主要的顶级容器，分别为 JFrame、JDialog 和 JApplet，其中 JFrame 和 JDialog 是最常用且最简单的顶级容器。中间容器有 JPanel、JOptionPane、JScrollPane、JLayeredPane、JSplitPane 和 JTabbedPane 等。

JV-04-v-002

4.2.1 JFrame 类

JFrame 是一个带有标题栏和边框的容器类组件，也是一个独立存在的顶级容器(也叫窗口)。其他组件需要添加到容器中才能显示出来，但是 JFrame 不能放在其他容器中。JFrame 支持通用窗口所有的基本功能，如窗口最小化、设定窗口大小等。JFrame 类常用的方法如表 4.1 所示。

表 4.1 JFrame 类常用的方法

方法声明	功能描述
JFrame()	构造方法，创建一个初始时不可见的新窗口
JFrame(String title)	构造方法，创建一个新的、初始时不可见、指定标题的窗口
void setVisible(boolean b)	若参数 b 为 true，则显示窗口，否则不可见
void setSize(int width, int height)	设置窗口的大小

续表

方法声明	功能描述
void setBackground(Color c)	设置窗口的背景色
void setLocation(int x, int y)	设置窗口的显示位置
void setTitle(String s)	设置窗口的标题
void setResizable(boolean resizable)	设置窗口是否可调整大小
Component add(Component comp)	在容器中增加组件
void setLayout(LayoutManager mgr)	设置布局管理器，若设置为 null，则表示不使用
Container getContentPane()	获取 JFrame 的内容面板，一般在窗口中添加组件或设置布局时使用
void setDefaultCloseOperation(int operation)	当用户单击窗口的"关闭"按钮时默认的操作，如 DO_NOTHING_ON_CLOSE（不执行任何操作，常量值为 0）、HIDE_ON_CLOSE（将当前窗口隐藏，但程序仍在运行，可以随时将窗口恢复显示，常量值为 1）、DISPOSE_ON_CLOSE（将当前窗口销毁，但程序仍在运行，常量值为 2）和 EXIT_ON_CLOSE（退出程序，常量值为 3）

对于方法 setBackground(Color c)，直接设置窗口的背景色是无效的，必须对内容面板使用，不能对框架使用。

```
JFrame frame=new JFrame("MyJFrame");              // 创建一个 JFrame 对象
frame.setBackground(Color.RED);                   // 设置颜色无效
frame.getContentPane().setBackground(Color.RED);  // 设置颜色有效
frame.setVisible(true);
```

【实例 4.1】使用 JFrame 类创建两个测试窗口。

```
import java.awt.*;
import javax.swing.*;
public class Example4_1 {
    public static void main(String args[]) {
        JFrame window1 = new JFrame("第一个测试窗口");
        JFrame window2 = new JFrame("第二个测试窗口");
        Container con = window1.getContentPane();
        con.setBackground(Color.red) ;              //设置窗口的背景色
        window1.setBounds(50,100,300,200);          //设置窗口在屏幕上的位置及大小
        window2.setBounds(400,100,300,200);
        window1.setVisible(true);
        // 释放当前窗口
        window1.setDefaultCloseOperation(JFrame.DISPOSE_ON_CLOSE);
        window2.setVisible(true);
        // 退出程序
        window2.setDefaultCloseOperation(JFrame.EXIT_ON_CLOSE);
    }
}
```

运行结果如图 4.2 所示。

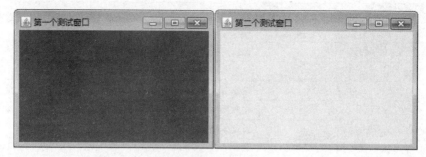

图 4.2　运行结果

4.2.2　JDialog 类

JDialog 是 Swing 的另外一个顶级容器，通常用来表示对话框窗口，一般作为 JFrame 子窗口使用。也就是说，使用 JDialog 类创建的对话框对象必须依赖某个窗口。

JDialog 对话框可以分为两种，分别为模式对话框和非模式对话框。

- 模式对话框：用户必须处理完对话框之后才能继续与其他窗口交互。
- 非模式对话框：允许用户在处理对话框的同时与其他窗口交互。

JDialog 类常用的方法如表 4.2 所示。

表 4.2　JDialog 类常用的方法

方法声明	功能描述
public JDialog()	构造方法，创建一个无标题的初始不可见的对话框，对话框依赖一个默认的不可见的窗口，该窗口由 Java 运行环境提供
public JDialog(JFrame owner)	构造方法，创建一个无标题的初始不可见的非模式对话框，owner 是对话框所依赖的窗口，如果 owner 的取值为 null，那么对话框依赖一个默认的不可见的窗口，该窗口由 Java 运行环境提供
public JDialog(JFrame owner, String title)	构造方法，创建一个具有标题的初始不可见的非模式对话框
public JDialog(JFrame owner, String title, boolean modal)	构造方法，创建一个具有指定标题、模态和所有者的对话框，参数 modal 用来决定对话框是否为模式对话框
public String getTitle()	获取对话框的标题
public void setTitle(String title)	设置对话框的标题
public void setModal(boolean modal)	设置对话框的模式（如设置为模式对话框或非模式对话框）

续表

方法声明	功能描述
public void setSize(int width, int height)	设置对话框的大小
public void setVisible(boolean b)	显示或隐藏对话框
public void setJMenuBar(JMenuBar menu)	为对话框添加菜单条

【实例 4.2】使用 JDialog 类创建依赖窗口的模式对话框。

```java
import javax.swing.*;
public class Example4_2 {
    public static void main(String [] args){
        JFrame myframe=new JFrame("测试窗口");
        myframe.setDefaultCloseOperation(JFrame.EXIT_ON_CLOSE);
        myframe.setBounds(50,100,300,200);
        myframe.setVisible(true);
        // 在 JFrame 容器窗口的基础上创建并设置 JDialog 容器窗口
        JDialog mydialog=new JDialog(myframe,"测试对话框",true);
        mydialog.setDefaultCloseOperation(JDialog.HIDE_ON_CLOSE);
        mydialog.setBounds(100,150,200,100);
        mydialog.setVisible(true);
    }
}
```

运行结果如图 4.3 所示。

图 4.3   运行结果

4.2.3 JPanel 类和 JScrollPane 类

JPanel 和 JScrollPane 是面板组件，属于中间容器，并且只能放在 JFrame 和 JDialog 这样的顶级容器中。可以将面板组件添加到顶级容器中，也可以将子面板添加到上级面板中。通过使用面板，可以实现对所有组件的分层管理，即对不同关系的组件采用不同的布局管理方式，使组件的布局更合理，软件界面更美观。

1. JPanel 类

JPanel 组件是一个无边框，并且不能被移动、放大、缩小或关闭的面板，继承了

java.awt.Container 类。作为中间容器，JPanel 组件常被用来容纳较小的轻量级组件，使整体布局更合理。在默认情况下，JPanel 组件是透明的。

JPanel 类常用的方法如表 4.3 所示。

表 4.3　JPanel 类常用的方法

方法声明	功能描述
JPanel()	构造方法，创建默认布局（FlowLayout）的面板
JPanel(LayoutManager layout)	构造方法，以指定的布局管理器创建面板
void setLayout(LayoutManager layout)	设置面板布局
Component add(Component comp)	在面板中添加组件

2.　JScrollPane 类

与 JPanel 不同，JScrollPane 是一个带有滚动条的面板容器，并且这个面板中只能添加一个组件。如果想在 JScrollPane 面板中添加多个组件，那么应该先将多个组件添加到某个组件中，再将这个组件添加到 JScrollPane 面板中。

JScrollPane 类常用的方法如表 4.4 所示。

表 4.4　JScrollPane 类常用的方法

方法声明	功能描述
JScrollPane()	构造方法，创建一个空的 JScrollPane 对象，需要时水平滚动条和垂直滚动条都可显示
JScrollPane(Component view)	构造方法，创建一个显示指定组件的 JScrollPane 面板，只要组件的内容超过视图大小，就会显示水平滚动条和垂直滚动条
JScrollPane(Component view, int vsbPolicy, int hsbPolicy)	构造方法，创建一个显示指定容器，并且具有指定滚动策略的 JScrollPane 面板。参数 vsbPolicy 和 hsbPolicy 分别表示垂直滚动条策略和水平滚动条策略，即设置滚动轴出现的时机
JScrollPane(int vsbPolicy, int hsbPolicy)	构造方法，创建一个不包含指定容器组件的 JScrollPane 对象，设置垂直滚动条策略和水平滚动条策略

如果在构造方法中没有指定显示组件和滚动条的策略，那么可以使用 JScrollPane 类提供的方法进行设置。

JScrollPane 类中用来设置面板滚动策略的方法有以下几个。

- void setHorizontalBarPolicy(int policy)：指定水平滚动条策略，即水平滚动条何时显示在滚动面板中。
- void setVerticalBarPolicy(int policy)：指定垂直滚动条策略，即垂直滚动条何时显示在滚动面板中。

- void setViewportView(Component view)：指定在滚动面板中显示的组件。

关于滚动策略，在 ScrollPaneConstants 接口中声明的多个常量属性可以用来设置不同的滚动策略，如表 4.5 所示。

表 4.5 JScrollPane 面板滚动策略

常量属性	功能描述
VERTICAL_SCROLLBAR_AS_NEEDED HORIZONTAL_SCROLLBAR_AS_NEEDED	当填充的组件视图超过客户端窗口大小时，自动显示垂直滚动条和水平滚动条（JScrollPane 组件的默认值）
VERTICAL_SCROLLBAR_ALWAYS HORIZONTAL_SCROLLBAR_ALWAYS	无论填充的组件视图有多大，始终显示垂直滚动条和水平滚动条
VERTICAL_SCROLLBAR_NEVER HORIZONTAL_SCROLLBAR_NEVER	无论填充的组件视图有多大，始终不显示垂直滚动条和水平滚动条

【实例 4.3】面板组件的基本用法。

```java
import java.awt.*;
import javax.swing.*;
public class Example4_3 {
    public static void main (String [] args){
        // 1.创建一个 JFrame 容器窗口
        JFrame f=new JFrame("面板组件演示");
        // 设置 BorderLayout 布局
        f.setLayout(new BorderLayout());
        f.setSize(500,300);
        f.setLocation(300,200);
        f.setVisible(true);
        f.setDefaultCloseOperation(JFrame.EXIT_ON_CLOSE);
        // 2.创建 JScrollPane 滚动面板组件
        JScrollPane scrollPane=new JScrollPane();
        // 设置水平滚动条策略——需要滚动条时再显示
        scrollPane.setHorizontalScrollBarPolicy(ScrollPaneConstants
            .HORIZONTAL_SCROLLBAR_AS_NEEDED);
        // 设置垂直滚动条策略——一直显示滚动条
        scrollPane.setVerticalScrollBarPolicy(ScrollPaneConstants
            .VERTICAL_SCROLLBAR_ALWAYS);
        // 3.定义一个 JPanel 面板组件
        JPanel panel=new JPanel();
        f.add(panel);
        // 在 JPanel 面板中添加 4 个按钮
        panel.add(new JButton("按钮 1"));
        panel.add(new JButton("按钮 2"));
        panel.add(new JButton("按钮 3"));
        panel.add(new JButton("按钮 4"));
        // 设置 JPanel 面板在 JScrollPane 滚动面板中显示
```

```
        scrollPane.setViewportView(panel);
        // 设置 BorderLayout 布局
        f.add(scrollPane,BorderLayout.CENTER);
        f.validate();
    }
}
```

运行结果如图 4.4 所示。

图 4.4　运行结果

4.3　Swing 常用的基本组件

Swing 中提供了 20 多种组件，这些组件都继承了 javax.swing.JComponent 类，同时继承了 JComponent 类中的方法。表 4.6 中列举了 JComponent 类常用的方法，这也是 Swing 类库中常用组件的共性方法。

表 4.6　JComponent 类常用的方法

方法声明	功能描述
void setBackground(Color bg)	设置背景色
void setVisible(boolean aFlag)	设置是否可见
void setFont(Font font)	设置字体
void setBorder(Border border)	设置边框
void setBounds(int x, int y, int width, int height)	设置组件的位置和大小
int getHeight()	返回组件的高度
int getWidth()	返回组件的宽度
int getX()	返回位置 X
Demension getSize(Demension rv)	返回尺寸

4.3.1　标签组件

JLabel（标签）用来显示文本和图像，具有提示和说明的作用。JLabel 类提供了一系列用来设置标签的方法。例如，使用 setText(String text)方法可以设置标签显示的文本，使用 setFont(Font font)方法可以设置标签文本的字体及字号，使用 setHorizontalAlignment(int alignment)方法可以设置文本的显示位置。setHorizontalAlignment(int alignment)方法的参数可以从 JLabel 类提供的静态常量中选择，可选的静态常量如表 4.7 所示。

表 4.7　setHorizontalAlignment(int alignment)方法的静态常量

静态常量	常量值	标签内容显示位置
LEFT	2	靠左侧显示
CENTER	0	居中显示
RIGHT	4	靠右侧显示

如果需要在标签中显示图片，那么可以通过 setIcon(Icon icon)方法设置。如果想在标签中既显示文本又显示图片，那么可以通过 setHorizontalTextPosition(int textPosition)方法设置文字相对图片在水平方向的显示位置，该方法的参数可以从表 4.7 提供的静态常量中选择。当设置为 LEFT 时，表示文字显示在图片的左侧；当设置为 RIGHT 时，表示文字显示在图片的右侧；当设置为 CENTER 时，表示文字与图片在水平方向上重叠显示。还可以通过 setVerticalTextPosition(int textPosition)方法设置文字相对于图片在垂直方向上的显示位置，该方法的入口参数可以从 JLabel 类提供的静态常量中选择，可选的静态常量如表 4.8 所示。

表 4.8　setVerticalTextPosition(int textPosition)方法的静态常量

静态常量	常量值	标签内容显示位置
TOP	1	文字显示在图片的上方
CENTER	0	文字与图片在垂直方向上重叠显示
BOTTOM	3	文字显示在图片的下方

JLabel 类常用的构造方法如表 4.9 所示。

表 4.9　JLabel 类常用的构造方法

方法声明	功能描述
JLabel(String text)	创建一个指定文本的标签，默认左对齐
JLabel(Icon icon)	创建一个指定图片的标签，默认左对齐
JLabel(String text, int horizontalAlignment)	创建一个指定文本的标签，设置为水平对齐
JLabel(Icon icon, int horizontalAlignment)	创建一个指定图片的标签，设置为水平对齐
JLabel(String text, Icon icon, int horizontalAlignment)	创建一个指定文本和图片的标签，设置为水平对齐

【实例 4.4】创建同时显示文本和图片的标签。

```java
import javax.swing.*;
import java.awt.*;
public class Example4_4 {
    public static void main(String [] args){
        JFrame myframe=new JFrame("标签演示");
        myframe.setSize(600,600);
        // 创建标签对象
        final JLabel label=new JLabel();
        // 设置标签的显示位置及字号
        label.setBounds(100,100,500,350);
        // 设置标签显示文字
        label.setText("欢迎学习 Java!");
        // 设置文字的字体及字号
        label.setFont(new Font("", Font.BOLD,20));
        // 设置标签内容居中显示
        label.setHorizontalAlignment(JLabel.CENTER);
        label.setIcon(new ImageIcon("java 图片.jpg"));
        // 设置文字相对于图片在水平方向上的显示位置，居中显示
        label.setHorizontalTextPosition(JLabel.CENTER);
        // 设置文字相对于图片在垂直方向上的显示位置，在图片下方显示文字
        label.setVerticalTextPosition(JLabel.BOTTOM);
        // 将标签添加到窗口中
        myframe.add(label);
        myframe.setVisible(true);
        myframe.setDefaultCloseOperation(JFrame.EXIT_ON_CLOSE);
    }
}
```

运行结果如图 4.5 所示。

图 4.5　运行结果

4.3.2　按钮组件

Swing 中常见的按钮组件有 JButton、JRadioButton 和 JCheckBox 等，它们都是抽象类

AbstractButton 的直接子类或间接子类。AbstractButton 类中按钮组件的通用方法如表 4.10 所示。

表 4.10　AbstractButton 类中按钮组件的通用方法

方法声明	功能描述
Icon getIcon()	获取按钮的图标
void setIcon()	设置按钮的图标
void setText(String text)	设置按钮的文本
String getText()	获取按钮的文本
void setEnable(boolean b)	设置按钮是否可用
boolean setSelected(boolean b)	设置按钮是否为选中状态
boolean isSelected()	返回按钮的状态（true 为选中，反之为未选中）

1.　JButton

JButton 是最简单的按钮组件，只在按下和释放两个状态之间进行切换，可以通过捕获按下并释放的动作执行一些操作，从而完成和用户的交互。

JButton 类常用的构造方法如表 4.11 所示。

表 4.11　JButton 类常用的构造方法

方法声明	功能描述
JButton()	创建一个不带文本和图标的按钮
JButton(Icon icon)	创建一个带图标的按钮
JButton(String text)	创建一个带文本的按钮
JButton(String text, Icon icon)	创建一个带文本和图标的按钮

2.　JRadioButton

JRadioButton 被称为单选按钮组件，在默认情况下是一个圆形的图标，只能选中一个，当选中下一个时，之前选中的单选按钮就会自动弹起。如果想实现 JRadioButton 按钮之间的互斥，就需要使用 javax.swing.ButtonGroup 类。ButtonGroup 是一个不可见的组件，不需要将其添加到容器中显示，只是在逻辑上表示一个单选按钮组。将多个 JRadioButton 按钮添加到同一个单选按钮组中就可以实现 JRadioButton 按钮的单选功能。

JRadioButton 类常用的构造方法如表 4.12 所示。

表 4.12　JRadioButton 类常用的构造方法

方法声明	功能描述
JRadioButton()	构造方法，创建一个不带文本和图标且初始状态为未选中的单选按钮
JRadioButton(String text)	构造方法，创建一个带文本且初始状态为未选中的单选按钮
JRadioButton(String text, boolean selected)	构造方法，创建一个带文本且指定初始状态（选中/未选中）的单选按钮
JRadioButton(Icon icon)	构造方法，创建一个带图标且初始状态为未选中的单选按钮
JRadioButton(Icon icon, boolean selected)	构造方法，创建一个带图标且指定初始状态（选中/未选中）的单选按钮
JRadioButton(String text, Icon icon, boolean selected)	构造方法，创建一个带文本和图标且指定初始状态（选中/未选中）的单选按钮

ButtonGroup 类用来创建一个按钮组，按钮组的作用是维护该组按钮的"开启"状态，在按钮组中只能有一个按钮处于"开启"状态。按钮组经常用来维护由 JRadioButton 类、JRadioButtonMenuItem 类和 JToggleButton 类的按钮组成的按钮组。

ButtonGroup 类提供的常用方法如下。

- add(AbstractButton b)：将按钮添加到按钮组中。
- remove(AbstractButton b)：从按钮组中移除按钮。
- getButtonCount()：返回按钮组中包含的按钮的个数，返回值是 int 型的。
- getElements()：返回一个枚举类型的对象，通过该对象可以遍历按钮组中包含的所有按钮对象。

3．JCheckBox

JCheckBox 被称为复选框组件，有勾选和未勾选两种状态。复选框通常有多个，用户可以勾选一个或多个。JCheckBox 类常用的构造方法如表 4.13 所示。

表 4.13　JCheckBox 类常用的构造方法

方法声明	功能描述
JCheckBox()	创建一个不带文本且未指定初始状态的复选框
JCheckBox(String text)	创建一个带文本且未指定初始状态的复选框
JCheckBox(String text, boolean selected)	创建一个带文本且指定初始状态（未勾选/勾选）的复选框
JCheckBox(Icon icon)	创建一个带图标且未勾选的复选框
JCheckBox(Icon icon, boolean selected)	创建一个带图标且指定初始状态（未勾选/勾选）的复选框

【实例 4.5】JRadioButton 组件和 JCheckBox 组件的用法。

```java
import javax.swing.*;
import java.awt.*;
public class Example4_5 {
    public static void main(String args[]) {
        JRadioButtonWindow win = new JRadioButtonWindow();
        win.setBounds(100,100,300,200);
        win.setTitle("单选按钮、复选框示例");
    }
}
class JRadioButtonWindow extends JFrame {
    JLabel label1;
    JRadioButton radio1,radio2;
    ButtonGroup group;
    JCheckBox checkbox1;
    JCheckBox checkbox2;
    JCheckBox checkbox3;
    JPanel panel1;
    public JRadioButtonWindow() {
        init();
        setVisible(true);
        setDefaultCloseOperation(JFrame.EXIT_ON_CLOSE);
    }
    void init() {
        setLayout(new FlowLayout(FlowLayout.LEFT));
        // 创建标签
        JLabel label1= new JLabel("性别:");
        // 将标签添加到窗口中
        add(label1);
        // 单选按钮
        radio1 = new JRadioButton("男");
        radio2 = new JRadioButton("女");
        // 创建按钮组对象
        group = new ButtonGroup();
        // 设置单选按钮默认为选中
        radio1.setSelected(true);
        // 将单选按钮添加到按钮组中
        group.add(radio1);
        group.add(radio2);
        // 将单选按钮添加到窗体中
        add(radio1);
        add(radio2);
        // 创建标签
        JLabel label2= new JLabel("兴趣爱好: ");
        JPanel panel1=new JPanel();
        // 将面板添加到窗体中
        add(panel1);
        // 将标签添加到面板中
```

```
            panel1.add(label2);
            // 创建复选框对象
            JCheckBox checkbox1=new JCheckBox("打篮球");
            JCheckBox checkbox2=new JCheckBox("唱歌");
            JCheckBox checkbox3=new JCheckBox("弹琴");
            panel1.add(checkbox1);
            panel1.add(checkbox2);
            panel1.add(checkbox3);
            validate();
        }
    }
```

运行结果如图 4.6 所示。

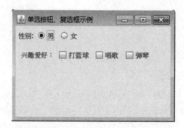

图 4.6 运行结果

4.3.3 文本组件

文本组件包括文本框（JTextField）组件和文本域（JTextArea）组件等，用于接收用户输入的信息。JTextField 和 JTextArea 有一个共同的父类——JTextComponent。JTextComponent 是一个抽象类，提供了文本组件常用的方法，如表 4.14 所示。

表 4.14 JTextComponent 类常用的方法

方法声明	功能描述
void sctText(String text)	设置文本组件的内容
String getText()	返回文本组件中所有的文本内容
String getSelectedText()	返回文本组件中选定的文本内容
void selectAll()	在文本组件中选中所有内容
void setEditable()	设置文本组件为可编辑或不可编辑
void replaceSelection(String content)	用给定的内容替换当前选定的内容

1. JTextField 和 JPasswordField

JTextField 只能接收单行文本的输入。JTextField 类常用的构造方法如表 4.15 所示。

表 4.15　JTextField 类常用的构造方法

方法声明	功能描述
JTextField()	创建一个空的文本框，初始字符串为 null
JTextField(String text)	创建一个显示指定初始字符串的文本框
JTextField(int columns)	创建一个具有指定列数的空文本框，初始字符串为 null
JTextField(String text, int columns)	创建一个显示指定文本初始字符串且指定列数的文本框

　　JTextField 类的子类 JPasswordField 表示的是一个密码框，只能接收用户的单行输入。但是在密码框中不显示用户输入的真实信息，而是通过显示指定的回显字符作为占位符（新创建的密码框默认的回显字符为 "*"）。

　　【实例 4.6】使用 JLabel 组件、JTextField 组件、JPasswordField 组件和 JButton 组件创建一个用户登录界面。

```java
import javax.swing.*;
public class Example4_6 extends JFrame {
    // 创建标签、文本框和密码框
    private JLabel userLab;
    private JTextField username;
    private JLabel passLab;
    private JPasswordField password;
    private JButton button;
    public Example4_6() {
        userLab = new JLabel("用户名: ");
        username = new JTextField();
        passLab = new JLabel("密  码: ");
        password = new JPasswordField(6);
        button = new JButton("确定");
        userLab.setBounds(10, 5, 50, 25);
        username.setBounds(60, 6, 90, 25);
        passLab.setBounds(10, 35, 50, 25);
        password.setBounds(60, 40, 90, 25);
        button.setBounds(60, 75, 60, 25);
        init();
    }
    private void init() {
        this.setTitle("登录");
        this.setLayout(null);
        this.add(userLab);
        this.add(username);
        this.add(passLab);
        this.add(password);
        this.add(button);
        this.setSize(300, 200);
        this.setLocationRelativeTo(null);
```

```
        this.setDefaultCloseOperation(JFrame.DISPOSE_ON_CLOSE);
        this.setVisible(true);
    }
    public static void main(String args[]) {
        new Example4_6();
    }
}
```

运行结果如图 4.7 所示。

图 4.7　运行结果 1

2. JTextArea

JTextArea 能接收多行文本的输入。使用 JTextArea 类的构造方法在创建对象时可以设定文本域的行数和列数。JTextArea 类常用的构造方法如表 4.16 所示。

表 4.16　JTextArea 类常用的构造方法

方法声明	功能描述
JTextArea()	创建一个空的文本域
JTextArea(String text)	创建一个显示指定初始字符串的文本域
JTextArea(int rows, int columns)	创建一个显示指定行数和列数的空文本域
JTextArea(String text, int rows, int columns)	创建一个显示指定初始文本且指定行数和列数的文本域

在创建文本域时，通常使用表 4.16 中最后两行的两个构造方法来指定文本域的行数和列数。

【实例 4.7】编写一个聊天窗口，用来演示文本组件 JTextField 和 JTextArea 的用法。

```
import java.awt.*;
import javax.swing.*;
public class Example4_7 {
    public static void main(String [] args){
        // 1.创建一个 JFrame 聊天窗口
        JFrame myframe = new JFrame("聊天窗口");
        myframe.setLayout(new BorderLayout());
        myframe.setBounds(300,200,400,300);
```

```
        myframe.setVisible(true);
        myframe.setDefaultCloseOperation(JFrame.EXIT_ON_CLOSE);
        // 2.创建一个 JTextArea 文本域，用来显示多行聊天信息
        JTextArea showarea = new JTextArea(10,20); // 10 行，20 列
        // 创建一个 JScrollPane 组件，将 JTextArea 文本域作为其显示组件
        JScrollPane scrollPane = new JScrollPane(showarea);
        // 设置文本域不可编辑
        showarea.setEditable(false);
        // 3.创建一个 JTextField 文本框，用来输入单行聊天信息
        JTextField input = new JTextField(20); // 20 列，即可接收 20 个字符
        JButton button = new JButton("发送");   // 创建命令按钮
        // 为按钮添加监听事件
        button.addActionListener(e -> {
            String content = input.getText();
            // 判断输入的信息是否为空
            if (content != null && !content.trim().equals(""))
                // 若不为空，则将输入的文本信息追加到文本域中
                showarea.append("本人输入的信息：" + content + "\n");
            else
                // 若为空，则提示聊天信息不能为空
                showarea.append("聊天信息不能为空！" + "\n");
            input.setText("");
        });
        // 4.创建一个 JPanel 面板组件
        JPanel panel = new JPanel();
        JLabel labe l= new JLabel("聊天信息");   // 创建一个标签
        panel.add(label);          // 将 JLabel 组件添加到 JPanel 面板中
        panel.add(input);          // 将 JTextField 组件添加到 JPanel 面板中
        panel.add(button);         // 将 JButton 组件添加到 JPanel 面板中
        panel.add(showarea);
        myframe.add(panel);
        myframe.validate();
    }
}
```

运行结果如图 4.8 所示。为按钮添加的事件处理在后续章节中会详细介绍。

图 4.8　运行结果 2

4.3.4 下拉框组件

JComboBox 被称为下拉框组件、选择框组件或组合框组件，将所有选项折叠在一起，默认显示的是添加的第一个选项。当单击下拉按钮时，会出现下拉式的选择列表，用户可以从中选择其中的一项并显示。下拉框还可以设置为可编辑的，用户可以在下拉框中输入相应的值。需要注意的是，用户输入的内容只能作为当前项显示，并不会添加到下拉框的下拉列表中。

JComboBox 类常用的构造方法和其他方法如表 4.17 所示。

表 4.17　JComboBox 类常用的构造方法和其他方法

方法声明	功能描述
JComboBox()	构造方法，创建一个下拉框，无任何选项
JComboBox(ComboBoxModel aModel)	构造方法，创建取自现有的 ComboBoxModel 的下拉框
JComboBox(Object[] items)	构造方法，创建一个下拉框，将 Object[]数组中的元素作为下拉框的下拉列表的选项
JComboBox(Vector<?> items)	构造方法，创建一个下拉框，将 Vector 集合中的元素作为下拉框的下拉列表的选项
int getItemCount()	返回下拉框中的选项数
void addItem(Object anObject)	在下拉框中添加选项
void insertItemAt(Object anObject, int index)	在指定的索引处插入选项，索引从 0 开始
void removeItem(Object anObject)	从下拉框中移除指定的选项
void removeItemAt(int anIndex)	从下拉框中移除指定索引位置的选项
void removeAllItems()	删除下拉框中所有的选项
void setSelectedItem(Object anObject)	设置指定元素为下拉框中的默认选项
void setSelectedIndex(Object anObject)	设置指定索引位置的选项为下拉框中的默认选项
void setEditable(boolean aFlag)	设置下拉框是否可编辑，默认不可编辑（false），若为 true，则可编辑
void setMaximumRowCount(int count)	设置弹出下拉框时显示选项的最大行数，默认为 8 行
Object getItemAt(int index)	返回指定索引处的选项，索引从 0 开始

【实例 4.8】JComboBox 组件的用法。

```
import javax.swing.*;
import java.awt.*;
public class Example4_8 extends JFrame {
    public static void main(String args[]) {
        // 创建窗口容器
        JFrame win = new JFrame("下拉框实例");
        win.setLayout(new FlowLayout(FlowLayout.LEFT));
        win.setBounds(100,100,300,200);
```

```
            // 创建标签
            JLabel label=new JLabel("学位：");
            win.add(label);
            win.setVisible(true);
            win.setDefaultCloseOperation(JFrame.EXIT_ON_CLOSE);
            // 创建选项数组
            String[] degree={"学士","硕士","博士"};
            // 将数组元素作为下拉列表的选项
            JComboBox comboBox=new JComboBox(degree);
            // 设置下拉框为可编辑
            comboBox.setEditable(true);
            // 设置下拉框弹出时显示选项最多为 3 行
            comboBox.setMaximumRowCount(3);
            win.add(comboBox);
            // 在索引为 0 的位置插入一个选项
            comboBox.insertItemAt("无",0);
            win.validate();
        }
    }
```

运行上述代码可以得到一个可编辑的下拉框，用户可以在文本框中输入信息。运行结果如图 4.9 所示。

图 4.9　运行结果

4.3.5　列表框组件

使用 JList 组件可以实现一个列表框。列表框与选择框的主要区别是列表框可以选择多项，而选择框只能选择一项。

JList 类常用的构造方法和其他方法如表 4.18 所示。

表 4.18　JList 类常用的构造方法和其他方法

方法声明	功能描述
JList()	创建一个列表框，不包含任何选项
JList(Object[] listData)	创建一个由指定数组中的元素构成的列表框

续表

方法声明	功能描述
JList(Vector<?> listData)	创建一个由指定集合中的元素构成的列表框
void setSelectedIndex(int index)	选择指定索引的某个选项
boolean isSelectionEmpty()	查看是否有被选中的选项，若什么也没有选择则返回 true，否则返回 false
boolean isSelectedIndex(int index)	查看指定项是否被选中，若被选中则返回 true，否则返回 false
setSelectedIndex(int index)	选中指定索引的一个选项
setSelectedIndices(int[] indices)	选中指定索引的一组选项
setSelectionBackground(Color background)	设置被选中的选项的背景色
setSelectionForeground(Color foreground)	设置被选中的选项的前景色
int[] getSelectedIndices()	以 int[]数组的形式递增获得被选中的所有选项的索引值
void clearSelection()	取消所有被选中的选项

由 JList 组件实现的列表框有 3 种选取模式（3 种选取模式包括一种单选模式和两种多选模式），可以通过 JList 类的 setSelectionMode(int selectionMode)方法设置具体的选取模式。setSelectionMode(int selectionMode)方法的参数可以从 ListSelectionModel 类的静态常量中选择，ListSelectionModel 类的静态常量如表 4.19 所示。

表 4.19　ListSelectionModel 类的静态常量

静态常量	常量值	标签内容显示位置
SINGLE_SELECTION	0	一次选择一个列表索引
SINGLE_INTERVAL_SELECTION	1	一次选择一个连续的索引范围
MULTIPLE_INTERVAL_SELECTION	2	一次选择一个或多个连续的索引范围

4.3.6　菜单组件

在 GUI 应用程序开发中，JMenu（菜单）是很常见的组件。利用 Swing 提供的 JMenu 组件可以创建出多种样式的菜单。本节重点介绍下拉式菜单和弹出式菜单。

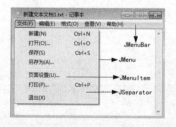

图 4.10　各组件在菜单中对应的位置

1. 下拉式菜单

在 Swing 中，下拉式菜单系统包括 JMenuBar（菜单栏）、JMenu（菜单）和 JMenuItem（菜单项）。一个 JMenuBar 对象包含若干 JMenu 对象，一个 JMenu 对象包含若干 JMenuItem 对象或 JSeparator（分隔符）对象。在 GUI 应用程序中，各组件在菜单中对应的位置如图 4.10 所示。

1）JMenuBar

JMenuBar 提供了菜单栏的实现，可以放在容器的任何位置。在通常情况下，可以使用顶级容器（如 JFrame 和 JDialog）的 setJMenuBar(JMenuBar menuBar)方法将 JMenuBar 放在顶级容器的顶部。

JMenuBar 类的构造方法为 public JMenuBar()，用于创建新的菜单栏。

JMenuBar 类的常用方法为 public JMenu add(JMenu c)，用于将指定的菜单追加到菜单栏的末尾。

2）JMenu

JMenu 表示一个菜单，用来整合和管理菜单项。菜单可以是单一层次的结构，也可以是多层次的结构。

JMenu 类常用的构造方法和其他方法如表 4.20 所示。

表 4.20　JMenu 类常用的构造方法和其他方法

方法声明	功能描述
JMenu()	用于构造一个没有文本的新的 JMenu 对象
public JMenu(String s)	用于构造一个显示文本为 s 的新的 JMenu 对象
JMenuItem add(JMenuItem menuItem)	将菜单项添加到此菜单的末尾，返回此菜单项
void addSeparator()	在菜单的末尾附加一个新的分隔符
JMenuItem getItem(int pos)	返回指定索引处的菜单项，第一个菜单项的索引为 0
int getItemCount()	返回菜单中的项目数，分隔符也计算在内
JMenuItem insert(JMenuItem mi, int pos)	在指定索引处插入菜单项
void insertSeparator(int pos)	在指定索引处插入分隔符
void remove(int pos)	从菜单中移除指定索引处的菜单项
void remove(JMenuItem menuItem)	从菜单中移除指定的菜单项
void removeAll()	从菜单中移除所有的菜单项

3）JMenuItem

JMenuItem 表示菜单项，是菜单系统中最基本的组件，继承自 AbstractButton 类。从本质上来看，JMenuItem 相当于列表中的按钮，当用户单击按钮时执行与菜单项相关的操作。

JMenuItem 类常用的构造方法如表 4.21 所示。

表 4.21　JMenuItem 类常用的构造方法

方法声明	功能描述
public JMenuItem()	创建一个没有设置文本或图标的 JMenuItem
public JMenuItem(String text)	创建带指定文本的 JMenuItem

续表

方法声明	功能描述
public JMenuItem(Icon icon)	用指定的图标创建一个 JMenuItem
public JMenuItem(String text, Icon icon)	创建带指定文本和图标的 JMenuItem

如果使用无参数的构造方法创建了一个菜单项，那么可以调用从 AbstractButton 类中继承的 setText(String text)方法及 setIcon()方法为其设置文本和图标。

2. 弹出式菜单

在 Swing 中，弹出式菜单可以用 JPopupMenu 实现。弹出式菜单和下拉式菜单都通过调用 add()方法添加菜单项，但弹出式菜单默认是不可见的，并且调用 show(Component invoker, int x, int y)方法。show(Component invoker, int x, int y)方法中的参数 invoker 表示 JPopupMenu 显示位置的参考组件；x 和 y 表示 invoker 组件坐标空间中的一个坐标，显示的是 JPopupMenu 的左上角坐标。弹出式菜单一般需要结合鼠标事件进行处理。

4.3.7 表格组件

JTable（表格）也是 GUI 应用程序中常用的组件。表格是一个由多行和多列组成的二维显示区。Swing 的 JTable 及相关类提供了这种表格支持，通过使用 JTable 及相关类，程序既可以使用简单的代码创建出表格来显示二维数据，也可以开发出功能丰富的表格，还可以为表格定制各种显示外观与编辑特性。

JTable 类常用的构造方法如表 4.22 所示。

表 4.22　JTable 类常用的构造方法

方法声明	功能描述
JTable()	构造一个默认的表格，使用默认的数据模型、列模型和选择模型对其进行初始化
JTable(int numRows, int numColumns)	构造具有指定行数和指定列数的空单元格的表格
JTable(Object[][] rowData, Object[] columnNames)	构造一个表格来显示二维数组 rowData 中的值，其列名为 columnNames

- 当表格的高度不足以显示所有的数据行时，该表格会自动显示滚动条。
- 当把鼠标指针移到两列之间的分界符时，鼠标指针会变成可调整大小的形状，表明用户可以自行调整表格列的宽度。
- 当在表格列上按下鼠标左键并拖动时，可以将表格的整列拖到其他位置。
- 当单击某个单元格时，系统会自动选中该单元格所在的行。

- 当双击某个单元格时，系统会自动进入该单元格的修改状态。

4.3.8 树组件

1. JTree

JTree（树）也是 GUI 应用程序中常用的组件，能够很直观地表现一组信息的所属关系，因此得到了广泛应用，如目录文件的存储结构都是树形的。

一棵树只有一个根节点。除了根节点，每个节点有且只有一个父节点。除了叶子节点，每个树节点都有一个或多个子节点。

JTree 类常用的构造方法如表 4.23 所示。

表 4.23　JTree 类常用的构造方法

方法声明	功能描述
JTree()	返回带实例模型的 JTree
JTree (TreeModel newModel)	返回 JTree 的一个实例，显示根节点，使用指定的数据模型创建树
JTree(TreeNode root)	使用 root 作为根节点创建 JTree 对象，默认显示根节点
JTree(Object[] value)	返回 JTree，指定数组的每个元素作为不被显示的新根节点的子节点
JTree(Vector[?] value)	返回 JTree，指定向量的每个元素作为不被显示的新根节点的子节点
JTree(TreeNode root, boolean asksAllowsChildren)	返回一个 JTree，其中指定的 TreeNode 作为其根节点。它显示根节点，并以指定的方式决定节点是否为叶子节点

JTree 类的常用方法为 addTreeSelectionListener(TreeSelectionListener tsl)，用于为 TreeSelection 事件添加监听器。当选中或取消选中树节点时，将产生 TreeSelection 事件对象并传递给 TreeSelectionListener。

2. DefaultMutableTreeNode

TreeNode 是一个接口。TreeNode 接口有一个 MutableTreeNode 子接口。Swing 为 MutableTreeNode 接口提供了默认的实现类，即 DefaultMutableTreeNode，程序可以通过 DefaultMutableTreeNode 来为树创建节点，通过 DefaultMutableTreeNode 提供的 add()方法建立各节点之间的父子关系，并调用 JTree 类的 JTree(TreeNode root)构造方法来创建一棵树。

DefaultMutableTreeNode 提供了大量的方法来访问树中的节点，以及获取指定节点的兄弟节点、父节点和子节点等，读者可以自行查阅 Java API 文档进行学习。

4.4 布局管理器

JV-04-v-003

Swing 组件不能单独存在，必须放置在容器中。Java 提供的各种布局管理器用来管理各种组件在容器中的放置状态，这些布局管理器实现了 LayoutManager 接口或 LayoutManager2 接口。当一个容器被创建时，如果不指定布局管理器，就采用默认的布局管理器。例如，JPanel 的默认布局管理器是 FlowLayout，JFrame 和 JDialog 的默认布局管理器是 BorderLayout。

Swing 在 AWT 的基础上提供了 8 种布局管理器，分别是 BorderLayout（边界布局管理器）、BoxLayout（箱式布局管理器）、CardLayout（卡片布局管理器）、FlowLayout（流式布局管理器）、GridBagLayout（网格包布局管理器）、GridLayout（网格布局管理器）、GroupLayout（分组布局管理器）和 SpringLayout（弹性布局管理器）。下面介绍常用的几种布局管理器。

4.4.1 FlowLayout

FlowLayout 是一种简单的布局管理器，以定向流的方式排列组件，类似于段落中的文本行。在默认情况下，组件按照添加的先后顺序放入容器中的第一行，从左向右排列，当到达容器的边界时，自动将组件放到下一行的开始位置。组件的水平对齐方式默认是居中对齐。

FlowLayout 支持修改定向流的方向，可以将默认的从左向右排列修改为从右向左排列。FlowLayout 也支持修改组件的水平对齐方式，可以按左对齐、居中对齐（默认方式）或右对齐方式排列。FlowLayout 类常用的构造方法如表 4.24 所示。

表 4.24 FlowLayout 类常用的构造方法

方法声明	功能描述
FlowLayout()	默认居中对齐，默认的水平间隙和垂直间隙都是 5 像素
FlowLayout(int align)	指定组件相对于容器的对齐方式，水平间距和垂直间距默认为 5 像素
FlowLayout(int align, int hgap, int vgap)	指定组件的对齐方式，以及水平间距和垂直间距

其中，参数 align 决定了组件在每行中相对于容器边界的对齐方式，用常量值表示。

- 左对齐（FlowLayout.LEFT 或 0）。
- 居中对齐（FlowLayout.CENTER 或 1）。
- 右对齐（FlowLayout.RIGHT 或 2）。
- 组件与容器定向流开始边对齐（FlowLayout.LEADING 或 3）。
- 组件与容器定向流结束边对齐（FlowLayout.TRAILING 或 4）。

与其他布局管理器的不同之处在于，FlowLayout 不会强行设定组件的大小，允许组件拥有自定义的尺寸。每个组件都有 **getPreferredSize()** 方法，容器的布局管理器会调用这个方法取得每个组件自定义的大小。

【实例 4.9】使用 FlowLayout 对按钮组件进行布局。

```java
import javax.swing.*;
import java.awt.*;
public class Example4_9 {
    public static void main(String[] args) {
        JFrame myframe = new JFrame("流式布局管理器 ");
        // 设置窗体中组件的布局管理器 FlowLayout
        // 所有组件左对齐，水平间距为 20 像素，垂直间距为 30 像素
        FlowLayout flow = new FlowLayout(FlowLayout.LEFT,20,30);
        JPanel panel=new JPanel();
        panel.setLayout(flow);
        // 在面板中添加 6 个 JButton 组件
        for (int i = 1; i <= 6; i++) {
            JButton button = new JButton(" 第 " + i+"个按钮");
            panel.add(button);
        }
        myframe.add(panel);
        myframe.setSize(500, 200);
        myframe.setLocationRelativeTo(null);
        myframe.setDefaultCloseOperation(JFrame.EXIT_ON_CLOSE);
        myframe.setVisible(true);
    }
}
```

运行结果如图 4.11 所示。

图 4.11 运行结果

4.4.2 BorderLayout

在 BorderLayout 中，容器划分为 East（东）、West（西）、South（南）、North（北）和 Center（中）5 个区域，每个区域只能放置一个组件，组件自动扩展大小以填满该区域。North 区域和 South 区域中的组件只能自动扩展宽度，高度不变；West 区域和 East 区域中的组件只能自动扩

展高度，宽度不变；Center 区域中的组件的高度和宽度均能自动扩展。当容器中放置的组件少于 5 个时，没有放置组件的区域将被相邻的区域占用。

在 BorderLayout 中添加组件时，若不指定添加到哪个区域中，则默认添加到 Center 区域中，并且每个区域中只能添加一个组件。如果在一个区域中添加多个组件，那么后添加的组件会覆盖先添加的组件。为了在一个区域中添加多个组件，可以先放一个中间容器（如 JPanel），再添加组件。

BorderLayout 是 JFrame 类默认的布局管理器。BorderLayout 类常用的构造方法如表 4.25 所示。

表 4.25　BorderLayout 类常用的构造方法

方法声明	功能描述
BorderLayout()	默认居中对齐，组件之间没有间距
BorderLayout(int align)	指定对齐方式，组件之间的间距为默认值
BorderLayout(int align, int hgap, int vgap)	指定对齐方式，以及各组件之间的水平间距和垂直间距

【实例 4.10】BorderLayout 的应用。

```java
import java.awt.*;
import javax.swing.*;
public class Example4_10{
    public static void main(String[] args) {
        MyJFrame borderLayoutFrame = new MyJFrame();
    }
}
class MyJFrame extends JFrame{
    public MyJFrame(){
        super("BorderLayout 布局管理器示例");
        // 设置窗口布局为 BorderLayout，各区域之间的水平间距和垂直间距都为 5 像素
        setLayout(new BorderLayout(5,5));
        // 在 5 个区域中分别添加一个按钮
        add(new JButton(" 东 "), BorderLayout.EAST);
        add(new JButton(" 西 "), BorderLayout.WEST);
        add(new JButton(" 南 "), BorderLayout.SOUTH);
        add(new JButton(" 北 "), BorderLayout.NORTH);
        add(new JButton(" 中 "), BorderLayout.CENTER);
        setSize(300, 200);
        setLocationRelativeTo(null);
        setDefaultCloseOperation(JFrame.EXIT_ON_CLOSE);
        setVisible(true);
    }
}
```

运行结果如图 4.12 所示。

图 4.12　运行结果

4.4.3　GridLayout

GridLayout 先使用纵线和横线将容器空间划分为 n 行 m 列大小相等的网格区域，再按照从左到右、从上到下的顺序将组件添加到网格中，每个区域只能放置一个组件。组件放入容器的顺序决定了它在容器中的位置。当容器大小改变时，组件的相对位置不变，但大小会改变。若组件数超过设定的网格数，则布局管理器会自动增加网格数，原则是保持行数不变。

GridLayout 类常用的构造方法及其他方法如表 4.26 所示。

表 4.26　GridLayout 类常用的构造方法及其他方法

方法声明	功能描述
GridLayout()	构造方法，只有一行的网格，网格的列数根据实际需要改变
GridLayout(int rows, int cols)	构造方法，设置行数（rows）和列数（cols），这两个参数不可同时为 0
GridLayout(int rows, int cols, int hgap, int vgap)	构造方法，设置行数、列数，以及组件之间的水平间距和垂直间距
void setRows(int rows)	设置布局中的行数
void setColumns(int clos)	设置布局中的列数
void setHgap(int hgap)	设置布局中组件之间的水平间距
void setVgap(int vgap)	设置布局中组件之间的垂直间距

【实例 4.11】GridLayout 的应用。

```
import javax.swing.*;
import java.awt.*;
public class Example4_11 {
    public static void main(String[] args) {
        JFrame myframe = new JFrame("GridLayout 布局管理器");
```

```
// 创建 JPanel 容器对象
JPanel panel=new JPanel();
// 创建 GridLayout 布局
// 设置 3 行 2 列的网格
GridLayout gridlayout=new GridLayout(3,2);
// 将 panel 容器设置为 GridLayout 布局
panel.setLayout(gridlayout);
myframe.add(panel);
// 在面板中添加 6 个 JButton 组件
for (int i = 1; i <= 6; i++) {
    JButton button = new JButton(" 第 " + i+"个按钮");
    panel.add(button);
}
myframe.setSize(500, 200);
myframe.setLocationRelativeTo(null);
myframe.setDefaultCloseOperation(JFrame.EXIT_ON_CLOSE);
myframe.setVisible(true);
    }
}
```

运行结果如图 4.13 所示。

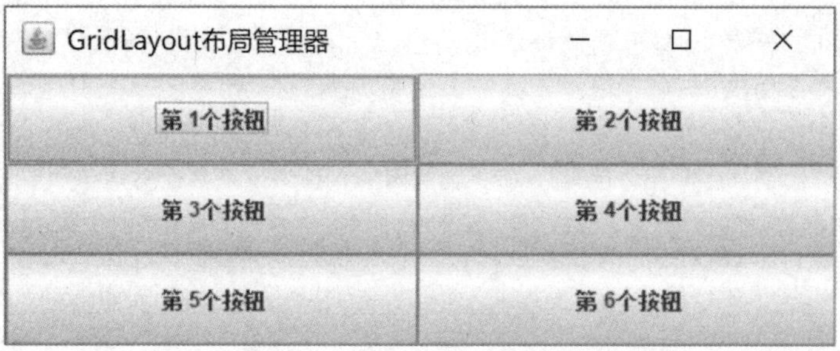

图 4.13　运行结果

4.4.4　GridBagLayout

　　GridBagLayout 是最灵活和最复杂的布局管理器，可以实现一个动态的矩形网格。用户可以根据实际需要定义矩形网格的行数和列数，组件仍然按照行、列放置（每个组件可以占用一个或多个网格）。GridBagLayout 需要借助 GridBagConstraints 才能达到设置的效果。在向 GridBagLayout 布局的容器中添加组件时，需要为每个组件创建一个关联的 GridBagConstraints 类的对象，以确定各个组件的布局信息，如组件所占网格的坐标（行、列信息）、需要占用的行数和列数等。

GridBagLayout 类常用的构造方法如表 4.27 所示。

表 4.27　GridBagLayout 类常用的构造方法

方法声明	功能描述
GridBagLayout()	构造方法，创建网格包布局管理器
GridBagConstraints()	构造方法，创建一个 GridBagConstraints 对象，将其所有字段都设置为默认值
GridBagConstraints(int gridx, int gridy, int gridwidth, int gridheight, double weightx, double weighty, int anchor, int fill, Insets insets, int ipadx, int spady)	构造方法，创建一个 GridBagConstraints 对象，将其所有字段都设置为传入参数

4.4.5　CardLayout

在 CardLayout 中，将容器中的每个组件处理为一系列的卡片，每一时刻只显示其中的一张，显示规则为先进先显示。显示卡片的顺序由组件对象本身在容器内部的顺序决定。

CardLayout 类常用的构造方法及其他方法如表 4.28 所示。

表 4.28　CardLayout 类常用的构造方法及其他方法

方法声明	功能描述
CardLayout()	构造方法，创建一个新的卡片布局，无间距
CardLayout(int hgap, int vgap)	构造方法，创建具有指定的水平间距和垂直间距的新卡片布局
void first(Container parent)	翻转到容器的第一张
void last(Container parent)	翻转到容器的最后一张
void next(Container parent)	翻转到容器的下一张，若到底则翻转到首张
void previous(Container parent)	翻转到容器的上一张，若到头则翻转到末张
void show(Container parent, String name)	翻转到已添加的指定 name 的卡片，若不存在则没有反应

4.4.6　BoxLayout

BoxLayout 可以在垂直方向和水平方向上添加组件，是 Swing 中新增的布局管理器。

BoxLayout 类常用的构造方法及其他方法如表 4.29 所示。

表 4.29　BoxLayout 类常用的构造方法及其他方法

方法声明	功能描述
BoxLayout(Container target, int axis)	构造方法，容器对象的参数 target 用来指定要应用布局的容器，参数 axis 用来设置按水平方向排列（BoxLayout.X_AXIS）或按垂直方向排列（BoxLayout.Y_AXIS）
static Box createHorizontalBox()	创建一个 Box 容器，其中的组件水平排列
static Box createVerticalBox()	创建一个 Box 容器，其中的组件垂直排列
static Component createHorizontalGlue()	创建一条水平 Glue，可以在两个方向同时拉伸间距
static Component createVerticalGlue()	创建一条垂直 Glue，可以在两个方向同时拉伸间距
static Component createHorizontalStrut(int width)	创建一条指定宽度的水平 Strut，可以在垂直方向上拉伸间距
static Component createVerticalStrut(int height)	创建一条指定高度的垂直 Strut，可以在水平方向上拉伸间距
static Component createRigidArea(Dimension d)	创建指定宽度和高度的 RigidArea，不可以拉伸间距

4.4.7　空布局

如果不想使用布局管理器来设置容器中的组件位置，那么可以先调用容器的 setLayout(null)将布局管理器设置为空，再调用 setBounds(int x, int y, int width, int height)设置组件的大小和位置。

public void setBounds(int x, int y, int width, int height)中的 x 和 y 分别表示组件与屏幕左侧和右侧的距离，width 和 height 分别表示组件的宽度和高度。

4.5　事件处理

JV-04-v-004

4.5.1　事件处理机制

Java 采用委托事件模型，将事件的处理统一交给特定的对象——事件监听器，这样可以使 GUI 的实现和事件处理从逻辑上分开。Java 事件处理机制由事件源(产生事件的对象——组件)、事件对象（Event）和事件监听器 3 个部分组成。

- 事件源：是指能产生 AWT 事件的各种 GUI 组件，如按钮、菜单等。当用户在 GUI 组件上触发一个事件（如鼠标单击事件）时，AWT 将事件对象封装并传递给事件监听器（需要提前用 addXxxAction()方法在组件上注册事件监听器）。在一个事件源上可能会发生多类事件，一个事件监听器可以监听不同事件源上的同一类事件。
- 事件对象：是指在 java.awt.event 包中定义的 Java 能够处理的事件，以 Event 结尾，与事件监听器（以 Listener 结尾）一一对应。

- 事件监听器：是指一个实现了 XxxListener 接口或继承了 XxxAdapter 抽象类的类，负责
  监听和处理某种特定事件 XxxEvent。

实现 Swing 事件处理的主要步骤如下。

（1）创建事件源：除了一些常见的按钮和键盘等组件可以作为事件源，还可以使用包括 JFrame 窗口在内的顶级容器作为事件源。

（2）自定义事件监听器：根据要监听的事件源创建指定类型的监听器进行事件处理。监听器是一个特殊的 Java 类，必须实现 XxxListener 接口。根据组件触发的动作进行区分，如 WindowListener 用于监听窗口事件，ActionListener 用于监听动作事件。

（3）为事件源注册监听器：使用 addXxxListener()方法可以为指定事件源添加特定类型的监听器。当事件源上发生监听事件后，就会触发绑定的事件监听器，由监听器中的方法对事件进行相应的处理。

【实例 4.12】Java 事件处理机制的应用。

```java
import javax.swing.*;
import java.awt.*;
import java.awt.event.*;
public class Example4_12 {
    public static void main(String[] args) {
        JFrame myframe = new JFrame("Java 事件处理机制测试");
        myframe.setBounds(100,100,200,200);
        myframe.setLayout(null);
        // 创建一个按钮组件，作为事件源
        JButton button = new JButton("按钮");
        button.addActionListener(new MyListener());
        myframe.add(button);
        button.setBounds(50,50,60,30);
        myframe.setVisible(true);
        myframe.setDefaultCloseOperation(JFrame.EXIT_ON_CLOSE);
    }
}
// 自定义事件监听器类
class MyListener implements ActionListener{
    // 实现监听器方法，对监听事件进行处理
    public void actionPerformed(ActionEvent e){
        System.out.println("您单击了按钮组件");
    }
}
```

运行结果如图 4.14 所示，单击按钮组件后的结果如图 4.15 所示。

图 4.14　运行结果

图 4.15　单击按钮组件后的结果

4.5.2　Swing 常用事件处理

在 Java 中，已经定义好了事件源可能产生的事件及对应的事件监听器实现的接口，它们位于 java.awt.event 包和 javax.swing.event 包中。

常用事件及相应的监听器接口如表 4.30 所示。

表 4.30　常用事件及相应的监听器接口

事件类型	描述信息	监听器接口	事件处理方法	事件源说明
ActionEvent	激活组件	ActionListener	actionPerformed(ActionEvent e)	JButton、JList、JMenuItem 和 TextField 等组件被单击时触发
ItemEvent	选择了某些项目	ItemListener	itemStateChanged(ItemEvent e)	JCheckbox、JChoice 和 JList 等项目被选中或取消选中时触发
MouseEvent	鼠标单击等	MouseListener	mouseClicked(MouseEvent e)	事件源：Component，当在该区域单击时发生
			mouseEntered(MouseEvent e)	事件源：Component，当鼠指标进入该区域时发生
			mouseExited(MouseEvent e)	事件源：Component，当鼠标指针离开该区域时发生
			mousePressed(MouseEvent e)	事件源：Component，当鼠标按键在该区域按下时发生
			mouseReleased(MouseEvent e)	事件源：Component，当鼠标按键在该区域释放时发生

事件类型	描述信息	监听器接口	事件处理方法	事件源说明
MouseEvent	鼠标指针移动	MouseMotionListener	mouseDragged(MouseEvent e)	事件源：Component，在某个组件上移动鼠标指针且按下鼠标按键时触发
			mouseMoved(MouseEvent e)	事件源：Component，在某个组件上移动鼠标指针且没有按下鼠标按键时触发
KeyEvent	键盘输入	KeyListener	keyTyped(KeyEvent e)	事件源：Component，当按下键盘的某个键并且又释放时调用
			keyPressed(KeyEvent e)	事件源：Component，当按下键盘的某个键时调用
			keyReleased(KeyEvent e)	事件源：Component，当释放键盘的某个键时调用
FocusEvent	组件收到或失去焦点	FocusListener	focusGained(FocusEvent e)	事件源：Component，当获得焦点时发生
			focusLost(FocusEvent e)	事件源：Component，当失去焦点时发生
DocumentEvent	文本内容变化	DocumentListener	changedUpdate(DocumentEvent e)	事件源：Document，属性或属性集被修改时触发
			removeUpdate(DocumentEvent e)	事件源：Document，文档的一部分内容被删除时触发
			insertUpdate(DocumentEvent e)	事件源：Document，在文档中插入内容时触发
WindowEvent	收到窗口级事件	WindowListener	windowActivated(WindowEvent e)	事件源：Window，当窗口变为活动状态时触发
			windowDeactivated(WindowEvent e)	事件源：Window，当窗口变为不活动状态时触发
			windowClosed(WindowEvent e)	窗口关闭后触发
			windowClosing(WindowEvent e)	窗口关闭时触发
			windowIconified(WindowEvent e)	窗口最小化时触发
			windowDeiconified(WindowEvent e)	窗口从最小化恢复到正常状态时触发
			windowOpened(WindowEvent e)	窗口第一次打开时触发

下面对几种常用的事件类型进行介绍。

1. ActionEvent

在 Java 中，动作事件用 ActionEvent 类表示，对应的监听器是 ActionListener 接口，该监听器接口的实现类必须重写 actionPerformed()方法（当事件发生时就会调用 actionPerformed()方法）。

actionPerformed()方法的原型是 public void actionPerformed(ActionEvent e)。actionPerformed()就是事件发生时由系统自动调用的方法。因此，我们希望事件发生时需要做的业务逻辑可以写在 actionPerformed()方法中。只需要重写即可，不需要调用，因为 actionPerformed()是一个接口回调方法。

ActionEvent 的案例已经在实例 4.12 中有所体现，这里不再赘述。

2. MouseEvent

MouseEvent 是鼠标事件，对应的监听器是 MouseListener 接口和 MouseMotionListener 接口，这两个接口中的方法请参考表 4.30。

MouseEvent 中的几个重要的方法如下。

- getX()：获取鼠标指针在事件源坐标系中的 x 坐标。
- getY()：获取鼠标指针在事件源坐标系中的 y 坐标。
- getButton()：获取按下的是鼠标左键还是右键，常量值分别为 BUTTON1（左键）、BUTTON2（中键）和 BUTTON3（右键）。
- getClickCount()：统计鼠标按键被按下的次数。
- getSource()：获取发生鼠标事件的事件源。

【实例 4.13】MouseEvent 的应用。监视按钮和窗体上的鼠标事件，当发生鼠标事件时，获取鼠标指针的坐标值，并将结果显示在文本区中。

```java
import javax.swing.*;
import java.awt.*;
import java.awt.event.*;
public class Examplc4_13 {
    public static void main(String args[]) {
        MouseEventTest win = new MouseEventTest();
        win.setTitle("MouseEvent 事件实例测试");
        win.setBounds(10,10,500,400);
    }
}
class MouseEventTest extends JFrame {
    JButton button;
    JTextArea area;
    MousePolice police;
    MouseEventTest() {
```

```
            init();
            setVisible(true);
            setDefaultCloseOperation(JFrame.EXIT_ON_CLOSE);
        }
        void init() {
            setLayout(new FlowLayout());
            area = new JTextArea(10,20);
            police = new MousePolice();
            police.setView(this);
            button = new JButton("按钮");
            button.addMouseListener(police);
            addMouseListener(police);
            add(button);
            add(new JScrollPane(area));
        }
}
// 定义监听器类，实现 MouseListener 接口
class MousePolice implements MouseListener {
        MouseEventTest view;
        public void setView(MouseEventTest view) {
            this.view = view;
        }
        public void mousePressed(MouseEvent e) {
            if(e.getSource() == view.button && e.getButton()
                == MouseEvent.BUTTON1) {
                view.area.append("在按钮上按下鼠标左键:\n");
                view.area.append(e.getX()+","+e.getY()+"\n");
            }
            else if(e.getSource() == view && e.getButton()
                == MouseEvent.BUTTON1) {
                view.area.append("在窗体中按下鼠标左键:\n");
                view.area.append(e.getX()+","+e.getY()+"\n");
            }
        }
        public void mouseReleased(MouseEvent e) {}
        // 重写 mouseEntered 事件
        public void mouseEntered(MouseEvent e)  {
            if(e.getSource() instanceof JButton)
            view.area.append("\n 鼠标进入按钮,位置:"+e.getX()+","
                +e.getY()+"\n");
            if(e.getSource() instanceof JFrame)
            view.area.append("\n 鼠标进入窗口,位置:"+e.getX()+","
                +e.getY()+"\n");
        }
        public void mouseExited(MouseEvent e) {}
        // 重写 mouseClicked 事件
        public void mouseClicked(MouseEvent e) {
```

```
        if(e.getClickCount()> = 2)
        view.area.setText("鼠标连击\n");
    }
}
```

运行结果如图 4.16 所示。

图 4.16　运行结果 1

3. FocusEvent

GUI 组件可以触发 FocusEvent。GUI 组件使用 addFocusListener(FocusListener listener)注册 FocusEvent 监听器。当获得焦点监听器后，由无输入焦点变成有输入焦点或由有输入焦点变成无输入焦点都会触发 FocusEvent。

创建监听器的类必须实现 FocusListener 接口，该接口的两个方法分别为 public void focusGained(FocusEvent e)和 public void focusLost(FocusEvent e)（表 4.30 中已经介绍了这两个方法，此处不再赘述）。

用户通过单击组件可以使该组件有输入焦点，同时使其他组件变成无输入焦点。一个组件也可以调用 public boolean requestFocusInWindow()方法获得输入焦点。

4. KeyEvent

当按下、释放或敲击键盘上的一个键时就会触发键盘事件。当一个组件处于激活状态时，敲击键盘上的一个键就会导致这个组件触发键盘事件。KeyListener 接口处的键盘事件的 3 个方法请参考表 4.30。

某个组件使用 addKeyListener(KeyListener listener)方法注册事件监听器之后，当该组件处于激活状态时，用户按下键盘上的某个键会触发 KeyEvent，监听器调用 keyPressed()方法；用户释放键盘上按下的键时会触发 KeyEvent，监听器调用 keyReleased()方法。keyTyped()方法是 keyPressed()方法和 keyReleased()方法的组合，当键被按下，紧接着被释放时，监听器调用

keyTyped()方法。

使用 KeyEvent 类的 public int getKeyCode()方法，可以判断哪个键被按下、敲击或释放。使用 getKeyCode()方法可以返回一个键码值，键码表如表 4.31 所示。用户也可以使用 KeyEvent 类的 public char getKeyChar()方法判断哪个键被按下、敲击或释放，使用 getKeyChar()方法可以返回键上的字符。

表 4.31 键码表

键码	键
VK_F1～VK_F12	功能键 F1～F12
VK_A～VK_Z	A～Z 键
VK_0～VK_9	0～9 键
VK_LEFT、VK_RIGHT、VK_UP、VK_DOWN	向左、向右、向上和向下方向键
VK_KP_UP、VK_KP_DOWN、VK_KP_LEFT、VK_KP_RIGHT	小键盘上的向上、向下、向左和向右方向键
VK_END	End 键
VK_HOME	Home 键
VK_PAGE_DOWN、VK_PAGE_UP	向后翻页键、向前翻页键
VK_PRINTSCREEN	打印屏幕键
VK_SCROLL_LOCK	滚动锁定键
VK_CAPS_LOCK	大写锁定键
VK_NUM_LOCK	数字锁定键
VK_INSERT	插入键
VK_DELETE	删除键
VK_ENTER	Enter 键
VK_TAB	制表符键
VK_BACK_SPACE	退格键
VK_ESCAPE	Esc 键
VK_CANCEL	取消键
VK_CLEAR	清除键
VK_SHIFT	Shift 键
VK_CONTROL	Ctrl 键
VK_ALT	Alt 键
VK_PAUSE	暂停键
VK_SPACE	空格键
VK_COMMA	逗号键
VK_SEMICOLON	分号键

键码	键
VK_PERIOD	"." 键
VK_SLASH	"/" 键
VK_BACK_SLASH	"\" 键
VK_OPEN_BRACKET	"[" 键
VK_CLOSE_BRACKET	"]" 键
VK_UNMPAD0～VK_UNMPAD9	小键盘上的 0～9 键
VK_QUOTE	""" 键
VK_BACK_QUOTE	"~" 键

【实例 4.14】通过处理键盘事件实现多个文本框中文本的输入。

要求：每个文本框中输入的字符数目是固定的，当在第一个文本框中输入了规定数量的字符后，鼠标指针会自动转移到下一个文本框中。

```java
import javax.swing.*;
import java.awt.*;
import java.awt.event.*;
public class Example4_14 {
    public static void main(String args[]) {
        Win mywin = new Win();
        mywin.setTitle("输入序列号");
        mywin.setBounds(10,10,500,400);
    }
}
// 编写监听器类，实现KeyListener接口和FocusListener接口
class Listener implements KeyListener, FocusListener {
    public void keyPressed(KeyEvent e) {
        JTextField t = (JTextField)e.getSource();
        // getCaretPosition()方法的功能：返回文本组件的文本插入符号的位置
        if(t.getCaretPosition()> = 6)
        // 将焦点转移到下一个组件
        t.transferFocus();
    }
    public void keyTyped(KeyEvent e) {}
    public void keyReleased(KeyEvent e) {}
    public void focusGained(FocusEvent e) {
        JTextField text = (JTextField)e.getSource();
        text.setText(null);
    }
    public void focusLost(FocusEvent e){}
}
class Win extends JFrame {
    JTextField text[] = new JTextField[3];
```

```
        Listener listener;
        JButton button;
        Win() {
            setLayout(new FlowLayout());
            listener = new Listener();
            for(int i = 0;i<3;i++) {
                text[i] = new JTextField(7);
                // 注册键盘事件监听器
                text[i].addKeyListener(listener);
                // 注册焦点事件监听器
                text[i].addFocusListener(listener);
                add(text[i]);
            }
            button = new JButton("确定");
            add(button);
            // text[0]组件获得输入焦点
            text[0].requestFocusInWindow();
            setVisible(true);
            setDefaultCloseOperation(JFrame.EXIT_ON_CLOSE);
        }
    }
```

运行结果如图 4.17 所示。

5. ItemEvent

事件源：JRadioButton 组件、JCheckBox 组件和 JComboBox 组件都可以触发 ItemEvent，选择框提供两种状态，一种是选中，另一种是未选中。对于注册了监听器的选择框来说，选择框从未选中变成选中或从选中变成未选中都会触发 ItemEvent。同样，对于下拉列表来说，如果用户选择下拉列表中的某个选项，就会触发 ItemEvent。

图 4.17　运行结果 2

注册监听器的方法：触发 ItemEvent 的组件使用 addItemListener(ItemListener listener)方法将实现 ItemListener 接口的类的实例注册为事件源的监听器。

ItemListener 接口在 java.awt.event 包中，该接口中只有 public void itemStateChanged (ItemEvent e)方法。

事件类 ItemEvent 常用的方法如下。

- getSource()：返回发生 ItemEvent 的事件源（Object 类型）。
- getItemSelectable()：返回发生 ItemEvent 的事件源（Itemselectable 类型）。

- getStateChange()：返回状态更改的类型（已选中或已取消选中）。
  - ➢ DESELECTED：已选中的选项被取消选中。
  - ➢ SELECTED：选项被选中 if(e.getStateChange() == ItemEvent.SELECTED){}。

【实例 4.15】实现简单的算术运算的计算器。

实现功能：在窗口的两个文本框中输入数值，在下拉列表中选择运算符，单击"计算"按钮，在窗口的文本区域显示结果。

```java
// Example4_15.java
package Example4_15;
public class Example4_15 {
    public static void main(String[] args) {
        WindowOperation myframe = new WindowOperation();
        myframe.setBounds(100,100,400,300);
        myframe.setTitle("ItemEvent 处理实例");
    }
}


// WindowOperation.java
package Example4_15;
import javax.swing.*;
import java.awt.*;
public class WindowOperation extends JFrame {
    JTextField text1, text2;
    JComboBox optList;
    JTextArea textshow;
    JButton button;
    // ItemEvent 事件监听器
    OperatorListener operatorListener;
    // ActionEvent 事件监听器
    ComputerListener computerListener;
    WindowOperation() {
        init();
        this.setVisible(true);
        this.setDefaultCloseOperation(JFrame.EXIT_ON_CLOSE);
    }
    // 窗口初始化
    private void init() {
        this.setLayout(new FlowLayout());
        // 创建输入数值的文本框对象
        text1 = new JTextField(5);
        text2 = new JTextField(5);
        // 创建列表框对象
        optList = new JComboBox();
        button = new JButton("结果");
        textshow = new JTextArea(10,20);
```

```
            // 创建 ItemEvent 事件监听器
            operatorListener = new OperatorListener();
            // 创建 ActionEvent 事件监听器
            computerListener = new ComputerListener();
            // 为下拉列表添加选项
            optList.addItem("选择运算符号:");
            String[] a = {"+","-","*","/"};
            for(String s:a) {
                optList.addItem(s);
            }
            // 把必要的资源或资源引用传递给两个监听器
            operatorListener.setJComboBox(optList);
            operatorListener.setComputerListener(computerListener);
            computerListener.setJTA(textshow);
            computerListener.settext1(text1);
            computerListener.settext2(text2);
            // 为 ItemEvent 事件源注册监听器
            optList.addItemListener(operatorListener);
            // 为 ActionEvent 事件源注册监听器
            button.addActionListener(computerListener);
            // 按顺序把各组件添加到这个窗体中
            add(text1);
            add(optList);
            add(text2);
            add(button);
            add(new JScrollPane(textshow));
        }
    }


// OperatorListener.java
package Example4_15;
import javax.swing.*;
import java.awt.event.ItemEvent;
import java.awt.event.ItemListener;
public class OperatorListener implements ItemListener {
    // 下拉列表
    JComboBox optList;
    // 用来监听 ActionEvent 事件监听器
    ComputerListener computerListener;
    // 传入下拉列表组件引用的方法
    public void setJComboBox(JComboBox box) {
        this.optList = box;
    }
    // 传入 ActionEvent 事件监听器的方法
    public void setComputerListener(ComputerListener l) {
        this.computerListener = l;
    }
```

```java
        // 处理 ItemEvent, 重写 ItemListener 接口中的方法
        public void itemStateChanged(ItemEvent e) {
            // 先用 getSelectedItem()方法获取选择的选项, 再转成字符串
            String s = optList.getSelectedItem().toString();
            computerListener.setsign(s);
        }
    }

// ComputerListener.java
package Example4_15;
import javax.swing.*;
import java.awt.event.ActionEvent;
import java.awt.event.ActionListener;
public class ComputerListener implements ActionListener {
    JTextField text1, text2;
    JTextArea textshow;
    String sign;
    // 传入 3 个组件引用的 3 个方法
    public void settext1(JTextField t) {
        this.text1 = t;
    }
    public void settext2(JTextField t) {
        this.text2 = t;
    }
    public void setJTA(JTextArea t) {
        this.textshow = t;
    }
    /* 传入加、减、乘、除具体选择了哪个方法 */
    public void setsign(String s) {
        this.sign = s;
    }
    // 处理 ActionEvent, 重写 actionPerformed()方法
    public void actionPerformed(ActionEvent e) {
        try {
            // 文本框中的文本转换成 double 型数值
            double num1 = Double.parseDouble(text1.getText());
            double num2 = Double.parseDouble(text2.getText());
            double result = 0;
            // 判断选择的运算符, 以决定做什么运算
            if(sign.equals("+"))
            result = num1+num2;
            else if(sign.equals("-"))
            result = num1-num2;
            else if(sign.equals("*"))
            result = num1*num2;
            else if(sign.equals("/"))
            result = num1/num2;
```

```
                textshow.append(num1+""+sign+""+num2+" = "+result+"\n");
            }catch(Exception exp) {
                // 当没有输入或输入的文本不能转换成double型数值时，发生异常
                textshow.append("请输入数字字符!\n");
            }
        }
    }
```

运行结果如图 4.18 所示。

6. DocumentEvent

事件源：文本区所维护的文档。文本区调用 getDocument()方法返回文本对象。

文本区中包含一个实现 Document 接口的实例，该实例被称为文本区所维护的文档。该文档能触发 DocumentEvent，包含在 javax.swing.event 包中。用户在文本区中进行文本编辑操作，文本内容会发生变化，文本区

图 4.18　运行结果 3

所维护的文档模型中的数据也会发生变化，从而导致文本区所维护的文档触发 DocumentEvent。

注册监听器：使用 addDocumentListener(DocumentListener listener)方法为事件源添加监听器。

DocumentListener 接口中的 3 个方法如表 4.32 所示。

表 4.32　DocumentListener 接口中的 3 个方法

方法声明	功能描述
public void changedUpdate(DocumentEvent e)	发出属性或属性集的更改通知
public void removeUpdate(DocumentEvent e)	通知文档的一部分已被删除
public void insertUpdate(DocumentEvent e)	通知在文档中插入文档

【实例 4.16】DocumentEvent 的应用。

实现功能：用户在窗口（由 WindowDocument 类负责创建）的文本区 inputArea 中编辑单词，触发 DocumentEvent，监听器 textListener（由 TextListener 类创建）通过处理该事件对该文本区中的单词进行排序，并将排序结果放入文本区 showTextArea 中。随着文本区 inputArea 中的内容发生变化，文本区 showTextArea 会不断地更新排序。

```
// Example4_16.java
package Example4_16;
public class Example4_16 {
    public static void main(String[] args) {
        MyFrame2 myframe = new MyFrame2();
    }
}
```

```java
// MyFrame2.java
package Example4_16;
import javax.swing.*;
import java.awt.*;
public class MyFrame2 extends JFrame {
    // 输入文本区和显示文本区
    JTextArea Inputtext, Showtext;
    MyListener documentListener;
    MyFrame2(){
        setTitle("单词自动排序");
        setBounds(100,100,400,400);
        Container con = this.getContentPane();
        setDefaultCloseOperation(JFrame.EXIT_ON_CLOSE);
        setLayout(new FlowLayout());
        setVisible(true);
        init();
    }
    public void init(){
        Inputtext = new JTextArea(6,30);
        Showtext = new JTextArea(6,30);
        Inputtext.setFont(new Font("",Font.BOLD,15));
        Showtext.setFont(new Font("",Font.BOLD,15));
        Showtext.setEditable(false);
        add(new JScrollPane(Inputtext));
        add(new JScrollPane(Showtext));
        // 监听器实例化
        documentListener = new MyListener();
        // 监听当前对象
        documentListener.setView(this);
        (Inputtext.getDocument()).addDocumentListener(documentListener);
        // 为文本区中的文档实例添加监听器
        validate();
    }
}


// MyListener.java
package Example4_16;
import javax.swing.event.DocumentEvent;
import javax.swing.event.DocumentListener;
import java.util.Arrays;
public class MyListener implements DocumentListener {
    // 窗口类型
    MyFrame2 view;
    // 设置监听的对象
    public void setView(MyFrame2 view) {
        this.view = view;
```

```
    }
    public void insertUpdate(DocumentEvent documentEvent) {
        changedUpdate(documentEvent);
    }
    public void removeUpdate(DocumentEvent documentEvent) {
        changedUpdate(documentEvent);
    }
    public void changedUpdate(DocumentEvent documentEvent) {
        // 获取输入文本区中的文本内容
        String str = view.Inputtext.getText();
        // 正则表达式表示分隔符
        String regex = "[\\s\\d\\p{Punct}]+";
        // 从字符串中提取符合正则表达式的字符串片段并保存到数组中
        String word[] = str.split(regex);
        // 用数组类调用自动排序的方式进行排序
        Arrays.sort(word);
        // 每次输入都清空一次再重新排序
        view.Showtext.setText(null);
        for (String s:word){
            view.Showtext.append(s + ",");
        }
    }
}
```

运行结果如图 4.19 所示。

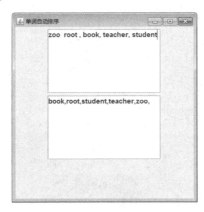

图 4.19　运行结果 4

7. WindowEvent

大部分的 GUI 应用程序都需要将 Window 窗体对象作为最外层的容器，可以说窗体对象是所有 GUI 应用程序的基础。在 GUI 应用程序中，通常将其他组件直接或间接地添加到窗体中。对窗体执行的打开、关闭、激活和停用等动作都属于窗体事件。Java 提供的 WindowEvent

类用于表示窗体事件。在 GUI 应用程序中，当对窗体事件进行处理时，先定义一个实现了 WindowListener 接口的类作为窗体监听器，再通过 addWindowListener()方法将窗体对象与窗体监听器进行绑定。

WindowListener 接口中的方法如表 4.33 所示。

表 4.33　WindowListener 接口中的方法

方法声明	功能描述
void windowActivated(WindowEvent e)	当窗口从非激活状态变为激活状态时，窗口的监听器调用该方法
void windowDeactivated(WindowEvent e)	当窗口从激活状态变为非激活状态时，窗口的监听器调用该方法
void windowClosing(WindowEvent e)	当窗口正在被关闭时，窗口的监听器调用该方法
void windowClosed(WindowEvent e)	当窗口关闭后，窗口的监听器调用该方法
void windowIconified(WindowEvent e)	当窗口最小化时，窗口的监听器调用该方法
void windowDeiconified(WindowEvent e)	当窗口从最小化恢复到正常时，窗口的监听器调用该方法
void windowOpened(WindowEvent e)	当窗口打开时，窗口的监听器调用该方法

4.5.3　事件适配器

事件适配器是监听器接口的空实现。空实现是指事件适配器实现了监听器接口，并为该接口中的每个方法都提供了实现，但是方法体内没有任何代码。当需要创建监听器时，可以继承事件适配器，而不是实现监听器接口。因为事件适配器已经为监听器接口中的每个方法提供了空实现，所以程序自己的监听器无须实现监听器接口中的每个方法，只需要重写自己需要的方法，从而简化事件监听器的实现类代码。

如果某个监听器接口中只有一个方法，那么该监听器接口就无须提供适配器，因为该接口对应的监听器别无选择，只能重写该方法，如果不重写该方法，就没有必要实现该监听器。

从表 4.34 中可以看出，所有包含多个方法的监听器接口都有一个对应的事件适配器，但只包含一个方法的监听器接口没有对应的事件适配器。

表 4.34　监听器接口和事件适配器对应表

监听器接口	事件适配器	监听器接口	事件适配器
ContainerListener	ContainerAdapter	MouseListener	MouseAdapter
FocusListener	FocusAdapter	MouseMotionListener	MouseMotionAdapter
ComponentListener	ComponentAdapter	WindowListener	WindowAdapter
KeyListener	KeyAdapter		

例如，在处理鼠标事件时，如果程序中只需要 mouseClicked()方法，那么使用鼠标适配器可以写成如下形式：

```
public class MouseClickHandler extends MouseAdaper{
    public void mouseClicked(MouseEvent e){
        // 单击时的操作
    }
}
```

这样可以简化程序。需要注意的是，Java 只支持单一继承机制，因此，当定义的类已有父类时，就不能使用适配器，只能使用 implements 实现对应的接口。

实例 4.17 将窗口适配器作为监听器，只处理窗口关闭事件，因此，只需要重写 windowClosing() 方法。

【实例 4.17】将窗口适配器作为监听器，处理窗口关闭事件。

```
import java.awt.event.*;
import javax.swing.*;
public class Example4_17{
    public static void main(String args[]) {
        new MyFrame3("窗口关闭事件测试");
    }
}
// 将 WindowAdapter 类的子类创建的对象作为监听器
class WindowListener extends WindowAdapter {
    // 只重写需要的接口中的方法即可
    public void windowClosing(WindowEvent e) {
        System.out.println("关闭窗口");
        System.exit(0);
    }
}
class MyFrame3 extends JFrame {
    WindowListener listener;
    MyFrame3(String s) {
        super(s);
        listener = new WindowListener();
        setBounds(100,100,300,200);
        setVisible(true);
        // 为窗口注册监听器
        addWindowListener(listener);
        validate();
    }
}
```

请读者自行验证运行结果。

4.5.4 事件监听器的实现方式

事件监听器是一个特殊的 Java 对象。实现事件监听器有如下几种方式。

- 内部类方式：将事件监听器定义为当前类的内部类。
- 外部类方式：将事件监听器定义为一个外部类。
- 类本身：类本身实现事件监听器接口或继承事件适配器。
- 匿名内部类方式：使用匿名内部类创建监听器对象。

1. 使用内部类实现事件监听器

使用内部类实现事件监听器比较常用，主要原因包括如下几点。

（1）使用内部类可以很好地复用该监听器类。

（2）使用内部类可以自由地访问外部类的 GUI 组件。

【实例 4.18】使用内部类实现事件监听器。

```java
import javax.swing.*;
import java.awt.*;
import java.awt.event.*;
public class Example4_18 extends JFrame {
    private JButton btGreen, btDialog;
    // 构造方法
    public Example4_18() {
        setTitle("使用内部类实现事件监听器");
        setBounds(100, 100, 400, 300);
        setLayout(new FlowLayout());
        btGreen = new JButton("绿色背景");
        btDialog = new JButton("弹出对话框");
        // 添加事件监听器对象
        btGreen.addActionListener(new BackgroudSet());
        btDialog.addActionListener(new DialogShow());
        add(btGreen);
        add(btDialog);
        setVisible(true);
        setDefaultCloseOperation(JFrame.EXIT_ON_CLOSE);
    }
    // 内部类 ColorEventListener, 实现 ActionListener 接口
    class BackgroudSet implements ActionListener {
        public void actionPerformed(ActionEvent e) {
            Container c = getContentPane();
            // 设置窗口容器的背景色为绿色
            c.setBackground(Color.GREEN);
        }
    }
    // 内部类 DialogEventListener, 实现 ActionListener 接口
```

```
class DialogShow implements ActionListener {
    public void actionPerformed(ActionEvent e) {
        JDialog dialog = new JDialog();
        // 设置对话框的位置及大小
        dialog.setBounds(300, 200, 400, 300);
        dialog.setVisible(true);
    }
}
public static void main(String[] args) {
    new Example4_18();
}
}
```

请读者自行验证运行结果。

2. 使用外部类实现事件监听器

使用外部类实现事件监听器的形式比较少见，主要原因包括以下几点。

（1）事件监听器通常属于特定的 GUI 界面，定义成外部类不利于提高程序的内聚性。

（2）外部类形式的事件监听器不能自由地访问创建 GUI 界面类中的组件，程序代码不够简洁。

但如果某个事件监听器确实需要被多个 GUI 界面共享，完成某种业务逻辑的实现，那么可以考虑使用外部类来实现事件监听器。

使用外部类实现事件监听器的例子可以参考实例 4.14 中 Listener 类的设计。

3. 类本身作为事件监听器

类本身作为事件监听器是使用 GUI 界面类直接作为监听器类，如窗体等。可以直接在 GUI 界面类中定义事件处理器方法。

虽然这种形式非常简洁，但是存在两个缺点：一是可能会造成程序结构混乱，GUI 界面的主要职责是完成界面初始化，如果还需要包含事件处理器方法，就会降低程序的可读性；二是如果 GUI 界面类继承事件适配器，就不能继承其他父类。

【实例 4.19】使用类本身实现事件监听器。

```
import javax.swing.*;
import java.awt.*;
import java.awt.event.ActionEvent;
import java.awt.event.ActionListener;
// 用窗体类实现 ActionListener 接口
public class Example4_19 extends JFrame implements ActionListener {
    public static void main(String[] args) {
        new Example4_19();
    }
}
```

```
    private JButton btGreen, btDialog;
    public Example4_19() {
        setTitle("类本身作为事件监听器测试");
        setBounds(100, 100, 400, 300);
        setLayout(new FlowLayout());
        btGreen = new JButton("绿色背景");
        btDialog = new JButton("弹出对话框");
        // 将当前窗口对象注册为 ActionEvent 事件监听器
        btGreen.addActionListener(this);
        // 将当前窗口对象注册为 ActionEvent 事件监听器
        btDialog.addActionListener(this);
        add(btGreen);
        add(btDialog);
        setVisible(true);
        setDefaultCloseOperation(JFrame.EXIT_ON_CLOSE);
    }
    // 事件处理，重写 ActionListener 接口中的 actionPerformed() 方法
    public void actionPerformed(ActionEvent e) {
        if (e.getSource() == btGreen) {
            Container c = getContentPane();
            c.setBackground(Color.GREEN);
        } else if (e.getSource() == btDialog) {
            JDialog dialog = new JDialog();
            dialog.setBounds(300, 200, 400, 300);
            dialog.setVisible(true);
        }
    }
}
```

请读者自行验证运行结果。

4. 使用匿名内部类实现事件监听器

在大多数情况下，事件监听器都没有复用价值（可复用代码通常会被抽象成业务逻辑方法），大部分事件监听器只是临时使用一次，所以使用匿名内部类来实现事件监听器更合适（匿名内部类是目前使用最广泛的实现事件监听器的形式）。下面使用匿名内部类来实现事件监听器。

【实例 4.20】使用匿名内部类实现事件监听器。

```
import javax.swing.*;
import java.awt.*;
import java.awt.event.ActionEvent;
import java.awt.event.ActionListener;
class Example4_20 extends JFrame {
    public static void main(String[] args) {
        new Example4_20();
    }
```

```
    private JButton btGreen, btDialog;
    public Example4_20() {
        setTitle("匿名内部类实现事件监听器");
        setBounds(100, 100, 400, 300);
        setLayout(new FlowLayout());
        btGreen = new JButton("绿色背景");
        btDialog = new JButton("弹出对话框");
        // 为 btGreen 按钮添加事件监听器（匿名内部类）
        btGreen.addActionListener(new ActionListener() {
            // 重写事件处理方法 actionPerformed()
            public void actionPerformed(ActionEvent e) {
                Container c = getContentPane();
                c.setBackground(Color.GREEN);
            }
        });
        // 为 btDialog 按钮添加事件监听器（匿名内部类）
        btDialog.addActionListener(new ActionListener() {
            public void actionPerformed(ActionEvent e) {
                JDialog dialog = new JDialog();
                dialog.setBounds(300, 200, 400, 300);
                dialog.setVisible(true);
            }
        });
        add(btGreen);
        add(btDialog);
        setVisible(true);
        setDefaultCloseOperation(JFrame.EXIT_ON_CLOSE);
    }
}
```

请读者自行验证运行结果。

4.6　编程实训——飞机大战案例（实现游戏背景连续播放）

1. 实训目标

JV-04-v-005

（1）了解抽象类的作用。

（2）理解 GUI 编程技术的原理。

（3）理解绝对路径和相对路径的定位方式。

（4）理解定时器的使用原理。

（5）理解背景图片连续播放的原理和实现流程。

2. 实训环境

实训环境如表 4.35 所示。

表 4.35　实训环境

软件	资源
Windows 10	游戏图片（images 文件夹）
Java 11	

要搭建飞机大战游戏项目，需要实现游戏界面设定、图片加载及背景图片连续播放。运行效果如图 4.20 所示，随着计时器的运行，不同时刻的背景图片由上向下移动，背景图片实现无缝衔接。

3. 实训步骤

创建项目目录，导入游戏图片（images 文件夹），创建 package，路径为 cn.tedu.shooter，分别创建 4 个.java 文件，各文件的功能如图 4.21 所示。

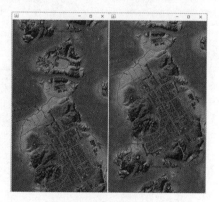

图 4.20　运行效果

图 4.21　项目目录

步骤一：加载游戏图片。

导入 images 文件夹，创建 Images.java 文件加载图片类，所有图片变量和加载使用静态处理方式，方便调用游戏图片。在类内部创建 main()方法，用于验证图片是否可以正常加载。代码如下：

```java
package cn.tedu.shooter;
import javax.swing.ImageIcon;
public class Images {
    public static ImageIcon[] airplane;
    public static ImageIcon[] bigplane;
    public static ImageIcon[] bee;
```

```java
public static ImageIcon bullet;
public static ImageIcon[] hero;
public static ImageIcon[] bom;
public static ImageIcon sky;
public static ImageIcon start;
public static ImageIcon pause;
public static ImageIcon gameover;
static {
    airplane = new ImageIcon[2];
    airplane[0] = new ImageIcon("images/airplane0.png");
    airplane[1] = new ImageIcon("images/airplane1.png");
    bigplane = new ImageIcon[2];
    bigplane[0] = new ImageIcon("images/bigairplane0.png");
    bigplane[1] = new ImageIcon("images/bigairplane1.png");
    bee = new ImageIcon[2];
    bee[0] = new ImageIcon("images/bee0.png");
    bee[1] = new ImageIcon("images/bee1.png");
    bullet = new ImageIcon("images/bullet.png");
    hero = new ImageIcon[2];
    hero[0] = new ImageIcon("images/hero0.png");
    hero[1] = new ImageIcon("images/hero1.png");
    bom = new ImageIcon[4];
    bom[0] = new ImageIcon("images/bom4.png");
    bom[1] = new ImageIcon("images/bom3.png");
    bom[2] = new ImageIcon("images/bom2.png");
    bom[3] = new ImageIcon("images/bom1.png");
    sky = new ImageIcon("images/background.png");
    start = new ImageIcon("images/start.png");
    pause = new ImageIcon("images/pause.png");
    gameover = new ImageIcon("images/gameover.png");
}

public static void main(String[] args) {
    // 8
    System.out.println(airplane[0].getImageLoadStatus());
    System.out.println(airplane[1].getImageLoadStatus());
    System.out.println(bigplane[0].getImageLoadStatus());
    System.out.println(bigplane[1].getImageLoadStatus());
    System.out.println(bee[0].getImageLoadStatus());
    System.out.println(bee[1].getImageLoadStatus());
    System.out.println(bullet.getImageLoadStatus());
    System.out.println(hero[0].getImageLoadStatus());
    System.out.println(hero[1].getImageLoadStatus());
    System.out.println(bom[0].getImageLoadStatus());
    System.out.println(bom[1].getImageLoadStatus());
    System.out.println(bom[2].getImageLoadStatus());
```

```
        System.out.println(bom[3].getImageLoadStatus());
        System.out.println(sky.getImageLoadStatus());
        System.out.println(start.getImageLoadStatus());
        System.out.println(pause.getImageLoadStatus());
        System.out.println(gameover.getImageLoadStatus());
    }
}
```

运行当前代码，可以看到数字"8"，证明图片调用正常。

步骤二：创建抽象类。

创建 FlyingObject 抽象类，该抽象类用于抽象游戏中所有成员共同的属性和方法（包含背景、子弹、英雄机、小飞机、大飞机和奖励机等）。代码如下：

```
package cn.tedu.shooter;
import java.awt.Graphics;
import javax.swing.ImageIcon;
/*
* 在父类中定义从子类抽取的属性和方法
* 这种抽取方式称为泛化
*/
public abstract class FlyingObject {
    // 图片相关设置
    protected double x;
    protected double y;
    protected double width;
    protected double height;
    protected double step;
    protected ImageIcon image;

    // 当前对象动画帧，如果没有动画帧（如子弹、天空），那么此属性保持 null
    protected ImageIcon[] images;
    // 动画帧播放计数器，在 nextImage()方法中通过对数组长度取余得到播放动画帧的位置
    protected int index = 0;

    /**
    * 无参数构造器，减少子类的编译错误
    */
    public FlyingObject() {
    }

    /**
    * 根据位置初始化
    *
    * @param x
    * @param y
```

```
 * @param image
 * @param images
 * @param bom
 */
public FlyingObject(double x, double y,
ImageIcon image, ImageIcon[] images, ImageIcon[] bom) {
    this.x = x;
    this.y = y;
    this.image = image;
    this.images = images;
    width = image.getIconWidth();
    height = image.getIconHeight();
}

// 移动方式
public abstract void move();

/**
 * 动画帧播放方法
 */
public void nextImage() {
    // 当没有动画帧时，不播放动画帧
    if (images == null) {
        return;
    }
    image = images[(index++ / 30) % images.length];
}

// 绘制动画效果
public void paint(Graphics g) {
    // 先换动画帧，再绘制
    nextImage();
    // 居中绘制图片，主要是绘制爆炸效果
    int x1 = (int) (x + (width - image.getIconWidth()) / 2);
    int y1 = (int) (y + (height - image.getIconHeight()) / 2);
    image.paintIcon(null, g, x1, y1);
}
}
```

步骤三：创建背景类。

创建 Sky 类，该类继承自 FlyingObject 类，用来实现背景图片在界面中的移动。代码如下：

```
package cn.tedu.shooter;
import java.awt.Graphics;

public class Sky extends FlyingObject {
```

```
        private double y0;

        public Sky() {
            super(0, 0, Images.sky, null, null);
            // 移动速度为 0.8
            step = 0.8;
            y0 = -height;
        }

        public void move() {
            y + = step;
            y0 + = step;
            // 执行图片首尾连接操作
            if (y > = height) {
                y = -height;
            }
            if (y0 > = height) {
                y0 = -height;

            }
        }
        // 用于背景图片的绘制和处理
        public void paint(Graphics g) {
            image.paintIcon(null, g, (int) x, (int) y);
            image.paintIcon(null, g, (int) x, (int) y0);
        }
    }
```

步骤四：编写运行代码。

创建 World.java 文件，该文件中的代码整合了其他文件涉及的操作和处理，在这里进行效果实现。代码如下：

```
package cn.tedu.shooter;
import java.awt.Color;
import java.awt.Graphics;
import java.awt.event.MouseAdapter;
import java.awt.event.MouseEvent;
import java.util.Arrays;
import java.util.Random;
import java.util.Timer;
import java.util.TimerTask;
import javax.swing.JFrame;
import javax.swing.JPanel;

public class World extends JPanel{
    // 背景
```

```java
    private Sky sky;
    // 计数器
    private int index = 0;

    /**
     * 利用构造器初始化每个物体
     */
    public World() {
        init();
    }

    private void init() {
        sky = new Sky();
    }

    // 调用主函数
    public static void main(String[] args) {
        JFrame frame = new JFrame();
        // 添加初始化信息
        World world = new World();
        frame.add(world);
        // 尺寸
        frame.setSize(400, 700);
        frame.setLocationRelativeTo(null);
        frame.setDefaultCloseOperation(JFrame.EXIT_ON_CLOSE);
        frame.setVisible(true);
        // 调用 action()方法启动定时器
        world.action();
    }

    public void action() {
        // 设置定时器
        Timer timer = new Timer();
        LoopTask task = new LoopTask();
        timer.schedule(task, 100, 1000/100);
    }

    /**
     * 添加内部类，实现定时计划任务
     * 为何使用内部类实现定时任务
     * 1. 将定时任务隐藏到 World 类中
     * 2. 可以访问外部类中的数据，如飞机和子弹等
     */
    private class LoopTask extends TimerTask{
        public void run() {
            index++;
            sky.move();
```

```
                // 调用 repaint()方法，这个方法会自动执行 paint()方法
                repaint();
            }
        }

        // 角色绘制
    public void paint(Graphics g) {
            sky.paint(g);
        }
    }
```

运行上述代码，效果如图 4.20 所示，之后会弹出游戏界面，可以观察到背景图片的移动。

本章小结

本章主要讲解了 Java GUI 编程技术的一些基本原理、设计方法和实现机制。

首先介绍了 Java GUI 组件的结构和层次关系，以及 AWT 与 Swing 之间的关系；然后介绍了组成界面的几个重要组成部分，如容器、常用的组件和布局管理器，以及各种组件的特点和使用方法；最后介绍了事件处理机制，以及 Java 处理事件的模式。

Java GUI 编程涉及的内容比较多，无法一一介绍所有的组件，因此，在实际使用过程中，读者应更多地查询相关 API 文档或其他参考资料，以了解更多组件、布局和事件等的使用方法。

习题

一、选择题

1. 在 JTextField 类的构造方法中，JTextField(String text, int column)方法的作用是（　　　）。
   A. 创建一个空的文本框，初始字符串为 null
   B. 创建一个具有指定列数的文本框，初始字符串为 null
   C. 创建一个显示指定初始字符串的文本框
   D. 创建一个具有指定列数且显示指定初始字符串的文本框
2. 如果想实现 JRadioButton 按钮之间的互斥，就需要使用（　　　）类。
   A. ButtonGroup　　　　　　　　　　　　B. JComboBox
   C. AbstractButton　　　　　　　　　　　D. 以上都不行

3．在下列选项中，关于 GridLayout 的说法错误的是（　　　）。

  A．使用 GridLayout 可以设置组件的大小

  B．放置在 GridLayout 中的组件将自动占据网格的整个区域

  C．在 GridLayout 中，组件的相对位置不会随着区域的缩放而改变，但组件的大小会随之改变，组件始终占据网格的整个区域

  D．GridLayout 的缺点是总是忽略组件的最佳大小，所有组件的宽和高都相同

4．FlowLayout 类的 FlowLayout(int align, int hgap, int vgap)方法的作用是（　　　）。

  A．组件默认居中对齐，水平间距和垂直间距默认为 5 像素

  B．指定组件相对于容器的对齐方式，水平间距和垂直间距默认为 5 像素

  C．指定组件的对齐方式，以及水平间距和垂直间距

  D．与容器的开始端的对齐方式一样

5．Swing 包中的对象可用于输入多行信息的是（　　　）。

  A．JTextArea   B．JTextField

  C．JList   D．JComment

6．按钮可以产生 ActionEvent，实现（　　　）接口可以处理此事件。

  A．FocusListener   B．ComponentListener

  C．WindowListener   D．ActionListener

7．（　　　）接口不可以对 JTextField 对象的事件进行监听和处理。

  A．ActionListener   B．FocusListener

  C．MouseMotionListener D．WindowListener

8．监听器 listen 为了监听 JFrame 窗口触发的 WindowEvent，下列说法中正确的是(　　　)。

  A．创建监听器 listen 的类需要实现 ActionListener 接口

  B．创建监听器 listen 的类需要实现 ItemListener 接口

  C．创建监听器 listen 的类需要实现 DocumentListener 接口

  D．创建监听器 listen 的类需要实现 WindowListener 接口

9．在下列选项中，（　　　）是 JPanel 容器的默认布局。

  A．GridLayout   B．BorderLayout

  C．CardLayout   D．FlowLayout

二、填空题

1．在 Java 中，图形用户界面的简称为＿＿＿＿＿＿＿＿＿＿。

2．向 BorderLayout 类的布局管理器添加组件时，若不指定添加到哪个区域，则默认添加到＿＿＿＿＿＿＿＿＿＿区域。

3．在 FlowLayout 的构造方法 FlowLayout(int align)中，参数 align 决定了组件在每行中相对于_____的对齐方式。

4．在程序中可以通过调用容器对象的_____方法设置布局管理器。

5．使用 GridBagLayout 的关键在于_____对象，它才是控制容器中每个组件布局的核心类。

三、判断题

1．在 GUI 应用程序中，当对窗体事件进行处理时，需要定义一个类实现 WindowEvent 接口作为窗体监听器。　　　　　　　　　　　　　　　　　　　　　　　　（　　　）

2．使用 BorderLayout 可以将容器划分为 4 个区域。　　　　　　　　　　（　　　）

3．使用 GridLayout 可以将容器划分成 n 行 m 列大小相等的网格，每个网格中可以放置多个组件。　　　　　　　　　　　　　　　　　　　　　　　　　　　　　（　　　）

4．JTextField 称为文本框，只能接收单行文本的输入。　　　　　　　　　（　　　）

5．窗口默认被系统添加到显示器屏幕上，因此不允许将一个窗口添加到其他容器中。
　　　　　　　　　　　　　　　　　　　　　　　　　　　　　　　　　（　　　）

6．一个应用程序中最多只能有一个窗口。　　　　　　　　　　　　　　　（　　　）

7．JTextArea 文本区的 Document 对象可以触发 DocumentEvent。　　　　（　　　）

8．监听 KeyEvent 的监听器也可以是 KeyAdapater 类的子类的实例。　　　（　　　）

9．对于有监听器的 JTextField 文本框，当该文本框处于活动状态（有输入焦点）时，用户即使不输入文本，只要按 Enter 键，也可以触发 ActionEvent。　　　　　　　（　　　）

10．对于非模式对话框，用户需要等到处理完对话框后才能继续与其他窗口进行交互。
　　　　　　　　　　　　　　　　　　　　　　　　　　　　　　　　　（　　　）

四、简答题

1．Swing 中的布局管理器有哪些？

2．简述文本框和标签之间的区别。

3．什么是事件？简述 Java 的事件处理机制。

五、编程题

1．编写应用程序，有一个标题为"计算"的窗口，窗口的布局为 FlowLayout。在窗口中添加两个文本区，当用户在一个文本区中输入若干数值时（用空格、逗号或任意非数字字符分隔），另一个文本区同时对输入的数值进行求和、求平均值运算，即随着用户输入的改变，另一个文本区中的数值会不断更新。

2．编写一个在十进制、十六进制和二进制之间进行转换的程序，如图 4.22 所示。当在"十进制"文本框中输入一个十进制数并按 Enter 键时，其对应的十六进制数和二进制数将显示在其他两个文本框中。同样，也可以在其他文本框中输入值并相应地进行转换。

图 4.22　各进制之间的转换

JV-04-c-001

第5章

继承与多态

本章目标

- 理解在面向对象中继承与多态的作用和地位。
- 理解继承与多态的基本概念。
- 理解继承与多态的特征。
- 掌握类的继承的使用。
- 掌握方法重写的使用。
- 掌握关键字 super 的使用。
- 掌握关键字 final 的使用。
- 掌握多态的使用。
- 掌握抽象类的使用。

第 4 章详细介绍了面向对象编程的基本用法。但是利用面向对象仅能实现一个类的结构定义，无法从本质上很好地实现代码的重用。为了开发出更高效的面向对象程序，读者还需要进一步学习面向对象的一些高级特性，如继承和多态的使用方法。本章将为读者详细讲解面向对象的高级开发知识。

5.1　类的继承

JV-05-v-001

继承是面向对象编程中重要的组成部分，几乎是所有面向对象语言中不可缺少的部分。在面向对象的软件开发过程中，继承能够有效地实现代码的复用，大大缩短程序开发的周期，提高软件的可扩展性和可维护性。熟练掌握继承，是学习面向对象的重要环节。

5.1.1 子类与父类

在 Java 程序设计中，类的继承是基于已存在的一个类构建一个新的类的机制。新类吸收已有类的属性和方法，并且能在此基础上扩展新的属性和方法。将现有的类称为父类或超类，构建的新类称为子类，如图 5.1 所示。

图 5.1 类的继承

通过继承的方式，子类不仅可以自动拥有父类的属性和方法，还能扩展新的属性和方法，达到代码重用，以及提高软件结构层次的目的。如图 5.2 所示，结合动物分类图，读者可以进一步理解继承的概念和意义。

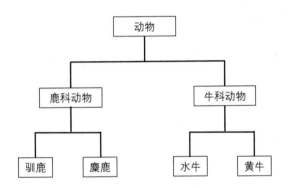

图 5.2 动物分类图

驯鹿和麋鹿都属于鹿科动物，水牛和黄牛属于牛科动物，而鹿科动物和牛科动物都属于动物。无论是哪类动物，都具有动物的共同属性，因此，这些动物之间会形成一种继承体系。从分类学上来看，采用这种分类及分层的树状继承结构可以有效地进行管理和研究。

例如，人可以从事多种职业，如司机、图书馆管理员和地铁售票员等，但无论是司机、图书馆管理员，还是地铁售票员，都应该符合人的共性。因此，可以先构建一个人具有的共性类，再分别构建司机、图书馆管理员和地铁售票员的类，让这 3 个类都继承人的共性类，这样每个类就无须重复定义人的共性的代码。实际上，Java 中继承的本质也是通过模拟这种现实生活中继承的概念来实现的。

5.1.2　子类的继承性

在 Java 程序中，通过关键字 extends 来声明一个类是从另一个类继承而来的，一般语法格式如下：

```
class 子类 extends 父类{
    ... // 程序代码，子类的属性和方法
}
```

下面通过实例 5.1 来介绍子类是如何继承父类的。

【实例 5.1】类的继承。

```java
/**
 * 定义父类 Person，包含姓名、年龄和性别 3 个属性
 */
class Person {
    String name;
    int age;
    String gender;
}
/**
 * 定义 Student 类，扩充身高属性
 *
 */
class Student extends Person {
    // 身高
    int height;
    Student (String name, int height) {
        this.name = name;
        this.height = height;
    }
}
/**
 * 定义 Driver 类，扩充工资属性
 *
 */
class Driver extends Person {
    // 工资
    double salary;
    Driver (String name, double salary) {
        this.name = name;
        this.salary = salary ;
    }
}
public class Example5_1{
    public static void main (String[ ] args) {
        Student s = new Student("高同学",168);
```

```
        Driver t = new Driver("李师傅",6000) ;
        System.out.println(s.name + "身高为: " + s. height );
        System.out.println(t.name + "工资为: " + t. salary );
    }
}
```

运行结果如图 5.3 所示。

```
高同学身高为: 168
李师傅工资为: 6000.0
```

图 5.3　运行结果

在运行上述程序的过程中，子类 Student 和 Driver 继承父类 Person 的共性属性，同时分别扩充了个性化属性身高和工资。通过继承，子类拥有父类的数据和功能，所以子类实例化的对象可以直接访问这些成员。

在 Java 中，一个类只能有一个父类，这种特点称为单重继承。

5.1.3　子类与对象

子类除了可以继承父类的属性和方法，还可以定义自己的属性和方法。例如，这里定义一个父类 Dog，一个继承 Dog 类的沙皮狗类 Sharpei，并在 Sharpei 类中定义一个自己的方法 cute()，代码如实例 5.2 所示。

【实例 5.2】类的继承。

```java
/**
 * 定义父类 Dog
 */
class Dog{
    // 定义 name 属性
    public String name;

    // 定义一个公有叫的方式
    public void shout(){
        System.out.println("动物发出的叫声！");
    }
}
/**
 * 定义一个 Sharpei 类继承 Dog 类
 *
 */
class Sharpei extends Dog{
    // 在子类中扩充一个 cute()方法
    public void cute(){
```

```
        System.out.println("我会摇尾巴! ");
    }
}
public class Example5_2 {
// 在 main()方法中验证子类对象对父类的属性和方法的调用
public static void main(String[] args){
    // 实例化子类对象
    Sharpei s = new Sharpei();
    s.name = "wangcai";
    s.shout();
    s.cute();
}
}
```

运行结果如图 5.4 所示。

```
动物发出的叫声!
我会摇尾巴!
```

图 5.4　运行结果

Sharpei 类继承 Dog 类，在扩充 cute()方法，以及实例化 Sharpei 子类对象之后，通过该对象可以访问父类的 name 属性和 shout()方法，也可以访问自己定义的 cute()方法。

JV-05-v-002

5.2　成员变量的隐藏和方法重写

通过继承，子类可以获得父类的属性和方法，但是如果子类已经定义了与父类中同名的属性，那么在子类中访问该属性时，默认引用的是子类定义的属性，而父类中的该属性被"隐藏"起来。这里的隐藏是指子类对父类中的同名属性重新定义，父类中的属性被隐藏。

【实例 5.3】成员变量的隐藏。

```
class FatherClass {
    public int age = 60;
}

class SonClass extends FatherClass {
    public int age = 25;
}

public class Example5_3 {
    public static void main(String[] args) {
        FatherClass obj1 = new SonClass();
        // 调用父类的实例字段 age
        System.out.println(obj1.age);
```

```
    // 父类引用指向子类的实例
    SonClass obj2 = new SonClass();
    // 父类的实例字段 age 被隐藏，调用的是子类的实例字段 age
    System.out.println(obj2.age);
    // 调用父类的实例字段 age
    System.out.println(((FatherClass)obj2).age);
    }
}
```

运行结果如图 5.5 所示。

```
60
25
60
```

图 5.5　运行结果 1

　　由此可知，在一个类中，如果子类的成员变量和父类的成员变量同名，那么父类的成员变量被隐藏。在子类中，父类的成员变量不能被简单地用引用来访问，必须从父类的引用获得父类被隐藏的成员变量，一般来说，不推荐隐藏成员变量，因为这样会使代码的可读性降低。

　　在继承关系中，子类会自动继承父类中定义的方法，但有时在子类中需要对继承的方法进行一些修改，即对父类的方法进行重写。需要注意的是，在子类中重写的方法需要和父类中被重写的方法具有相同的方法名、参数列表及返回值类型。

【实例 5.4】重写继承的方法。

```
class Human{
    // 定义人类吃东西的方法
    void eat(){
        System.out.println("人类吃东西");
    }
}
// 定义 Sportsman 类继承 Human 类
class Sportsman extends Human{
    // 重写 eat()方法
    void eat(){
        System.out.println("运动员吃健身餐");
    }
}
// 定义测试类
public class Example5_4 {
    public static void main(String[] args) {
        // 创建一个 Sportsman 实例对象
        Sportsman s = new Sportsman();
        // 调用 s 对象重写的 eat()方法
```

```
        s.eat();
    }
}
```

运行结果如图 5.6 所示。

运动员吃健身餐

图 5.6 运行结果 2

由图 5.6 可知，在调用 Sportsman 实例对象的 eat()方法时，只会调用子类重写的方法，并不会调用父类的 eat()方法。

5.3 关键字 super

由实例 5.4 的运行结果可知，当子类重写父类的方法后，子类对象将无法访问父类被重写的方法。如果在子类中访问父类的被隐藏的属性和重写的方法，那么需要使用关键字 super。关键字 super 可用于访问父类中的构造方法、属性和方法。下面介绍关键字 super 的具体用法：

```
// 访问父类的构造方法
super(参数列表)
// 访问父类的属性
super.属性
// 访问父类的方法
super.方法名()
```

下面通过实例 5.5 来介绍 super()方法的应用。

【实例 5.5】使用 super()方法访问父类的构造方法。

```
/**
 * 定义父类 Human2
 */
class Human2{
    public String meal;

    // 使用构造方法初始化属性 meal
    Human2(String meal){
        this.meal = meal;
        System.out.println("人类吃"+meal);
    }
}

/**
 * 定义子类 Sportsman2
```

```
*/

class Sportsman2 extends Human2{
    // 子类的构造方法通过关键字 super 调用父类的构造方法，并传递参数
    // 此处必须调用，否则编译报错
    Sportsman2 (String meal){
        super(meal);
        System.out.println("运动员吃东西");
    }
}

public class Example5_5{
    public static void main(String[] args){
        // 子类实例化，调用父类和子类的构造方法
        Sportsman2 b = new Sportsman2 ("早餐");
    }
}
```

运行结果如图 5.7 所示。

```
人类吃早餐
运动员吃东西
```

图 5.7　运行结果 1

　　通过实例 5.5 中的调用可知，在子类 Sportsman2 实例化对象时，必然调用该子类的构造方法，这样就可以通过子类的构造方法调用父类的构造方法，并对属性 meal 进行初始化。

　　下面通过实例 5.6 来介绍使用关键字 super 访问父类的属性和方法。

【实例 5.6】使用关键字 super 访问父类的属性和方法。

```
class Human3{
    String name = "人类";
    // 定义人类吃东西的方法
    void eat(){
        System.out.println("人类吃东西");
    }
}

// 定义 Sportsman3 类继承 Human3 类
class Sportsman3 extends Human3{
    String name = "一个人";
    // 重写 eat()方法
    void eat(){
        // 访问父类的成员方法
        super.eat();
    }
    // 定义打印 name 的方法
```

```
        void printName(){
            // 访问父类的成员变量
            System.out.println("name = " + super.name);
        }
    }

    // 定义测试类
    public class Example5_6{
        public static void main(String[] args){
            // 创建一个 Sportsman3 实例对象
            Sportsman3 x = new Sportsman3();
            // 调用 x 对象重写的 eat()方法
            x.eat();
            // 调用 x 对象的 printName()方法
            x.printName();
        }
    }
```

运行结果如图 5.8 所示。

```
人类吃东西
name = 人类
```

图 5.8　运行结果 2

实例 5.6 的代码中定义了一个继承 Human3 类的 Sportsman3 类，并重写了 Human3 类的 eat()方法。在子类 Sportsman3 的 eat()方法中使用 super.eat()调用父类被重写的方法，在 printName()方法中使用 super.name 访问父类的成员变量。由运行结果可知，子类通过关键字 super 可以成功地访问父类的成员变量和成员方法。

实际上，当父类中有无参构造方法时，编译器默认在子类的所有构造方法中的第一行自动添加 super()方法，隐式调用父类的无参构造方法。

【实例 5.7】隐式调用父类的构造方法。

```
/**
 * 定义父类 Human4
 */
class Human4{
    public int a;
    // 定义无参构造方法
    Human4(){
        System.out.println("人类吃东西");
    }
    // 构造方法，初始化 a
    Human4(int eat){
        a = eat;
```

```
        }
    }

/**
 * 定义 Sportsman4 类
 */

class Sportsman4 extends Human4{
    // 可以不写父类的构造方法的调用，默认隐式调用父类的无参构造方法
    Sportsman4(){
        System.out.println("运动员吃东西");
    }
}

public class Example5_7{
    public static void main(String[] args){
        Sportsman4 b = new Sportsman4 ();
    }
}
```

运行结果如图 5.9 所示。

```
人类吃东西
运动员吃东西
```

图 5.9　运行结果 3

由实例 5.7 的运行结果可知，Human4 类的构造方法被调用。这是因为 Sportsman4 类的构造方法中隐含了对父类构造方法的调用，如下所示：

```
class Sportsman4 extends Human4{
    Sportsman4 (){
        super(); // 隐含了这行代码
        System.out.println("运动员吃东西");
    }
}
```

假如 Sportsman4 类的构造方法没有参数，并且只调用 Human4 类的无参构造方法，正如上面例子所示，那么子类的构造方法也可以省略不写，如下所示：

```
class Sportsman4 extends Human4{
}
```

如果执行上面的代码，实际上就是编译器默认添加了 Sportsman4 类的无参构造方法，并且在其中调用了 Human4 类的无参构造方法。但是，如果父类没有无参构造方法，那么在子类中必须使用关键字 super 显式调用父类的有参构造方法。这种隐式调用的方式使用得比较多，为了方便继承，在设计父类时都会提供一个无参构造方法。

构造方法的规则包括以下几点。

（1）如果一个类中没有声明任何构造方法，那么编译器默认为该类添加一个无参的、空方法体的构造方法。

（2）如果一个类中已声明有参构造方法，那么编译器不再默认添加无参构造方法。

（3）如果一个构造方法的第一行没有显式声明语句 this();或 super();，那么编译器会自动添加 super();语句，隐式调用父类的无参构造方法。

5.4 关键字 final

final 的意思是"最终的"和"无法更改的"。因此，使用关键字 final 修饰的变量、方法和类具有以下特点。

- 使用关键字 final 修饰的变量称为常量，只能被赋值一次。
- 使用关键字 final 修饰的方法称为最终方法，不能被子类重写。
- 使用关键字 final 修饰的类称为最终类，不能被继承。

因此，在程序设计中要谨慎使用关键字 final。

使用关键字 final 修饰的变量只能被赋值一次，如果再次对该变量赋值，那么程序编译时会报错。被关键字 final 修饰的变量必须进行初始化，既可以在定义时初始化，又可以在构造方法或非静态代码块中初始化。下面演示使用关键字 final 初始化之后无法被更改的过程。

【实例 5.8】使用关键字 final 修饰属性。

```java
public class Example5_8{
    int numb;
    public static void main(String[] args){
        // 初始化使用关键字 final 修饰的变量，并且初始化后不可修改
        final int numa = 1;
        // numa++;       // 错误，不能修改 numa
        int numc = add(2,3);
        System.out.println(numc);
        final FinalVar f = new FinalVar();
        // f = null;     // 错误，不能改变引用指向
        f.numb = 100;
        // f 引用指向的对象属性可以更改，只要指向不变
        System.out.println(f.numb);
    }
    public static int add(final int numa, int numb){
        // numa++;  // 错误，不能修改 numa
        numb++;
        return numa + numb;
```

```
        }
    }
```

运行结果如图 5.10 所示。

```
6
100
```

图 5.10　运行结果 1

由运行结果可知，局部变量 numa 被关键字 final 修饰并初始化，初始化之后就无法更改。一旦在 add()方法中尝试更改使用关键字 final 修饰的参数 numa，就会发生编译错误。提示的错误信息如图 5.11 所示。

```
19          public static int add(final int numa, int numb){
20              numa++; // 错误，不能修改numa
21              numb++;
22              return numa + numb;
23          }
24      }
```

D:\Development\workspace\javabasic\src\main\java\chapter5\Example5_8.java:20:9
java: 不能分配最终参数numa

图 5.11　提示的错误信息 1

f 引用指向的对象确定后，就无法再更改。提示的错误信息如图 5.12 所示。

```
13              f = null;   // 错误，不能改变引用指向
14              f.numb = 100;
15              // f 引用指向的对象属性可以更改，只要指向不变
16              System.out.println(f.numb);
17          }
```

D:\Development\workspace\javabasic\src\main\java\chapter5\Example5_8.java:13:9
java: 无法为最终变量f分配值

图 5.12　提示的错误信息 2

除了可以修饰变量，使用关键字 final 还可以修饰方法（称为最终方法）。因此，使用关键字 final 修饰的方法不能被覆盖重写。最终方法主要影响继承中子类对父类方法的重写，如果父类不希望被子类重写，那么使用关键字 final 修饰即可，具体方法如实例 5.9 所示。

【实例 5.9】使用关键字 final 修饰方法。

```
class Human5{
    // 使用关键字final修饰age()方法
    public final void age(){
        // 代码
    }
```

```
    }
class Sportsman5 extends Human5{
    // 重写父类 Human5 的 age()方法
    public void age(){
        // 代码
    }
}
public class Example5_9{
    public static void main(String[] args){
        // 创建 Dog 类的实例对象
        Sportsman5 b = new Sportsman5 ();
    }
}
```

运行结果如图 5.13 所示。

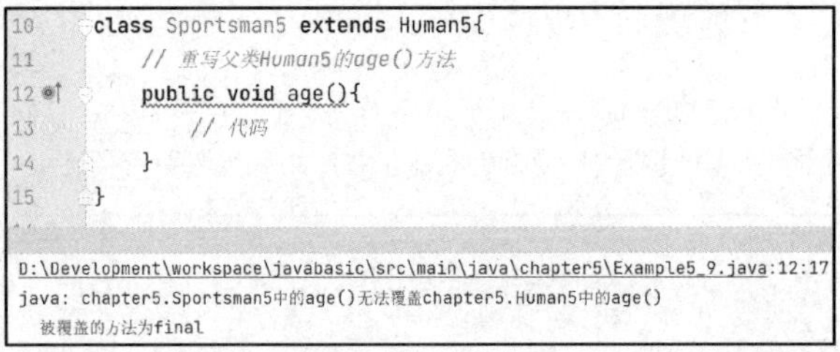

```
10    class Sportsman5 extends Human5{
11        // 重写父类Human5的age()方法
12 ●↑    public void age(){
13            // 代码
14        }
15    }
```

D:\Development\workspace\javabasic\src\main\java\chapter5\Example5_9.java:12:17
java: chapter5.Sportsman5中的age()无法覆盖chapter5.Human5中的age()
被覆盖的方法为final

图 5.13　运行结果 2

由运行结果可知，使用关键字 final 修饰的 age()方法被重写后，编译会报错。

除此之外，使用关键字 final 修饰的类无法再被继承。使用关键字 final 修饰的类无法被任何类继承，也就是说，既无法派生子类，又无法进行任何改动。下面以实例 5.10 为例来说明。

【实例 5.10】使用关键字 final 修饰类。

```
final class Human6{
    // 代码
}
class Sportsman6 extends Human6{
    // 代码
}
public class Example5_10{
    public static void main(String[] args){
        // 创建 Dog 类的实例对象
        Sportsman6 b = new Sportsman6 ();
    }
}
```

运行结果如图 5.14 所示。

```
6    class Sportsman6 extends Human6{
7        // 代码
8    }
9 ▶  public class Example5_10{
10 ▶     public static void main(String[] args){
```

D:\Development\workspace\javabasic\src\main\java\chapter5\Example5_10.java:6:26
java: 无法从最终chapter5.Human6进行继承

图 5.14　运行结果 3

由运行结果可知，程序报错信息显示无法从最终父类 Human 继承，因为 Human 类使用关键字 final 修饰。由此可知，使用关键字 final 修饰的类无法再被继承。

5.5　多态

JV-05-v-003

面向对象的三大特征为封装、继承和多态，前面已经介绍了封装和继承，接下来介绍多态。在编程语言理论和类型理论中，多态是指为不同类型的实体提供单一接口或使用单个符号来表示不同的类型。在 Java 中，多态可以理解为通过单个父类类型来代表多个子类类型。Java 的多态性体现在两个方面，分别为子类型多态性和参数多态性。

Java 中的子类型多态性体现为类的继承、方法重写及父类引用指向子类对象。在 Java 中可以声明一个父类类型的变量引用子类类型的对象。同时，子类可以重写从父类继承的方法，提供自身独特的逻辑。当通过父类类型的变量调用一个方法时，具体执行的逻辑取决于父类类型的变量实际引用的子类对象的类型，即可能表现出多种形态。

Java 中的参数多态性体现为类的继承和父类引用指向子类对象。当声明一个方法时，可以在参数列表中使用父类类型，调用该方法时，其父类类型的多个子类对象均可作为参数传入该方法。

使用多态可以有效地提高程序的可扩展性和可维护性。接下来通过实例来介绍多态。

【实例 5.11】面向对象的多态。

```
class Human7 {
    public void showName(){
        System.out.println("我是人类！ ");
    }
}
class Sportsman7 extends Human7{
    // 实现 showName()方法
    public void showName(){
        System.out.println("我是运动员！ ");
    }
}
```

```
class Postman extends Human7{
    public void showName(){
        System.out.println("我是邮递员！");
    }
}

public class Example5_11{
    public static void main(String[] args){
        Human7 a = new Human7();
        humanName(a);
        Sportsman7 s = new Sportsman7();
        humanName(s);
        Human7 p = new Postman();
        humanName(p);
    }
    // 这个方法的参数类型是 Human7，实际传入 Human7 或 Human7 的子类都行
    // 具体是哪个类由 Java 虚拟机来判断，这就是多态
    static void humanName(Human7 a){
        a.showName();
    }
}
```

运行结果如图 5.15 所示。

```
我是人类！
我是运动员！
我是邮递员！
```

图 5.15   运行结果

由运行结果可知，实现了父类类型的变量引用不同的子类对象。由此可知，使用多态不仅可以使程序变得灵活，还可以解决方法同名的问题。

5.6   对象的向上类型转换

在使用多态时，经常涉及类型转换操作，向上类型转换即将子类对象当作父类类型使用，具体的语法如下：

```
// 将 Sportsman 当作 Human 类型来使用
Human hum1 = new Sportsman();
// 将 Postman 当作 Human 类型来使用
Human hum2 = new Postman();
```

如果把子类对象当作父类使用，那么此时不需要任何显式的声明，但需要注意此时不能通

过父类变量调用子类中的特有方法。接下来通过实例来介绍。

【实例 5.12】类型转换。

```java
class Human8 {
    public int a = 60;
    public void humName(){
        System.out.println("我是人类！");
    }
}
class Sportsman8 extends Human8{
    public int b = 20;
    public void sportsName(){
        System.out.println("我是运动员！");
    }
}
public class Example5_12{
    public static void main(String[] args){
        // 父类实例化
        Human8 h1 = new Human8();
        h1.humName();
        // 子类实例化
        Sportsman8 x = new Sportsman8();
        x.sportsName();

        // 父类引用指向子类对象
        Human8 h2 = new Sportsman8();
        System.out.println(h2.b);
        h2.sportsName();
    }
}
```

运行结果如图 5.16 所示。

```
24              // 父类引用指向子类对象
25              Human8 h2 = new Sportsman8();
26              System.out.println(h2.b);
27              h2.sportsName();
28          }
29      }
```

D:\Development\workspace\javabasic\src\main\java\chapter5\Example5_12.java:26:30
java: 找不到符号
    符号：   变量 b
    位置： 类型为chapter5.Human8的变量 h2

图 5.16　运行结果

运行结果报错，不能访问变量 b，变量 b 是子类的属性，sportsName()是子类的方法。修改 Example5_12 类中的代码，修改后的代码如下：

```java
public class Example5_12{
```

```
public static void main(String[] args){
    // 父类实例化
    Human8 h1 = new Human8();
    h1.humName();
    // 子类实例化
    Sportsman8 x = new Sportsman8();
    x.sportsName();

    // 父类引用指向子类对象
    Human8 h2 = new Sportsman8();
    // System.out.println(h2.b);
    // h2.sportsName();
    System.out.println(h2.a);
    h2.humName();
}
}
```

修改后再次编译程序不再报错。修改后的运行结果如图 5.17 所示。

```
我是人类!
我是运动员!
60
我是人类!
```

图 5.17　修改后的运行结果

除了向上类型转换，还有向下类型转换，即强制类型转换，将父类型当作子类型使用时，这种转换是存在风险的。由于子类通常比父类具有更多的属性和方法，因此要想完成转换，在语法上必须使用强制转换。

将父类对象转换成子类对象会报错，例如：

```
Human h = new Human();
Sportsman x = (Sportsman)h;
```

执行上面的代码会报错。只有当引用类型真正的对象是子类时，将父类强制转换为子类才会成功，否则会报错。

将子类对象转换成自身引用会成功，例如：

```
Human h = new Sportsman ();
Sportsman x = (Sportsman)h;
```

执行上面的代码不再报错，这是因为 h 在内存中引用的实际上就是 Sportsman 类型的对象。

为了避免强制类型转换出现报错，在编写代码时需要先确定引用对象的实际类型，再进行转换。关键字 instanceof 可以用来辅助判断引用类型，语法格式如下：

```
if(x instanceof Sportsman){
```

```
    Sportsman m = (Sportsman)n;
}else{
    System.out.println ("Can't Conversion!");
}
```

5.7　虚拟方法调用

　　子类中定义了与父类同名同参数的方法，在多态的情况下，父类中的方法被称为虚拟方法。父类根据引用的不同子类对象，动态地调用属于子类的该方法就是虚拟方法调用，这种方法调用在编译期是无法确定的。

　　正常方法调用与虚拟方法调用的区别如下。

　　正常方法调用如下：

```
// 这里的 Sportsman 类是 Human 类的子类
Human h = new Human ();
h.name();            // Human 类中的 name()方法
Sportsman x = new Sportsman ();
x.name ();           // Sportsman 类中的 name()方法
```

　　虚拟方法调用如下（在多态的情况下）：

```
Human hx = new Sportsman ();
hx.name ();  // 调用的是 Sportsman 类中的 name()方法
```

　　在编译时 hx 为 Human 类型，而方法的调用是由运行时决定的，所以运行时调用的是 Sportsman 类中的 name()方法，这个过程叫作动态绑定。

5.8　抽象方法和抽象类

JV-05-v-004

　　对于面向对象编程来说，抽象是其重要特征之一。在 Java 中，可以通过两种形式来体现面向对象编程的抽象，即接口和抽象类，接口将在第 7 章介绍，本节主要介绍抽象类。

5.8.1　抽象方法

　　当定义一个类时，通常需要定义一些方法来描述该类的行为特征。如果定义的方法没有方法体，即没有"{}"包含的部分，就将这个方法称为抽象方法，也就是说，抽象方法只需要声明不需要实现。当一个方法为抽象方法时，意味着这个方法必须被子类的方法重写。抽象方法使用关键字 abstract 修饰，只有声明部分，直接以 ";" 结束。

抽象方法的例子如下：

```
public abstract void move();
```

假设上面的 move()方法表示所有类型的船的移动行为。由于现实中不同类型的船的移动方式是不同的，如木船通过划桨来移动，快艇通过螺旋桨旋转来移动，在 move()方法中定义任何方法体都不能代表所有船的移动特征，此时可以将 move()方法定义为抽象方法，由子类根据自身的移动特征，重写父类的 move()方法，并添加具体的执行逻辑。

在子类中实现父类定义的抽象方法时，其方法名、返回值和参数类型要与父类中的抽象方法的方法名、返回值和参数类型一致。由于一个父类可能有多个子类，而每个子类又对父类中的同一个抽象方法给出了不同的实现过程，因此会出现同一个名称、同一种类型的返回值的方法在不同的子类中实现的方法体不同的情况，这正是多态性的体现。

5.8.2 抽象类

抽象类是指包含抽象方法的类，包含一个或多个抽象方法的类必须被声明为抽象类。抽象类使用关键字 abstract 修饰，具体的语法格式如下：

```
abstract class 抽象类名{
    abstract 返回值类型 抽象方法(参数列表);   //定义抽象方法
}
```

抽象类不能实例化，没有继承的抽象类没有意义，因为抽象类就是为了继承而存在的。抽象类的子类如果不是抽象类，就必须实现抽象类所有的抽象方法。除此之外，抽象类和普通类的成员相同，均可包含成员变量、成员方法和构造方法等成员。实例 5.13 演示了抽象类的应用。

【实例 5.13】抽象类的应用。

```
abstract class Pet{
    // 定义抽象方法 say()
    abstract void say();
}
class Cat extends Pet{
    // 实现抽象方法 say()
    void say(){
        System.out.println("喵喵喵");
    }
}
public class Example5_13{
    public static void main(String[] args){
```

```
    // 创建 Cat 类的实例对象
    Pet p = new Cat();
    // 调用 p 对象的 say() 方法
    p.say();
  }
}
```

运行结果如图 5.18 所示。

由运行结果可知，当子类实现了父类的抽象方法之后，可以正常进行实例化，并且通过实例化对象调用方法。

喵喵喵

图 5.18　运行结果

除了可以从代码的角度来理解抽象类，还可以从面向对象编程的角度进行理解。人类会对现实世界中的一些事物进行抽象，如"宠物"是对人类饲养的猫、狗、鸟和鱼等各类具体的动物进行抽象而得到的。在代码世界中，抽象类用来与现实世界中抽象的概念相对应。由于现实世界中抽象的概念不存在直接的实例，因此在代码世界中无法通过抽象类直接创建对象。

5.8.3　面向抽象编程

面向抽象编程，是指当设计一个类的特定属性时，不使用具体类，而是使用抽象类。面向抽象编程是指为了应对用户需求的变化，将某个类中经常因需求变化需要改动的代码分离出去。当需求发生变化时，不需要修改原有类的代码，而是通过切换抽象类的实现类改变执行逻辑。下面通过一个案例的两种不同版本来展示面向抽象编程的作用。

不使用面向抽象编程的版本如图 5.19 所示。

图 5.19　不使用面向抽象编程的版本

在该案例假设的"20 世纪 80 年代"编写代码时，可能核电站的解决方案还不存在，也无法预见未来会产生核电站的解决方案。此时设计 City 类时，直接使用当时流行的热电站的类。这在当时是没有问题的，如果 City 类永远没有更换电站的需求，那么上面的代码是没有问题的。但是进入"20 世纪 90 年代"，提出了核电站的解决方案，City 类需要升级为使用核电站。此时，必须对 City 类中的代码进行修改才能完成升级。在实际开发时，这样的修改不仅费时费力，还会增加程序出现 Bug 的概率。

使用面向抽象编程的版本如图 5.20 所示。

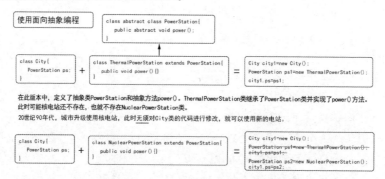

图 5.20　使用面向抽象编程的版本

在此版本中，"20 世纪 80 年代"的设计使用了抽象类 PowerStation，City 类使用这个抽象类作为保存电站对象的属性。"20 世纪 90 年代"的设计直接让 NuclearPowerStation 类继承 PowerStation 类。在这个版本中，无须修改 City 类中的属性即可完成电站的切换。

5.9　编程实训——飞机大战案例（实现英雄机移动）

1.　实训目标

（1）掌握抽象类的应用。
（2）理解 GUI 鼠标监听事件的应用和代码的实现过程。
（3）理解匿名内部类的作用和实现方式。
（4）理解游戏状态切换的条件。

2.　实训环境

实训环境如表 5.1 所示。

表 5.1　实训环境

软件	资源
Windows 10	游戏图片（images 文件夹）
Java 11	

本实训沿用第 4 章的项目，主要用于实现游戏界面对鼠标行为的监听，创建英雄机类，实现英雄机移动，以及游戏暂停、开始等功能。在之前项目的基础上添加 Hero.java 文件，项目目录如图 5.21 所示。

图 5.21　项目目录

3. 实训步骤

步骤一：创建英雄机。

创建 Hero.java 文件，继承 FlyingObject 类，在内部添加英雄机图片及移动方式。代码如下：

```java
package cn.tedu.shooter;

public class Hero extends FlyingObject {

    public Hero(double x, double y) {
        super(x, y, Images.hero[0], Images.hero, Images.bom);
    }

    /**
     * 重写move()方法，空方法，目的是不动
     * 修改超类中规定的向下飞，改成不动
     */
    public void move() {
    }

    /**
     * 将英雄机移动到鼠标指针位置(x,y)
     * @param x 鼠标指针位置 x
     * @param y 鼠标指针位置 y
     */
    public void move(int x, int y) {
        this.x = x-width/2;
        this.y = y-height/2;
    }
}
```

步骤二：修改 World.java 文件。

需要在代码中添加准备、运行、暂停和游戏结束 4 个状态。启动游戏时为准备状态，并开始对鼠标行为进行监听。

如果单击鼠标左键，那么游戏从准备状态进入运行状态，英雄机位置跟随鼠标指针移动。若鼠标指针超出游戏界面，则进入暂停状态；若鼠标指针再次回归游戏界面，则转为运行状态。代码如下：

```java
package cn.tedu.shooter;
```

```java
import java.awt.Color;
import java.awt.Graphics;
import java.awt.event.MouseAdapter;
import java.awt.event.MouseEvent;
import java.util.Arrays;
import java.util.Random;
import java.util.Timer;
import java.util.TimerTask;

import javax.swing.JFrame;
import javax.swing.JPanel;

public class World extends JPanel{
    // 定义游戏的 4 个状态
    public static final int READY = 0;
    public static final int RUNNING = 1;
    public static final int PAUSE = 2;
    public static final int GAME_OVER = 3;

    // 游戏进入准备状态
    private int state = READY;

    // 背景
    private Sky sky;
    private Hero hero;
    // 计数器
    private int index = 0;


    /*
    * 利用构造方法初始化世界中的每个物体
    */
    public World() {
        init();
    }

    private void init() {
        sky = new Sky();
        // 英雄机的坐标位置
        hero = new Hero(138, 380);
    }

    // 调用主函数
    public static void main(String[] args) {
        JFrame frame = new JFrame();
        // 添加初始化信息
```

```
        World world = new World();
        frame.add(world);
        // 尺寸
        frame.setSize(400, 700);
        frame.setLocationRelativeTo(null);
        frame.setDefaultCloseOperation(JFrame.EXIT_ON_CLOSE);
        frame.setVisible(true);
        // 调用 action()方法启动定时器
        world.action();
    }

public void action() {
        // 设置定时器
        Timer timer = new Timer();
        LoopTask task = new LoopTask();
        timer.schedule(task, 100, 1000/100);

        // 匿名内部类实现鼠标事件
        this.addMouseListener(new MouseAdapter() {
            @Override
            public void mouseClicked(MouseEvent e) {
                // 单击执行的方法
                if(state == READY) {
                    state = RUNNING;
                }else if(state == GAME_OVER) {
                    init();
                    state = READY;
                }
            }
            @Override
            public void mouseEntered(MouseEvent e) {
                // 鼠标指针进入
                if(state == PAUSE) {
                    state = RUNNING;
                }
            }
            @Override
            public void mouseExited(MouseEvent e) {
                // 鼠标指针离开
                if(state == RUNNING) {
                    state = PAUSE;
                }
            }
        });
```

```
        // 通过移动鼠标控制英雄机的移动
        this.addMouseMotionListener(new MouseAdapter() {
            @Override
            public void mouseMoved(MouseEvent e) {
                if(state == RUNNING) {
                    // 鼠标事件发生时，e 对象中包含鼠标指针相关的数据
                    // 如 x 和 y 等
                    // 获取发生鼠标事件时鼠标指针的 x 坐标
                    int x = e.getX();
                    // 获取发生鼠标事件时鼠标指针的 y 坐标
                    int y = e.getY();
                    hero.move(x, y);
                }
            }
        });
    }

    /*
    * 添加内部类，实现定时计划任务
    * 为何使用内部类实现定时任务
    * 1. 将定时任务隐藏到 World 类中
    * 2. 可以访问外部类中的数据，如飞机、子弹等
    */
    private class LoopTask extends TimerTask{
        public void run() {
            index++;
            sky.move();
            // 调用 repaint()方法，这个方法会自动执行 paint()方法
            repaint();
        }

    }

    // 角色绘制
    public void paint(Graphics g) {
        sky.paint(g);
        hero.paint(g);

        // 状态切换
        switch(state) {
            case READY:
            Images.start.paintIcon(this, g, 0, 0);
            break;
            case PAUSE:
            Images.pause.paintIcon(this, g, 0, 0);
            break;
            case GAME_OVER:
```

```
            Images.gameover.paintIcon(this,g,0,0);
        }
    }
}
```

运行当前代码，游戏处于准备界面，效果如图 5.22 所示。

在游戏界面中单击，开始运行游戏，英雄机中心点位置跟随鼠标指针移动，如图 5.23 所示。

图 5.22　游戏准备界面

图 5.23　游戏运行界面

如果鼠标指针离开游戏界面，那么游戏处于暂停状态，如图 5.24 所示。如果鼠标指针返回游戏界面，那么游戏继续运行。

图 5.24　游戏暂停界面

本章小结

　　本章介绍了面向对象的重要特征——继承，即基于已经存在的一个类构造一个新的类，新的类吸收已有类的属性和方法，并在此基础上扩展新的属性和方法。通过关键字 extends 来声明一个类是从另一个类继承的。

　　方法重写是指在继承中，子类对父类的允许访问方法的实现过程进行重新编写，返回值和形参不变。

　　在 Java 中，使用关键字 super 可以访问父类的构造方法、属性和方法。

　　在 Java 中，使用关键字 final 修饰的变量只能被赋值一次，并且在生存期内不能改变其值。

　　多态是指同一个行为具有不同表现形式或形态的能力。多态能够有效地提高代码的可扩展性和可维护性。

　　向上类型转换不存在风险，但是强制类型转换（向下类型转换）存在风险。

　　使用关键字 instanceof 可以判断一个实例对象是否属于一个类。

　　具有抽象方法的类就是抽象类，使用关键字 abstract 修饰。

习题

一、选择题

1．关于类的说法错误的是（　　　　）。

　　A．类属于 Java 中的复合数据类型　　　　B．对象是 Java 中的基本结构单位

　　C．类是同种对象的集合和抽象　　　　　　D．类就是对象

2．关于方法的说法错误的是（　　　　）。

　　A．类的私有方法不能被其他类直接访问

　　B．Java 中的构造方法名必须和类名相同

　　C．方法体是对方法的实现，包括变量的声明和合法的语句

　　D．如果一个类定义了构造方法，就可以用该类的默认构造方法

3．关于对象的说法错误的是（　　　　）。

　　A．对象成员是指一个对象所拥有的属性或可以调用的方法

　　B．由类生成对象称为类的实例化过程，一个实例可以是多个对象

　　C．在创建类的对象时，需要使用 Java 的关键字 new

　　D．如果在 Java 中引用对象的属性和方法，就需要使用 "." 操作符来实现

4．类的方法可以不包含（　　　）。

A．方法的参数 　　　　　　　　B．方法的主体

C．方法的名称 　　　　　　　　D．方法的返回值类型

二、简答题

1．分别描述封装、继承和多态的含义。

2．举例说明对象和类的区别。

JV-05-c-001

第6章

异常机制

本章目标

- 了解 Java 的异常机制。
- 了解 Java 的异常的分类。
- 掌握 Java 的异常的处理。
- 掌握自定义异常。
- 理解断言的使用。

6.1　Java 的异常机制

JV-06-v-001

异常（Exception）是在程序执行期间发生的特殊事件。一般来说，异常会中断正在执行的程序的正常指令流。

在程序中，异常可能产生于开发者没有预料到的各种情况，或者超出开发者的可控范围，如除数为 0、数组下标越界、试图打开一个不存在的文件等。为了能够及时有效地处理程序中的运行异常，Java 专门引入了异常机制。

异常机制（Exception Handling）是在程序执行期间对异常的发生做出响应的过程。Java 中存在两种主要的指令流，一种是正常指令流，另一种是异常处理指令流。当程序在运行过程中出现意外情况时，系统会自动生成一个异常对象来通知程序。此时，正常的程序控制流程停止运行并开始搜索匹配的异常处理逻辑块（catch 语句块）。当找到一个匹配的 catch 语句块时，将执行该块，异常对象作为参数传递给该块，并在执行 catch 语句块之后继续正常地执行程序。

若在当前方法级别中没有找到 catch 语句块，则在调用者方法级别中继续搜索，直到找到匹配的 catch 语句块。若最终没有发现相匹配的 catch 语句块，则将异常交由 Java 虚拟机处理，通常会终止当前线程，进而可能终止整个 Java 程序。

开发者可以通过提供异常处理逻辑块，在 Java 程序中预置各类潜在异常的处理方案，提升所开发的 Java 程序的健壮性。同时，开发者可以基于 Java 异常机制构建统一的错误报告模型，记录程序运行过程中产生的异常信息，为异常排查和异常修复提供依据，提高异常修复效率。

6.2　Java 的异常的分类

在 Java 中，所有异常类型都是内置类 java.lang.Throwable 的子类，即 Throwable 是所有异常和错误的超类。Throwable 位于异常类层次结构的顶层，下面的两个异常分支 Exception 和 Error 分别表示异常和错误，如图 6.1 所示。

Exception 代表可控的异常，一般是程序编码错误或外在因素导致的、可以被开发者预见并提供异常解决方案的各类问题。这些问题能够被系统捕获并处理，从而避免应用程序非正常中断，如对负数开平方根、除

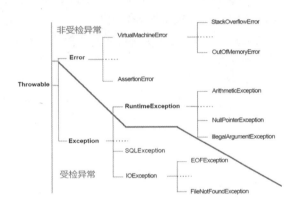

图 6.1　Java 的异常的分类

数为 0 等。本章介绍的异常处理都是针对 Exception 类及其子类而言的。常见的异常类如表 6.1 所示。

表 6.1　常见的异常类

异常类	说明
NullPointerException	空指针异常
ClassCastException	类型转换异常
ArrayIndexOutOfBoundsException	数组越界异常
ArithmeticException	算术异常
InternalException	Java 系统内部异常
IOException	在一般情况下不能完成输入/输出操作时所产生的异常
EOFException	打开文件没有数据可以读取时所产生的异常
FileNotFoundException	在文件系统中找不到文件名称或路径时所产生的异常

续表

异常类	说明
ClassNotFoundException	找不到类或接口时所产生的异常
IllegalAccessException	类定义不明确时所产生的异常
NegativeArraySizeException	指定数组维数为负值时所产生的异常
NumberFormatException	数字格式化时所产生的异常

Error 类定义了在通常环境下不希望被程序捕获的问题，通常是与虚拟机相关的问题，如虚拟机错误、堆栈溢出和系统崩溃等，这些错误系统无法捕获并处理。对于这些错误开发者无能为力，将导致应用程序中断。本章不介绍 Error 类的异常处理，因为它们通常是灾难性的致命错误，不是程序可以控制的。

Java 中的 Exception 类可以进一步细分为运行时异常（也称为非受检异常）和编译时异常（也称为抽检异常）。

运行时异常都是 RuntimeException 类及其子类异常，如 NullPointerException、IndexOutOfBoundsException 等。此类异常是非受检异常，即编译器不会检查开发者是否为可能出现的异常提供了处理逻辑。程序可以选择捕获处理，也可以不处理。此类异常一般是由程序逻辑错误引起的，开发者应该从逻辑角度尽可能避免这类异常的发生。

编译时异常是指 RuntimeException 以外的异常，属于 Exception 类及其子类异常。从程序语法角度讲必须处理的异常如果不处理，程序就不能编译通过，如 IOException、ClassNotFoundException，以及用户自定义的 Exception 异常等。

6.3　异常的常用方法

java.lang.Throwable 是所有 Exception 类和 Error 类的父类，其中声明的方法被所有 Exception 类继承。Throwable 类中声明的常用的方法有 getMessage()、getLocalizedMessage()、getCause() 和 printStackTrace()，下面介绍这些方法。

（1）getMessage()：在 Throwable 类中定义了一个使用 private 修饰的 String 类型的属性，名为 detailMessage，用于记录本次异常的详细信息，也可以用来记录产生本次异常的原因。调用 getMessage() 方法可以返回 detailMessage 属性的值，若该异常没有封装详细信息则返回 null。

（2）getLocalizedMessage()：返回 Throwable 类的本地化描述，子类可能会覆盖该方法以便产生特定于本地的消息，对于未覆盖该方法的子类，默认返回调用 getMessage() 方法的结果。

（3）getCause()：若当前异常是由另一个异常导致的，则返回该异常对象，反之则返回 null。

（4）printStackTrace()：打印异常信息在程序中出错的位置及原因。System.out.println(e) 方法

的作用也是打印出异常，并且输出在哪里出现异常。而 e.printStackTrace()方法不仅打印出异常，还将显示出更深的调用信息。

接下来通过实例 6.1 来介绍异常类的常用方法。

【实例 6.1】异常类的常用方法。

```java
public class Example6_1 {
    public static void main(String[] args) {
        // 新建异常对象，传入自定义的消息
        RuntimeException e1 = new RuntimeException("e1 的自定义异常原因");
        System.out.println("-----------e1.getMessage()-----------");
        System.out.println(e1.getMessage());
        System.out.println("-----------e1.getCause()-----------");
        // 当无其他异常导致该异常时，返回 null
        System.out.println(e1.getCause());
        System.out.println("-----------e1.printStackTrace()-----------");
        // 该方法中包含对打印方法的调用，信息中包含方法调用轨迹
        // 该方法默认使用 System.err 打印信息
        // 本实例指定使用 System.out 打印信息
        e1.printStackTrace(System.out);
        // 创建一个新的异常对象，设置由 e1 导致了该异常
        RuntimeException e2 = new RuntimeException("e2 的自定义异常原因",e1);
        System.out.println("-----------e2.getCause()-----------");
        // 返回 e1 的信息
        System.out.println(e2.getCause());
        System.out.println("-----------e2.printStackTrace()-----------");
        // 信息中会使用 Caused by：显示导致当前异常的底层异常信息
        e2.printStackTrace(System.out);
    }
}
```

运行结果如图 6.2 所示。

```
-----------e1.getMessage()-----------
e1的自定义异常原因
-----------e1.getCause()-----------
null
-----------e1.printStackTrace()-----------
java.lang.RuntimeException Create breakpoint : e1的自定义异常原因
    at chapter6.Example6_1.main(Example6_1.java:7)
-----------e2.getCause()-----------
java.lang.RuntimeException: e1的自定义异常原因
-----------e2.printStackTrace()-----------
java.lang.RuntimeException Create breakpoint : e2的自定义异常原因
    at chapter6.Example6_1.main(Example6_1.java:18)
Caused by: java.lang.RuntimeException Create breakpoint : e1的自定义异常原因
    at chapter6.Example6_1.main(Example6_1.java:7)
```

图 6.2　运行结果

6.4 Java 的异常的处理

为了使程序在出现异常时也能够正常运行，需要对异常进行相关的操作，这种操作叫作异常处理。

6.4.1 产生异常的原因

在 Java 中，异常（包括错误）可能是由多种原因导致的，不同的原因可能对应不同的处理方式，因此，在学习异常的处理方式之前，需要先了解产生异常的原因。产生异常的原因主要有如下几点。

（1）操作系统或服务器相关的错误：Java 程序运行的服务器环境错误导致的 Java 内部异常，如虚拟机错误、内存不足、堆栈溢出和系统崩溃等。此类异常一般与代码无关，异常的解决需要平台的运维人员的参与。同时，此类异常一般会导致当前运行的 Java 程序异常退出。此类异常对应 Java 中的 Error 类及其子类。

因此，处理此类异常的核心工作是记录异常信息，并输出到日志系统中，尽可能为平台的运维人员的异常排查和修复工作提供完善的参考信息。

（2）与外部环境交互产生的异常：当 Java 程序访问外部环境或其他程序时，由于 Java 程序中预置的信息与外部环境不一致而出现的异常。在连接数据库时，如果 Java 程序中预置的数据库连接信息与目标数据库的实际信息不匹配，就会出现连接异常；当读取本地文件时，如果 Java 程序中预置的文件路径与本地文件系统中的实际信息不匹配，就会出现输入/输出异常。此类异常对应 Java 中的 Exception 类及其非 RuntimeException 的子类。

此类异常一般无法通过提高代码的严谨性来规避，这是因为外部信息的变化可能发生在代码工作之后，是开发者编程时无法预见的。处理此类异常的核心工作有两个方面：一方面是避免因为此类异常导致 Java 程序异常退出；另一方面是记录完善的异常信息，以便进行异常的排查和修复。

（3）程序运行时异常：Java 程序运行时内部因逻辑错误产生的异常，如类型转换时由于数据类型不匹配而产生的异常，以及访问数组时由于数组下标越界而产生的异常等。此类异常对应 Java 中的 RuntimeException 类及其子类。

此类异常一般可以通过提高代码的严谨性和完善的测试机制来规避。处理此类异常的核心工作是在程序上线之前进行排查和处理，同时记录完善的异常信息，以便进行异常的排查和修复。

综上，不论是哪种类型的异常，都需要在程序中记录完善的异常信息，以便进行异常的排查和修复。

JV-06-v-002

6.4.2 捕获并处理异常

根据 Java 的异常机制，如果一个异常对象被交给 Java 虚拟机处理，那么 Java 虚拟机会终止提交该异常对象的线程，进而可能会导致 Java 程序异常退出。因此，在开发过程中，需要捕获产生的异常对象，并对异常进行处理。

在 Java 中，使用 try-catch 语句块可以捕获和处理异常，语法格式如下：

```
try {
    // 包裹可能会出现异常的代码片段
    // 异常机制会收集代码中出现的异常信息，并封装成异常对象
} catch(异常类型的声明 1 引用捕捉到的异常对象){
    // 处理异常
}[catch(异常类型的声明 2 引用捕捉到的异常对象){
    // 处理异常
}]
```

（1）try 语句块：将可能会出现异常的代码片段放入 try{}中，Java 虚拟机会检查 try{}中的代码，如果有异常，那么 Java 虚拟机先将异常信息封装成相应的异常对象，再转移到 catch(){}中进行处理，执行 catch(){}中的语句。

（2）catch 语句块：获取匹配的异常对象，执行异常处理逻辑。catch 语句块在 try 语句块之后，表示捕获 try 语句块中出现的异常并对异常进行处理。被 catch 语句块捕获的异常不会再向当前方法的调用者传递，可以避免因异常对象被提交给 Java 虚拟机导致 Java 程序异常退出。

关键字 catch 后面的圆括号用于声明该语句块捕获的异常类型，所有该类型的异常对象和子类的异常对象，均会被该 catch 语句块捕获。允许在 catch 语句块中指定匹配的异常类型的设计，主要用于满足"不同类型的异常使用不同的处理逻辑"这一需求。根据该语法规则，一个 try 语句块后可能存在一个或多个 catch 语句块，每个 catch 语句块匹配不同类型的异常。

当 try 语句块中抛出一个异常对象时，该 try 语句块后的多个 catch 语句块按照从上到下的顺序对异常对象的类型进行匹配，匹配的规则是判断当前异常对象的类型是否是 catch 语句块中声明捕获的类型，或者是该类型的子类。如果一个 catch 语句块不匹配，那么继续向下匹配。如果找到匹配的 catch 语句块，那么执行该 catch 语句块中的处理逻辑，后续的 catch 语句块将不会进行匹配和执行。如果所有的 catch 语句块均不匹配，那么异常对象会被抛给方法调用者，在其中查找是否有匹配的 catch 语句块。可以简单地理解为，在一次异常处理中，一个 try 语句

块后面的多个 catch 语句块中最多只会执行一个 catch 语句块。

在开发多个连续的 catch 语句块时需要注意，如果前面的 catch 语句块声明捕获的异常类型过大，那么会导致后面的 catch 语句块没有被执行的机会。例如，在第一个 catch 语句块中声明捕获 Exception 类型，在第二个 catch 语句块中声明捕获 RuntimeException 类型，此时所有的异常均会被第一个 catch 语句块捕获，第二个 catch 语句块没有被执行的机会。因此，从上到下的 catch 语句块使用的异常类型可以是同级别的，当多个异常类型中有父子关系时，应该先写子类异常，再写父类异常。

（3）finally 语句块：finally 语句块在 try 语句块或 catch 语句块之后。不论 try 语句块中是否出现异常，finally 语句块都会被执行，主要用于执行释放资源的逻辑。

根据 Java 的异常机制，如果某行代码出现异常，那么 Java 会自动触发异常机制，跳转到异常处理逻辑中，此时出现异常的那行代码后面的代码将不会被执行，也就是说，try 语句块并不能保证其中所有的代码都被执行。在一些场景中，一段程序的最后需要有一些负责"收尾"的代码，如重置计数器、删除不再使用的数组或集合、关闭流等。假如将这些负责"收尾"的代码放在 try 语句块的末尾，当出现异常时，这些代码将不会被执行，从而影响程序的正常逻辑，或者导致资源得不到释放等。为了解决这样的问题，可以在 try 语句块和它后续的所有 catch 语句块中均添加负责"收尾"的代码。但是这种方案会导致负责"收尾"的代码重复出现多次，从而影响代码的可维护性。使用 Java 提供的 finally 语句块可以解决上述问题。

【实例 6.2】异常的捕获和处理。

```
package chapter6;
public class Example6_2 {
    public static void main(String args[]) {
        try{
            Class cs = Class.forName("chapter6.Circle");
            Circle circle = (Circle)cs.newInstance();
            circle.setRadius(100);
            System.out.println("circle 的面积"+circle.getArea());
            System.out.println("circle 的周长"+circle.getLength());
            Class cs2 = Class.forName("Rect");
            // 由于上一行代码出现异常，因此不会执行下面这行代码
            System.out.println("异常代码后的代码");
        }catch(Exception e) {
            System.out.println("不能加载 Rect 类："+e.getMessage());
        } finally {
            System.out.println("finally 中的代码一定会被执行");
        }
    }
}

package chapter6;
```

```
public class Circle {
    private double radius, area, length;
    public double getArea() {
        area = Math.PI*radius*radius;
        return area;
    }
    public double getLength() {
        length = 2*Math.PI*radius;
        return length;
    }
    public void setRadius(double r) {
        radius = r;
    }
}
```

运行结果如图 6.3 所示。

circle的面积31415.926535897932
circle的周长628.3185307179587
不能加载Rect类：Rect
finally中的代码一定会被执行

图 6.3　运行结果

6.4.3　声明和抛出异常

在程序中，可能存在需要使用同一处理逻辑处理多个位置的异常的情况。如果采用捕获并处理的方式，程序中可能会出现多处代码完全相同的 catch 语句块。当异常的处理逻辑发生变化时，需要逐个查找这些 catch 语句块进行修改，这会影响代码的可维护性。在这种场景下，可以采用声明和抛出异常的方式，不在当前位置处理异常，而是将异常对象交给方法的调用者，先在合适的位置捕获这些异常，再进行统一处理。另外，如果某个方法不知道应该如何处理某个异常，那么也可以使用声明和抛出的方式，将异常交给方法的调用者处理。

在 Java 中，可以使用 throw 与 throws 配合实现异常的声明和抛出，语法格式如下：

```
方法签名 throws 异常类型 {
    throw 异常对象;
}
```

（1）throw：放入方法中，用于抛出一个异常对象，将这个异常对象传递到调用者处，并结束当前方法的执行。

（2）throws：放入方法声明中，用于告知当前方法的调用者，当前方法中可能会出现某个类型的异常。

在使用 throw 与 throws 时需要注意如下规则。

- 如果当前方法中可能会出现某种受检异常（非 RuntimeException 类及其子类异常），并且没有使用 try-catch 语句块进行处理，那么方法声明中必须使用 throws 通知方法的调用者，当前方法可能会抛出该类型的抽检异常，未使用 throws 会导致编译无法通过。
- 如果当前方法中可能会出现某种非受检异常（RuntimeException 类及其子类异常），那么编译器不强制必须使用 throws，但从代码严谨性的角度来看，应该主动使用 throws 声明可能会出现该类型的异常。
- throws 仅代表一种可能性，并不代表一定会出现该类型的异常。
- throws 后面可以出现多种异常类型，异常类型之间使用英文逗号间隔。
- 执行 throw，相当于当前代码出现了异常对象，将触发 Java 的异常机制，throw 后续的代码将不会被执行。

【实例 6.3】声明和抛出异常。

```java
package chapter6;

public class Example6_3 {
    public static void main(String[] args) {
        try{
            double random = Math.random();
            if (random>0.5){
                methodA();
            }else {
                methodB();
            }
        }catch (RuntimeException e){
            // 处理非受检异常
            System.out.println(e.getMessage());
        }catch (Exception e){
            // 处理受检异常
            System.err.println(c.getMessage());
        }
    }
    // 抛出受检异常，需要在方法声明中使用 throws
    public static void methodA() throws Exception {
        // 主动抛出受检异常
        throw new Exception("抛出的受检异常");
    }
    // 抛出非受检异常，方法声明中不使用 throws 也能通过编译
    public static void methodB(){
        // 主动抛出非受检异常
        throw new RuntimeException("抛出的非受检异常");
```

```
        }
    }
```

在继承或接口实现中，子类可能会重写从父类继承的方法，实现类可能会实现父接口中定义的抽象方法。如果父类或父接口中的方法使用 throws 声明或抛出了异常，那么重写或实现这些父类方法需要注意如下原则。

- 重写或实现的方法使用 throws 声明和抛出的异常类型必须小于或等于父类抛出的异常类型，也就是说，可以是与父类方法一致或父类方法抛出异常类型的子类。
- 如果父类方法抛出多个异常，那么重写或实现的方法必须抛出这些异常的一个子集，而不能抛出新异常。

6.5 自定义异常

JV-06-v-003

自定义异常，是指由开发者创建的，用于代表特定类型异常情况的异常类。虽然 Java 本身已经提供了很多异常，但这些异常在实际应用中往往并不够用。例如，当想要增加数据操作时，可能会出现错误的数据，这些错误的数据一旦出现就应该抛出异常，如 AddException。但是 Java 并不提供这样的异常，因此，需要由用户开发一个自定义异常类。

在程序中，可能会遇到 JDK 提供的任何标准异常类都无法充分描述清楚我们想要表达的问题，在这种情况下可以创建自己的异常类，即自定义异常类。创建自定义异常，通常是创建一个 Exception 类或 RuntimeException 类的子类，并在类名中明确此自定义异常所代表的异常情况，需做到见名知意。如果自定义异常类继承 Exception 类，那么该类是受检异常。如果自定义异常类继承 RuntimeException 类，那么该类是非受检异常。开发者需要根据实际的应用场景选择具体继承哪个父类。通常，自定义异常类应该包含两个构造器：一个是默认的构造器，另一个是带有详细信息的构造器。

在创建好自定义异常类之后，开发者还应该在类中显式声明构造器，并在构造器中使用 super()方法调用父类对应参数的构造器，这样做和 Throwable 类的设计有关。Throwable 类中设计的 detailMessage 属性和 cause 属性均使用 private 修饰，同时并未提供相应的 set()方法。这样的设计使 detailMessage 和 cause 成为只读属性，即其值一旦被初始化，将没有渠道进行修改。类似的属性可以通过构造器进行初始化，因此，需要保证在子类的构造器中显式调用父类对应参数的构造器，以保证这些属性得到了初始化。图 6.4 展示了一个代表用户访问被拒绝的自定义异常。

```
/**
 * 当前用户没有该记录访问权限时抛出的异常
 */
public class AccessDeniedException extends Exception{
    public AccessDeniedException() {
    }
    public AccessDeniedException(String message) {
        super(message);
    }
    public AccessDeniedException(String message, Throwable cause) {
        super(message, cause);
    }
    public AccessDeniedException(Throwable cause) {
        super(cause);
    }
    public AccessDeniedException(String message, Throwable cause, boolean enableSuppression, boolean writableStackTrace) {
        super(message, cause, enableSuppression, writableStackTrace);
    }
}
```

图 6.4　自定义异常

在开发过程中，自定义异常的应用非常广泛，当前最流行的 Java 高级工具和框架中都应用了自定义异常。产生这一现象的根本原因是，Java 提供的异常是通用的，是"非业务"的。例如，在登录功能中，用户提供了错误的用户名，当程序使用该用户名从数据库中查询用户信息时，可能会因为查不到对应的记录而出现 NullPointerException，但是开发者或运维人员无法通过这个异常直观识别是程序的哪个模块或哪个功能出现了异常。针对这种情况，在开发过程中可以先声明一个自定义异常 UserNotFoundException，再使用 try-catch 语句块捕获 NullPointerException，最后在 catch 语句块中创建 UserNotFoundException 类型的异常对象，封装 NullPointerException 异常对象的信息，向上抛出统一异常处理方法。此时，开发者或运维人员得到的是 UserNotFoundException 异常对象，即可以直观地识别程序出现了什么问题。这种处理方法也被称为捕获再抛出。

【实例 6.4】自定义异常的应用。

```
package chapter6;
public class Example6_4 {
    public static void main(String[] args) {
        Person p = new Person();
        try {
            p.setName("Lincoln");
            p.setAge(-1);
        } catch (IllegalAgeException e) {
            e.printStackTrace();
            System.exit(-1);
        }
        System.out.println(p);
    }
}
```

```
package chapter6;
/* IllegalAgeException: 非法年龄异常, 继承 Exception 类 */
class IllegalAgeException extends Exception {
    // 默认构造器
    public IllegalAgeException() {
    }
    // 带有详细信息的构造器, 信息存储在 message 中
    public IllegalAgeException(String message) {
        super(message);
    }
}

package chapter6;

public class Person {
    private String name;
    private int age;

    public void setName(String name) {
        this.name = name;
    }
    public void setAge(int age) throws IllegalAgeException {
        if (age < 0) {
            throw new IllegalAgeException("人的年龄不应该为负数");
        }
        this.age = age;
    }
    public String toString() {
        return "name is " + name + " and age is " + age;
    }
}
```

运行结果如图 6.5 所示。

```
chapter6.IllegalAgeException Create breakpoint : 人的年龄不应该为负数
    at chapter6.Person.setAge(Person.java:12)
    at chapter6.Example6_4.main(Example6_4.java:8)
```

图 6.5　运行结果

6.6　断言

JV-06-v-004

断言（assert）是 Java 中的一条语句，一种在程序中的逻辑（如一个结果为真或假的逻辑判

断式），目的是验证软件开发者预期的结果——当程序执行到断言的位置时，对应的断言应该为真。若断言不为真，则程序中止执行，并给出错误信息。断言可以用来测试开发者对该程序的假设，即程序执行到某行后，其结果一定是预期的。如果失败，那么 Java 虚拟机将抛出一个名为 AssertionError 的异常。断言为开发者提供了一种有效的方法来检测和纠正编程错误。

断言语句一般用于程序不通过捕获异常来处理的错误。例如，在进行账号交易时，程序设置支出的金额应为负数，收入的金额应为正数，如果发现支出的金额为正数或收入的金额为负数，那么程序必须立即停止执行，同时发现错误。当收益为正数时，就可以避开错误，但仍保留程序中的断言语句，之后再次调试时，可以重新启动断言，也可以不断发现程序中的新的问题和解决语句。

6.6.1 Java 断言的语法

要添加断言，只需要使用关键字 assert 并为其赋予布尔条件即可。使用断言的语法格式有以下两种。

第一种语法格式如下：

```
assert [boolean 表达式]
```

若[boolean 表达式]为 true，则程序继续执行；若为 false，则程序抛出 AssertionError，并终止执行。

第二种语法格式如下：

```
assert [boolean 表达式 : 错误表达式（日志）]
```

若[boolean 表达式]为 true，则程序继续执行；若为 false，则程序抛出 java.lang.AssertionError，并输出[错误信息]。

【实例 6.5】断言的应用。

```
package chapter6;
import java.util.Scanner;

public class Example6_5 {
    public static void main( String args[] ){
        Scanner scanner = new Scanner( System.in );
        System.out.print("请输入你的年龄：  ");
        int value = scanner.nextInt();
        assert value> = 18:" 不合法";
        System.out.println("输入值为：  "+value);
    }
}
```

运行结果如图 6.6 所示。

图 6.6　运行结果

可以看到，上述代码中的断言并未生效，这是因为 IDEA 中的断言默认是关闭的。想要使用断言，需要手动开启。

6.6.2　在 IDEA 中开启断言

在 IDEA 中开启断言的步骤如下。

（1）打开 IDEA 界面，选择"Run"→"Edit Configurations"命令，如图 6.7 所示。

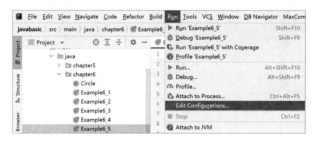

图 6.7　IDEA 界面

（2）打开"Run/Debug Configurations"对话框，如图 6.8 所示。

图 6.8　"Run/Debug Configurations"对话框

（3）单击如图 6.8 所示的"Modify options"下拉按钮，选择"Add VM options"命令，如图 6.9 所示。

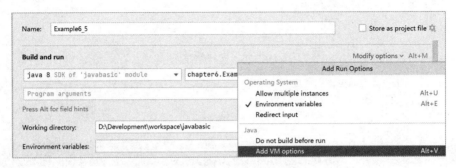

图 6.9　选择"Add VM options"命令

（4）打开如图 6.10 所示的界面，并在①处的文本框中输入"-ea"或"-enableassertions"，设置完成后先单击右下角的"Apply"按钮，再单击"OK"按钮即可。

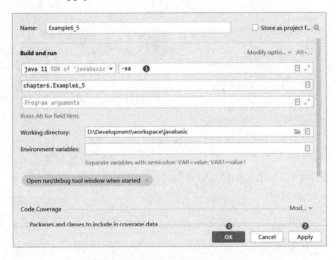

图 6.10　Add VM options 界面

简单来说，在 IDEA 中开启断言就是设置 Java 虚拟机的参数（参数是 -ea 或 -enableassertions ）。

再次运行 Example6_5，可以看到，断言机制已生效，运行结果如图 6.11 所示。

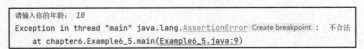

图 6.11　运行结果

6.6.3　不适合使用断言的场景

根据 Sun 公司的说明，断言不适合用于检查公开方法中的参数，因为这会导致运行时发生异常，如 IllegalArgumentException 和 NullPointerException 等。如果在任何情况下都不希望出现任何异常，就不要使用断言。

6.7　编程实训——飞机大战案例（添加子弹，处理游戏 Bug）

1. 实训目标

JV-06-v-005

（1）掌握异常处理的场景和应用方式。

（2）理解子弹发射的原理和代码实现方式。

（3）掌握事件的使用和处理方式。

（4）理解游戏 Bug 的处理过程。

2. 实训环境

实训环境如表 6.2 所示。

表 6.2　实训环境

软件	资源
Windows 10	游戏图片（images 文件夹）
Java 11	

本实训沿用第 5 章的项目，为游戏添加子弹运行，对存在的 Bug 进行处理，并使用异常捕获，对数组越界问题进行调整。

如图 6.12 所示，在项目中添加 Bullet.java 文件，用于对子弹进行处理。

图 6.12　项目代码目录

3. 实训步骤

步骤一：添加子弹。

创建 Bullet.java 文件，继承 FlyingObject 类，在内部添加子弹图片及移动方式。代码如下：

```java
package cn.tedu.shooter;

public class Bullet extends FlyingObject {

    public Bullet(double x, double y) {
        super(x,y,Images.bullet, null, null);
        this.step = 4;
    }

    /**
    * 重写继承与超类的 move()方法，作用是修改超类 move 的行为
    * 超类是向下移动的，修改为向上移动的
    */
    public void move() {
        y - = step;
    }
}
```

步骤二：控制英雄机发射子弹。

修改 Hero.java 文件，在内部添加控制英雄机开火的代码：

```java
package cn.tedu.shooter;

public class Hero extends FlyingObject {

    public Hero(double x, double y) {
        super(x, y, Images.hero[0], Images.hero, Images.bom);
    }

    /**
    * 重写 move()方法，空方法，目的是不动
    * 修改超类中规定的向下飞，改成不动
    */
    public void move() {
    }

    /**
    * 将英雄机移到鼠标指针位置（x,y）
    * @param x 鼠标指针位置 x
    * @param y 鼠标指针位置 y
    */
    public void move(int x, int y) {
```

```
        this.x = x-width/2;
        this.y = y-height/2;
    }

    /**
     * 开火方法
     */
    public Bullet fire() {
        double x = this.x + width/2 - 5;
        double y = this.y - 20;
        Bullet bullet = new Bullet(x,y);
        return bullet;
    }

    // 开火运行方法
    public Bullet[] openFire() {
        Bullet b = fire();
        return new Bullet[] {b};
    }
}
```

步骤三：消除越界子弹。

修改 FlyingObject.java 文件，添加销毁飞行器的方法。代码如下：

```
package cn.tedu.shooter;

import java.awt.Graphics;
import javax.swing.ImageIcon;

/*
 * 在父类中定义从子类抽取的属性和方法
 * 这种抽取方式称为泛化
 */
public abstract class FlyingObject {

    // 此处省略属性代码展示，与第 5 章内容相比无变化
    // 此处省略无参构造器和有参构造器的代码展示，与第 5 章内容相比无变化
    // 此处省略 move()方法的代码展示，与第 5 章内容相比无变化
    // 此处省略 nextImage()方法的代码展示，与第 5 章内容相比无变化
    // 此处省略 paint()方法的代码展示，与第 5 章内容相比无变化

    // 死亡函数，用于消除飞行器
    public boolean goDead() {
        if(state == LIVING) {
            life = 0;
            state = DEAD;
            return true;
```

```
        } else {
            return false;
        }
    }
    // 飞行器状态检测
    public boolean isLiving() {
        return state == LIVING;
    }

    public boolean isDead() {
        return state == DEAD;
    }

    public boolean outOfBounds() {
        return (y < -height-50) || (y > 700+50);
    }
}
```

步骤四：效果实现。

修改 World.java 文件，实现子弹发射处理；修改飞机瞬移 Bug，根据之前的原理，游戏暂停后，鼠标指针从任意位置返回游戏界面游戏都会继续，英雄机会瞬移到鼠标指针所在的位置，使用如下代码进行判断和处理：

```
package cn.tedu.shooter;

import java.awt.Graphics;
import java.awt.event.MouseAdapter;
import java.awt.event.MouseEvent;
import java.util.Arrays;
import java.util.Timer;
import java.util.TimerTask;

import javax.swing.JFrame;
import javax.swing.JPanel;

public class World extends JPanel{
    // 定义游戏的 4 个状态
    public static final int READY = 0;
    public static final int RUNNING = 1;
    public static final int PAUSE = 2;
    public static final int GAME_OVER = 3;

    // 进入游戏准备状态
    private int state = READY;

    // 背景
```

```java
        private Sky sky;
        private Hero hero;
        // 计数器
        private int index = 0;
        private Bullet[] bullets;

        // 此处省略 World 类的构造方法的代码展示, 与第 5 章内容相比无变化

private void init() {
            sky = new Sky();
            // 英雄机的坐标位置
            hero = new Hero(138, 380);
            bullets = new Bullet[0];
        }

        // 此处省略 main() 方法的代码展示, 与第 5 章内容相比无变化

        public void action() {
            // 设置定时器
            Timer timer = new Timer();
            LoopTask task = new LoopTask();
            timer.schedule(task, 100, 1000/100);

            // 使用匿名内部类实现鼠标事件
            this.addMouseListener(new MouseAdapter() {
                @Override
                public void mouseClicked(MouseEvent e) {
                    // 单击执行的方法
                    if(state == READY) {
                        state = RUNNING;
                    }else if(state == GAME_OVER) {
                        init();
                        state = READY;
                    }
                }
                @Override
                public void mouseEntered(MouseEvent e) {
                    // 鼠标指针进入
                    if(state == PAUSE) {
                        if((Math.abs((hero.x+48.5) - e.getX())>30) ||
                            (Math.abs((hero.y+69.5) - e.getY())>30)) {
                            state = PAUSE;
                        }else {
                            state = RUNNING;
                        }
                    }
                }
            }
```

```java
            @Override
            public void mouseExited(MouseEvent e) {
                if(state == RUNNING) {
                    state = PAUSE;
                }
            }
        });

        // 通过移动鼠标控制英雄机的移动
        this.addMouseMotionListener(new MouseAdapter() {
            @Override
            public void mouseMoved(MouseEvent e) {
                heroMove(e);
            }

            @Override
            public void mouseDragged(MouseEvent e) {
                heroMove(e);
            }
        });
    }

    /*
    * 添加内部类, 实现定时计划任务
    * 为何使用内部类实现定时任务
    * 1. 将定时任务隐藏到 World 类中
    * 2. 可以访问外部类中的数据, 如飞机和子弹等
    */
    private class LoopTask extends TimerTask{
        public void run() {
            index++;
            if(state == RUNNING) {
                sky.move();
                fireAction();
                objectMove();
                clean();
            }
            // 调用 repaint()方法, 这个方法会自动执行 paint()方法
            repaint();
        }
    }

    // 此处省略 paint()方法的代码展示, 与第 5 章内容相比无变化

    // 开火动作方法
    private void fireAction(){
        if(index % 15 == 0) {
```

```
                // 在定时任务中执行英雄机开火方法
                Bullet[] bubu = hero.openFire();
                int len = bullets.length;
                try {
                    // 子弹数组扩容
                    Bullet[] arr = Arrays.copyOf(bullets, len + bubu.length);
                    // 将子弹添加到新数组的最后位置
                    System.arraycopy(bubu, 0, arr, len, bubu.length);
                    bullets = arr;
                }catch (ArrayIndexOutOfBoundsException e){
                    // 如果有异常，那么子弹不进行扩容，不做处理
                    System.out.println("子弹数组越界");
                }
            }
        }
    }
    // 目标移动方法
    private void objectMove() {
        // 执行子弹移动
        for(int i = 0; i<bullets.length; i++) {
            if(bullets[i].isLiving()) {
                bullets[i].move();
            }
        }
    }

    // 更新飞出界面的子弹
    // 并将最新数量进行更新
    public void clean() {
        Bullet[] arr = new Bullet[bullets.length];
        int index = 0;
        for(int i = 0; i<bullets.length; i++) {
            if(bullets[i].isDead() || bullets[i].outOfBounds()) {
                continue;
            }

            arr[index++] = bullets[i];
        }
        bullets = Arrays.copyOf(arr, index);
    }
    public void heroMove(MouseEvent e){
        if(state == RUNNING) {
            // 拖曳 Bug
            // 获取发生鼠标事件时鼠标指针的 x 坐标
            int x = e.getX();
            // 获取发生鼠标事件时鼠标指针的 y 坐标
            int y = e.getY();
            hero.move(x, y);
```

```
            }
        if(state == PAUSE){
            if(state == PAUSE) {
                if((Math.abs((hero.x+48.5) - e.getX()))>30 ||
                    (Math.abs((hero.y+69.5) - e.getY()))>30)) {
                    state = PAUSE;
                }else {
                    state = RUNNING;
                }
            }
        }
    }
}
```

运行代码，可以看到英雄机发射子弹，如图 6.13 所示。

如果游戏暂停，鼠标指针返回游戏界面后，其位置与英雄机的位置不一致，那么游戏依然保持暂停状态，解决英雄机瞬移 Bug，效果如图 6.14 所示。

图 6.13 英雄机发射子弹

图 6.14 游戏依旧暂停

本章小结

- 异常是程序运行时可能出现的一些错误，如尝试打开一个根本不存在的文件等，异常处理将会改变程序的控制流程，使程序有机会对错误做出处理。
- 异常的父类是 Throwable，其有两个子类，即 Exception 和 Error。Exception 表示程序处理的异常；Error 表示 Java 虚拟机错误，一般不是由开发者处理的。
- Java 使用 try-catch 语句块来处理异常，将可能出现的异常操作放在 try-catch 语句块的 try

语句中，当 try 语句中的某个方法调用发生异常后，try 语句将立刻结束执行，转为执行相应的 catch 语句。

- 进行异常处理可以使用 try-catch 语句块，也可以使用 try-catch-finally 语句块，在 try 语句中捕获异常，在 catch 语句中处理异常，不管是否发生异常，都要执行 finally 语句。
- throws 用在方法声明处，表示本方法可能会抛出某种类型的异常；throw 表示在方法中抛出一个异常。
- 断言可以用来检测程序的执行结果，但是在开发中并不提倡使用断言进行检测。

习题

一、选择题

1．对于 catch 语句的排列，下列说法正确的是（　　　　）。

　　A．父类在前，子类在后

　　B．子类在前，父类在后

　　C．有继承关系的异常不能在同一个 try 程序段中

　　D．先有子类，其他如何排列都无关

2．当方法遇到异常又不知如何处理时，下列说法正确的是（　　　　）。

　　A．抛出异常　　　　　　　　　　　　B．嵌套异常

　　C．声明异常　　　　　　　　　　　　D．捕获异常

3．在异常处理中，如释放资源、关闭文件和关闭数据库等是由（　　　　）来完成的。

　　A．throw 语句　　　　　　　　　　　B．catch 语句

　　C．finally 语句　　　　　　　　　　　D．try 语句

4．关于 finally 语句，下列说法正确的是（　　　　）。

　　A．必须有 finally 语句

　　B．当 try 语句抛出异常时，才会执行 finally 语句

　　C．无论 try 语句是否抛出异常，都会执行 finally 语句

　　D．当 catch 语句捕捉到异常时，才会执行 finally 语句

5．假设有自定义异常 ServiceException，抛出该异常的语句正确的是（　　　　）。

　　A．throw ServiceException()　　　　　B．throws ServiceException()

　　C．throw new ServiceException()　　　D．throws new ServiceException()

二、填空题

1．_____类及其子类用于表示运行时异常。

2．Java 中的异常分为两种，一种是_____，另一种是运行时异常。

3．_____是所有异常类的父类。

4．在 Java 中，_____语句是异常处理的具体逻辑。

5．Java 中用来抛出异常的关键字是_____。

三、判断题

1．Exception 称为异常类，表示程序本身可以处理的错误。在开发 Java 程序时进行的异常处理，针对的都是 Exception 类及其子类。 （　　　）

2．Error 称为错误类，表示 Java 程序运行时产生的系统内部错误或资源耗尽错误，是比较严重的，仅靠修改程序本身是不能恢复执行的。 （　　　）

3．在 try-catch 语句块中，try 中存放的是可能发生异常的语句。 （　　　）

4．一旦程序运行，就会创建异常。 （　　　）

5．自定义异常类必须继承自 Exception 类或其子类。 （　　　）

四、简答题

在开发过程中异常的处理方案有几种？分别是什么？

JV-06-c-001

第7章

接口与实现

本章目标

- 掌握函数接口与 Lambda 表达式的使用。
- 理解接口与多态。
- 掌握类与接口的使用。
- 掌握内部类的使用。
- 掌握面向接口编程的方法。

在 Java 程序中，一个类只能有一个父类，只支持单重继承，不支持多重继承。但在实际应用中，又经常需要使用多重继承来解决问题。因此，Java 提供了接口，以实现类的多重继承。在面向对象的程序开发过程中，抽象类与接口是实际项目开发过程中使用最广泛的方法，本章将继续为读者详细讲解面向对象的高级开发知识。

7.1 接口

JV-07-v-001

Java 程序中的接口是一种抽象类型，用于描述类必须实现的行为。

从面向编程的角度，可以将接口理解为对不同类型的事物的共同的行为特征的抽象。在现实世界中存在一种普遍的现象，从抽象的角度来看，不同类型的事物可能拥有相同的行为特征。例如，鸟和飞机都有飞行的行为特征，但是由于鸟和飞机是不同类型的事物，因此不应该使用统一的父类来抽象飞行这一共同的行为特征。此时，可以使用一个接口来抽象飞行的行为特征，将接口命名为"可飞行的"。此时可以将某个类和接口组合到一起，表示该类具备该接口抽象的行为特征。类和接口的组合方式是类"实现"某个接口。例如，一个实现了"可飞行的"接口的类，表示该类具备飞行的行为特征。

在 Java 中，可以使用关键字 interface 来定义一个接口，语法格式如下：

```
interface 接口名 [extends 接口1,接口2…] {
    // 接口内的方法，省略关键字 abstract
    返回值类型 方法名 (参数列表);
}
```

在 Java 中，与类的成员类型相比，接口中的成员类型显得较为局限。在 Java 8 以前的所有版本中，接口的所有方法都不包含实现（方法体），即都是抽象方法，并且限定都使用 public abstract 来修饰。从 Java 8 开始，在接口中可以定义使用 default 和 static 修饰的方法，这些方法可以具有方法体。在 Java 9 中，接口中的方法可以使用 private 和 private static 修饰。接口中所有的属性均使用 public static final 修饰，即全局常量。目前，一个 Java 接口中最多可以有 6 种不同的类型。

在 Java 中，使用接口是为了克服单重继承的限制，因为一个类只能有一个父类，而一个类可以实现多个接口。另外，在定义接口时，一个接口可以有多个父接口，它们之间用逗号分隔。

7.2 实现接口

在 Java 中，类可以通过关键字 implements 来指定实现接口的名称，语法格式如下：

```
[修饰符] 类名 [extends 父类] [implements <接口1>,<接口2>,…]{
}
```

修饰符用于指定类的访问权限，可以是 public、final 和 abstract，可选。implements 接口列表可选，用于指定该类实现哪些接口。当使用关键字 implements 时，接口列表为必选参数。接下来通过实例 7.1 来介绍接口的实现。

【实例 7.1】接口的实现。

```
/**
 * 定义 Flyable 接口
 */
interface Flyable {
    // 定义全局常量，默认使用 public static final 修饰
    String f = "I have wings!";
    // 定义抽象方法 takeoff()，默认使用 public abstract 修饰
    void takeoff();
    // 定义抽象方法 fly()
    void fly();
}
// 定义 Glidable 接口
```

```
interface Glidable extends Flyable{
    void glide();
}
// Bird 类实现了接口
class Bird implements Glidable{
    // 实现 takeoff() 方法
    public void takeoff (){
        System.out.println("我要起飞了！");
    }
    public void glide (){
        System.out.println(f+"我在天空中滑翔！");
    }
    // 实现 fly() 方法
    public void fly (){
        System.out.println(f+"我飞不了那么高！");
    }
}
// 定义测试类
public class Example7_1{
    public static void main(String args[]){
        // 创建 Bird 类的实例对象
        Bird b = new Bird();
        // 调用 Bird 类的 takeoff() 方法
        b.takeoff();
        // 调用 Bird 类的 glide() 方法
        b.glide();
        // 调用 Bird 类的 fly() 方法
        b.fly();
    }
}
```

运行结果如图 7.1 所示。

```
我要起飞了！
I have wings!我在天空中滑翔！
I have wings!我飞不了那么高！
```

图 7.1 运行结果

上述代码定义了两个接口，其中 Glidable 接口继承 Flyable 接口，因此，Glidable 接口中包含两个抽象方法。Glidable 接口自身定义了一个新的抽象方法。当 Bird 类实现 Glidable 接口时，需要实现两个接口中定义的 3 个方法。由运行结果可知，程序可以针对 Bird 类实例化对象并调用类中的方法。

7.3　接口回调

接口是 Java 中的一种数据类型。使用接口声明的变量被称作接口变量。接口变量属于引用型变量。在接口变量中可以存储用于实现该接口的类的实例对象的引用，即存储对象的引用。例如，假设 Animal 是一个接口，可以使用 Animal 声明一个变量：

```
Animal a;
```

此时这个接口变量是一个空变量，还没有向这个接口中存入实现该接口的类的实例对象的引用。假设 Dog 是实现 Animal 接口的类，使用 Dog 类创建名称为 object 的对象，那么 object 对象不仅可以调用 Dog 类中原有的方法，还可以调用 Dog 类实现接口中的方法。例如：

```
Dog object = new Dog ();
```

Java 中的接口回调是指把实现某一接口的类所创建的对象的引用赋值给该接口声明的接口变量，那么该接口变量就可以调用被类实现的接口中的方法。实际上，当接口变量调用被类实现的接口中的方法时，就是通知相应的对象调用这个方法。

【实例 7.2】接口回调的应用。

```java
/**
 * 定义 Shoutable 接口
 */
interface Shoutable{
    void shout(String s);
}

// 调用 Dog 类实现接口
class Dog implements Shoutable{
    public void shout(String s){
        System.out.println(s);
    }
}

// 调用 Cat 类实现接口
class Cat implements Shoutable{
    public void shout(String s){
        System.out.println(s);
    }
}

// 定义测试类
public class Example7_2 {
    public static void main(String[] args){
        // 声明接口变量
```

```
        Shoutable wangcai;
        // 在接口变量中存储对象的引用
        wangcai = new Dog();
        // 接口回调
        wangcai.shout("旺财汪汪叫！");
        // 在接口变量中存储对象的引用
        wangcai = new Cat();
        // 接口回调
        wangcai.shout("旺财喵喵叫！");
    }
}
```

运行结果如图 7.2 所示。

```
旺财汪汪叫！
旺财喵喵叫！
```

图 7.2 运行结果

由运行结果可知，回调成功。

7.4 接口与多态

第 4 章已经介绍了多态的概念（多态性是为不同类型的实体提供单一接口或使用单个符号来表示多种不同类型），以及如何基于继承关系来实现多态。在 Java 中，接口和它的实现类也适用于多态的语法规则。在子类型多态方面，可以使用接口类型的变量引用该接口实现类的对象。在参数多态方面，可以将方法参数声明为接口类型，任意一个该接口实现类的对象均可作为参数传入该方法中。

【实例 7.3】使用接口类型实现多态参数。

```
// 定义一个函数式接口，无参且无返回值
interface Flyable2{
    public void fly();
}
class Bird2 implements Flyable2{
    String species;
    public void fly(){
        System.out.println(species +"在飞翔");
    }
    public void glide(){
        System.out.println(species +"在滑翔");
    }
```

```
    }
public class Example7_3{
    public static void main(String[] args){
        Bird2 s = new Bird2();
        s.species = "金丝雀";
        Flyable2 p = s;
        p.fly();
        Bird2 bird = (Bird2)p;
        bird.glide();
    }
}
```

运行结果如图 7.3 所示。

金丝雀在飞翔
金丝雀在滑翔

图 7.3　运行结果

在上述代码中，首先定义了函数接口 Flyable2，然后定义了接口的实现类 Bird2。在 main()
方法中，分别使用 Bird2 类型的变量 s 和 Flyable2 类型的变量 p 引用同一个 Bird 对象。使用接
口 Flyable2 类型的变量 p 引用接口实现类 Bird2 类型的变量 s 体现了子类型多态。需要特别注
意的是，此时的变量 p 仅能访问到 Flyable2 接口中定义的 fly()方法，无法访问到 Bird2 类中的
其他成员。可以通过强制类型转换，将变量 p 转换为 Bird2 类型的变量 bird，这样就可以访问
Bird2 类中定义的其他成员。

7.5　类与接口

Java 中的类与接口是很重要的组成部分。接口并不是类，虽然编写接口和类的方式相似，
但是它们属于不同的概念。类描述对象的属性和方法。接口则包含类要实现的方法。接口无法
被实例化，但是可以被实现。一个实现接口的类，必须实现接口中所声明的所有抽象方法，否
则必须声明为抽象类。

7.5.1　抽象类与接口

由抽象类和接口的定义可知，抽象类和接口非常相似，其成员中都有抽象方法，甚至在某
些场景下可以互相代替。但是抽象类与接口有本质上的不同。抽象类用于表示同一类的对象的
共同属性和行为，而接口用于表示不同类的对象的行为。在实际应用中，如果抽象的内容中包

含共同的属性，那么必须通过类来实现，如果抽象的行为没有合适的默认实现逻辑，那么可以设为抽象方法，此时可以将该类定义为抽象类。反之，如果抽象的内容中仅包含共同的行为，那么可以优先考虑通过接口来实现。当然，也可以将抽象类和接口组合使用。

【实例 7.4】不同类实现接口的应用。

```java
interface Drawable{
    // 抽象方法
    void draw();
}

abstract class Shape implements Drawable{
    String type;
    // Shape 类中包含 Drawable 接口声明的 draw()方法
}

// 圆形类，继承 Shape 类
class Round extends Shape {
    public Round(){
        // 为抽象父类中定义的属性赋值
        type = "圆形";
    }
    // 实现抽象父类中提供的抽象方法
    public void draw(){
        System.out.println("请画一个"+type);
    }
}

// 方形类，实现接口
class Square extends Shape{
    public Square (){
        // 为抽象父类中定义的属性赋值
        type = "方形";
    }
    // 实现抽象父类中提供的抽象方法
    public void draw(){
        System.out.println("请画一个"+type);
    }
}

public class Example7_4{
    public static void main(String[] args){
        // 声明接口变量
        Shape shape;
        // 接口变量表示圆形对象
        shape = new Round();
        // 多态性
```

```
        shape.draw();
        // 接口变量表示方形对象
        shape = new Square();
        // 多态性
        shape.draw();
    }
}
```

运行结果如图 7.4 所示。

请画一个圆形
请画一个方形

图 7.4　运行结果

7.5.2　内部类

JV-07-v-002

　　Java 允许在一个类的内部定义类，这个类称为内部类（Inner Class），包含内部类定义的类称为外部类（Outer Class）。

　　静态内部类使用 static 修饰。在静态内部类中可以直接访问外部类的静态成员变量或静态成员方法。通过外部类访问静态内部类的静态成员比较简单，语法格式如下：

```
外部类名.内部类.静态成员方法();
外部类名.内部类.静态变量;
```

　　对象内部类是没有使用 static 修饰的内部类。内部类实例可以访问外部类的所有成员变量和成员方法，内部类的对象一定要绑定在外部类的对象上。当通过外部类访问静态内部类的非静态成员时，需要先新建内部类的对象，再通过"对象名.成员"的方式调用。其语法格式如下：

```
外部类名.内部类名 对象名 = new 外部类名().new 内部类名();
对象名.成员;
```

　　【实例 7.5】静态内部类和对象内部类的测试。

```
class OuterClass{
    private static double PI = 3.14;
    private double r = 1;
    static class SInner{
        static void getPerimeter(){
            // 静态内部类中的方法只能直接访问外部类的静态成员变量和方法
            System.out.println(2*PI*1);
        }
        void getArea(){
            System.out.println(PI*1*1);
        }
    }
```

```
    class OInner{
        void getPerimeter(){
            System.out.println(2*PI*r);
        }
    }
}

public class Example7_5 {
    public static void main(String[] args){
        // 访问静态内部类的静态方法
        OuterClass.SInner.getPerimeter();
        // 访问静态内部类的非静态方法
        OuterClass.SInner os = new OuterClass.SInner();
        // 访问静态内部类的非静态方法
        os.getArea();
        // 访问对象内部类的方法
        OuterClass.OInner oc = new OuterClass().new OInner();
        oc.getPerimeter();
    }
}
```

运行结果如图 7.5 所示。

```
6.28
3.14
6.28
```

图 7.5　运行结果

上述代码演示了静态内部类、对象内部类和外部类之间的相互访问。

7.5.3　匿名类与接口

在 Java 中调用某种方法时，如果该方法的参数是接口类型的，那么除了可以传入一个参数接口实现类的对象，还可以使用匿名内部类实现接口创建对象作为该方法的参数。匿名内部类其实就是没有名称的内部类，在调用包含接口类型参数的方法时，为了简化代码，通常直接通过匿名内部类传入一个接口类型的参数，在匿名内部类中直接完成方法的实现。其语法格式如下：

```
new 父接口(){
    // 匿名内部类的实现部分
}
```

上述语法格式可以分解成两部分。其中，关键字 new 后面的内容是声明父接口的一个实现类，由于该类的声明在另一个类的内部，并且没有指定类名，因此称为匿名内部类。匿名内部类前面的关键字 new 用于创建该匿名内部类的对象，将该对象作为参数，传入目标方法中。

【实例 7.6】匿名内部类的应用。

```
// 定义 Math 接口
interface Math{
    void result();
}
public class Example7_6{
    public static void main(String[] args){
        int n = 66;
        // nValue()方法
        nValue(new Math(){
            // 实现 result()方法
            public void result(){
                // 局部内部类、匿名内部类可以访问非 final 的局部变量
                System.out.println(n + "是 n 的值");
            }
        });
    }
    // 定义静态方法 nValue()，接收接口类型的参数
    public static void nValue(Math m){
        // 调用传入对象 a 的 result()方法
        m.result();
    }
}
```

运行结果如图 7.6 所示。

66是n的值

图 7.6　运行结果

7.6　函数接口与 Lambda 表达式

JV-07-v-003

任何接口如果只包含唯一一个抽象方法，那么它就是一个函数接口（Functional Interface）。函数接口中可以包含多个默认方法、类方法，但只能声明一个抽象方法。在实际开发中，函数接口常被用于提供特定的计算逻辑，如两个变量的计算逻辑，或者两个对象的比较逻辑。在 Java 8 之前，开发者需要先声明函数接口的实现类或匿名实现类，实现函数接口中定义的抽象方法，在方法中提供特定的计算逻辑，并创建该类的对象，才能调用目标方法。从 Java 8 开始，可以通过 Lambda 表达式直接提供函数接口中抽象方法的实现逻辑，并作为方法参数传递给需要调用该计算逻辑的方法。

一个 Lambda 表达式由 3 个部分组成,分别为参数列表、"->"和表达式主体。Lambda 表达式的语法格式如下:

```
([数据类型 参数名,数据类型 参数名, ...]) -> {表达式主体}
```

由此可以看出,Lambda 表达式的语法特点包括如下几点。

- ([数据类型 参数名,数据类型 参数名,...])用来向表达式主体传递接口方法需要的参数,多个参数名之间需要用英文逗号分隔。
- 参数的数据类型可以省略,后面的表达式主体会自动进行校对和匹配。
- 若只有一个参数,则可以省略括号。
- "->"表示 Lambda 表达式箭牌,用来指定参数数据指向,不能省略。
- {表达式主体}由单个表达式或语句块组成,从本质上来说就是接口中抽象方法的具体实现,可以省略包含主体的"{}"。
- 表达式主体中允许有返回值,当只有一条 return 语句时,也可以省略关键字 return。

上面介绍了函数接口和 Lambda 表达式的定义与使用,接下来通过实例来具体讲解。

【实例 7.7】函数接口和 Lambda 表达式的应用。

```java
// 定义一个函数接口, 无参且无返回值
interface Math{
    void result();
}

// 定义有参且有返回值的函数接口
interface Addition {
    int sum(int n, int m);
}

public class Example7_7 {
    public static void main(String[] args){
        // 测试两个函数接口
        mathResult (() -> System.out.println("无参且无返回值的函数接口调用"));
        showSum(100,200,(x,y) -> x+y);
    }
    // 创建一个计算方法, 以函数接口 Math 作为参数
    private static void mathResult(Math math){
        math.result();
    }
    // 创建一个求和方法, 传入两个 int 型及一个 Addition 接口类型的参数
    private static void showSum(int x, int y, Addition addition){
        System.out.println(x+"+"+y+"的和为: "+ addition.sum(x,y));
    }
}
```

运行结果如图 7.7 所示。

```
无参且无返回值的函数接口调用
100+200的和为: 300
```

图 7.7　运行结果

在上述代码中，首先定义了两个函数接口 Math 和 Addition，然后在测试类型中分别编写了两个静态方法，并将两个函数接口以参数的形式传入，最后在 main()方法中分别调用这两个静态方法，将所需的函数接口的参数以 Lambda 表达式的形式传入。

7.7　面向接口编程

面向接口编程，也称为面向接口的架构，是一种架构模式，用于面向对象编程语言中组件级别模块化编程的实现。面向接口编程将应用程序定义为组件的集合，其中组件之间的应用程序编程接口的调用只能通过抽象接口进行，不能通过具体类进行。类的实例通常会使用工厂模式等技术通过其他接口获得。

面向接口编程使用接口来约束类的行为，并为类和类之间的通信建立实施标准，是多态性的一种体现。通过面向接口编程，而不是面向实现类编程，可以大大降低程序模块间的耦合性，提高整个系统的可扩展性和可维护性。可维护性体现在：当子类的功能被修改时，只要接口不发生变化，系统的其他代码就不需要改动。可扩展性体现在：当增加一个子类时，测试类和其他代码都不需要改动，若子类增加其他功能，则只需要子类实现其他接口即可。使用接口可以实现程序设计的"开—闭原则"，即对扩展开放，对修改关闭。当多个类实现接口时，接口变量 variable 所在的类不需要进行任何修改，就可以回调类重写的接口方法。

为什么需要面向接口编程？软件设计中最难处理的就是需求的复杂化，需求的变化更多体现在具体实现上。接口就是规范，就是项目中最稳定的核心。面向接口编程可以让我们把握住真正核心的东西，使实现复杂多变的需求成为可能。

7.8　编程实训——飞机大战案例（实现子弹消灭敌机）

JV-07-v-004

1.　**实训目标**

（1）掌握接口的应用。

（2）理解制作飞机被击毁时的效果的流程。

（3）理解添加界面文字的方式。

（4）理解游戏得分的计算方式及代码实现。

2. 实训环境

实训环境如表 7.1 所示。

表 7.1 实训环境

软件	资源
Windows 10	游戏图片（images 文件夹）
Java 11	

本实训沿用第 6 章的项目，主要创建敌机模型，以及英雄机使用子弹歼灭敌机的操作。

本实训在之前项目的基础上添加了 Airplane.java 文件、Bigplane.java 文件、Plane.java 文件和 Enemy.java 文件。项目目录如图 7.8 所示。

图 7.8 项目目录

3. 实训步骤

步骤一：创建敌机。

敌机主要分为小飞机、大飞机和奖励机 3 种，3 种飞机的形态不同，被击毁后产生得分或生成奖励，所以需要采用不同的方式进行处理。

小飞机和大飞机被击毁后的得分不同，在这里创建 Enemy.java 文件，Enemy 是一个接口，用于实现大飞机和小飞机被击毁后不同的计分方式。代码如下：

```
package cn.tedu.shooter;

/**
 * Enemy 接口
 */
public interface Enemy {
    /**
     * 获取当前敌机被击毁后的得分
```

```
        */
        int getScore();
    }
```

敌机都是由上到下移动的，创建 Plane.java 文件，继承 FlyingObject.java，用于处理敌机移动和显示图像。代码如下：

```java
package cn.tedu.shooter;

import javax.swing.ImageIcon;

public abstract class Plane extends FlyingObject {

    public Plane() {
    }
    /**
     * 根据位置初始化对象数据
     */
    public Plane(double x, double y, ImageIcon image,
    ImageIcon[] images, ImageIcon[] bom) {
        super(x, y, image, images, bom);
    }
    /**
     * 利用算法实现飞机从屏幕上方出场
     */
    public Plane(ImageIcon image, ImageIcon[] images, ImageIcon[] bom) {
        this.image = image;
        width = image.getIconWidth();
        height = image.getIconHeight();
        x = (int)width;
        y = (int)(height);
        this.images = images;
        this.bom = bom;
    }

    public void move() {
        y + = step;
    }
}
```

创建 Airplane.java 文件和 Bigplane.java 文件，分别用于实现小飞机和大飞机被击毁后的得分和应用的游戏图片。

Airplane.java 文件中的代码如下：

```java
package cn.tedu.shooter;

public class Airplane extends Plane implements Enemy{
```

```
    /**
     * 飞机从屏幕上方随机出场
     */
    public Airplane() {
        super(Images.airplane[0], Images.airplane, Images.bom);
    }

    /**
     * 从自定义位置出场
     */
    public Airplane(double x, double y) {
        super(x, y, Images.airplane[0], Images.airplane, Images.bom);
    }
    @Override
    public int getScore() {
        return 10;
    }
}
```

Bigplane.java 文件中的代码如下：

```
package cn.tedu.shooter;

public class Bigplane extends Plane implements Enemy{

    public Bigplane() {
        super(Images.bigplane[0], Images.bigplane, Images.bom);
        life = 5;
    }

    public Bigplane(double x, double y) {
        super(x, y, Images.bigplane[0], Images.bigplane, Images.bom);
        life = 5;
    }

    @Override
    public int getScore() {
        return 100;
    }
}
```

步骤二：添加敌机被击中及击毁的操作。

英雄机、敌机和奖励机都包含这类操作（如被击毁后的爆炸效果、死亡状态，以及敌机与子弹的碰撞），将这部分的处理代码放到 FlyingObject.java 文件中。代码如下：

```
package cn.tedu.shooter;
```

```java
import java.awt.Graphics;

import javax.swing.ImageIcon;

/*
 * 在父类中定义从子类抽取的属性和方法
 * 这种抽取方式称为泛化
 */
public abstract class FlyingObject {

    // 控制飞机和子弹状态的属性
    public static final int LIVING = 1;
    public static final int DEAD = 0;
    public static final int ZOMBIE = -1;

    protected int state = LIVING;

    protected int life = 1;

    // 图片相关设置
    protected double x;
    protected double y;
    protected double width;
    protected double height;
    protected double step;
    protected ImageIcon image;
    /**
     * 当前对象动画帧，如果没有动画帧（如子弹和天空），那么此属性保持 null
     */
    protected ImageIcon[] images;

    /**
     * 爆炸死亡效果动画帧，若没有则保持 null
     */
    protected ImageIcon[] bom;

    /**
     * 动画帧播放计数器，通过对数组长度取余得到播放动画帧的位置
     */
    protected int index = 0;

    /**
     * 爆炸动画计数器
     */
    private int i=0;
```

```java
/**
 * 无参数构造器，减少子类的编译错误
 */
public FlyingObject() {
}

/**
 * 根据位置初始化
 *
 * @param x
 * @param y
 * @param image
 * @param images
 * @param bom
 */
public FlyingObject(double x, double y,
                ImageIcon image, ImageIcon[] images, ImageIcon[] bom)
{
    this.x = x;
    this.y = y;
    this.image = image;
    this.images = images;
    width = image.getIconWidth();
    height = image.getIconHeight();
}

// 移动方式
public abstract void move();

/**
 * 动画帧播放方法
 */
public void nextImage() {
//      //当没有动画帧时，不播放动画帧图片
//      if (images == null) {
//          return;
//      }
//      image = images[(index++ / 30) % images.length];
        switch(state) {
            case LIVING:
                // 当没有动画帧时，不播放动画帧图片
                if(images == null) {
                    return;
                }
                image = images[(index++ /30) % images.length];
                break;
```

```
            case DEAD:
                int index = i++/10;
                if(bom==null) {
                    return;
                }
                if(index == bom.length) {
                    state = ZOMBIE;
                    return;
                }
                image = bom[index];
        }
}

// 绘制动画效果
public void paint(Graphics g) {
    nextImage(); // 先换动画帧，再绘制
    // 居中绘制图片，主要是居中绘制爆炸效果
    int x1 = (int) (x + (width - image.getIconWidth()) / 2);
    int y1 = (int) (y + (height - image.getIconHeight()) / 2);
    image.paintIcon(null, g, x1, y1);
}

// 死亡函数，用于消除飞行器
public boolean goDead() {
    if(state==LIVING) {
        life = 0;
        state = DEAD;
        return true;
    } else {
        return false;
    }
}

/**
 * 被打击方法，每被打击一次生命减掉一点
 * @return 若被打击成功，则减命，并返回 true，否则返回 false
 */
public boolean hit() {
    if(life>0) {
        life--;
        if(life == 0) {
            state = DEAD;
        }
        return true;
    } else {
        return false;
```

```
        }
    }

    /**
     * 碰撞检测方法
     * 1. 在父类中定义的 duang()方法可以被任何子类继承，所有子类都获得了碰撞检测功能
     * 2. 将方法中的数据类型定义为 FlyingObject，就可以处理各种多态参数
     */
    public boolean duang(FlyingObject bu) {
        FlyingObject p = this;
        // 计算小飞机的内切圆数据
        double r1 = Math.min(p.width, p.height)/2;
        double x1 = p.x + p.width/2;
        double y1 = p.y + p.height/2;
        // 计算子弹的内切圆数据
        double r2 = Math.min(bu.width, bu.height)/2;
        double x2 = bu.x + bu.width/2;
        double y2 = bu.y + bu.height/2;
        // 利用勾股定理计算圆心距离
        double a = y2-y1;
        double b = x2-x1;
        double c = Math.sqrt(a*a + b*b);
        // 如果圆心距离小于半径和就表示两个圆相交，即发生了碰撞
        //System.out.println(c+","+(r1+r2));
        return c < r1 + r2;
    }

    // 飞行器状态检测
    public boolean isLiving() {
        return state == LIVING;
    }

    public boolean isDead() {
        return state == DEAD;
    }

    public boolean outOfBounds() {
        return (y < -height-50) || (y > 700+50);
    }

    public boolean isZombie() {
        return state == ZOMBIE;
    }
}
```

步骤三：调整主程序的逻辑。

在 World.java 文件中修改数据，添加飞机数组，用于后续添加更多的敌机；添加 hitDetection() 方法，用于判定子弹是否击中敌机；添加 createPlane() 方法，用于添加新的敌机；使用 GUI 功能在游戏界面中添加英雄机生命和当前得分信息。代码如下：

```java
package cn.tedu.shooter;

import java.awt.Color;
import java.awt.Graphics;
import java.awt.event.MouseAdapter;
import java.awt.event.MouseEvent;
import java.util.Arrays;
import java.util.Timer;
import java.util.TimerTask;

import javax.swing.JFrame;
import javax.swing.JPanel;

public class World extends JPanel{
    // 定义游戏的 4 个状态
    public static final int READY = 0;
    public static final int RUNNING = 1;
    public static final int PAUSE = 2;
    public static final int GAME_OVER = 3;

    // 进入游戏的准备状态
    private int state = READY;

    // 背景
    private Sky sky;
    private Hero hero;
    // 计数器
    private int index = 0;
    private Bullet[] bullets;
    // 所有可以被击毁的敌机
    private FlyingObject[] planes;

    // 英雄机的生命与得分
    private int life = 3;
    private  int score = 0;

    // 此处省略 World 类的构造方法的代码展示，与第 6 章内容相比无变化

    private void init() {
        life = 3;
```

```
            score = 0;
            sky = new Sky();
            // 英雄机的位置
            hero = new Hero(138, 380);
            bullets = new Bullet[0];
            planes = new FlyingObject[0];
        }

        // 此处省略 main() 方法的代码展示，与第 6 章内容相比无变化
        // 此处省略 action() 方法的代码展示，与第 6 章内容相比无变化

        /*
         * 添加内部类，实现定时计划任务
         * 为何使用内部类实现定时任务
         * 1. 将定时任务隐藏到 World 类中
         * 2. 可以访问外部类中的数据，如飞机和子弹等
         */
        private class LoopTask extends TimerTask{
            public void run() {
                index++;
                createPlane();
                if(state == RUNNING) {
                    sky.move();
                    fireAction();
                    objectMove();
                    clean();
                    hitDetection();
                }
                // 调用 repaint() 方法，这个方法会自动执行 paint() 方法
                repaint();
            }
        }


        // 角色绘制
        public void paint(Graphics g) {
            sky.paint(g);
            hero.paint(g);

            for(int i = 0; i<bullets.length; i++) {
                bullets[i].paint(g);
            }
            // 创建飞机
            for(int i = 0; i<planes.length; i++) {
                planes[i].paint(g);
            }
```

```
        // 得分和生命
        g.setColor(Color.white);
        g.drawString("SCORE:"+score, 20, 40);
        g.drawString("LIFE:"+life, 20, 60);
        // 切换状态
        switch(state) {
            case READY:
            Images.start.paintIcon(this, g, 0, 0);
            break;
            case PAUSE:
            Images.pause.paintIcon(this, g, 0, 0);
            break;
            case GAME_OVER:
            Images.gameover.paintIcon(this,g,0,0);
        }
    }
// 此处省略 fireAction() 方法的代码展示，与第 6 章内容相比无变化
// 此处省略 objectMove() 方法的代码展示，与第 6 章内容相比无变化

// 更新飞出界面的子弹和飞机
// 并将最新数量进行更新
public void clean() {
    Bullet[] arr = new Bullet[bullets.length];
    int index = 0;
    for(int i = 0; i<bullets.length; i++) {
        if(bullets[i].isDead() || bullets[i].outOfBounds()) {
            continue;
        }

        arr[index++] = bullets[i];
    }
    bullets = Arrays.copyOf(arr, index);

    FlyingObject[] living = new FlyingObject[planes.length];
    index = 0;
    for(int i = 0; i<planes.length; i++) {
        if(planes[i].isZombie() || planes[i].outOfBounds()) {
            continue;
        }
        living[index++] = planes[i];
    }
    planes = Arrays.copyOf(living, index);
}
// 此处省略 heroMove() 方法的代码展示，与第 6 章内容相比无变化
// 添加创建敌机的函数
```

```
public void createPlane() {
    // 验证效果
    if(index == 1) {
        Plane plane = new Bigplane();
        // 数组扩容
        planes = Arrays.copyOf(planes, planes.length+1);
        // 将新飞机添加到新数组的最后位置
        planes[planes.length-1] = plane;
    }
}
// 击中检测
public void hitDetection() {
    // 如果子弹处于激活状态，那么检查子弹是否击中飞机
    // 如果击中飞机，那么飞机和子弹消失，记录得分
    for(int i = 0; i<bullets.length; i++) {
        if(! bullets[i].isLiving()) {
            continue;
        }
        for(int j = 0; j<planes.length; j++) {
            if(! planes[j].isLiving()) {
                continue;
            }
            if(planes[j].duang(bullets[i])){
                bullets[i].goDead();
                planes[j].hit();
                scores(planes[j]);
            }
        }
    }
}
// 激励机制
public void scores(FlyingObject obj) {
    // 检测死亡对象的类型，若是敌机，则计分
    if(obj.isDead()) {
        if(obj instanceof Enemy) {
            Enemy enemy = (Enemy) obj;
            score + = enemy.getScore();
        }
    }
}
```

编写完成后，运行代码，可以观察到出现一架位置固定的敌机，如图 7.9 所示。使用英雄机对敌机进行攻击，击毁敌机后添加游戏得分，如图 7.10 所示。

图 7.9　英雄机攻击敌机

图 7.10　英雄机击毁敌机

本章小结

- Java 只支持单重继承，但一个类可以同时实现多个接口。一个接口在定义时也可以同时继承多个接口。
- 接口无法被实例化，但类可以使用关键字 implements 来实现接口并实例化。
- Java 允许将一个类定义在另一个类的内部，这个类称为内部类。
- 通过面向接口编程，不仅可以降低代码之间的耦合性，还可以提高代码的可扩展性和可维护性。

习题

一、选择题

1. Java 的类之间的继承关系和接口之间的继承关系分别是（　　　）。
    A．单重继承、不能继承　　　　　　　　　B．多重继承、不能继承
    C．多重继承、单重继承　　　　　　　　　D．单重继承、多重继承
2. 关于内部类的说法错误的是（　　　）。
    A．内部类可以用 private 或 protected 修饰
    B．内部类不能有自己的成员方法和成员变量
    C．除 static 内部类外，不能在类中声明 static 成员

　　D．内部类可以作为其他类的成员，并且可以访问它所在的类的成员

3．下列说法不正确的是（　　　）。

　　A．abstract 和 final 能同时修饰一个类

　　B．抽象类既可以作为父类，也可以作为子类

　　C．声明为 final 类型的方法不能在其子类中重新定义

　　D．抽象类中可以没有抽象方法，有抽象方法的类一定是抽象类或接口

二、简答题

简述接口和抽象类的相同点与不同点。

JV-07-c-001

第8章

基础类和工具类

本章目标

- 了解 Java 中常用的工具类。
- 掌握 java.lang 包中的常见类。
- 掌握 Object 类、包装类和 String 类。
- 掌握 java.util 包中的常见类

　　基础类是指编程语言中最基础、最核心的一些类。Java 中的基础类由 java.lang 包提供，其中最核心的是 Object 类。Object 是类层次结构的根类。同时，java.lang 包中一些常用的类也是开发者必须掌握的，如包装类和 String 类等。

　　工具类是指通用的实用程序类，类中提供了经过验证的、可复用的处理方法。开发者可以通过调用工具类中的方法来实现特定的功能。Java 提供了很多实用的工具类，如 Math 类、Random 类和日期时间类等。使用这些工具类，不仅可以有效简化程序结构，还可以提高开发者的开发效率。

8.1　基础类

　　java.lang 包中包含 Java 程序设计的基础类和核心类。在代码中使用 java.lang 包中的类时，无须显式使用 import 导入，系统会自动导入。java.lang 包中常用的基础类包括 Object 类、包装类和 String 类等。

```
package com.b.a;  // 当前定义的类所在的包路径
// import java.lang.String; // 这个可以不使用
```

```
public class Test {
    //String 类属于 java.lang 包, 而 java.lang 包是系统自动导入的
    private String name;
}
```

8.1.1 Object 类

JV-08-v-001

Object 是 Java 中所有类的父类, 也就是说, Java 中的所有类都具备 Object 类的所有特性。因此, 读者有必要掌握 Object 类的用法。

当定义一个类时, 如果没有使用关键字 extends 显式指定该类继承的父类, 那么编译器自动添加 extends java.lang.Object。也就是说, 任何一个类在定义时如果没有明确地继承一个父类, 那么它将直接继承 Object 类。因此, 可以说 Java 中的每个类都是 Object 类的直接或间接子类。Object 类中定义了所有的 Java 类经常使用的方法, 子类可以直接使用或覆盖后使用。由于 Object 类中定义的方法的逻辑并不一定适用于所有子类, 因此大部分子类需要重写从 Object 类继承的方法才能使用。

```
public class E1 {
    ...
}
```

等价于:

```
public class E1 extends Object {
    ...
}
```

E1 类默认继承了 Object 类。

Object 类的常用方法如表 8.1 所示。

表 8.1　Object 类的常用方法

Object 类的常用方法	说明
clone()	保护方法, 实现对象的浅复制, 只有实现了 Cloneable 接口才可以调用该方法, 否则抛出 CloneNotSupportedException 异常
getClass()	final 方法, 获得运行时类型
toString()	返回该对象的字符串表现形式, 常用于在调试过程中输出对象的属性值
equals()	用于判断两个对象的逻辑是否相等, 如判断两个对象的各属性值是否均相等
hashCode()	为对象生成一个哈希值, 用于哈希查找, 在一些具有哈希功能的 Collection 中使用

续表

Object 类的常用方法	说明
finalize()	用于释放资源，因为无法确定该方法什么时候被调用，所以很少使用
wait()	使当前线程等待该对象的锁，当前线程必须是该对象的拥有者，也就是具有该对象的锁。wait()方法一直等待，直到获得锁或被中断。wait(long timeout)设定一个超时间隔，如果在规定时间内没有获得锁就返回

下面介绍几个常用的方法。

（1）public String toString()：返回该对象的字符串表现形式。Object 类中定义的默认逻辑是返回对象的类型+@+hashCode 值，其中的 hashCode 值默认将对象的内存地址转换为整型表示。Object 类中 toString()方法的默认实现如图 8.1 所示。

```
public String toString() {
    return getClass().getName() + "@" + Integer.toHexString(hashCode());
}
```

图 8.1　Object 类中 toString()方法的默认实现

在实际开发中，经常需要按照对象的属性得到相应的字符串表现形式，因此，子类需要重写 toString()方法。

另外，当使用 System.out.print()方法打印一个对象时，如果该对象的值不为 null，那么底层调用该对象的 toString()方法，先获取该对象的字符串表现形式，再打印该字符串。

【实例 8.1】重写 toString()方法。

```
class Person {
    String name;
    int age;
    @Override
    public String toString() {
        return name+",年龄: "+age;
    }
}
public class Example8_1{
    public static void main(String[ ] args) {
        Person p = new Person();
        p.age = 20;
        p.name = "张三";
        System.out.println("info:"+p.toString());
        Example8_1 t = new Example8_1();
        System.out.println(t);
    }
}
```

运行结果如图 8.2 所示。

```
info:张三,年龄: 20
chapter8n.Example8_1@22f71333
```

图 8.2　运行结果 1

（2）public boolean equals(Object obj)：比较某个对象是否与当前对象相等。调用成员方法 equals()并指定参数为另一个对象，用来判断这两个对象是否是相同的。这里的"相同"有默认和自定义两种方式。

- 默认地址比较。

如果没有覆盖重写 equals()方法，那么 Object 类中默认使用"=="运算符比较两个对象的地址，只要不是同一个对象，结果必然为 false。这种比较方式也被称为比较两个对象物理相等。

- 对象内容比较。

如果希望进行对象的内容比较，即所有或指定的部分成员变量相同就判定两个对象相同，那么需要重写 equals()方法，添加比较两个对象对应成员变量值的逻辑。这种比较方式也被称为比较两个对象逻辑相等。在实际开发中，对比较两个对象逻辑相等的应用非常广泛。如下例子可以帮助读者理解"逻辑相等"的概念。

某个用户到商店想要购买一台笔记本电脑，具体需要的配置是 13 英寸的屏幕、32GB 的内存和 1TB 的硬盘。按照面向对象编程的思想，商店中的每台笔记本电脑都是一个独立的对象。在这些对象中，可能存在多台品牌和配置完全相同的笔记本电脑。假设其中有 3 台笔记本电脑的配置完全相同，均可满足用户的需求。此时，从物理上来讲，3 台笔记本电脑都是独立的个体，是"不相等的"。此时，从代码的角度来看，使用"=="运算符判断会返回 false。但从逻辑上来讲，3 台笔记本电脑的配置相同，是"相等"的，将任意一台交付给用户均可通过。此时，从代码的角度来看，使用 equals()方法判断应返回 true。

为了避免造成歧义，在开发过程中一般使用"=="运算符进行对象物理相等的判断，使用 equals()方法进行对象逻辑相等的判断。

【实例 8.2】重写 equals()方法。

```java
import java.util.Objects;
public class Person {
    private String name;
    private int age;
    @Override
    public boolean equals(Object o) {
        // 若对象的地址一样，则认为相同
        if (this == o) return true;
        // 若参数为空，或者类型信息不一样，则认为不同
        if (o == null || getClass() != o.getClass()) return false;
        // 转换为当前类型
        Person person = (Person) o;
        // 要求基本数据类型的属性的值相等
```

```
        // 并且将引用类型交给 java.util.Objects 类的 equals() 方法判断
        return age == person.age && Objects.equals(name, person.name);
    }
}
```

这段代码充分考虑了对象为空和类型一致等问题，但方法内容并不是唯一的。大多数 IDE 都可以自动生成 equals() 方法的代码内容。

（3）hashCode() 方法：返回对象的是哈希码。在一些基于 Hash Table 算法的容器中，需要根据对象的哈希码计算对象在容器中的下标（具体流程在第 9 章介绍）。如果将一个对象存入此类容器中，那么底层会调用该对象的 hashCode() 方法。

Hash 算法对 hashCode() 方法的实现有如下几点要求。

- 当在 Java 程序执行期间对同一对象多次调用 hashCode() 方法时，该方法必须始终返回相同的整数，前提是没有修改对象上 equals() 方法比较中使用的信息，该整数不需要从应用程序的一次执行到同一应用程序的另一次执行保持一致。
- 如果根据 equals(Object) 方法判断两个对象相等，那么调用这两个对象中的任意一个对象的 hashCode() 方法必须产生相同的整数结果。
- 如果根据 equals(Object) 方法判断两个对象不相等，那么不强制要求对两个对象中的每个调用 hashCode() 方法必须产生不同的整数结果。但是，开发者应该意识到，为不相等的对象生成不同的整数结果可能会提高哈希表的性能。
- Object 类中提供的 hashCode() 方法的默认实现逻辑是调用系统底层方法，将对象的内部地址转换成整数表示。由于不同对象的内部地址不同，因此返回的整数也一定不同，当使用 equals() 方法判断的是两个对象物理相等时，可以满足上述 3 点需求。但是，当开发者重写了 equals() 方法，改为判断两个对象逻辑相等时，hashCode() 方法的默认实现逻辑就无法满足上述 3 点需求。因此，当重写 equals() 方法时，也需要重写 hashCode() 方法。

与 equals() 方法类似，大多数 IDE 可以自动生成 equals() 方法的代码内容，其核心逻辑是基于对象所有参与逻辑相等比较的成员变量的值，经过特定的计算得到一个整数。在这种情况下，若两个对象参与计算的成员变量的值相等，则返回相同的哈希码；若其中一个对象的成员变量的值发生变化，则生成新的与之前不同的哈希码。

【实例 8.3】重写 hashCode() 方法。

```
class Person {
    String name;
    int age;
    public Person(String name, int age) {
        this.name = name;
        this.age = age;
```

```
    }
    @Override
    public int hashCode() {
        return Objects.hash(name, age);
    }
}
public class Example8_3 {
    public static void main(String[] args) {
        Person p1 = new Person("小明",15);
        Person p2 = new Person("小明",15);
        Person p3 = new Person("小红",13);
        System.out.println("p1.hashCode = "+p1.hashCode());
        System.out.println("p2.hashCode = "+p2.hashCode());
        System.out.println("p3.hashCode = "+p3.hashCode());
    }
}
```

运行结果如图 8.3 所示。

```
p1.hashCode=23458769
p2.hashCode=23458769
p3.hashCode=23653819
```

图 8.3　运行结果 2

8.1.2　包装类

通常使用的一般数据类型又称为值类型。这种数据类型存储在栈中，不属于对象的范畴。Java 是面向对象的程序设计语言，基本数据类型不是面向对象的形式，所以不符合面向对象程序设计的基本思想。但基本数据类型易于理解，能够简化程序的编写，所以有其存在的合理性。有时需要使用以对象形式表示的数据类型，这就需要为每种基本数据类型提供对应的类，将原始类型转换为对象类型。

所谓包装类，就是把值类型的变量进行包装，采用对象的方式对其进行操作，使其有自己的属性和方法。把值类型的数据包装成引用类型的过程又称为装箱，其逆过程称为拆箱。Java SE 1.5 提供了自动装箱和自动拆箱功能，可以将原始类型自动转换为对象类型，以及将对象类型自动转换为原始类型。

1. Java 的包装类

java.lang 包内的 8 个类在 Java 中称为包装类。基本数据类型对应的包装类如表 8.2 所示。

表 8.2　基本数据类型对应的包装类

基本数据类型	包装类
int	Integer
float	Float
char	Character
double	Double
boolean	Boolean
byte	Byte
long	Long
short	Short

在这 8 个类中，除了 Integer 和 Character，其他 6 个类的类名和基本数据类型一致，只是类名的第一个字母使用大写形式而已。

【实例 8.4】包装类的基本应用。

```java
public class Example8_4 {
    public static void main(String[ ] args) {
        Integer i = new Integer(10);
        Character c = new Character('a');
        System.out.println(i);
        System.out.println(c);
    }
}
```

运行结果如图 8.4 所示。

图 8.4　运行结果 1

2. 包装类和基本数据类型的区别

1）默认值不同

包装类的默认值是 null，而基本数据类型采用对应的默认值（如整型的默认值是 0，浮点类型的默认值是 0.0）。在现实开发中，包装类的默认值 null 可以有效标记该变量是否被初始化，而基本数据类型想要实现相同效果则更复杂。例如，在表示温度的成员变量中，如果使用 Double 类型，则默认值 null 表示数据没有初始化。如果使用 double 类型，那么默认值 0.0 容易产生歧义，无法分辨是未初始化，还是温度刚好为 0℃。

2）存储区域不同

基本数据类型把值保存在栈内存中；包装类把对象保存在堆中，并通过对象的引用来调用这些对象。

3. Java 自动装箱

将基本数据类型转换为包装类称为装箱。将原始数据类型自动转换为其对应的包装类的操作称为自动装箱。从 Java 5 开始，不再需要使用包装器类的 valueOf() 方法将原始数据类型转换为对象。

【实例 8.5】Java 自动装箱的应用。

```
public class Example8_5{
    public static void main(String args[]){
        // 将 int 型转换为 Integer
        int a = 20;
        // 手动转换，将 int 型显式转换为 Integer
        Integer i = Integer.valueOf(a);
        // 自动装箱，编译器将在内部调用 Integer.valueOf()方法
        Integer j = a;
        System.out.println(a+" "+i+" "+j);
    }
}
```

运行结果如图 8.5 所示。

```
20 20 20
```

图 8.5 运行结果 2

4. Java 自动拆箱

将包装类转换为基本数据类型称为拆箱。将包装类自动转换为其对应的原始类型的操作称为自动拆箱，这是自动装箱的逆向过程。从 Java 5 开始，不再需要使用包装类的方法将包装类转换为原始类型。

【实例 8.6】Java 自动拆箱的应用。

```
public class Example8_6{
    public static void main(String args[]){
        // 将 Integer 转换为 int 型
        Integer a = new Integer(3);
        // 手动转换，将 Integer 明确转换为 int 型
        int i = a.intValue();
        // 自动拆箱，编译器将在内部调用 a.intValue()方法
        int j = a;
        System.out.println(a+" "+i+" "+j);
    }
}
```

运行结果如图 8.6 所示。

$$\boxed{3 \quad 3 \quad 3}$$

图 8.6　运行结果 3

5. 包装类的方法

除了数据封装，包装类还提供了一些与相应数据类型相关的操作方法。下面以 Integer 类为例展开介绍。

- static int parseInt(String s)：可以将字符串转换为相应的 int 型数据，需要注意的是，传入的字符串中的值必须是正确的，否则会抛出异常。
- static String toOctalString(int i)：以字符串形式返回 int 型数据对应的八进制形式。
- static String toHexString(int i)：以字符串形式返回 int 型数据对应的十六进制形式。
- static int max(int a, int b)：返回两个值中的较大值。
- static int min(int a, int b)：返回两个值中的较小值。

除了方法，包装类还提供了一些比较常用的静态常量，下面以 Integer 类为例展开介绍。

- static final int MIN_VALUE：返回 int 型的最小值。
- static final int MAX_VALUE：返回 int 型的最大值。
- final static char[] digits：返回将数字表示为字符串的所有可能字符组成的数组。
- final static int [] sizeTable：返回各数量级的最大值所组成的数组。

【实例 8.7】Integer 类中的方法的应用。

```java
public class Example8_7 {
    public static void main(String[] args) {
        // 将字符串转换为 int 型
        String str1 = "123";
        int i1 = Integer.parseInt(str1);
        System.out.println("i1 = "+i1);
        // 将数值转换为八进制形式
        String octal = Integer.toOctalString(128);
        System.out.println("128 to Octal = "+octal);
        // 将数值转换为十六进制形式
        String hex = Integer.toHexString(128);
        System.out.println("128 to hex = "+hex);
        // 比较大小
        System.out.println("max(12,18) = "+Integer.max(12,18));
        System.out.println("min(12,18) = "+Integer.min(12,18));
        // 输出 int 型的最大值和最小值
        System.out.println("int max = "+Integer.MAX_VALUE);
        System.out.println("int min = "+Integer.MIN_VALUE);
    }
}
```

运行结果如图 8.7 所示。

```
i1=123
128 to Octal=200
128 to hex=80
max(12,18)=18
min(12,18)=12
int max=2147483647
int min=-2147483648
```

图 8.7　运行结果 4

8.1.3　String 类

JV-08-v-002

1. 简介

String 是 Java 中用于代表字符串的类。可以使用 String 类的对象封装一个字符串类型的数据。因此，String 不是基本数据类型，而是引用类型。String 类中包含一个 char 型的数组，用于存储字符串中的全部字符。另外，String 类中还包含很多常用的字符串操作方法。

为了简化操作，在 Java 中可以直接使用双引号包裹字符串来创建一个 String 对象，如 "name"、"def"和"hello!"都是 String 对象。

在 Java 中，使用双引号引起来的字符串都直接存储在"方法区"的"字符串常量池"中。这是因为字符串在实际开发中使用得非常频繁，为了提高执行效率，可以把字符串保存到方法区的字符串常量池中。使用双引号引起来的字符串是不可变的，也就是说，"abc"不能变成"abcde"，也不能变成"bc"。

当使用加号拼接字符串时，底层并没有对原有字符串进行修改，而是创建出一个新的字符串，如图 8.8 所示。

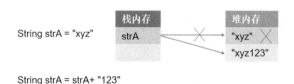

图 8.8　字符串内容不可变

如图 8.8 所示，字符串常量的值并没有发生任何变化，只是开辟了新的堆内存空间，并且改变了变量 strA 的引用，根据 Java 的垃圾回收机制，并不会马上删除堆内存空间中的"xyz"，可能会占用内存空间一段时间。如果在程序中频繁使用上述操作，就容易产生大量的垃圾空间，占用内存资源。因此，在开发过程中应尽量减少频繁更改 String 内容的操作。

字符串的特点包括以下几点。

（1）字符串的内容永不可变。

（2）正是因为字符串的内容不可变，所以字符串是可以共享使用的。

（3）字符串的效果相当于 char[]数组，但是底层原理是 byte[]数组。

2．String 的实例化方式

1）直接赋值方式

【实例 8.8】String 的实例化方式一。

```java
public class Example8_8 {
    public static void main(String[] args) {
        String strA = "xyz";
        String strB = "xyz";
        System.out.println(strA == strB);
    }
}
```

运行结果如下：

```
true
```

图 8.9　String 的实例化方式一

综上，"=="的返回结果是 true，因为 Java 底层专门提供了一个字符串常量池，在为 strB 赋值时，先在字符串常量池中查找是否有这个值，若没有则在常量池中加入，若有则直接将其地址返回给 strB，如图 8.9 所示。

2）构造方法实例化

构造方法实例化会构造两块堆内存空间，但只使用一块，匿名对象开辟的内存空间会成为垃圾空间，如图 8.10 所示。

```java
String strA = new String("xyz");
```

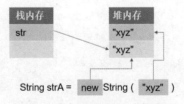

图 8.10　String 的实例化方式二

构造方法实例化 String 对象不会自动保存到字符串常量池中。

【实例 8.9】String 的实例化方式二。

```
public class Example8_9 {
    public static void main(String[] args) {
        String strB = new String("xyz");
        String strA = "xyz";
        System.out.println(strA == strB);
    }
}
```

运行结果如下：

```
false
```

String 类还提供了 intern()方法，该方法可用于检测字符串常量池中是否已存在当前 String 对象引用的字符串。如果不存在，那么该方法将当前 String 对象引用的字符串添加到字符串常量池中，并返回对字符串常量池中该字符串的引用，否则直接返回对字符串常量池中该字符串的引用。

【实例 8.10】intern()方法的应用。

```
public class Example8_10 {
    public static void main(String[] args) {
        String strB = new String("xyz").intern();
        String strA = "xyz";
        System.out.println(strA == strB);
    }
}
```

运行结果为 true，这是因为"xyz"已经被保存到字符串常量池中，变量 strA 和 strB 指向的都是字符串常量池中的"xyz"，如图 8.11 所示。

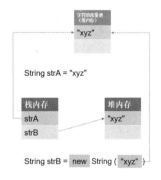

图 8.11　intern()方法的执行机制

3. 字符串的比较

虽然 Java 为字符串设计了常量池，但在程序中进行字符串比较时，不能期望所有 String 对象都引用了字符串常量池中的内容，因此，字符串的比较不能使用 "=="，而应该使用 equals() 方法。

【实例 8.11】使用 "==" 比较字符串。

```java
public class Example8_11 {
    public static void main(String[] args) {
        String strA = "xyz";
        String strB = new String("xyz");
        System.out.println(strA == strB);
    }
}
```

运行结果如下：

```
false
```

【实例 8.12】使用 equals() 方法比较字符串。

```java
public class Example8_12 {
    public static void main(String[] args) {
        String strA = "xyz";
        String strB = new String("xyz");
        System.out.println(strA.equals(strB));
    }
}
```

运行结果如下：

```
true
```

在字符串的比较中，"=="与 equals() 方法的区别如下："=="用于数值比较，如果用于对象比较，那么比较的是两个内存的地址数值；equals()是类中提供的一个比较方法，可以直接进行字符串内容的比较。

4. String 类常用的方法

- String(char[ ] value)：String 类的构造方法，将传入的字符数组变成字符串。

【实例 8.13】String 类的构造方法的应用 1。

```java
public class Example8_13 {
    public static void main(String[] args) {
        char[] cc = {'a', 'b', 'm'};
        System.out.println(new String(cc));
    }
}
```

运行结果如图 8.12 所示。

```
abm
```

图 8.12　运行结果 1

- String(char[ ] value,int offset,int count)：String 类的构造方法，将传入的字符数组的一部分变成字符串，offset 是起始位置，count 是范围大小。

【实例 8.14】String 类的构造方法的应用 2。

```
public class Example8_14 {
    public static void main(String[] args) {
        char[] cc = {'a', 'b', '1','2','3'};
        System.out.println(new String(cc,1,3));
    }
}
```

运行结果如图 8.13 所示。

```
b12
```

图 8.13　运行结果 2

- charAt(int index)：用于获取指定索引位置的字符。

【实例 8.15】charAt()方法的应用。

```
public class Example8_15 {
    public static void main(String[] args) {
        String str = "abcdefg";
        System.out.println(str.charAt(3));
    }
}
```

运行结果如图 8.14 所示。

```
d
```

图 8.14　运行结果 3

- toCharArray()：将字符串中的数据以字符数组的形式返回。

【实例 8.16】toCharArray()方法的应用。

```
public class Example8_16 {
    public static void main(String[] args) {
        String str = "hello";
        char[] cc = str.toCharArray();
        System.out.println(cc.length);
    }
}
```

运行结果如图 8.15 所示。

```
5
```

图 8.15   运行结果 4

- equalsIgnoreCase(String str)：用于比较两个字符串，字母不区分大小写。

【实例 8.17】equalsIgnoreCase()方法的应用。

```
public class Example8_17 {
    public static void main(String[] args) {
        String str = "hello";
        String str1 = "HELLO";
        System.out.println(str.equalsIgnoreCase(str1));
    }
}
```

运行结果如图 8.16 所示。

```
true
```

图 8.16   运行结果 5

- compareTo(String str)：用于字符串的比较，返回字符 ASCII 码值相减的结果。

【实例 8.18】compareTo()方法的应用。

```
public class Example8_18 {
    public static void main(String[] args) {
        String str = "h";
        String str1 = "G";
        System.out.println(str.compareTo(str1));
    }
}
```

运行结果如图 8.17 所示。

```
33
```

图 8.17   运行结果 6

- compareToIgnoreCase(String str)：用于字符串的比较，但不区分大小写。
- contains(String s)：用于判断是否存在子字符串。
- indexOf(String s)：从字符串的首位开始向后查找指定字符串的位置。
- indexOf(String s, int fromIndex)：从指定位置开始向后查找指定字符串的位置。

【实例 8.19】indexOf()方法的应用。

```
public class Example8_19 {
```

```
    public static void main(String[] args) {
        String str = "A23A4C";
        System.out.println(str.indexOf("A",3));
    }
}
```

运行结果如图 8.18 所示。

3

图 8.18　运行结果 7

- lastIndexOf(String str)：从字符串的末位开始向前查找指定字符串的位置。
- lastIndexOf(String s, int fromIndex)：从指定位置开始向前查找指定字符串的位置。
- startsWith(String str)：用于判断是否以指定字符串开头。

【实例 8.20】startsWith()方法的应用。

```
public class Example8_20 {
    public static void main(String[] args) {
        String str = "1234C";
        System.out.println(str.startsWith("0123"));
    }
}
```

运行结果如图 8.19 所示。

false

图 8.19　运行结果 8

- startsWith(String str，int toffset)：用于判断是否从指定位置以指定字符串开头。
- endsWith(String str)：用于判断是否以指定字符串结尾。
- replaceAll(String regex, String replacement)：使用 replacement 变量替换字符串中所有匹配 regex 的内容。
- replaceFirst(String regex, String replacement)：使用 replacement 变量替换字符串中首个匹配 regex 的内容。

【实例 8.21】replaceAll()方法的应用。

```
public class Example8_21 {
    public static void main(String[] args) {
        String str = "123V123";
        System.out.println(str.replaceAll("12","ac"));
    }
}
```

运行结果如图 8.20 所示。

```
ac3Vac3
```

图 8.20　运行结果 9

- split(String regex)：按照指定字符串将原始字符串拆分成字符串数组。
- split(String regex, int limit)：按照指定字符串将原始字符串拆分成字符串数组，并限定结果数组的总长度，结果数组中的最后一个元素可能包含剩余未被拆分的内容。

【实例 8.22】split()方法的应用。

```java
public class Example8_22 {
    public static void main(String[] args) {
        String str = "123VV456VVaaVVcc";
        for (String a : str.split("VV", 7)) {
            System.out.println(a);
        }
    }
}
```

运行结果如图 8.21 所示。

```
123
456
aa
cc
```

图 8.21　运行结果 10

- substring(int beginIndex)：截取从参数位置一直到字符串末尾的新字符串并返回。
- substring(int beginIndex, int endIndex)：截取 beginIndex（包含）和 endIndex（不包含）之间的字符串。

【实例 8.23】substring()方法的应用。

```java
public class Example8_23 {
    public static void main(String[] args) {
        String str = "123VV456VVaaVVcc";
        System.out.println(str.substring(4,6));
    }
}
```

运行结果如图 8.22 所示。

```
V4
```

图 8.22　运行结果 11

- format(String format, Object... args)：静态方法，基于传入的字符串格式 format 和参数 args 生成一个格式化之后的字符串。常用的转换符如表 8.3 所示。

表 8.3　常用的转换符

转换符	详细说明	示例
%s	字符串类型	"示例文字"
%c	字符类型	'a'
%b	布尔类型	true
%d	整数类型（十进制）	88
%x	整数类型（十六进制）	FF
%o	整数类型（八进制）	77
%f	浮点类型	8.888
%a	十六进制浮点类型	FF.35E
%e	指数类型	9.38e+5
%%	百分比类型	%（由于"%"是特殊字符，因此使用"%%"才能显示出百分号符号"%"）
%n	换行符	

【实例 8.24】format()方法的应用。

```
public class Example8_24 {
    public static void main(String[] args) {
        String name = "Kate";
        int age = 20;
        double high = 178.123;
        String str = String.format("姓名：%s, 年龄：%d, 身高：%.2f", name,
            age, high);
        System.out.println(str);
    }
}
```

运行结果如图 8.23 所示。

姓名：Kate, 年龄：20, 身高：178.12

图 8.23　运行结果 12

- concat(String str)：用于返回当前字符串和 str 拼接后的新字符串。
- isEmpty()：用于判断字符串的长度是否为 0，若为 0 则返回 true，否则返回 false。
- trim()：用于去除字符串开头和结尾的全部空格。
- toUpperCase()：用于返回当前字符串中所有字符均采用大写形式的新字符串。
- toLowerCase()：用于返回当前字符串中所有字符均采用小写形式的新字符串。

8.2 工具类

Java 提供的 "+"、"–"、"*"、"/" 和 "%" 等算术运算符可以满足基础算术运算的需求，但这些运算符对于更复杂的数学运算，如三角函数、对数运算和指数运算等则无能为力。使用 Java 提供的 Math 类可以完成这些复杂的运算。java.lang.Math 类中不仅包含用于执行基本数学运算的方法，还提供了一系列静态方法用于科学计算，调用起来非常简单，如 min()方法、max()方法、avg()方法、sin()方法、cos()方法、tan()方法、round()方法、ceil()方法、floor()方法和 abs()方法等。java.lang.Math 类不仅提供了常用的数学运算方法，还提供了静态常量 E（自然对数的底数）和 PI（圆周率）。

1. **数学算术**

- abs()：求绝对值。

例如：

```
double d1 = Math.abs(-5);          // d1 的值为 5
double d2 = Math.abs(5);           // d2 的值为 5
```

- acos()、asin()、atan()、cos()、sin()、tan()：三角函数。
- sqrt()：求平方根。
- pow(double a, doble b)：求 a 的 b 次幂。
- log()：求自然对数。
- exp()：求以 e 为底的指数。
- toDegrees(double angrad)：将弧度转换为角度。
- toRadians(double angdeg)：将角度转换为弧度。
- pow(int arg1,int arg2)：求第一个参数的第二个参数次幂。

2. **特殊数**

- Math.E：底数，是所有自然对数的底数。
- Math.PI：π，圆周率。

3. **数学处理**

- ceil()：向上取整，返回 double 型值。

例如：

```
double d1 = Math.ceil(4.3);        //d1 的值为 5.0
double d2 = Math.ceil(-3.4);       //d2 的值 - 3.0
double d3 = Math.ceil(5.2);        //d3 的值为 6.0
```

- floor()：向下取整，返回 double 型值。

例如：

```
double d1 = Math.floor(3.2);     //d1 的值为 3.0
double d2 = Math.floor(-3.2);    //d2 的值为 - 4.0
double d3 = Math.floor(5.3);     //d3 的值为 5.0
```

- max(double a, double b)：求两个数的最大值。
- min(double a, double b)：求两个数的最小值。
- round(double a)：将 double 型数据 a 转换为 long 型（四舍五入）。

例如：

```
long d1 = Math.round(5.7); // d1 的值为 6.0
long d2 = Math.round(5.2); // d2 的值为 5.0
```

【实例 8.25】Math 类的应用。

```java
import java.lang.Math;
public class Example8_25 {
    public static void main(String[] args) {
        // 提供数学运算的功能
        // 求绝对值
        System.out.println(Math.abs(-8.7));
        // 求最大值
        System.out.println(Math.max(10, 9));
        // 求最小值
        System.out.println(Math.min(10, 9));
        // 生成 0.0 和 1.0 之间的随机数
        System.out.println(Math.random());
        // 生成 0 和 9 之间的随机数
        int random = (int) (Math.random() * 10);
        System.out.println(random);
    }
}
```

运行结果如图 8.24 所示。

```
8.7
10
9
0.3990966420943599
5
```

图 8.24　运行结果

8.2.2 Random 类和 SecureRandom 类

随机数在统计分析、概率论、现代计算机模拟和数字密码学等领域具有广泛的应用。在开发 Java 程序时，经常会遇到需要使用随机数的场景，如随机验证码、随机测试数据、随机移动路径和密码加密中使用的辅助值等。Java 提供的 Random 和 SecureRandom 可以作为生成随机数的工具类。

1. Random 类

Random 是 java.util 包中的一个类，可以在指定的取值范围内随机产生数字。Random 类内部采用伪随机数算法，简单来说就是基于一个种子（long 型值），经过特定的迭代计算得到一个结果，作为产生的随机数。当这个种子是随机数时，产生的结果也是随机数；当这个种子是固定值时，产生的结果也是固定值。Random 类的构造方法如表 8.4 所示。

表 8.4　Random 类的构造方法

方法声明	功能描述
Random()	创建一个随机数生成器，基于当前系统时间生成种子
Random(long seed)	创建一个随机数生成器，使用 long 型的 seed 值作为种子，使用相同的 seed 值创建的多个随机数生成器产生的随机数序列相同

Random 类中常用的方法如下。

- nextInt()：生成一个 int 型的随机数，该随机数的取值范围与 int 型的取值范围相同。
- nextInt(int bound)：生成一个 int 型的随机数，该随机数的取值范围为 0（包含）～bound（不包含），传入的 bound 必须大于 0，否则将抛出异常。

【实例 8.26】nextInt()方法的应用。

```java
public class Example8_26 {
    public static void main(String[] args) {
        // 创建一个随机数生成器
        Random ran = new Random();
        // 生成一个 int 型取值范围内的随机数
        System.out.println(ran.nextInt());
        // 生成一个 10 以内的随机数
        System.out.println(ran.nextInt(10));
    }
}
```

运行结果如图 8.25 所示。

```
1205200642
9
```

图 8.25　运行结果 1

- nextDouble()：从该随机数生成器的序列中返回 0.0～1.0 的下一个伪随机且呈均匀分布的双精度值。
- nextGaussian()：从该随机数生成器的序列中返回下一个伪随机且呈高斯（"正常"）分布的双精度值，均值为 0.0，标准差为 1.0。

下面创建 3 个随机数生成器，其中的两个使用相同的种子值 50 创建，最后一个使用种子值 100 创建。由运行结果可知，使用相同的种子值创建的随机数生成器生成的随机数序列也是相同的。

【实例 8.27】指定种子值构建随机数生成器。

```java
import java.util.*;
public class Example8_27 {
    public static void main(String[] args) {
        Random r1 = new Random(50);
        System.out.println("第一个种子值为 50 的 Random 对象") ;
        System.out.println("r1.nextBoolean():\t"+r1.nextBoolean());
        System.out.println("r1.nextInt():\t\t"+r1.nextInt ());
        System.out.println("r1.nextDouble():\t"+r1.nextDouble()) ;
        System.out.println("r1.nextGaussian():\t"+r1.nextGaussian()) ;
        System.out.println(" --------------------------");
        Random r2 = new Random (50);
        System.out.println(" 第二个种子值为 50 的 Random 对象") ;
        System.out.println("r2 nextBoolean():\t"+r2.nextBoolean()) ;
        System.out.println("r2.nextInt ():\t\t"+r2.nextInt());
        System.out.println("r2.nextDouble():\t"+r2.nextDouble());
        System.out.println("r2.nextGaussian():\t"+r2.nextGaussian());
        System.out.println("--------------------------");
        Random r3 = new Random(100);
        System.out.println("种子值为 100 的 Random 对象") ;
        System.out.println("r3.nextBoolean():\t" +r3.nextBoolean());
        System.out.println("r3.nextInt() : \t\t "+r3.nextInt());
        System.out.println("r3.nextDouble() :\t "+r3.nextDouble()) ;
        System.out.println("r3.nextGaussian () :\t"+r3.nextGaussian());
    }
}
```

运行结果如图 8.26 所示。

```
第一个种子值为50的Random 对象
r1.nextBoolean():    true
r1.nextInt():       -1727040520
r1.nextDouble():    0.6141579720626675
r1.nextGaussian():  2.377650302287946
---------------------------
第二个种子值为50的Random 对象
r2 nextBoolean():    true
r2.nextInt ():      -1727040520
r2.nextDouble():    0.6141579720626675
r2.nextGaussian():  2.377650302287946
---------------------------
种子值为100的Random 对象
r3.nextBoolean():    true
r3.nextInt() :      -1139614796
r3.nextDouble() :   0.19497605734770518
r3.nextGaussian () :   0.6762208162903859
```

图 8.26　运行结果 2

2．SecureRandom 类

Random 类提供的基于种子的随机数生成器，在种子值已知的情况下生成的随机数序列是可知的，即不再随机，这在安全相关的应用中是非常危险的。例如，如果网站基于该机制生成手机验证码，那么攻击者可以推测出验证码，进而冒充用户登录网站。为了保障安全性，Java 提供了 SecureRandom 类。

SecureRandom 类提供了一个加密的强随机数生成器。SecureRandom 类的底层有多种实现，其中一些实现采用伪随机数生成器（Pseudo Random Number Generator，PRNG）的形式，这意味着它们使用确定性算法根据真正的随机种子生成伪随机序列。其他实现可能会产生真正的随机数，有的实现则使用这两种技术的组合形式。当实际使用时，可以优先获取高强度的安全随机数生成器，如果没有提供，就使用普通等级的安全随机数生成器。

SecureRandom 类提供的静态方法 getInstance()可以用来获取该类的一个对象。常用的getInstance()方法有两种：一是仅指定算法名称，二是既指定算法名称又指定提供者名称。

仅指定算法名称：

```
SecureRandom random = SecureRandom.getInstance("SHA1PRNG");
```

系统将确定环境中是否有所请求的算法实现，是否有多个，以及是否有首选实现。

既指定算法名称又指定提供者名称：

```
SecureRandom random = SecureRandom.getInstance("SHA1PRNG", "SUN");
```

系统将确定在所请求的包中是否有算法实现，若没有则抛出异常。

SecureRandom 类中常用的方法如下。

- setSeed(byte[] seed)：重新设置当前随机数生成器的种子，需要注意的是，该方法使用传入的 seed 值补充原有的种子，而非代替，因此，调用该方法并不会降低随机性。
- nextBytes(byte[] bytes)：生成用户指定数量的随机字节。
- generateSeed(int numBytes)：返回指定数量的种子字节，调用该方法可以为当前随机数生成器和其他随机数生成器提供种子。

8.2.3　日期时间类

JV-08-v-003

日期和时间在应用程序中具有非常广泛和多样的应用，包括日期时间数据的获取和封装、日期时间数据的计算，以及日期时间数据的时区转换和格式转换等多个方面。

在日期时间数据的获取和封装方面，大部分的应用程序都有日志模块，用来记录应用运行过程中程序的执行情况和用户的各类操作，以及添加每行日志时当前的系统时间。同时，一些特定的功能会用到计时器功能，如订单的支付限时为 15 分钟。

除了日期和时间信息的封装，应用程序中还需要对日期时间进行计算，如通过用户的生日和当前日期计算用户的年龄，以及通过用户的登录时间和当前时间计算用户的在线时长等。

另外，一些国际化的应用程序也存在日期时间数据的时区转换和格式转换的需求。例如，应用程序界面中需要根据当前时区显示当前时间，在推送消息中将活动时间自动转换为当前时区对应的时间，以及按照当前地区惯用的格式来展示时间等。

Java 提供了多种与日期时间相关的工具类和丰富的 API，使开发者可以简化日期时间操作，以提高应用程序的开发效率。

1. Date 类

java.util.Date 类表示一个特定的瞬间，时间可以精确到毫秒。Date 类常用的方法如下。

- Date()：构造方法，创建 Date 对象并初始化此对象，以表示创建它的时间（精确到毫秒）。
- Date(long date)：构造方法，创建 Date 对象并初始化此对象，以表示自从标准基准时间（称为 "历元"，即 1970 年 1 月 1 日 00:00:00 GMT）以来的指定毫秒数，由于我国处于东八区，因此基准时间为 1970 年 1 月 1 日 8 时 0 分 0 秒。
- long getTime()：将日期对象代表的时间转换成对应的毫秒值。
- boolean before(Date when)：判断当前日期对象代表的时间是否在 when 对象代表的日期之前。
- boolean after(Date when)：判断当前日期对象代表的时间是否在 when 对象代表的日期之后。

【实例 8.28】创建 Date 对象。

```
import java.util.Date;
public class Example8_28 {
```

```
public static void main(String[] args) {
    System.out.println(new Date());
    // 创建日期对象, 把当前的毫秒值转换为日期对象
    System.out.println(new Date(0L));
}
}
```

运行结果如图 8.27 所示。

```
Thu Oct 20 18:20:54 CST 2022
Thu Jan 01 08:00:00 CST 1970
```

图 8.27　运行结果 1

2. SimpleDateFormat 类

在输出 Date 对象代表的时间时, 会自动调用 Date 类中的 toString()方法。Date 类对 Object 类中的 toString()方法进行了重写, 按照 "dow mon dd hh:mm:ss zzz yyyy"（星期 月份 日期 小时:分钟:秒 时区 年份）的格式输出该 Date 对象代表的时间。在很多应用中, 开发者需要指定自定义时间的输出格式。Java 提供的 java.text.DateFormat 类可以用来满足开发者对日期时间格式化的需求。

DateFormat 是日期时间格式化子类的抽象类, 通过这个类可以完成日期和文本之间的转换。DateFormat 类支持日期的格式化（日期→文本）、日期的解析（文本→日期）和日期的规范化。DateFormat 类不能直接使用。在实际开发中, 比较常用的是 DateFormat 类的子类——SimpleDateFormat。

SimpleDateFormat 类常用的方法如下。

- SimpleDateFormat(String pattern)：构造方法, 用给定的日期时间格式 pattern 和默认的日期格式符构造 SimpleDateFormat 对象, 参数 pattern 是一个字符串, 代表日期时间的自定义格式, 常用的格式为 "yyyy-MM-dd HH:mm:ss"。其中, yyyy 表示年份, MM 表示月份, dd 表示日期, HH 表示小时, mm 表示分钟, ss 表示秒。
- String format(Date date)：将 Date 对象代表的时间格式化为字符串。
- Date parse(String source)：将字符串解析为 Date 对象。

【实例 8.29】日期格式化的应用。

```
import java.text.DateFormat;
import java.text.SimpleDateFormat;
import java.util.Date;
public class Example8_29 {
    public static void main(String[] args) {
        // 创建日期对象
```

```
        Date date = new Date();
        // 创建日期格式化对象，在获取格式化对象时可以指定 pattern
        DateFormat df = new SimpleDateFormat("yyyy 年 MM 月 dd 日");
        // 调用 format()方法格式化 Date 对象
        String str = df.format(date);
        // 输出格式化后的结果
        System.out.println(str);
    }
}
```

运行结果如图 8.28 所示。

2022年10月20日

图 8.28　运行结果 2

【实例 8.30】日期解析的应用。

```
import java.text.DateFormat;
import java.text.ParseException;
import java.text.SimpleDateFormat;
// 把 String 转换为 Date 对象
import java.util.Date;
public class Example8_30 {
    public static void main(String[] args) throws ParseException{
        // 创建日期格式化对象，在获取格式化对象时可以指定 pattern
        DateFormat df = new SimpleDateFormat("yyyy 年 MM 月 dd 日");
        // 创建一个包含日期信息的字符串对象
        String str = "2022 年 7 月 15 日";
        // 调用 parse()方法，解析日期字符串的内容，创建 Date 对象
        Date date = df.parse(str);
        // 以默认格式输出 Date 对象中的日期数据
        System.out.println(date);
    }
}
```

运行结果如图 8.29 所示。

```
Fri Jul 15 00:00:00 CST 2022
```

图 8.29　运行结果 3

3. Instant 类

java.time.Instant 类是 Java 8 提供的新的日期时间类。和 Date 类相似，Instant 类的对象也代表时间线上的瞬时点。但是，与 Date 类精确到秒的设计不同，Instant 类可以精确到纳秒。精确到纳秒的设计需要存储超过 1 个 long 型的数字。Instant 类采用两个 long 型的数字来存储数据：

第一部分保存的是自 1970 年 1 月 1 日开始到现在的秒数,即纪元秒(Epoch Second),第二部分保存的是纳秒数(永远不会超过 999 999 999)。这一设计有助于简化多个日期时间之间的比较计算,如判断日期先后顺序、求和运算和求差运算等。

Instant 类提供了丰富的 API 来支持上述操作。在创建 Instant 对象时需要注意,Instant 类未提供公有的构造方法,需要使用 Instant 类提供的静态方法来获取 Instant 对象。

Instant 类常用的方法如下。

- static Instant now():基于系统时钟获取一个代表当前时间的 Instant 对象。
- static Instant ofEpochSecond(long epochSecond):返回一个基于传入的纪元秒 epochSecond 构建的 Instant 对象,纳秒部分的值为 0。
- static Instant ofEpochSecond(long epochSecond, long nano):返回一个基于传入的纪元秒 epochSecond 和纳秒 nano 构建的 Instant 对象。
- static Instant ofEpochMilli(long epochMilli):返回一个基于传入的纪元毫秒 epochMilli 构建的 Instant 对象。
- Instant plus(TemporalAmount amount):返回当前 Instant 对象的一个副本,其中添加了由 amount 指定的时间长度。
- Instant plus(long amount, TemporalUnit unit):返回当前 Instant 对象的一个副本,其中添加了由 amount 指定的时间长度,unit 用于定义 amount 的单位。
- Instant minus(TemporalAmount amount):返回当前 Instant 对象的一个副本,其中减小了由 amount 指定的时间长度。
- Instant minus(long amount, TemporalUnit unit):返回当前 Instant 对象的一个副本,其中减小了由 amount 指定的时间长度,unit 用于定义 amount 的单位。
- long until(Temporal end, TemporalUnit unit):根据指定的单位计算到另一个 Instant 对象的时间长度,如果当前对象代表的时间晚于 end 代表的时间,那么将返回负值。
- boolean isAfter(Instant otherInstant):检查当前 Instant 对象代表的时间是否在 otherInstant 对象代表的时间之后。
- boolean isBefore(Instant otherInstant):检查当前 Instant 对象代表的时间是否在 othcrInstant 对象代表的时间之前。

【实例 8.31】获取 Instant 对象的应用。

```java
import java.time.Clock;
import java.time.Duration;
import java.time.Instant;
public class Example8_31 {
    public static void main(String[] args) {
        // 获取当前时间对象
        Instant i1 = Instant.now();
```

```
        // 输出当前时间，默认使用零时区
        System.out.println("defalut: \t"+i1);
        // 通过 Clock 的 API 获取东八区对应的时钟
        Clock offsetClock = Clock.offset(Clock.systemUTC(),
                            Duration.ofHours(8));
        // 获取当前时间对象，设置使用东八区时钟
        Instant i2 = Instant.now(offsetClock);
        // 输出当前时间
        System.out.println("UTC+8: \t \t "+i2);
        // 基于指定时间获取 Instant 对象
        Instant i3 = Instant.ofEpochSecond(System.currentTimeMillis()/ 1000
                            -3600);
        System.out.println("one hour ago: \t "+i3);
        // 基于字符串获取 Instant 对象
        Instant i4 = Instant.parse("2022-09-18T06:00:00Z");
        System.out.println("from String: \t "+i4);
    }
}
```

运行结果如图 8.30 所示。

```
defalut:       2022-09-19T07:06:19.690Z
UTC+8:         2022-09-19T15:06:19.737Z
one hour ago:  2022-09-19T06:06:19Z
from String:   2022-09-18T06:00:00Z
```

图 8.30 运行结果 4

【实例 8.32】Instant 类常用的方法的应用。

```
import java.time.Instant;
import java.time.temporal.ChronoUnit;
public class Example8_32 {
    public static void main(String[] args) {
        Instant i1 = Instant.parse("2022-09-18T06:00:00Z");
        System.out.println("i1: \t\t"+i1);
        // 时间的加法运算
        Instant i2 = i1.plus(3L, ChronoUnit.HOURS);
        System.out.println("i1+3 hour: \t"+i2);
        // 时间的减法运算
        Instant i3 = i1.minus(5L,ChronoUnit.HOURS);
        System.out.println("i1-5 hour: \t"+i3);
        // 两个时间的差值
        System.out.println("i1-i2 in seconds: "+
            i1.until(i2,ChronoUnit.SECONDS));
        // 判断时间先后
        System.out.println("i1 is before i2: "+i1.isBefore(i2));
        System.out.println("i1 is after i2: "+i1.isAfter(i2));
```

```
    }
}
```

运行结果如图 8.31 所示。

```
i1:            2022-09-18T06:00:00Z
i1+3 hour:     2022-09-18T09:00:00Z
i1-5 hour:     2022-09-18T01:00:00Z
i1-i2 in seconds: 10800
i1 is before i2: true
i1 is after i2: false
```

图 8.31　运行结果 5

4．LocalDateTime 类

Instant 类默认基于零时区构建 Instant 对象，所以在非零时区使用 Instant 对象时需要考虑时区问题。但是在很多本地化的应用中，考虑时区是没有必要的。Java 8 的 java.time 包中提供了简化版的日期时间操作类，包括 LocalDate、LocalTime 和 LocalDateTime。从这些类的名称可以看出，LocalDate 表示本地日期，LocalTime 表示本地时间，LocalDateTime 可以看成前两者的组合，表示本地日期时间。由于这 3 个类的设计相似度较高，考虑到篇幅因素，下面仅对 LocalDateTime 类展开介绍，读者可以在此基础上，结合官方 API 文档，了解 LocalDate 类和 LocalTime 类。

与 Instant 类相似，LocalDateTime 类的对象也能封装日期时间数据。与 Instant 类不同的是，LocalDateTime 类中不包含时区的概念。可以将 LocalDateTime 类看成对本地日期时间的简单描述，所以该类适用于需要使用日期或本地时间的场景，比 Instant 更轻量级。

LocalDateTime 类常用的方法如下。

- static LocalDateTime now()：获取一个当前本地日期时间对象，基于默认时区的系统时钟产生。
- static LocalDateTime now(Clock clock)：获取一个当前本地日期时间对象，基于 clock 指定的时钟产生。
- static LocalDateTime of(int year, Month month, int dayOfMonth, int hour, int minute, int second, int nanoOfSecond)：获取一个基于给定的年、月、日、时、分、秒和纳秒信息构建的本地日期时间对象，该方法存在多个重载方法，可以基于各类信息构建日期时间对象，读者可以自行查阅。
- static LocalDateTime ofInstant(Instant instant, ZoneId zone)：基于 Instant 对象和时区 ID 构建本地日期时间对象。
- int getYear()：返回本地日期时间对象中的年份值，该类设计了返回日期时间各部分数据的方法，读者可以自行查阅。

- LocalDateTime plus(long amount, TemporalUnit unit)：返回本地日期时间对象的副本，其中添加了指定的时间，unit 用于指定单位。
- LocalDateTime minus(long amount, TemporalUnit unit)：返回本地日期时间对象的副本，其中减去了指定的时间，unit 用于指定单位。

【实例 8.33】LocalDateTime 类常用的方法的应用。

```java
import java.time.LocalDateTime;
import java.time.temporal.ChronoUnit;
public class Example8_33 {
    public static void main(String[] args) {
        System.out.println("-------------构建LocalDateTime 对象-------------");
        // 获取当前时间的 ldt1 对象
        LocalDateTime ldt1 = LocalDateTime.now();
        System.out.println("ldt1:\t"+ldt1);
        // 获取表示指定时间的 ldt2 对象
        LocalDateTime ldt2 = LocalDateTime.of(2022,9,18,22,0,0,0);
        System.out.println("ldt2:\t"+ldt2);
        System.out.println("-------------获取日期时间信息方法-------------");
        System.out.println(ldt1.getYear()+":"+ldt1.getMonthValue()+
            ":"+ldt1.getDayOfMonth());
        System.out.println(ldt1.getHour()+":"+ldt1.getMinute()+
            ":"+ldt1.getSecond());
        System.out.println("-------------日期时间计算方法-------------");
        LocalDateTime ldt3 = ldt1.plus(6, ChronoUnit.HOURS)
            .plusMinutes(10);
        System.out.println("ldt3:\t"+ldt3);
        LocalDateTime ldt4 = ldt1.minus(1, ChronoUnit.HOURS)
            .minusMonths(1);
        System.out.println("ldt4:\t"+ldt4);
    }
}
```

运行结果如图 8.32 所示。

```
-------------构建LocalDateTime对象-------------
ldt1:   2022-09-19T17:07:58.449
ldt2:   2022-09-18T22:00
-------------获取日期时间信息方法-------------
2022:9:19
17:7:58
-------------日期时间计算方法-------------
ldt3:   2022-09-19T23:17:58.449
ldt4:   2022-08-19T16:07:58.449
```

图 8.32 运行结果 6

8.3 编程实训——飞机大战案例（随机出现敌机，英雄机死亡）

1. 实训目标

JV-08-v-004

（1）掌握 Random 类随机数的设置。
（2）理解英雄机死亡后的处理原则。
（3）理解敌机出现的规律及代码实现。
（4）理解游戏状态之间的更换条件。

2. 实训环境

实训环境如表 8.5 所示。

表 8.5　实训环境

软件	资源
Windows 10	游戏图片（images 文件夹）
Java 11	

本实训沿用第 7 章的项目，并添加敌机随机出现，以及英雄机被击毁的相关效果。项目目录如图 8.33 所示。

图 8.33　项目目录

3. 实训步骤

步骤一：敌机处理。

这个步骤主要修改和调整两部分：敌机是由屏幕上方向下方飞行的，设置敌机的飞行速度及出现位置。

在 Plane.java 文件中修改敌机的出现方式，调整为从屏幕上方出现。代码如下：

```java
package cn.tedu.shooter;

import java.util.Random;
import javax.swing.ImageIcon;

public abstract class Plane extends FlyingObject {

    public Plane() {
    }
    /**
    * 根据位置初始化对象数据
    */
    public Plane(double x, double y, ImageIcon image,
    ImageIcon[] images, ImageIcon[] bom) {
        super(x, y, image, images, bom);
    }
    /**
    * 利用算法实现敌机从屏幕上方出现
    */
    public Plane(ImageIcon image, ImageIcon[] images, ImageIcon[] bom) {
        Random random = new Random();
        this.image = image;
        width = image.getIconWidth();
        height = image.getIconHeight();
        //       x = (int)width;
        //       y = (int)(height);
        x = random.nextInt(400-(int)width);
        y = -height;
        this.images = images;
        this.bom = bom;
    }

    public void move() {
        y + = step;
    }
}
```

修改 Airplane.java 文件，添加实现随机的移动速度及出现位置的代码：

```java
package cn.tedu.shooter;

public class Airplane extends Plane implements Enemy{
    /**
    * 敌机从屏幕上方的随机位置出现
    */
```

```java
    public Airplane() {
        super(Images.airplane[0], Images.airplane, Images.bom);
        // 设置敌机的飞行速度
        step = Math.random()*4+1.5;
    }

    /**
     * 从自定义位置出现
     */
    public Airplane(double x, double y) {
        super(x, y, Images.airplane[0], Images.airplane, Images.bom);
        // 移动更新
        this.step = step;
    }
    @Override
    public int getScore() {
        return 10;
    }
}
```

修改 **Bigplane.java** 文件，添加随机移动速度及出现位置。代码如下：

```java
package cn.tedu.shooter;

public class Bigplane extends Plane implements Enemy{

    public Bigplane() {
        super(Images.bigplane[0], Images.bigplane, Images.bom);
        // 设置飞机的飞行速度
        step = Math.random()*3+0.5;
        life = 5;
    }

    public Bigplane(double x, double y) {
        super(x, y, Images.bigplane[0], Images.bigplane, Images.bom);
        // 移动处理
        this.step = step;
        life = 5;
    }

    @Override
    public int getScore() {
        return 100;
    }

}
```

步骤二：英雄机碰撞处理。

英雄机与敌机发生碰撞后会死亡，之后清空游戏界面中的所有敌机。若生命值为 0，则游戏结束。再次单击，重新进入游戏准备状态。

在 World.java 文件中对以上功能进行添加处理。代码如下：

```java
package cn.tedu.shooter;

import java.awt.Color;
import java.awt.Graphics;
import java.awt.event.MouseAdapter;
import java.awt.event.MouseEvent;
import java.util.Arrays;
import java.util.Random;
import java.util.Timer;
import java.util.TimerTask;

import javax.swing.JFrame;
import javax.swing.JPanel;

public class World extends JPanel{
    // 此处省略静态常量及属性的代码展示，与第 7 章内容相比无变化
    // 此处省略 World 类的构造方法的代码展示，与第 7 章内容相比无变化
    // 此处省略 init()方法的代码展示，与第 7 章内容相比无变化
    // 此处省略 main()方法的代码展示，与第 7 章内容相比无变化
    // 此处省略 action()方法的代码展示，与第 7 章内容相比无变化

    /*
    * 添加内部类，实现定时计划任务
    * 为何使用内部类实现定时任务
    * 1. 将定时任务隐藏到 World 类中
    * 2. 可以访问外部类中的数据，如飞机和子弹等
    */
    private class LoopTask extends TimerTask{
        public void run() {
            index++;
            //      createPlane();
            if(state == RUNNING) {
                sky.move();
                fireAction();
                objectMove();
                clean();
                hitDetection();
                createPlane();
                runAway();
            }
```

```
                    // 调用 repaint()方法，这个方法会自动执行 paint()方法
                    repaint();
            }
    }


    // 此处省略 paint()方法的代码展示，与第 7 章内容相比无变化
    // 此处省略 fireAction()方法的代码展示，与第 7 章内容相比无变化

    // 目标移动方法
    private void objectMove() {
        // 执行子弹移动
        for(int i = 0; i<bullets.length; i++) {
            if(bullets[i].isLiving()) {
                bullets[i].move();
            }
        }
        // 执行飞机移动：是多态的移动方法，每架飞机的都不同
        for(int i = 0; i<planes.length; i++) {
            if(planes[i].isLiving()) {
                planes[i].move();
            }
        }
    }


    // 此处省略 clean()方法的代码展示，与第 7 章内容相比无变化
    // 此处省略 heroMove()方法的代码展示，与第 7 章内容相比无变化

    // 添加创建敌机函数
    public void createPlane() {
        // if(index == 1) { // 验证效果
        //   Plane plane = new Bigplane();
        //    // 数组扩容
        //   planes = Arrays.copyOf(planes, planes.length+1);
        //    // 将新飞机添加到新数组最后的位置
        //   planes[planes.length-1] = plane;
        // }
        Plane plane;
        if(index % 16 == 0) {
            Random random  = new Random();
            // 0~9
            int n = random.nextInt(10);
            // 随着分数的增加，大飞机出现的概率增加
            // 每提升 2000 分，大飞机出现的概率提升 10%
            if (n < = (score / 2000)) {
                plane = new Bigplane();
            }else{
```

```
                    plane = new Airplane();
                }
                // 数组扩容
                planes = Arrays.copyOf(planes, planes.length+1);
                // 将新飞机添加到新数组最后的位置
                planes[planes.length-1] = plane;
            }
        }
// 此处省略 hitDetection() 方法的代码展示，与第 7 章内容相比无变化
// 此处省略 scores() 方法的代码展示，与第 7 章内容相比无变化
private void runAway() {
    if(hero.isLiving()) {
        for(int i = 0; i<planes.length; i++) {
            if(! planes[i].isLiving()) {
                continue;
            }
            // 如果英雄机和敌机相撞，那么全都消失
            if(hero.duang(planes[i])) {
                hero.goDead();
                planes[i].goDead();
                break;
            }
        }
        // 复活后将所有敌机清空
    }else if(hero.isZombie()){
        if(life>0) {
            hero = new Hero(138, 380);
            // 保险：清空当前游戏界面中的所有飞机，避免与新英雄机相撞
            for(int i = 0; i<planes.length; i++) {
                planes[i].goDead();
            }
            life--;
            // 没有生命，游戏结束
        } else {
            state = GAME_OVER;
        }
    }
}
}
```

运行代码，在游戏运行过程中，可以看到随机产生的大飞机和小飞机，以及随机的飞行速度（见图 8.34）；英雄机在碰到敌机后会爆炸，同时销毁屏幕中全部的敌机，并且重新开始游戏（见图 8.35）；如果英雄机的生命值为 0，那么游戏结束（见图 8.36）。

图 8.34　敌机从上方随机位置出现

图 8.35　敌机全部销毁

图 8.36　游戏结束

本章小结

本章简单介绍了 Java 中的工具类，重点介绍了 java.lang 包中的 Object 类、包装类、String 类和 Math 类等的功能及常用的方法，java.util 包中的随机数类、日期时间类，以及 java.time 包中的新的日期时间类等。

本章内容在实际开发中的应用非常广泛。在完成基础知识、基本技巧的学习后，读者可以在解决实际问题的过程中掌握本章内容。

习题

一、选择题

1. 阅读下面的代码，输出结果是 (　　)。

```java
public static void main(String[] args) {
    Random random1 = new Random(10);
    Random random2 = new Random(10);
    for(int i = 0;i<5;i++){
        System.out.print(random1.nextInt(5));
    }
    for(int i = 0;i<5;i++){
        System.out.print(random2.nextInt(5));
    }
}
```

    A．3030130301　　　　　　　　　　B．5048132680

    C．3268023579　　　　　　　　　　D．1111111111

2. 可以实现获取字符在某个字符串中第一次出现的索引的方法是 (　　)。

    A．char charAt(int index)　　　　　　B．int indexOf(int ch)

    C．int lastIndexOf(int ch)　　　　　　D．boolean endsWith(String suffix)

3. 如果使用 indexOf()方法未能找到所指定的子字符串，那么返回值为 (　　)。

    A．false　　　　　　　　　　　　　　B．0

    C．-1　　　　　　　　　　　　　　　D．以上答案都不对

4. 下列关于 Instant 类的描述，正确的是 (　　)。

    A．可以通过 Instant 类的构造方法创建一个代表当前日期时间的对象

    B：Instant 类默认使用零时区

    C：Instant 类中不包含时区信息

    D：Instant 类可以用于表示 1970 年 1 月 1 日之前的日期时间数据

5. 下列关于 Random 类和 SecureRandom 类的描述，错误的是 (　　)。

    A．基于相同种子构建的两个 Random 对象，会生成相同的随机数序列

    B．Random 类既可以随机生成整型数据，也可以随机生成浮点类型数据

    C．SecureRandom 类可以通过多种形式生成随机数生成器

    D．使用 setSeed()方法设置种子可能会降低 SecureRandom 类的安全性，需要谨慎使用

二、填空题

1. 在程序中，用于获取字符串长度的方法是_____。

2．StringBuffer 类的默认容量是_____个字符。

3．在 Math 类中，用于获取一个数的绝对值的方法是_____。

4．在 String 类中，将字符串转换为字符数组的方法是_____。

5．使用 Random 类的_____方法可以随机生成 int 型的随机数。

三、判断题

1．switch 语句不支持字符串类型。 （　　　）

2．使用 String 类的 append()方法可以将数组元素和空格连接成字符串。 （　　　）

3．ceil()方法和 floor()方法返回的都是浮点类型数据。 （　　　）

4．使用 Random 类的 nextInt()方法会生成一个 int 型的随机数。 （　　　）

5．Java 中的拆箱是指将基本数据类型的对象转换为引用类型。 （　　　）

四、简答题

简述 String 类的两种对象实例化方法的区别。

JV-08-c-001

第 9 章

泛型与集合框架

本章目标

- 理解泛型及泛型类的定义。
- 了解泛型通配符、有界类型及泛型的限制。
- 掌握集合框架的根接口 Collection 和 Map。
- 熟练使用迭代器遍历集合元素。
- 掌握 List、Set 和 Map 等常用的集合类。
- 熟练使用辅助工具类 Collections 和 Arrays。

9.1 泛型概述

9.1.1 泛型的定义

泛型（Generic）是 Java 从 JDK 1.5 开始引入的，可以帮助用户建立类型安全的集合。泛型的本质就是"数据类型的参数化"。可以把泛型理解为数据类型的一个占位符（形式参数），即在编写代码时将数据类型定义成参数，这些参数在使用或调用时传入具体的类型。

在 JDK 5.0 之前，为了实现参数类型的任意化，都是通过 Object 类型来处理的。但这种处理方式的缺点是需要进行强制类型转换，这种转换不仅会使代码臃肿，还要求开发者必须在已知实际使用的参数类型的情况下才能进行，否则容易引起 ClassCastException 异常。使用泛型的好处是在程序编译期间会对类型进行检查，捕捉类型不匹配错误，以免引起 ClassCastException 异常，也就不会出现使用 Object 类所带来的问题；在使用了泛型的集合中，遍历时不必进行强制类型转换，因为数据类型都是自动转换的。

泛型经常在类、接口和方法的定义中使用，分别称为泛型类、泛型接口和泛型方法。

9.1.2 泛型类的定义

JV-09-v-001

泛型类是带参数的类，并且有属性和方法。属性的数据类型既可以是已有类型，又可以是"类型参数"的类型。

1. 泛型类的定义形式

定义泛型类的语法格式如下：

```
[访问符] class 类名<类型参数列表> {
    // 类体......
}
```

其中，尖括号中是类型参数列表，可以由多个类型参数组成，多个类型参数之间使用","隔开。类型参数只是占位符。一般使用大写字母"T"、"U"和"V"等作为类型参数。其他常用的泛型类型参数有以下几个。

- T：代表一个类型 Type。
- E：代表一个元素 Element 或一个异常 Exception。
- K：代表一个键 Key。
- V：代表一个值 Value。

2. 泛型类的对象

定义泛型类的对象的语法格式如下：

```
泛型类名[<实际类型列表>] 对象名=new 泛型类名[<实际类型列表>]([形参表])
```

或者：

```
泛型类名[<实际类型列表>] 对象名=new 泛型类名[< >]([形参表])
```

这里的实际类型不能是基本数据类型，必须是类和接口类型。<实际类型列表>也可以不使用，但是泛型类中的所有对象都用 Object 类的对象表示。也可以用"?"代替"实际类型列表"（"?"可以表示任何一个类）。"?"有以下 3 种使用形式。

- ?：不受限制的类型，相当于? extends Object。
- ? extends T：类型参数必须是 T 或 T 的子类。
- ? super T：类型参数必须是 T 或 T 的父类。

后两种是有界类型，限制了类型参数的取值范围。

下面以泛型通配符 "?" 的应用为例展开介绍。

【实例 9.1】泛型通配符 "?" 的应用。

```java
// 定义泛型类
class Generic<T>{
    private T data;
    public Generic(){}
    public Generic(T data){
        this.data = data;
    }
    public T getData(){
        return data;
    }
    public void setData(T data){
        this.data = data;
    }
    public void showDataType(){
        System.out.println("此数据类型是: "+data.getClass().getName());
    }
}
public class Example9_1 {
    // 泛型类 Generic 的类型参数使用 Object
    public static void mymethod(Generic<Object> g){
        g.showDataType();
    }
    public static void main(String[] args) {
        // 参数类型是 Object
        Generic<Object> gobj = new Generic<Object>("Object");
        mymethod(gobj);
        // 参数类型是 Integer
        Generic<Integer> gint = new Generic<Integer>(10);
        // 此处将产生错误
        mymethod(gint);
        // 参数类型是 Double
        Generic<Double> gdbl = new Generic<Double>(1.23);
        // 此处将产生错误
        mymethod(gdbl);
    }
}
```

运行结果显示，有两处错误：不兼容的类型 Generic<java.lang.Integer>无法转换为 Generic<java.lang.Object>，不兼容的类型 Generic<java.lang.Double>无法转换为 Generic<java.lang.Object>。

采用泛型通配符 "?" 可以解决这个问题。读者可以将 Example9_1 类的 mymethod()方法的参数类型由 Generic<Object>修改为 Generic<?>，程序将不会再出现编译错误。这是因为

Generic<?>相当于 Generic<? extends Object>，用户可以将 Generic<Integer>、Generic<Double>等
传递给 mymethod()方法。请读者自行修改并运行程序。

下面定义一个泛型类并实例化。

【实例 9.2】泛型类的应用。

```java
// 定义泛型类
class Generic<T>{
    private T data;
    public Generic(){}
    public Generic(T data){
        this.data = data;
    }
    public T getData(){
        return data;
    }
    public void setData(T data){
        this.data = data;
    }
    public void showDataType(){
        System.out.println("此数据类型是："+data.getClass().getName());
    }
}
public class Example9_2 {
    public static void main(String[] args) {
        System.out.println("以下使用带参数的泛型构造方法,
            指定参数的具体类型为 String");
        Generic<String> strobj = new Generic<String>("泛型类的实例化");
        strobj.showDataType();
        System.out.println(strobj.getData());
        System.out.println("以下为指定参数的具体类型为 Double");
        // 省略实际类型列表
        Generic<Double> dblobj = new Generic<>(0.123);
        dblobj.showDataType();
        System.out.println(dblobj.getData());
        System.out.println("以下为指定参数的具体类型为 Integer");
        Generic<Integer> intobj = new Generic<>();
        intobj.setData(123);
        intobj.showDataType();
        System.out.println(intobj.getData());
    }
}
```

运行结果如下：

```
以下使用带参数的泛型构造方法,指定参数的具体类型为 String
此数据类型是：java.lang.String
泛型类的实例化
```

以下为指定参数的具体类型为 Double
此数据类型是：java.lang.Double
0.123
以下为指定参数的具体类型为 Integer
此数据类型是：java.lang.Integer
123

9.1.3 泛型接口的定义

定义泛型接口的语法格式如下：

```
interface 接口名 <类型参数列表> {
}
```

在实现接口时，也应该声明与接口相同的类型参数：

```
class 类名 <类型参数列表> implements 接口名 <类型参数列表> {
}
```

9.1.4 泛型方法的定义

1. 泛型方法

泛型方法可以定义在泛型类中，也可以定义在非泛型类中。定义泛型方法的语法格式如下：

```
[访问修饰符] [static] <类型参数列表> 方法类型 方法名([参数列表]) {
}
```

2. 具有可变参数的方法

定义具有可变参数的方法的语法格式如下：

```
[访问修饰符] <类型参数列表> 方法类型 方法名([类型参数名... 参数名]) {
}
```

其中，"参数名"从实质上来说是一个数组，当具有可变参数的方法被调用时，其实是将实际参数放到数组中。

【实例 9.3】具有可变参数的方法的定义与应用。

```java
public class Example9_3 {
    // 泛型方法，形参是可变参数
    static <T> void show(T...arr){
        // 访问形参数组中的元素
        for(T t: arr){
```

```
            System.out.print(t+" ");
        }
        System.out.println();
    }
    public static void main(String[] args) {
        // 3个实际参数，类型一样
        show("西红柿","黄瓜","茄子");
        // 定义字符串数组
        String fruit[] = {"西红柿","黄瓜","茄子"};
        // 1个参数
        show(fruit);
        // 4个实际参数，类型不一样
        show(2022,"年",7,"月");
    }
}
```

运行结果如下：

```
西红柿 黄瓜 茄子
西红柿 黄瓜 茄子
2022 年 7 月
```

9.2　集合概述

　　Java 的集合类是一些常用的数据结构，如列表、树集和哈希表等。Java 集合就像一个容器，专门用来存储数量不等的对象（实际上是对象的引用，但习惯称为对象），这些对象可以是任意数据类型，并且长度可变，可以按照规范实现一些常用的操作和算法。开发者在使用 Java 的集合类时，不必考虑数据结构和算法的具体实现细节，根据需要直接使用这些集合类，调用相应的方法即可，从而提高开发效率。

9.2.1　集合框架的层次结构

　　Java 所有的集合类都位于 java.util 包中，按照存储结构可以分为两大类，即单列集合 Collection 和双列集合 Map。Collection 和 Map 是集合框架的根接口，各自还派生出了一些子接口或实现类。

　　Collection 集合体系的架构图如图 9.1 所示，其中，实线表示实现关系，虚线表示继承关系。Collection 接口有以下 3 个子接口。

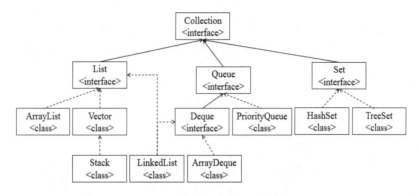

图 9.1　Collection 集合体系的架构图

- List 接口：有序且可以重复的集合。
- Queue 接口：队列集合，用来存储满足 FIFO（First In First Out）原则的容器，主要实现
  类为 ArrayDeque（基于数组实现的双端队列）、LinkedList（双向链表）和 PriorityQueue
  （自动排序的队列）。
- Set 接口：无序且不可重复的集合。

Collection 是所有单列集合的根接口，因此，在 Collection 接口中定义了单列集合的一些通用方法，使用这些方法可以操作所有的单列集合。Collection 接口中的主要方法如表 9.1 所示。

表 9.1　Collection 接口中的主要方法

方法声明	功能描述
boolean add(E e)	向集合中添加新元素
boolean addAll(Collection c)	将指定集合的所有元素添加到当前集合中
boolean remove(Object o)	删除当前集合中包含的指定元素
void clear()	删除当前集合中的所有元素
boolean contains(Object o)	如果该集合中包含指定元素，那么返回 true
boolean containsAll(Collection c)	如果该集合中包含集合 c 的所有元素，那么返回 true
boolean isEmpty()	当前集合是否为空
Iterator iterator ()	返回一个 Iterator 对象，可以用来遍历当前集合
boolean retainAll(Collection c)	保留当前集合中与指定集合相同的所有元素，若该操作改变了当前集合，则返回 true
int size()	返回当前集合中元素的数目
Object[] toArray()	返回当前集合中所有元素组成的数组

Map 集合体系的架构图如图 9.2 所示，其中，实线表示继承关系，虚线表示实现关系。

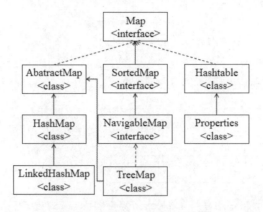

图 9.2　Map 集合体系的架构图

　　Map 接口的实现类用于保存具有映射关系的数据，即 Map 保存的每项数据都是由"键（Key）/值（Value）"对组成的。Map 中的键是不可重复的，用于标识集合中的每项数据，通过键可以获取 Map 集合中的数据项，即值。

9.2.2　迭代器接口

　　迭代器（Iterator）接口是 Java 集合框架中的一员，诞生于 JDK 1.2，主要用于迭代访问（即遍历）Collection 中的元素，因此，Iterator 也被称为迭代器。

　　虽然 Iterator 是一个接口，但是开发者无须手动开发 Iterator 接口的实现类。这是因为 Collection 接口的实现类中均已提供了对应的 Iterator 接口的实现类。开发者直接调用 Collection 接口的 iterator() 方法，即可获取当前集合对象对应的迭代器对象。

　　Iterator 接口中的方法如表 9.2 所示。

表 9.2　Iterator 接口中的方法

方法声明	功能描述
default void forEachRemaining (Consumer<? super E> action)	对每个剩余元素执行给定的操作，直到所有元素都被处理或动作引发异常
boolean hasNext()	判断是否有下一个可访问的元素，若有则返回 true，否则返回 false
E next()	返回下一个元素
void remove()	删除当前元素，该方法必须紧跟在一个元素的访问后执行
forEach()	从 JDK 1.8 开始提供，该方法所需的参数是 Lambda 表达式，使集合的迭代操作更加简化

9.3　List 集合

9.3.1　List 接口

List 接口继承自 Collection 接口，是单列集合的一个重要分支。将实现了 List 接口的对象称为 List 集合。List 集合中允许出现重复的元素，所有的元素是按照线性方式按顺序进行存储和处理的，存入顺序和取出顺序一致，在程序中可以通过索引来访问指定元素。

List 接口不但继承了 Collection 接口中的全部方法，而且增加了一些操作集合的特有方法，如表 9.3 所示。

表 9.3　List 接口中常用的方法

方法声明	功能描述
void add(int index, E element)	在列表的指定索引位置插入指定元素
boolean addAll(int index, Collection<? extends E> c)	在列表的指定索引位置插入集合 c 中的所有元素
E get(int index)	返回列表中指定索引位置的元素
int indexOf(Object o)	返回列表中第一次出现指定元素的索引，若不包含该元素则返回-1
int lastIndexOf(Object o)	返回列表中最后出现指定元素的索引，若不包含该元素则返回-1
E remove(int index)	移除指定索引位置上的元素
E set(int index,E element)	用指定元素替换列表中指定索引位置的元素
ListIterator<E> listIterator()	返回列表元素的列表迭代器
ListIterator<E> listIterator(int index)	返回列表元素的列表迭代器，从指定索引位置开始
List<E> subList(int fromIndex, int toIndex)	返回列表指定的 fromIndex（包括）和 toIndex（不包括）之间的元素列表
default void sort(Comparator<?super E> c)	根据指定的比较器规则对集合元素进行排序，从 JDK 1.8 开始增加的
Object[ ] toArray()	将集合元素转换为数组

Vector 效率较低，已不建议使用；Stack 现在用得也很少，因为 ArrayDeque（双端队列）可以代替 Stack 所有的功能，并且执行效率更高。

9.3.2　ArrayList 集合

JV-09-v-002

ArrayList 是 List 接口的一个实现类，是程序中最常见的一种集合。在 ArrayList 内部封装了一个长度可变的数组对象，当存入的元素超过数组长度时，ArrayList 会在内存空间中创建一个更大的数组来存储这些元素。因此，可以将 ArrayList 集合看作一个长度可变的动态数组。

ArrayList 内部的数据存储结构是数组形式的，当删除指定位置的元素或在指定位置插入元素时需要前移或后移数组中后续的所有元素。这类似于排队过程中，如果前面有人离开队伍或插入队伍，那么队伍中后续的人需要改变自己的位置。因此，ArrayList 不适合做大量的增、删操作。但是，ArrayList 可以像数组一样提供基于索引的元素快速访问特性，在遍历和查找元素时非常高效，索引地址从 0 开始。

定义 ArrayList 类的语法格式如下：

```
public class ArrayList<E> extends AbstractList<E> implements List<E>,
RandomAccess, Cloneable, Serializable{
    // 类的内容
}
```

ArrayList 类实现了 List 接口，故其常用方法与 List 接口的一致。ArrayList 类的构造方法有以下 3 个。

- ArrayList()：用来构造一个初始容量为 10 的空集合。
- ArrayList(Collection<? extends E> c)：用来构造一个包含指定集合 c 中所有元素的集合，新集合中元素的顺序与指定集合 c 中元素的顺序相同。
- ArrayList(int initialCapacity)：用来构造具有指定初始容量的空集合。

下面演示 ArrayList 集合的应用。

【实例 9.4】ArrayList 集合的应用。

```
import java.util.ArrayList;
import java.util.Iterator;
import java.util.List;

public class Example9_4 {
    public static void main(String[] args) {
        // 使用泛型 ArrayList 集合
        ArrayList<String> mylist = new ArrayList<String>();
        // 向集合中添加 4 个元素
        mylist.add("one");
        mylist.add("two");
        mylist.add("three");
        mylist.add("four");
        System.out.println("此列表元素包括："+mylist);
        System.out.println("---E get(int i) 返回集合中指定下标的元素---");
        String s = mylist.get(2);
        System.out.println("索引号为 2 的元素是："+s);
        System.out.println("---E set(int index,E e)将给定位置的元素替换成
            新元素,并返回被替换的元素---");
```

```
            String old = mylist.set(2, "3");
            System.out.println("被替换的元素: "+old);
            System.out.println("此列表元素包括: "+mylist);
            System.out.println("---void add(int index,E e)向指定位置插入元素---");
            mylist.add(2,"2");
            System.out.println(mylist);
            System.out.println("--E remove(int index)删除并返回指定位置的元素---");
            // 删除索引号为 1 的元素
            old = mylist.remove(1);
            System.out.println(old);
            System.out.println(mylist);
            System.out.println("---List 取子集 List  subList(int  start,int
end)---");
            // 包括 0 号元素, 不包括 2 号元素
            List<String> subList = mylist.subList(0, 2);
            System.out.println("子集元素包括: "+subList);
            System.out.println("---使用 for 循环结构遍历---");
            for (int i = 0; i < mylist.size(); i++) {
                s = mylist.get(i);
                System.out.print(s+' ');
            }
            System.out.println();
            System.out.println("---使用 foreach 语句遍历---");
            for (String e:mylist){
                System.out.print(e+' ');
            }
            System.out.println();
            System.out.println("---使用迭代器遍历---");
            // 列表对象调用 iterator()方法, 返回一个迭代器对象
            Iterator <String> iterator = mylist.iterator();
            while (iterator.hasNext()){
                System.out.println(iterator.next()+' ');
            }
            System.out.println();
        }
    }
```

运行结果占用的篇幅较多, 此处不做描述, 请读者自行验证。

9.3.3　LinkedList 集合

LinkedList 是另一个常用的线性列表集合, 内部维护了一个双向链表。LinkedList 集合中的每个数据节点都有两个指针, 分别指向前一个节点和后一个节点。当插入一个新节点时, 只需要修改元素之间的这种引用关系, 删除一个节点也是如此。所以, LinkedList 集合对于元素的

增、删操作快捷方便。但是 LinkedList 集合不支持随机取值，每次都只能从一端或双向链表中的某个节点开始遍历，直到找到查询的对象再返回，由于无法保存上一次的查询位置，因此实现查询操作的效率低下。

定义 LinkedList 类的语法格式如下：

```
public class LinkedList<E> extends AbstractSequentialList<E> implements
List<E>, Deque<E>, Cloneable, Serializable
```

由此可以看出，LinkedList 类还实现了 Deque 接口，可以被当成双端队列来使用。因此，LinkedList 类既可以被当成"栈"使用，也可以被当成队列使用。

LinkedList 类常用的方法如表 9.4 所示。

表 9.4　LinkedList 类常用的方法

方法声明	功能描述
boolean add(E e)	将指定元素追加到此列表的末尾
void add(int index, E element)	在此列表中的指定位置插入指定元素
boolean addAll(Collection<? extends E> c)	按照指定集合的迭代器返回的顺序将指定集合中的所有元素追加到此列表的末尾
boolean addAll(int index, Collection<? extends E> c)	将指定集合中的所有元素插入此列表中，从指定位置开始
void addFirst(E e)	在此列表的开头插入指定元素
void addLast(E e)	将指定元素追加到此列表的末尾
void clear()	从列表中删除所有元素
E getFirst()	返回此列表中的第一个元素
E getLast()	返回此列表中的最后一个元素
int indexOf(Object o)	返回此列表中指定元素第一次出现的索引，若此列表不包含该元素，则返回-1
boolean offerFirst(E e)	在此列表的前面插入指定元素
boolean offerLast(E e)	在此列表的木尾插入指定元素
E peekFirst()	检索但不删除此列表中的第一个元素，若此列表为空，则返回 null
E peekLast()	检索但不删除此列表中的最后一个元素，若此列表为空，则返回 null
E pollFirst()	检索并删除此列表中的第一个元素，若此列表为空，则返回 null
E pollLast()	检索并删除此列表中的最后一个元素，如果此列表为空，则返回 null

方法声明	功能描述
E pop()	从此列表表示的堆栈中弹出栈顶元素
void push(E e)	将元素推送到由此列表表示的堆栈上，即元素 e 入栈
E remove()	检索并删除此列表的头（第一个元素）
E remove(int index)	删除此列表中指定位置的元素
E removeFirst()	从此列表中删除并返回第一个元素
E removeLast()	从此列表中删除并返回最后一个元素

【实例 9.5】LinkedList 集合的应用。

```java
import java.util.LinkedList;
public class Example9_5 {
    public static void main(String[] args) {
        // 创建一个 LinkedList 对象
        LinkedList mylink = new LinkedList();
        // 将字符串元素加到队列尾部
        mylink.offer("张三");
        // 将字符串元素加到栈顶
        mylink.push("李四");
        // 将字符串加到队列头部（相当于栈顶）
        mylink.offerFirst("王五");
        System.out.println("遍历集合中的元素:");
        for (int i = 0;i<mylink.size();i++){
            System.out.println(mylink.get(i));
        }
        System.out.println("使用 foreach 语句遍历");
        for (Object e:mylink){
            System.out.println(e);
        }
        System.out.println("------------------");
        System.out.println("访问并不删除栈顶元素:");
        System. out.println(mylink.peekFirst());
        System.out.println("访问并不删除队列中的最后一个元素:");
        System. out.println(mylink.peekLast());
        System.out.println("将栈顶元素从栈中弹出: ");
        System.out.println(mylink.pop());
        System.out.println("集合中的元素有: ");
        System.out.println(mylink);
        System.out.println("访问并删除队列中的最后一个元素: ");
        System.out.println(mylink.pollLast());
        System.out.println("集合中的元素有: ");
        System.out.println(mylink);
    }
}
```

请读者自行验证本实例的运行结果。

上面的代码展示了将 LinkedList 作为双端队列容器和栈容器的一些方法。由此可见，LinkedList 是一个功能非常强大的集合类。

9.4　Set 集合

9.4.1　Set 接口

Set 接口继承自 Collection 接口，所以这两个接口中的方法基本一致。Set 接口并没有对 Collection 接口进行功能上的扩充，只是比 Collection 接口更加严格。Set 集合的特点是元素不重复，存取无序，并且无下标。

Set 接口中主要有两个实现类：HashSet 和 TreeSet。其中，HashSet 是一个通用的 Set 集合类，根据对象的哈希值来确定元素在集合中的存储位置，因此具有良好的存取和查找性能。TreeSet 在功能上进行了一些扩展，以二叉树的方式来存储元素，可以用于对集合中的元素进行排序。

定义 Set 接口的语法格式如下：

```
public interface Set<E> extends Collection<E>
```

Set 接口能利用相关方法实现数学上的集合运算，如并、交和差等。常用的集合运算方法如表 9.5 所示。

表 9.5　常用的集合运算方法

运算	方法声明	功能描述
并	boolean addAll(Collection<? extends E> c)	得到两个集合的并集，将结果保存到当前集合中
交	boolean retainAll(Collection<?> c)	得到两个集合的交集，将结果保存到当前集合中
差	boolean removeAll(Collection<?> c)	得到两个集合的差集，将结果保存到当前集合中

9.4.2　HashSet 类

JV-09-v-003

HashSet 是 Set 接口中的一个实现类。HashSet 类存储的元素是不可重复的，并且元素都是无序的。HashSet 类在存储每个元素时先调用该元素的 hashCode()方法生成一个唯一的整数标识——散列码（Hashcode），先根据散列码确定元素的存储位置，再调用元素对象的

equals()方法来确保该位置没有重复元素。HashSet 类之所以能快速实现元素查询也与此有关。

定义 HashSet 类的语法格式如下：

```
public class HashSet<E> extends AbstractSet<E> implements Set<E>, Cloneable, Serializable
```

HashSet 类的构造方法如下。

- HashSet()：构造一个新的空集合，具有默认的初始容量（16）和负载因子（0.75）。
- HashSet(Collection<? extends E> c)：构造一个包含指定集合中的元素的新集合。
- HashSet(int initialCapacity)：构造一个新的空集合，具有指定的初始容量和默认的负载因子（0.75）。
- HashSet(int initialCapacity, float loadFactor)：构造一个新的空集合，具有指定的初始容量和负载因子。

HashSet 类的缺点是保存的元素没有特定顺序。Java 还提供了一种新的 HashSet 类——LinkedHashSet，该类通过一个链表来维护添加的元素的顺序，即遍历顺序和插入顺序是一致的。LinkedHashSet 类的所有方法与 HashSet 类的方法是一致的。

【实例 9.6】HashSet 集合的应用。

```java
import java.util.HashSet;
public class Example9_6 {
    public static void main(String[] args) {
        HashSet nameset = new HashSet<>();
        nameset.add("张三");
        nameset.add("李四");
        // 添加重复元素
        nameset.add("张三");
        // 输出 HashSet 集合
        System.out.println(nameset);
    }
}
```

运行结果如下：

```
[李四, 张三]
```

使用 add()方法在 HashSet 集合中依次添加 3 个字符串元素并输出。由运行结果可知，取出元素的顺序与添加元素的顺序并不一致，并且重复存入的元素"张三"只输出一次。

HashSet 集合之所以能确保不出现重复的元素，是因为先后调用了 hashCode()方法和 equals()方法，执行过程如下。

当调用 HashSet 集合的 add()方法存入元素时，首先调用当前存入元素的 hashCode()方法获得对象的哈希值，然后根据对象的哈希值计算出一个存储位置。若该位置上没有元素，则直接将元素存入；若该位置上有元素，则调用 equals()方法将当前存入的元素依次和该位置上的元素进行比较。如果返回的结果为 false，那么将该元素存入集合中；如果返回的结果为 true，说明有重复元素，那么将该元素舍弃。

当向集合中存入元素时，为了保证 HashSet 正常工作，要求在存入元素时重写 Object 类中的 hashCode()方法和 equals()方法。在实例 9.6 中，将字符串存入集合中时，调用的是 String 类重写的 hashCode()方法和 equals()方法。但是如果将自定义类型的对象存入集合中，那么必须重写上述两个方法。

【实例 9.7】HashSet 集合的应用——存入自定义类型的对象。

```java
import java.util.HashSet;
class Student{
    String id;
    String name;
    public Student(String id,String name){
        this.id = id;
        this.name = name;
    }
    public String toString(){
        return id+":"+name;
    }
}
public class Example9_7 {
    public static void main(String[] args) {
        HashSet nameset = new HashSet<>();
        Student student1 = new Student("001","张三");
        Student student2 = new Student("002","李四");
        Student student3 = new Student("001","张三");
        nameset.add(student1);
        nameset.add(student2);
        // 添加重复元素
        nameset.add(student3);
        // 输出 HashSet 集合
        System.out.println(nameset);
    }
}
```

运行结果如下：

```
[001:张三, 002:李四, 001:张三]
```

运行结果中出现了两条相同的学生信息，这样的学生信息被视为重复元素。为什么会出现这种情况呢？这是因为在定义 Student 类时没有重写 hashCode()方法和 equals()方法，创建的这两个学生对象 student1 和 student3 所引用的对象地址不同，所以被它们认为是两个不同的对象。

在实例 9.7 的基础上，实例 9.8 修改了 Student 类，并且重写 hashCode()方法和 equals()方法，条件是 id 相同的学生就是同一个学生。

【实例 9.8 】HashSet 集合的应用——存入自定义类型的对象，重写 hashCode()方法和 equals()
方法。

```java
import java.util.HashSet;
class Student{
    String id;
    String name;
    public Student(String id, String name){
        this.id = id;
        this.name = name;
    }
    public String toString(){
        return id+":"+name;
    }
    // 重写 hashCode()方法
    public int hashCode(){
        // 返回 id 属性的哈希值
        return id.hashCode();
    }
    // 重写 equals()方法
    public boolean equals(Object obj){
        if(this == obj){
            return true;
        }
        if (!(obj instanceof Student)){
            return false;
        }
        Student student = (Student) obj;
        boolean boo = this.id.equals(student.id);
        return boo;
    }
}
public class Example9_8 {
    public static void main(String[] args) {
        HashSet nameset = new HashSet<>();
        Student student1 = new Student("001","张三");
        Student student2 = new Student("002","李四");
        Student student3 = new Student("001","张三");
        nameset.add(student1);
        nameset.add(student2);
        // 添加重复元素
        nameset.add(student3);
        // 输出 HashSet 集合
        System.out.println(nameset);
    }
}
```

运行结果如下：

```
[001:张三, 002:李四]
```

由运行结果可知，HashSet 集合认为 student1 和 student3 两个对象相同，因此删除了重复的元素。

9.4.3 TreeSet 类

TreeSet 是 Set 接口中的另一个实现类，内部采用二叉搜索树的数据结构存储元素。二叉搜索树的数据结构保证了 TreeSet 集合中没有重复的元素。不同于 HashSet 集合的无序，TreeSet 集合可以对元素进行排序。因此，自定义的类需要实现 Comparable 接口，这样才能根据 compareTo() 方法比较对象之间的大小，才能进行内部排序。

使用 TreeSet 集合需要注意以下两点。

（1）由于是二叉搜索树，因此需要对元素做内部排序。如果要放入 TreeSet 集合中的类没有实现 Comparable 接口，就会抛出 java.lang.ClassCastException 异常。

（2）TreeSet 集合中不能放入 null 元素。

定义 TreeSet 类的语法格式如下：

```
public class TreeSet<E> extends AbstractSet<E> implements NavigableSet
<E>, Cloneable, Serializable
```

TreeSet 集合的特有方法如表 9.6 所示。

表 9.6　TreeSet 集合的特有方法

方法声明	功能描述
TreeSet()	构造方法，构造一个新的、空的 TreeSet，根据其元素的自然顺序进行排序
TreeSet(Collection<? extends E> c)	构造方法，构造一个包含指定集合中的元素的 TreeSet，根据其元素的自然排序进行排序
TreeSet(Comparator<? super E> comparator)	构造方法，构造一个新的、空的 TreeSet，根据指定的比较器进行排序
TreeSet(SortedSet<E> s)	构造方法，构造一个与指定有序 Set 具有相同映射关系和相同排序的新的 TreeSet
E first()	返回此集合中当前的第一个（最低）元素
E last()	返回此集合中当前的最后一个（最高）元素
E lower(E e)	返回此集合中小于给定元素的最大元素。若没有，则返回 null

续表

方法声明	功能描述
E floor(E e)	返回此集合中小于或等于给定元素的最大元素。若没有，则返回 null
E higher(E e)	返回此集合中大于给定元素的最小元素。若没有，则返回 null
E ceiling(E e)	返回此集合中大于或等于给定元素的最小元素。若没有，则返回 null
E pollFirst()	检索并删除第一个（最低）元素。若该集合为空，则返回 null
E pollLast()	检索并删除最后一个（最高）元素。若该集合为空，则返回 null
Iterator<E> iterator()	以升序返回该集合中的元素的迭代器
Iterator<E> descendingIterator()	以降序返回该集合中的元素的迭代器

【实例 9.9】TreeSet 集合的常用方法的应用。

```java
import java.util.TreeSet;
class Stu implements Comparable<Stu> {
    int id;
    String name;
    int age;
    public Stu(int id, String name, int age) {
        this.id = id;
        this.name = name;
        this.age = age;
    }
    /**
    * compareTo()方法按照 id 的大小自然排序，若返回 0 则表示相等
    * 若返回正数则表示大于，若返回负数则表示小于
    */
    public int compareTo(Stu o) {
        if (this.id > o.id) {
            return 1;
        } else if (this.id < o.id) {
            return -1;
        } else {
            return 0;
        }
    }
}
public class Example9_9 {
    public static void main(String[] args) {
        Stu student1 = new Stu(3, "张三", 18);
        Stu student2 = new Stu(2, "李四", 19);
        Stu student3 = new Stu(1, "王五", 20);
        TreeSet<Stu> myset1 = new TreeSet<Stu>();
        // 添加元素
        myset1.add(student1);
```

```
        myset1.add(student2);
        myset1.add(student3);
        // 遍历集合，按学号升序排序
        for (Stu e:myset1){
            System.out.println("学号: "+e.id+" 姓名: "+e.name+" 年龄: "+
                e.age);
        }
        System.out.println("--------------------");
        TreeSet myset2 = new TreeSet();
        myset2.add(5);
        myset2.add(9);
        myset2.add(1);
        myset2.add(3);
        myset2.add(15);
        // 自动排序
        System.out.println("第二个 TreeSet 集合为: "+myset2);
        // 获取第一个元素和最后一个元素
        System.out.println("第二个 TreeSet 集合的第一个元素: "+myset2.first());
        System.out.println("第二个 TreeSet 集合的最后一个元素:"+myset2.last());
        System.out.println("--------------");
        // 比较并获取元素
        System.out.println("集合中小于或等于 6 的最大的一个元素为: "+
            myset2.floor(6));
        System.out.println("--------------");
        // 删除元素
        Object first = myset2.pollFirst();
        System.out.println(first);
        System.out.println("--------------");
        System.out.println("删除第一个元素后集合为: "+myset2);
    }
}
```

请读者自行验证本实例的运行结果。

TreeSet 集合默认使用 Comparable 接口的实现类重写的 compareTo()方法的逻辑进行排序，但在有些场景下，可能需要按照其他的逻辑进行排序。例如，在某个案例中，希望存储在 TreeSet 集合中的字符串可以按照长度而不是英文字母的顺序进行排序，这时可以通过在创建 TreeSet 集合时自定义一个比较器(Comparator 接口的实现类)来提供定制化的排序逻辑。下面实现 TreeSet 集合中字符串按照长度进行定制排序。

【实例 9.10】TreeSet 集合定制排序方式的应用。

```
import java.util.Comparator;
import java.util.TreeSet;
class MyComparator implements Comparator{
    // 定制排序方式
    public int compare(Object obj1,Object obj2){
```

```
            String str1 = (String) obj1;
            String str2 = (String) obj2;
            int t = str1.length()-str2.length();
            return t;
        }
    }
public class Example9_10 {
    public static void main(String[] args) {
        // 创建集合，传入 Comparator 接口实现定制排序规则
        TreeSet treeSet1 = new TreeSet(new MyComparator());
        treeSet1.add("Java");
        treeSet1.add("I");
        treeSet1.add("love!");
        treeSet1.add("very");
        System.out.println(treeSet1);
    }
}
```

运行结果如下：

```
[I, Java, love!]
```

由运行结果可知，当向集合中添加元素时，TreeSet 集合按照定制的排序规则进行比较，并且删除重复的字符串（长度相同就是重复）。

9.5　Map 集合

9.5.1　Map 接口

Map 接口是一种双列集合。Map 接口的每个元素都包含一个键对象 Key 和一个值对象 Value，键对象和值对象之间存在对应关系，这种关系称为映射。Map 接口中的映射关系是一对一的，一个键只能映射一个值，但允许多个不同的键映射到同一个值上。键对象 Key 必须是唯一的，不允许重复，值对象 Value 允许重复。

Map 是实现映射集合的根接口。Map 接口定义了关于映射集合的相关的操作方法，常用方法如表 9.7 所示。

表 9.7　Map 接口的常用方法

方法声明	功能描述
void clear()	删除集合中的所有元素

续表

方法声明	功能描述
boolean containsKey(Object key)	查询集合中是否存在指定的 key
boolean containsValue(Object value)	查询集合中是否存在指定的 value
Set<Map.Entry<K,V>> entrySet()	返回集合中包含的映射的 Set 集合视图
boolean equals(Object o)	比较指定的对象与此集合对象是否相等
V get(Object key)	返回指定键所映射的值，若此映射不包含该键的映射关系，则返回 null
boolean isEmpty()	判断集合是否为空
Set<K> keySet()	返回集合中包含的所有键的 Set 集合视图
V put(K key, V value)	添加一个键值对，若存在该键，则替换原有的值
void putAll(Map<? extends K,? extends V> m)	将集合 m 的所有键值对复制到当前集合中
V remove(Object key)	删除指定键对应的键值对
default V replace(K key, V value)	将集合中指定键对象 key 映射的值修改为 value
int size()	返回集合中键值对的个数
Collection<V> values()	返回集合中包含的所有值的集合视图

Map 接口的具体实现类主要有两个：HashMap 和 TreeMap。与实现 Set 接口的两个类相似，如果在 Map 接口中插入、删除和定位元素，那么 HashMap 类是最好的选择。但如果要按顺序遍历键，那么 TreeMap 类是最好的选择。

9.5.2　HashMap 类

JV-09-v-004

定义 HashMap 类的语法格式如下：

```
public class HashMap<K,V> extends AbstractMap<K,V> implements Map<K,V>,
Cloneable, Serializable
```

HashMap 类是基于哈希表实现的 Map 接口定义的。HashMap 类允许使用 null 键和 null 值。HashMap 类的构造方法有 4 个，如表 9.8 所示。

表 9.8　HashMap 类的构造方法

方法声明	功能描述
HashMap()	构造一个空的 HashMap，具有默认的初始容量（16）和负载因子（0.75）
HashMap(int initialCapacity)	构造一个空的 HashMap，具有指定的初始容量和默认的负载因子（0.75）

续表

方法声明	功能描述
HashMap(int initialCapacity, float loadFactor)	构造一个空的 HashMap，具有指定的初始容量和负载因子
HashMap(Map<? extends K,? extends V> m)	构造一个映射关系与指定 Map 相同的新的 HashMap

【实例 9.11】HashMap 类的基本应用。

```java
import java.util.HashMap;
import java.util.Map;
public class Example9_11 {
    public static void main(String[] args) {
        Map<String,Integer> map = new HashMap<>();
        Integer num = map.put("语文", 99);
        // 因为之前没有"语文"键，所以 put()方法的返回值为 null
        System.out.println(num);
        map.put("数学", 80);
        num = map.put("语文", 90);
        // 已经存在"语文"键，此时 put()方法的返回值为原来的值，即 99
        System.out.println(num);
        map.put("物理",75);
        map.put("英语",82);
        System.out.println(map);
        System.out.println("--------------------------------");
        num = map.get("物理");
        System.out.println(num);
        num = map.get("化学");
        // 不存在"化学"键，返回值为 null
        System.out.println(num);
        System.out.println("--------------------------------");
        num = map.remove("语文");
        System.out.println(num);
        System.out.println(map);
    }
}
```

运行结果如图 9.3 所示。

```
null
99
{物理=75, 数学=80, 语文=90, 英语=82}
--------------------------------
75
null
--------------------------------
90
{物理=75, 数学=80, 英语=82}
```

图 9.3　运行结果 1

值得注意的是，在 Java 中，TreeMap 的 put()方法的 key 值若不存在，则返回值是 null；若 key 值存在，则返回原先被替换的 value 值。

【实例 9.12】HashMap 类的遍历的应用。

```java
import java.util.HashMap;
import java.util.Map;
import java.util.Map.Entry;
public class Example9_12 {
    public static void main(String[] args) {
        Map<String,Integer> map = new HashMap<>();
        map.put("语文", 95);
        map.put("数学", 98);
        map.put("英语", 70);
        map.put("物理", 75);
        map.put("化学", 82);
        System.out.println(map);
        /* 遍历所有 Key
        *Set<K> ketSet()
        * 获得保存当前所有 Key 的 Set 集合
        */
        // Set<String> keySet = map.keySet();
        for (String key : map.keySet()) {
            System.out.println(key+":"+map.get(key));
        }
        /*
        * 遍历所有 Value
        * Collection<V> values()
        * 获得保存所有 Value 的集合
        */
        // Collection<Integer> values = map.values();
        for (Integer score : map.values()) {
            System.out.println(score);
        }
        /* 遍历键值对
        * Set<Entry> entrySet()
        * java.util.Map.Entry 每个对象表示 Map 集合中的一组键值对
        */
        // Set<Entry<String,Integer>> entry = map.entrySet();
        for (Entry<String, Integer> e : map.entrySet()) {
            String key = e.getKey();
            Integer value = e.getValue();
            System.out.println(key+":"+value);
        }
    }
}
```

运行结果如图 9.4 所示。

```
{物理=75, 数学=98, 化学=82, 语文=95, 英语=70}
物理:75
数学:98
化学:82
语文:95
英语:70
75
98
82
95
70
物理:75
数学:98
化学:82
语文:95
英语:70
```

图 9.4　运行结果 2

值得注意的是，如果想要遍历 Map 接口中全部的键值对，那么建议使用 entrySet()方法。使用 entrySet()方法可以一次性查询出所有的键值对信息，效率较高。如果先使用 keySet()方法查询出所有键，再使用键从 Map 接口中查询对应的值，就会产生多个基于键进行搜索的过程，从而造成不必要的资源消耗。

9.5.3　TreeMap 类

定义 TreeMap 类的语法格式如下：

```
public class TreeMap<K,V> extends AbstractMap<K,V>  NavigableMap<K,V>,
Cloneable, Serializable
```

TreeMap 类是对基于红黑树（Red-Black tree）的 NavigableMap 接口的具体实现。该集合根据键的自然顺序进行排序，或者根据构造集合对象时提供的 Comparator 进行排序。

TreeMap 类的构造方法和其他常用方法如表 9.9 所示。

表 9.9　TreeMap 类的构造方法和其他常用方法

方法声明	功能描述
TreeMap()	使用其键的自然排序构造一个新的、空的 TreeMap
TreeMap(Comparator<? super K> comparator)	构造一个新的、空的 TreeMap，按照给定的比较器排序
TreeMap(Map<? extends K,? extends V> m)	构造一个新的 TreeMap，其中包含与给定 Map 类的对象 m 相同的映射，根据其键的自然顺序进行排序

续表

方法声明	功能描述
Map.Entry<K,V> ceilingEntry(K key)	返回一个大于或等于给定键的最小键值对。若不存在，则返回 null
K ceilingKey(K key)	返回一个大于或等于给定键的最小键值对。若不存在，则返回 null
NavigableSet<K> descendingKeySet()	返回此集合中所有键的逆序集合视图
Map.Entry<K,V> firstEntry()	返回此集合中最小的键值对。若集合为空，则返回 null
K firstKey()	返回此集合中的第一个（最小）键
V get(Object key)	返回指定键所映射的值。若不存在，则返回 null
Set<K> keySet()	返回此集合中所有键的 Set 视图
Map.Entry<K,V> lastEntry()	返回此集合中最大键的键值对。若为空，则返回 null
Map.Entry<K,V> pollFirstEntry()	移除并返回此集合中最小键的键值对。若为空，则返回 null
Map.Entry<K,V> pollLastEntry()	移除并返回此集合中最大键的键值对。若为空，则返回 null

关于 TreeMap 类的更多方法的用法，请读者自行查阅 Java API 规范。

【实例 9.13】使用 TreeMap 类保存电话簿中的姓名和电话号码，并按照姓名排序输出。

```java
import java.util.Map;
import java.util.Set;
import java.util.TreeMap;
public class Example9_13 {
    public static void main(String[] args) {
        // 创建 TreeMap 集合对象
        TreeMap<String ,String> telephonelist = new TreeMap<>();
        // 添加 4 个键值对
        telephonelist.put("zhang san","13566568721");
        telephonelist.put("li si","15566254221");
        telephonelist.put("wang wu","13166257821");
        telephonelist.put("liu liu","13747258571");
        Set<Map.Entry<String,String>> mylist = telephonelist.entrySet();
        System.out.println("我的电话簿: ");
        for (Map.Entry t:mylist) {
            System.out.printf("姓名: %-5s;电话号码: %s\n"
                , t.getKey(),t.getValue());
        }
    }
}
```

运行结果如图 9.5 所示。

```
我的电话簿：
姓名：li si;电话号码：15566254221
姓名：liu liu;电话号码：13747258571
姓名：wang wu;电话号码：13166257821
姓名：zhang san;电话号码：13566568721
```

图 9.5　运行结果

由图 9.5 可知，当把集合元素添加到 TreeMap 集合中时，自动对键按照字典的顺序进行排序。

9.6　遍历集合的方法

Java 提供了 4 种在集合中遍历的方法，包括经典循环、增强型 for 循环、迭代和 forEach() 方法（从 Java 8 开始）。

1. 经典循环

这种遍历方法在编程中的应用非常普遍，其中，计数器变量从集合中的第一个元素运行到最后一个元素。例如：

```
for (int i = 0; i < listNames.size(); i++) {
    String name = listNames.get(i);
    System.out.println(name);
}
```

使用计数器变量要求集合必须以基于索引的形式（如 ArrayList）存储元素，并且必须提前知道集合的大小。这不是所有集合都支持的方法，如 Set 集合不会将元素存储为基于索引的形式。因此，这种方法不能用于所有集合。

2. 增强型 for 循环

从 Java 5 开始，开发者可以使用更简洁的语法来遍历集合——增强型 for 循环。例如：

```
for (String s : listNames) {
    System.out.println(s);
}
```

增强型 for 循环实际上使用了迭代器，这意味着编译时 Java 编译器会将增强型 for 循环转换为迭代器构造。新的语法为开发者提供了一种更方便的遍历集合的方式。

3. 迭代

在 List 集合中用迭代器遍历：

```
Iterator<String> iter = listNames.iterator();
while (iter.hasNext()) {
    String name = iter.next();
    System.out.println(name);
}
```

在 Set 集合中用迭代器遍历：

```
Set<String> set = new HashSet<>();
set.add("a");
set.add("b");
set.add("c");
set.add("d");
Iterator<String> iter = set.iterator();
while (iter.hasNext()) {
    String letter = iter.next();
    System.out.println(letter);
}
```

在 Map 集合中用迭代器遍历：

```
Map<String, Integer> score = new HashMap<>();
score.put("数学", 90);
score.put("英语", 92);
score.put("语文", 90);
score.put("政治", 92);
Iterator<String> iter = score.keySet().iterator();
while (iter.hasNext()) {
    String key = iter.next();
    Integer value = score.get(key);
    System.out.println(key + "--->" + value);
}
```

4. forEach()方法

Java 8 为所有的集合添加了 forEach()方法。forEach()方法定义在 java.lang.Iterable 接口中，以只读形式遍历集合中所有的元素，并为每个元素执行一个动作。例如：

```
listNames.forEach(name -> System.out.println(name));
```

9.7 集合转换

Java 集合框架包括两大体系，分别为 Collection 和 Map。从本质上来说，这两者不同，并且都有各自的特点，但是可以将 Map 集合转换为 Collection 集合。

将 Map 集合转换为 Collection 集合可以使用如下方法。

- entrySet()：返回一个包含 Map 集合中的元素的集合，每个元素都包括键和值。
- keySet()：返回 Map 集合中所有键的集合。
- values()：返回 Map 集合中所有值的集合。

【实例 9.14 】将 Map 集合转换为 Collection 集合的应用。

```java
import java.util.Collection;
import java.util.HashMap;
import java.util.Map;
import java.util.Set;
public class Example9_14 {
    public static void main(String[] args) {
        // 创建 HashMap 集合对象
        HashMap<Integer,String> map = new HashMap<>();
        // 添加键值对数据
        map.put(01,"Hello");
        map.put(02,"Java");
        map.put(03,"world");
        map.put(04,"welcome");
        map.put(05,"to");
        map.put(06,"come");
        // 使用 entrySet()方法获取 Entry 键值对集合
        Set<Map.Entry<Integer,String>> set = map.entrySet();
        System.out.println("所有的集合元素: ");
        // 遍历集合
        for(Map.Entry<Integer,String> entry:set){
            System.out.println(entry.getKey()+": "+entry.getValue());
        }
        System.out.println("--------------------");
        // 使用 keySet()方法获取所有键的集合
        Set<Integer> keyset = map.keySet();
        System.out.println("所有键: ");
        for (Integer key:keyset){
            System.out.printf("%3d",key);
        }
        System.out.println();
        System.out.println("---------------------");
        // 使用 values()方法获取所有值的集合
        Collection<String> valueset = map.values();
        System.out.println("所有值: ");
        for (String value:valueset){
            System.out.print(value+' ');
        }
    }
}
```

运行结果如图 9.6 所示。

```
所有的集合元素：
1：Hello
2：Java
3：world
4：welcome
5：to
6：come
---------------------
所有键：
  1  2  3  4  5  6
---------------------
所有值
Hello Java world welcome to come
```

图 9.6　运行结果

9.8　集合工具类

Java 集合框架还提供了两个非常实用的辅助工具类：Collections 和 Arrays。

9.8.1　Collections 工具类

Collections 工具类位于 java.util 包中，提供了一些对 Collection 集合常用的静态方法，如排序、查找、复制和修改等操作。

1. 添加和排序操作

Collections 工具类提供了一系列方法用于对 List 集合进行添加和排序操作，如表 9.10 所示。

表 9.10　Collections 工具类常用的添加和排序方法

方法声明	功能描述
static \<T> boolean addAll(Collection\<? super T> c, T... elements)	将所有的指定元素添加到指定集合 c 中
static void reverse(List\<?> list)	反转指定 List 集合中元素的顺序
static void shuffle(List\<?> list)	对 List 集合中的元素进行随机排序
static \<T extends Comparable\<? super T>> void sort(List\<T> list)	根据元素的自然顺序对指定的 List 集合中的元素进行排序
static void swap(List\<?> list, int i, int j)	交换指定 List 集合中角标 i 处和 j 处的元素

【实例 9.15】Collections 工具类常用的添加和排序方法的应用。

```
import java.util.ArrayList;
import java.util.Collections;
public class Example9_15 {
    public static void main(String[] args) {
        ArrayList<String> mylist = new ArrayList<>();
        Collections.addAll(mylist,"C","D","A","E","B");
        System.out.println("排序之前："+mylist);
        Collections.reverse(mylist);
        System.out.println("反转之后："+mylist);
        Collections.sort(mylist);
        System.out.println("按自然顺序排序后："+mylist);
        Collections.shuffle(mylist);
        System.out.println("按随机顺序排序后："+mylist);
        // 交换列表的首尾元素
        Collections.swap(mylist,0,mylist.size()-1);
        System.out.println("列表的首尾元素交换完后："+mylist);
    }
}
```

运行结果如图 9.7 所示。

```
排序之前：[C, D, A, E, B]
反转之后：[B, E, A, D, C]
按自然顺序排序后：[A, B, C, D, E]
按随机顺序排序后：[D, E, B, C, A]
列表的首尾元素交换完后：[A, E, B, C, D]
```

图 9.7　运行结果 1

2. 查找和替换操作

Collections 工具类提供了一些用于查找和替换集合中元素的常用方法，如表 9.11 所示。

表 9.11　Collections 工具类常用的查找和替换方法

方法声明	功能描述
static <T> int binarySearch(List<? extends Comparable<? super T>> list, T key)	使用二分法搜索指定对象在 List 集合中的索引，查找的 List 集合中的元素必须是有序的
static <T extends Object & Comparable<? super T>> T max(Collection<? extends T> coll)	根据元素的自然顺序返回给定集合的最大元素
static <T extends Object & Comparable<? super T>> T min(Collection<? extends T> coll)	根据元素的自然顺序返回给定集合的最小元素
static <T> boolean replaceAll(List<T> list, T oldVal, T newVal)	使用一个新值 newVal 替换 List 集合中所有的旧值 oldVal

【实例 9.16】Collections 工具类常用的查找和替换方法的应用。

```java
import java.util.ArrayList;
import java.util.Collections;
public class Example9_16 {
    public static void main(String[] args) {
        ArrayList<Integer> mylist = new ArrayList<>();
        // 向 mylist 集合中添加元素
        Collections.addAll(mylist,12,25,-56,-15,78,6,2,4,653,123);
        System.out.println("集合中的元素："+mylist);
        System.out.println("集合中最大的元素："+Collections.max(mylist));
        System.out.println("集合中最小的元素："+Collections.min(mylist));
        System.out.println("集合中的 "78" 替换成 "88" ");
        Collections.replaceAll(mylist,78,88);
        System.out.println("替换后的集合："+mylist);
        // 在查找之前先对集合进行排序
        Collections.sort(mylist);
        System.out.println("排序后的集合："+mylist);
        int pos = Collections.binarySearch(mylist,88);
        System.out.println("元素 88 所在的角标为："+pos);
    }
}
```

运行结果如图 9.8 所示。

```
集合中的元素：[12, 25, -56, -15, 78, 6, 2, 4, 653, 123]
集合中最大的元素：653
集合中最小的元素：-56
集合中的"78"替换成"88"
替换后的集合：[12, 25, -56, -15, 88, 6, 2, 4, 653, 123]
排序后的集合：[-56, -15, 2, 4, 6, 12, 25, 88, 123, 653]
元素88所在的角标为：7
```

图 9.8　运行结果 2

9.8.2　Arrays 工具类

Arrays 工具类也位于 java.util 包中，提供了针对数组操作的各种静态方法，如排序、复制和查找等。Arrays 工具类常用的静态方法如表 9.12 所示。

表 9.12　Arrays 工具类常用的静态方法

方法声明	功能描述
static int binarySearch(Object[] a, Object key)	使用二分搜索法搜索指定的对象数组，以获得指定对象

续表

方法声明	功能描述
static <T> int binarySearch(T[] a, T key, Comparator<? super T> c)	使用二分搜索法搜索指定的泛型数组, 以获得指定对象, 数组基于 Comparator 的逻辑排序
static <T> T[] copyOf(T[] original, int newLength)	复制指定的数组, 如有必要需要截取或用 null 填充, 以使副本具有指定的长度
static <T> T[] copyOfRange(T[] original, int from, int to)	将指定数组的指定范围复制到一个新数组中, 包括下标 from, 不包括下标 to
static void fill(Object[] a, Object val)	将指定的值填充到指定数组中的每个位置
static int hashCode(Object[] a)	基于指定数组的内容返回哈希码
static void sort(Object[] a)	根据元素的自然顺序对指定数组进行升序排序
static <T> void sort(T[] a, Comparator<? super T> c)	根据指定 Comparator 对指定数组进行排序
static String toString(Object[] a)	返回指定数组内容的字符串表示形式

【实例 9.17】Arrays 工具类对对象数组操作方法的应用。

```java
import java.util.Arrays;
public class Example9_17 {
    public static void main(String[] args) {
        // 创建一个 Person 对象数组
        int[] arr = {45,12,3,5,69,78,99,457,58,-25};
        System.out.println("数组排序之前: ");
        for (int i:arr){
            System.out.printf("%-5d",i);
        }
        // 排序: 调用 sort()方法
        Arrays.sort(arr);
        System.out.println("\n 数组排序之后: ");
        for (int i:arr){
            System.out.printf("%-5d",i);
        }
        // 查找指定元素: 查找元素 78
        int index = Arrays.binarySearch(arr,78);
        System.out.println("\n 元素 78 的索引为: "+index);
        // 复制元素: 复制索引为 1～6 的数组元素, 包括 1 号, 不包括 6 号
        int[] copied = Arrays.copyOfRange(arr,1,6);
        System.out.println("复制的数组为 ( [1,6) ): ");
        for (int i:copied){
            System.out.printf("%-5d",i);
        }
        System.out.println("\n 所有元素替换为 1 之后的数组: ");
        // 替换元素: 调用 fill()方法, 将所有元素替换为 1
        Arrays.fill(arr,1);
        for (int i:arr){
            System.out.printf("%-5d",i);
        }
```

```
        }
    }
}
```

运行结果如图 9.9 所示。

```
数组排序之前：
45  12  3   5   69  78  99  457 58  -25
数组排序之后：
-25 3   5   12  45  58  69  78  99  457
元素78的索引为：7
复制的数组为（[1,6)）：
3   5   12  45  58
所有元素替换为1之后的数组：
1   1   1   1   1   1   1   1   1   1
```

图 9.9　运行结果

9.9　开发过程中如何选择集合实现类

在开发过程中，选择哪个集合实现类，不仅取决于业务操作特点，还需要根据集合实现类的特点进行选择，主要从存储内容、存储结构和元素是否排序等方面考虑。

（1）存储内容：Collection 接口及其实现类主要用来存储对象，单列的；Map 接口及其实现类主要用来存储键/值对，双列的。

（2）存储结构：ArrayList 采用顺序存储，底层实现了 Object 类型的可变数组，可以实现元素的随机存取，但插入和删除元素的效率要低得多，因此在修改和查找操作较多的情况下可以考虑使用这个集合类；LinkedList 底层实现了数组+双链表的结果，每个元素的地址都存储在上一个元素中，形成链式结构，只能顺序访问，但插入和删除元素的效率比较高，因此在增加和删除操作较多的情况下可以考虑使用这个集合类。List 集合能保证按照元素的存入顺序来存储元素，并且允许元素重复；Set 集合无法保证按照元素的存入顺序来存储元素，不允许元素重复。

（3）元素是否排序：TreeSet 和 TreeMap 等采用排序二叉树实现，因此元素是按升序排列的；HashSet 类和 HashMap 类的元素是无序的。

9.10　编程实训——飞机大战案例（添加奖励机，显示战绩）

1. 实训目标

（1）掌握集合的应用。

（2）理解奖励机的奖励原理和实现方式。

（3）理解战绩记录处理方式。

（4）理解英雄机单发子弹和双发子弹的切换方式。

2．实训环境

实训环境如表 9.13 所示。

表 9.13　实训环境

软件	资源
Windows 10	游戏图片（images 文件夹）
Java 11	

本实训沿用第 8 章的项目，添加 Award.java 文件和 Bee.java 文件，分别用于添加奖励机和战绩记录。项目目录如图 9.10 所示。

图 9.10　项目目录

3．实训步骤

步骤一：添加奖励机。

奖励机的操作原理相对比较复杂，主要由以下几个方面构成。

- 飞行方式：奖励机向下飞行时还会有规律地左右移动。
- 奖励处理：奖励机被击毁后会随机提供两种奖励，一种是添加更多的分数，另一种是将英雄机子弹由单发升级为双发。

创建 Award.java 文件，该文件是一个接口，用于其他类别实现奖励方法。代码如下：

```
package cn.tedu.shooter;
/**
 * 奖品
 */
public interface Award {
```

```
/**
 * 双枪
 */
int DOUBLE_FIRE = 1;
/**
 * 加分
 */
int SCORE = 2;
/**
 * 获取奖品
 * @return 返回值是 DOUBLE_FIRE 和 SCORE 之一
 */
int getAward();
}
```

创建 **Bee.java** 文件，用于处理奖励机的属性和方法。代码如下：

```java
package cn.tedu.shooter;

public class Bee extends Plane implements Award{

    private int direction;

    public Bee() {
        super(Images.bee[0], Images.bee, Images.bom);
        step = Math.random()*3+1;
        direction = Math.random()>0.5 ? 1 : -1;
    }

    public Bee(double x, double y, double step) {
        super(x, y, Images.bee[0], Images.bee, Images.bom);
        this.step = step;
        direction = Math.random()>0.5 ? 1 : -1;
    }
    /**
     * 重写父类型 move() 方法，修改为斜向飞行
     */
    public void move() {
        // 调用父类型方法，复用在父类型中声明的代码
        super.move();
        x+ = direction;
        if(x<0) {
            direction = 1;
        }else if(x+width > 400) {
            direction = -1;
        }
    }
}
```

```
    @Override
    public int getAward() {
        return Math.random() > 0.5 ? DOUBLE_FIRE : SCORE;
    }
}
```

修改 Hero.java 文件，修改子弹处理方法。代码如下：

```
package cn.tedu.shooter;

public class Hero extends FlyingObject {
    public Hero(double x, double y) {
        super(x, y, Images.hero[0], Images.hero, Images.bom);
    }

    /**
     * 重写 move() 方法，空方法，目的是不动
     * 修改超类中规定的向下飞，改成不动
     */
    public void move() {
    }

    /**
     * 将英雄机移动到鼠标指针位置(x,y)
     * @param x 鼠标指针的位置 x
     * @param y 鼠标指针的位置 y
     */
    public void move(int x, int y) {
        this.x = x-width/2;
        this.y = y-height/2;
    }

    /**
     * 开火方法
     */
    public Bullet fire() {
        double x = this.x + width/2 - 5;
        double y = this.y - 20;
        Bullet bullet = new Bullet(x,y);
        return bullet;
    }
    // 双发子弹的设置
    private int doubleFire = 0;
    public void doubleFire() {
        doubleFire = 20;
    }

    // 开火运行方法
```

```java
    public Bullet[] openFire() {
        //    Bullet b = fire();
        //    return new Bullet[] {b};
        if(doubleFire > 0) {
            doubleFire--;
            double x = this.x + width/2 - 5;
            double y = this.y - 20;
            Bullet b1 = new Bullet(x+15,y);
            Bullet b2 = new Bullet(x-15,y);
            return new Bullet[] {b1, b2};
        }else {
            Bullet b = fire();
            return new Bullet[] {b};
        }
    }

}
```

步骤二：在 World 类中添加奖励机和战绩等相关内容。

修改 World.java 文件，添加奖励机和战绩处理功能，使用 map 记录被击毁敌机的数量，游戏结束后在控制台中显示战绩。代码如下：

```java
package cn.tedu.shooter;

import java.awt.Color;
import java.awt.Graphics;
import java.awt.event.MouseAdapter;
import java.awt.event.MouseEvent;
import java.util.*;

import javax.swing.JFrame;
import javax.swing.JPanel;

public class World extends JPanel{
    // 定义游戏的 4 个状态
    public static final int READY = 0;
    public static final int RUNNING = 1;
    public static final int PAUSE = 2;
    public static final int GAME_OVER = 3;

    // 进入游戏准备状态
    private int state = READY;

    // 背景
    private Sky sky;
    private Hero hero;
    // 计数器
```

```
private int index = 0;
private Bullet[] bullets;
// 所有的可以被击毁的敌机
private FlyingObject[] planes;

// 生命与得分
private int life = 3;
private  int score = 0;

// 游戏信息记录
Map<String, Integer> gameRecord = new HashMap();
int ap = 0;
int bp = 0;
int b = 0;

// 此处省略 World 类的构造方法的代码展示, 与第 8 章内容相比无变化
// 此处省略 init()方法的代码展示, 与第 8 章内容相比无变化
// 此处省略 main()方法的代码展示, 与第 8 章内容相比无变化
// 此处省略 action()方法的代码展示, 与第 8 章内容相比无变化
// 此处省略 LoopTask 内部类的代码展示, 与第 8 章内容相比无变化
// 此处省略 paint()方法的代码展示, 与第 8 章内容相比无变化
// 此处省略 fireAction()方法的代码展示, 与第 8 章内容相比无变化
// 此处省略 objectMove()方法的代码展示, 与第 8 章内容相比无变化
// 此处省略 clean()方法的代码展示, 与第 8 章内容相比无变化
// 此处省略 heroMove()方法的代码展示, 与第 8 章内容相比无变化

// 添加创建敌机的函数
public void createPlane() {
    //   if(index == 1) { // 验证效果
    //       Plane plane = new Bigplane();
    //       // 数组扩容
    //       planes = Arrays.copyOf(planes, planes.length+1);
    //       // 将新飞机添加到新数组最后的位置
    //       planes[planes.length-1] = plane;
    //   }
    Plane plane;
    if(index % 16 == 0) {
        Random random  = new Random();
        // 0~9
        int n = random.nextInt(10);
        // 随着分数的增加, 大飞机出现的概率提高
        // 每提升 2000 分, 大飞机出现的概率提高 10%
        if (n < = (score / 2000)) {
            plane = new Bigplane();
        }else{
            plane = new Airplane();
        }
```

```
                    if(index % 640 == 0){
                        plane = new Bee();
                    }

                    // 数组扩容
                    planes = Arrays.copyOf(planes, planes.length+1);
                    // 将新飞机添加到新数组最后的位置
                    planes[planes.length-1] = plane;
            }
    }
    // 此处省略 hitDetection()方法的代码展示, 与第 8 章内容相比无变化
    // 激励机制
    public void scores(FlyingObject obj) {
            // 检测死亡对象类型, 如果是敌机, 就计分
        if(obj.isDead()) {
            if(obj instanceof Enemy) {
                Enemy enemy = (Enemy) obj;
                score + = enemy.getScore();
                if(obj instanceof Airplane){
                    ap++;
                }else{
                    bp++;
                }
            }
            // 处理奖励规则
            if(obj instanceof Award) {
                Award award = (Award)obj;
                int type = award.getAward();
                if(type == Award.DOUBLE_FIRE) {
                    hero.doubleFire();
                }else if(type == Award.SCORE){
                    score = score + 50;
                }
                b++;
            }
        }
    }
    private void runAway() {
        if(hero.isLiving()) {
            for(int i = 0; i<planes.length; i++) {
                if(! planes[i].isLiving()) {
                    continue;
                }
                // 如果英雄机和敌机相撞, 就全都消失
                if(hero.duang(planes[i])) {
                    hero.goDead();
                    planes[i].goDead();
```

```
                    break;
                }
            }
            // 复活后清空所有敌机
        }else if(hero.isZombie()){
            if(life>0) {
                hero = new Hero(138, 380);
                // 保险: 清理当前游戏界面中的所有飞机, 避免与新英雄机相撞
                for(int i = 0; i<planes.length; i++) {
                    planes[i].goDead();
                }
                life--;
                // 没有生命, 游戏结束
            } else {
                gameRecord.put("score", score);
                gameRecord.put("airplane", ap);
                gameRecord.put("bigplane", bp);
                gameRecord.put("bee", b);
                state = GAME_OVER;
                System.out.println(gameRecord);
            }
        }
    }
}
```

运行游戏代码,可以看到游戏界面中可能会出现奖励机,如图 9.11 所示。如果击毁奖励机,那么可能会将英雄机转换为双发子弹,如图 9.12 所示。游戏结束后会显示战绩,如图 9.13 所示。

图 9.11　出现奖励机

图 9.12　英雄机转换为双发子弹

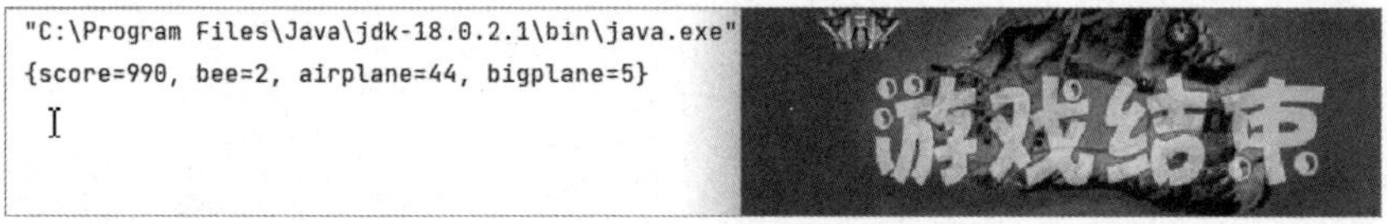

"C:\Program Files\Java\jdk-18.0.2.1\bin\java.exe"
{score=990, bee=2, airplane=44, bigplane=5}

图 9.13　游戏结束后的战绩

本章小结

　　本章首先讲解了集合类中用到的一个类型——泛型，利用泛型可以让集合更容易实现不同类型对象的存储；然后对集合类进行总览性的介绍，给出了集合总体框架的层次结构，帮助读者了解 Java 集合类及其特点。本章重点讲解了 Java 的 3 个主要集合类：List、Set 和 Map。这些集合类的存储结构各不相同，在使用上有各自的特点。本章通过实例介绍了常用的实现类的使用方法和需要注意的问题。另外，本章还介绍了常用集合工具类 Collections 和 Arrays 的用法，以及根据实际应用如何选择集合类等。

　　通过学习本章，读者不仅可以掌握各种集合类的使用场景和方法，以及需要注意的问题，还可以掌握泛型和集合常用工具类的使用等。

习题

一、选择题

　　1．不属于 Collection 集合体系的是（　　　　）。

　　　　A．ArrayList　　　　　　　　　　　　B．LinkedList

　　　　C．TreeSet　　　　　　　　　　　　　D．HashMap

　　2．Java 的集合框架中的 java.util.Collection 接口定义了许多方法，不是 Collection 接口定义的方法的是（　　　）。

　　　　A．int size()　　　　　　　　　　　　B．boolean containsAll(Collection c)

　　　　C．compareTo(Object obj)　　　　　　D．boolean remove(Object obj)

　　3．list 是 ArrayList 的对象，将（　　　）填写到 // todo delete 处，可以在 Iterator 遍历的过程中正确并安全地删除一个 list 保存的对象。

```
Iterator it = list.iterator();
int index = 0;
while (it.hasNext()){
```

```
        Object obj = it.next();
        if (needDelete(obj)) {
            // needDelete 返回 boolean，决定是否要删除
            // todo delete
        }
        index ++;
    }
```

  A．list.remove(obj);   B．list.remove(index);

  C．list.remove(it.next());   D．list.remove();

4．(　　) 不是 Map 接口中的方法。

  A．clear()   B．peek()

  C．get(Object key)   D．remove(Object key)

5．在使用 Iterator 时，判断是否存在下一个元素可以使用 (　　) 方法。

  A．next()   B．hash()

  C．hasPrevious()   D．hasNext()

6．下列说法不正确的是 (　　)。

  A．列表（List）、集合（Set）和映射（Map）都是 java.util 包中的接口

  B．List 接口是可以包含重复元素的有序集合

  C．Set 接口是不包含重复元素的集合

  D．Map 接口将键映射到值，键可以重复，但每个键最多只能映射一个值

7．创建一个 ArrayList 集合实例，该集合中只能存储 String 类型的数据，正确的是 (　　)。

  A．ArrayList mylist=new ArrayList()

  B．ArrayList <String> mylist=new ArrayList<>()

  C．ArrayList <> mylist=new ArrayList<String> ()

  D．ArrayList <> mylist=new ArrayList<> ()

8．下列关于泛型的说法不正确的是 (　　)。

  A．泛型的唯一作用是提高 Java 程序的类型安全

  B．泛型可以消除源代码中的许多强制类型转换

  C．当声明或实例化一个泛型对象时，必须指定类型参数的值

  D．在实际应用中可以根据自己的需求自定义泛型

9．(　　) 不是 Iterator 接口中定义的方法。

  A．next()   B．hasNext()

  C．hasPrevious()   D．remove()

10．不包含重复元素且有序的集合类的是 (　　)。

  A．HashSet   B．TreeSet

C．ArrayList   D．HashMap

11．使用（   ）方法可以根据元素的自然顺序对指定列表按降序排序。

A．reverse()   B．copy()

C．shuffle()   D．sort()

12．能够实现 FIFO 特点的集合类是（   ）。

A．LinkedList   B．Stack

C．TreeSet   D．HashMap

13．下列关于 Map 集合的说法，不正确的是（   ）。

A．Map 用 put(key,value)方法来添加一个值

B．Map 用 get(key)方法获取与 key 键相关联的值

C．Map 接口的 keySet()方法可以返回一个有序集合

D．Map 接口的 entrySet()方法可以返回一个集合对象

14．下列关于 Collection 和 Collections 的说法，正确的是（   ）。

A．Collection 是 java.util 包的类，包含各种有关集合操作的静态方法

B．Collections 是 java.util 包的接口，是各种集合结构的父接口

C．Collection 是集合类的上级接口

D．继承 Collections 接口的主要有 Set 和 List，Collections 是针对集合类的一个帮助类

15．下列说法正确的是（   ）。

A．HashMap 和 Hashtable 都实现了 Map 接口

B．Hashtable 允许键值（key）为 null

C．HashMap 线程相对安全

D．HashMap 和 Hashtable 的性能差距很大

二、填空题

1．_____是所有单列集合的父接口，定义了单列集合（List 和 Set）通用的一些方法。

2．当使用 Iterator 遍历集合时，需要调用_____方法判断是否存在下一个元素，若存在下一个元素，则调用_____方法取出该元素。

3．Map 接口是一种双列集合，其中的每个元素都包含一个键对象_____和一个值对象_____，键对象和值对象之间存在一种对应关系，称为映射。

4．ArrayList 内部封装了一个长度可变的_____。

5．在创建 TreeSet 对象时，可以传入自定义比较器，自定义比较器需要实现_____接口。

三、判断题

1．Set 集合是通过键值对的方式来存储对象的。　　　　　　　　　　　　（　　）

2．ArrayList 集合查询元素的速度很快，但是增/删操作的效率较低。　　　（　　）

3．Set 接口中主要有两个实现类，分别是 HashSet 和 TreeSet。　　　　　（　　）

4．Map 接口是一种双列集合，其中的每个元素都包含一个键对象 Key 和一个值对象 Value。

　　　　　　　　　　　　　　　　　　　　　　　　　　　　　　　　（　　）

5．如果创建的 TreeSet 集合中没有传入比较器，那么该集合中存入的元素需要实现 Comparable 接口。　　　　　　　　　　　　　　　　　　　　　　　　　（　　）

6．集合中不能存储基本数据类型，只能存储引用类型。　　　　　　　　　（　　）

7．Set 集合是通过键值对的方式来存储对象的。　　　　　　　　　　　　（　　）

四、简答题

1．集合与数组的区别是什么？集合的核心接口有哪些？

2．简述 List、Set 和 Map 的特点与区别。

3．使用泛型有哪些优点？

五、编程题

1．使用 Map 存储图书信息，遍历并输出。其中，商品属性包括书号、书名、单价和出版社，将书号作为 Map 中的键。

2．使用 HashSet 存储多条图书信息，遍历并输出。其中，商品属性包括书号、书名、单价和出版社，要求向其中添加多本相同的书籍，书号相同就是相同的书籍，验证集合中元素的唯一性（提示：向 HashSet 中添加自定义类的对象信息，需要重写 hashCode()方法和 equals()方法）。

JV-09-c-001

第 10 章

Java I/O 技术

本章目标

- 了解 File 类及其常用的方法。
- 了解流的概念。
- 掌握字节流的使用方法。
- 掌握字符流的使用方法。
- 掌握 RandomAccessFile 类、PrintStream 类、PrintWrite 类和数组流等的使用方法。
- 理解对象的序列化与反序列化。
- 了解文件锁的使用方法。

10.1　文件操作类：File 类

File 是 java.io 包中作为文件和目录的类。对于目录，Java 把 File 类当作一种特殊类型的文件，即文件名单列表。File 类定义了一些与平台无关的方法来操作文件，通过调用 File 类中的方法不仅可以得到文件和目录的描述信息，包括名称、所在路径、读写性和长度等，还可以对文件和目录执行新建、删除及重命名等操作。但是使用 File 类不能读取文件内容，操作文件内容需要使用输入流和输出流。

10.1.1　File 类常用的方法

File 类用于封装一条路径，这条路径可以是从系统盘符开始的绝对路径，也可以是相对于当前目录而言的相对路径。File 类内部封装的路径可以指向一个文件，也可以指向一个目录。File 类的构造方法如表 10.1 所示。

表 10.1　File 类的构造方法

方法声明	功能描述
File(String pathname)	构造方法，通过指定的字符串类型的文件路径来创建一个新的 File 对象
File(String parent, String child)	构造方法，根据指定的字符串类型的父路径和字符串类型的子路径（包括文件名称）创建一个 File 对象
File(File parent, String child)	构造方法，根据指定的 File 类的父路径和字符串类型的子路径（包括文件名称）创建一个 File 对象
File(URI uri)	构造方法，通过将给定的 file: URI 转换为抽象路径名来创建新的 File 对象

表 10.1 中列举的所有的构造方法都需要传入文件路径。通常，如果程序只处理一个目录或文件，并且知道该目录或文件路径，那么使用第一个构造方法比较方便。如果程序处理的是一个公共目录下的若干子目录或文件，那么使用第二个或第三个构造方法更方便。

下面演示如何使用 File 类的构造方法创建 File 对象。

【实例 10.1】创建 File 对象。

```
import java.io.File;
import java.io.IOException;
public class Example10_1 {
    public static void main(String[] args) throws IOException {
        // 使用绝对路径创建 File 对象
        File f1 = new File("D:\\chapter10\\a.txt");
        f1.createNewFile();
        // 使用相对路径创建 File 对象
        File f2 = new File("b.java");
        f2.createNewFile();
        System.out.println(f1);
        System.out.println(f2);
    }
}
```

运行结果如图 10.1 所示。

```
D:\chapter10\a.txt
b.java
```

图 10.1　运行结果 1

关于路径分隔符需要注意的是，在创建对象时传入的路径使用了 "\\"，这是因为在 Windows 操作系统中目录符号为反斜线 "\"，但反斜线 "\" 在 Java 中是特殊字符，表示转义符，所以在使用反斜线 "\" 时，前面应该再添加一个反斜线。另外，目录符号还可以用正斜线 "/" 表示，如 D:/chapter10/a.txt。

还需要注意的问题是，当创建一个 File 类的对象时，如果它代表的磁盘文件不存在，那么系统不会自动创建，必须调用 createNewFile() 方法来创建，如实例 10.1 中的代码 f1.createNewFile()和 f2.createNewFile()。

File 类提供了一系列方法，用于操作内部封装的路径指向的文件或目录。File 类常用的方法如表 10.2 所示。

表 10.2　File 类常用的方法

方法声明	功能描述
boolean canRead()	判断 File 对象对应的文件或目录是否可读
boolean canWrite()	判断 File 对象对应的文件或目录是否可写
boolean createNewFile()	当 File 对象对应的文件不存在时，新建一个此 File 对象所指定的新文件，若创建成功则返回 true，否则返回 false
boolean delete()	删除 File 对象对应的文件或目录，若删除成功则返回 truc，否则返回 false
boolean exists()	判断 File 对象对应的文件或目录是否存在
String getAbsolutePath()	返回 File 对象对应的绝对路径
String getName()	返回 File 对象表示的文件或目录的名称
String getParent()	返回 File 对象对应目录的父目录
String getPath()	返回 File 对象对应的路径
boolean isFile()	判断 File 对象对应的是否是文件
boolean isDirectory()	判断 File 对象对应的是否是目录
boolean isHidden()	判断 File 对象对应的文件或目录是否隐藏
long length()	返回文件内容的长度
String[] list()	返回字符串数组，列出指定目录的全部内容，只是列出名称
String[] list(FilenameFilter filter)	返回字符串数组，命名由此抽象路径名表示的目录下满足指定过滤器的文件和目录
long lastModified()	返回 1970 年 1 月 1 日 0 时 0 分 0 秒到文件最后修改时间的毫秒值
boolean mkdir()	根据当前对象生成一个由该对象指定的路径
boolean renameTo (File newName)	将当前文件名更名为给定文件的完整路径，返回值若为 true 则表示成功，若为 false 则表示失败

【实例 10.2】查看指定路径下已有文件的相应信息。

```
import java.io.File;
import java.io.IOException;
public class Example10_2 {
    public static void main(String[] args) throws IOException {
```

```
        // 创建 File 对象，表示一个文件
        File file1 = new File("hello.txt");
        // 磁盘上没有 hello.txt 文件，调用 createNewFile()方法创建
        file1.createNewFile();
        // 获取文件名称
        System.out.println("文件名称："+file1.getName());
        // 获取文件的绝对路径
        System.out.println("文件的绝对路径："+file1.getAbsolutePath());
        // 获取文件的相对路径
        System.out.println("文件的相对路径："+file1.getPath());
        // 获取文件的父路径
        System.out.println("文件的父路径："+file1.getParent());
        // 得到文件的大小
        System.out.println("文件大小为："+file1.length()+"bytes");
        // 判断文件是否可写
        System.out.println(file1.canWrite()?"文件可写":"文件不可写");
        // 判断文件是否可读
        System.out.println(file1.canRead()?"文件可读":"文件不可读");
        // 判断是否是一个文件
        System.out.println(file1.isFile()?"是一个文件":"不是一个文件");
        // 判断是否是一个目录
        System.out.println(file1.isDirectory()?"是一个目录":"不是一个目录");
        // 判断是否是绝对路径
        System.out.println(file1.isAbsolute()?"是绝对路径":"不是绝对路径");
        // 得到文件的最后修改时间
        System.out.println("最后修改时间为："+file1.lastModified());
        // 是否成功删除文件
        System.out.println("是否成功删除文件:"+file1.delete());
    }
}
```

运行结果如图 10.2 所示。

```
文件名称：hello.txt
文件的绝对路径：d:\chapter10\chapter10\hello.txt
文件的相对路径：hello.txt
文件的父路径：null
文件大小为：12bytes
文件可写
文件可读
是一个文件
不是一个目录
不是绝对路径
最后修改时间为：1660121541856
```

图 10.2　运行结果 2

10.1.2 遍历目录下的文件

File 类的常用方法中有一个 list()方法，该方法用于遍历某个指定目录下的所有文件的名称。需要注意的是，使用 list()方法仅遍历指定目录下一级目录或文件的名称，不会再向下遍历二级目录中的内容。

【实例 10.3】使用 list()方法对指定目录进行遍历，显示所有文件的名称。

```java
import java.io.File;
public class Example10_3 {
    public static void main(String[] args) {
        File file = new File("D:\\chapter10\\chapter10");
        if(file.isDirectory()){
            // 获得目录下所有文件的文件名
            String[] filenames = file.list();
            for (String name:filenames) {
                // 输出文件名
                System.out.println(name);
            }
        }
    }
}
```

运行结果如图 10.3 所示。

```
.idea
b.java
chapter10.iml
hello.txt
out
src
```

图 10.3　运行结果 1

实例 10.3 实现了遍历一个目录下所有文件的功能，但有些应用程序只是需要得到指定类型的文件，对于这样的需求，File 类提供了重载的 list(FilenameFilter filter)方法，该方法中的参数传递的就是过滤器。FilenameFilter 是一个接口，被称为文件过滤器。该接口中定义了抽象方法 boolean accept(File dir, String name)。在调用 list()方法时，需要实现文件过滤器接口 FilenameFilter，并在 accept()方法中做出判断，获得指定类型的文件。

【实例 10.4】遍历指定目录下指定类型的文件，列出所有满足条件的文件名称。

```java
import java.io.File;
import java.io.FilenameFilter;
public class Example10_4 {
    public static void main(String[] args) {
        // 创建 File 对象
        File file = new File("D:\\chapter10");
```

```java
        // 创建文件过滤器对象
FilenameFilter filter = new FilenameFilter() {
    @Override
    public boolean accept(File dir, String name) {
        File currentfile = new File(dir, name);
        /*自定义过滤规则
        若文件名扩展名为.txt，则返回true，否则返回false
        */
        if (currentfile.isFile() && name.endsWith(".txt")) {
            return true;
        } else {
            return false;
        }
    }
};
        // 判断目录是否存在
if (file.exists()) {
    String[] lists = file.list(filter);
    System.out.println("D:\\chapter10 目录下所有.txt 文件有：");
    for (String name:lists) {
        System.out.println(name);
    }
}
    }
}
```

运行结果如图 10.4 所示。

```
D:\chapter10目录下所有.txt文件有：
1.txt
2.txt
3.txt
4.txt
5.txt
6.txt
a.txt
```

图 10.4　运行结果 2

注意： java.io 包中还有一个文件过滤器接口，即 FileFilter 接口，请读者自行查阅资料学习。两个过滤器接口是没有实现类的，需要开发者声明接口的实现类，重写过滤的方法 accept()，并在该方法中自定义过滤的规则。

10.1.3　删除文件及目录

在操作文件时，经常会遇到删除一个目录下的某个文件或删除整个目录的情况，这需要使用 File 类的 delete()方法。下面通过实例来介绍 delete()方法的应用。

先在计算机的 D 盘的 chapter10 文件夹中创建一个名 hello 的文件夹，再在此文件夹中创建一个文本文件，如 a.txt。

【实例 10.5】使用 File 类的 delete()方法删除指定的文件夹。

```java
import java.io.File;
public class Example10_5 {
    public static void main(String[] args) {
        File file = new File("D:\\chapter10\\hello");
        if (file.exists()){
            System.out.println(file.delete());
        }
    }
}
```

运行结果如图 10.5 所示。

```
false
```

图 10.5   运行结果 1

由运行结果可知，输出信息为 false，也就是说，并没有删除指定文件夹 D:\chapter10\hello。这是因为，如果 File 对象代表的是目录，并且该目录下包含子目录或文件，那么使用 delete()方法无法删除这个目录。要解决这个问题，需要采用递归方式将整个目录及其中的文件全部删除，并删除所在的目录。实例 10.6 是对实例 10.5 的修改，实现了删除包含子文件的目录。

【实例 10.6】采用递归方式将整个目录及其中的文件全部删除。

```java
import java.io.File;
public class Example10_6 {
    public static void main(String[] args) {
        File file = new File("D:\\chapter10\\hello");
        deletedir(file);
    }
    public static void deletedir(File dir){
        // 判断传入的对象 dir 是否存在
        if (dir.exists()){
            // 得到 File 数组
            File [] files = dir.listFiles();
            for (File file:files) {
                // 如果是目录, 那么递归调用 deletedir()方法
                if (file.isDirectory()){
                    deletedir(file);
                }
                else {
                    // 如果是文件, 不是目录, 那么直接删除
```

```
                    file.delete();
              }
          }
          // 删除一个目录下的所有文件后，也就删除了这个目录
          dir.delete();
      }
   }
}
```

运行结果如图 10.6 所示。

图 10.6 运行结果 2

10.1.4 运行可执行文件

在 Java 程序中，当需要执行一个本地主机上的可执行文件时，可以使用 java.lang 包中的 Runtime 类，操作步骤如下。

首先，使用 Runtime 类声明一个对象：

```
Runtime ec;
```

然后，使用 Runtime 类的 getRuntime()静态方法创建这个对象：

```
ec=Runtime.getRuntime();
```

ec 对象可以调用 exec(String command)方法打开本地主机上的可执行文件或执行一个操作。

【实例 10.7】在 Java 程序中执行打开记事本程序的操作。

```
import java.io.File;
public class Example10_7 {
    public static void main(String[] args){
        try{
            Runtime ec = Runtime.getRuntime();
            // 执行javac程序，编译.java文件
            ec.exec("javac Example10_7.java");
            // 执行 Java 程序，运行.java文件
            ec.exec("java Example10_7");
```

```
        // 获取记事本程序的路径，执行记事本程序
        ec.exec("C:\\Windows\\System32\\notepad.exe");
    }catch(Exception e){
        e.printStackTrace();
    }
    }
}
```

运行结果为在 Windows 桌面上打开的记事本程序窗口。

10.2 输入/输出流概述

10.2.1 输入/输出流的原理

在变量、数组和对象中存储的数据只是暂时存储，程序结束后内容就会丢失。为了能够永久地保存程序创建的数据，需要将其保存到磁盘文件中。使用 Java 的输入/输出流技术可以将数据保存到文本文件、二进制文件或压缩文件中，达到永久保存数据的目的。

Java 将数据的输入/输出操作当作流处理。流是一组有序的数据序列，也可称为数据流。

读者可以使用现实世界中的水流来理解数据流的特征。首先，流是动态的，静止的水不能称为水流，静止的一组数据也不能称为数据流，只有正在传输的数据才能称为数据流。其次，流与时间的关系非常密切，在有界的时间内数据流的总长度是可以衡量的，在无界的时间内数据流的总长度是无法衡量的。理解流的上述特征是理解输入/输出流的基础。

流分为两种形式：输入流和输出流。站在当前系统的角度，数据流入系统的是输入流，数据流出系统的是输出流。输入/输出流示意图如图 10.7 所示。

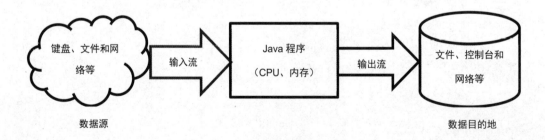

图 10.7　输入/输出流示意图

数据输入的数据源有多种形式，如文件、网络和键盘等，键盘是默认的标准输入设备。而数据输出的目的地也有多种形式，如文件、网络和控制台，控制台是默认的标准输出设备。

所有的输入形式都抽象为输入流，所有的输出形式都抽象为输出流，它们与设备无关。

10.2.2　输入/输出流的分类

JV-10-v-001

java.io 包中定义了多种流类型（类或抽象类）来实现输入/输出功能。

可以按照不同的角度对流进行分类：按照数据流的方向不同可以分为输入流和输出流；按照处理数据的单位不同可以分为字节流和字符流，以字节为单位的流称为字节流，以字符为单位的流称为字符流。

Java 提供了 4 个顶级抽象类：两个字节流抽象类，分别为字节输入流（InputStream）和字节输出流（OutputStream）；两个字符流抽象类，分别为字符输入流（Reader）和字符输出流（Writer）。

1. 字节输入流

字节输入流的根类是 InputStream。主要的字节输入流如表 10.3 所示。InputStream 类的继承层次如图 10.8 所示。

表 10.3　主要的字节输入流

类名	功能描述
FileInputStream	文件输入流
ByteArrayInputStream	面向字节数组的输入流
PipedInputStream	管道输入流，用于两个线程之间的数据传递
FilterInputStream	过滤输入流，为抽象类 Inputstream 中的所有方法提供了基础实现，供子类在此基础上提供增强功能
BufferedInputStream	缓存输入流，是 FilterInputStream 类的子类
DataInputStream	面向基本数据类型与字符串类型的输入流

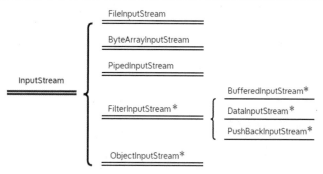

图 10.8　InputStream 类的继承层次

图 10.8 中带有 "*" 标识的表示装饰流。

2. 字节输出流

字节输出流的根类是 OutputStream。主要的字节输出流如表 10.4 所示。OutputStream 类的继承层次如图 10.9 所示。

表 10.4　主要的字节输出流

类名	功能描述
FileOutputStream	文件输出流
ByteArrayOutputStream	面向字节数组的输出流
PipedOutputStream	管道输出流，用于两个线程之间的数据传递
FilterOutputStream	过滤输出流，为抽象类 OutputStream 中的所有方法提供了基础实现，供子类在此基础上提供增强功能
BufferedOutputStream	缓存输出流，是 FilterOutputStream 类的子类
DataOutputStream	面向基本数据类型与字符串类型的输出流

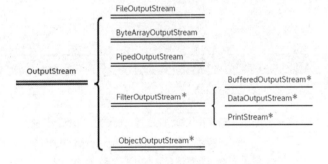

图 10.9　OutputStream 类的继承层次

图 10.9 中带有 "*" 标识的表示装饰流。

3. 字符输入流

字符输入流的根类是 Reader，这类流以 16 位的 Unicode 编码表示的字符为基本处理单位。主要的字符输入流如表 10.5 所示。Reader 类的继承层次如图 10.10 所示。

表 10.5　主要的字符输入流

类名	功能描述
FileReader	文件输入流
CharArrayReader	面向字符数组的输入流
PipedReader	管道输入流，用于两个线程之间的数据传递

续表

类名	功能描述
FilterReader	过滤输入流，是一个装饰器，用于扩展其他输入流
BufferedReader	缓存输入流，也是装饰器，但不是 FilterReader 类的子类
InputStreamReader	把字节流转换为字符流，是一个装饰器，是 FileReader 类的父类

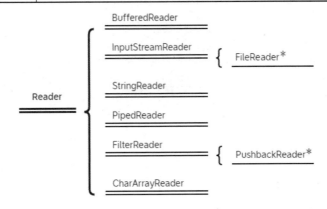

图 10.10　Reader 类的继承层次

图 10.10 中带有"*"标识的表示装饰流。

4. 字符输出流

字符输出流的根类是 Writer，这类流以 16 位的 Unicode 编码表示的字符为基本处理单位。主要的字符输出流如表 10.6 所示。Writer 类的继承层次如图 10.11 所示。

表 10.6　主要的字符输出流

类名	功能描述
FileWriter	文件输出流
CharArrayWriter	面向字符数组的输出流
PipedWriter	管道输出流，用于两个线程之间的数据传递
FilterWriter	过滤输出流，是一个装饰器，用于扩展其他输出流
BufferedWriter	缓存输出流，也是装饰器，但不是 FilterReader 的子类
OutputStreamWriter	把字节流转换为字符流，也是一个装饰器，是 FileWriter 的父类

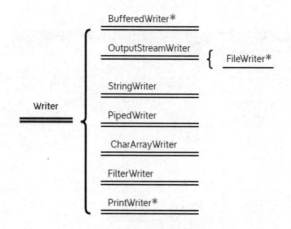

图 10.11　Writer 类的继承层次

图 10.11 中带有"*"标识的表示处理流（装饰流）。

掌握了输入/输出流及其特点，读者就可以根据需要选择合适的类来完成数据的输入和输出操作。

10.3　字节流

本节详细介绍字节流的 API。要掌握字节流的 API，需要先熟悉它的两个抽象类：InputStream 和 OutputStream。

10.3.1　InputStream 抽象类

InputStream 是字节输入流的根类，定义了操作输入流的方法。

1. 读取数据

abstract int read()：读取一个字节，返回值为所读取的字节。

int read(byte b[])：读取多个字节，数据放到字节数组 b 中，返回值为实际读取的字节的数目，如果已经到达流末尾，并且没有可用的字节，那么返回值为-1。

int read(byte b[ ], int off, int len)：最多读取 len 个字节，数据放到以下标 off 开始的字节数组 b 中，将读取的第一个字节存储在元素 b[off]中，下一个字节存储在 b[off+1]中，以此类推。返回值为实际读取的字节的数目，如果已经到达流末尾，并且没有可用的字节，那么返回值为-1。

int available()：返回值为流中尚未读取的字节的数目。

2. 关闭流

void close()：关闭此输入流并释放与其相关的任何系统资源。

上述所有方法都可能抛出 IOException 异常，因此在使用时需要注意处理异常。

10.3.2　OutputStream 抽象类

OutputStream 是字节输出流的根类，定义了操作输出流的方法。

1. 输出数据

void write(int b)：将 b 写入输出流中（b 是 int 型的，占 32 位），写入过程是写入 b 的 8 个低位，b 的 24 个高位将被忽略。

void write(byte b[ ])：将 b.length 个字节从指定字节数组 b 写入输出流中。

void write(byte b[ ], int off, int len)：把字节数组 b 的从下标 off 开始且长度为 len 的字节写入输出流中。

void flush()：刷空输出流，并输出所有被缓存的字节。由于某些流支持缓存功能，因此使用该方法将把缓存中的所有内容强制输出到流中。

2. 关闭流

void close()：关闭此输出流并释放与其相关的任何系统资源。

关闭输出流很重要。在完成写操作的过程中，系统会将数据暂存到缓存区中，缓存区存满后再一次性写入输出流中。在执行 close()方法时，不管当前缓存区中是否已存满，都会把其中的数据写到输出流中，从而保证数据的完整性。如果不执行 close()方法，那么可能会导致缓存区中的部分数据不能保存到目的地。

上述所有方法都声明抛出 IOException 异常，因此在使用时需要注意处理异常。

10.3.3　FileInputStream 类和 FileOutputStream 类

JV-10-v-002

1. FileInputStream 类

FileInputStream 类继承自 InputStream 类，通过字节的方式读取文件，适合读取所有类型的文件（图像、视频和文本文件等）。

FileInputStream 类常用的构造方法如下。

- public FileInputStream(File file) throws FileNotFoundException。
- public FileInputStream(String name) throws FileNotFoundException。

这两个方法分别通过给定的 File 对象和文件名字符串创建 FileInputStream 对象。如果文件不存在或出现其他问题，就会抛出 FileNotFoundException 异常，需要捕获处理。

通过字节输入流读取数据时，应该首先设定输入流的数据源，然后创建指向这个数据源的输入流，接着从输入流中读取数据，最后关闭输入流。

2. FileOutputStream 类

FileOutputStream 类是 OutputStream 类的常用子类，通过字节的方式将数据写到文件中，适合所有类型的文件。

FileOutputStream 类常用的构造方法如下。

- public FileOutputStream(File file) throws IOException。
- public FileOutputStream(String name) throws IOException。
- public FileOutputStream(File file, boolean append) throws IOException。
- public FileOutputStream(String name, boolean append) throws IOException。

在创建输出流时，如果文件不存在或出现其他问题，就会抛出 IOException 异常，需要捕获处理。

通过字节输出流输出数据时，应该首先设定输出流的目的地，然后创建指向这个目的地输出流，接着向输出流中写入数据，最后关闭输出流。

下面通过实例演示 FileInputStream 类和 FileOutputStream 类的应用。

【实例 10.8】通过键盘接收一行数据，并写入磁盘的指定文件中。

```java
import java.io.FileNotFoundException;
import java.io.FileOutputStream;
import java.io.IOException;
import java.io.InputStream;
public class Example10_8 {
    public static void main(String[] args) {
        InputStream in = System.in;
        System.out.println("请输入一行数据：");
        byte[] b = new byte[64];
        FileOutputStream out = null;
        try{
            // 读入数据，存入字节数组b中
            in.read(b);
            // 创建文件字节输出流对象out，指向指定的文件
            out = new FileOutputStream("D:\\chapter10\\fileiotest\\text1.txt");
            // 写入输出流中
            out.write(b);
        }catch(FileNotFoundException e){
            e.printStackTrace();
```

```
        }catch (IOException e){
            e.printStackTrace();
        }finally {
            try{
                if(in! = null){
                    in.close();
                }
                if(out! = null){
                    out.flush();
                    out.close();
                }
            }catch (IOException e){
                e.printStackTrace();
            }
        }
    }
}
```

运行结果如图 10.12 所示。在控制台中，通过键盘输入"hello world"，在指定文件 text1.txt 中保存此字符串。

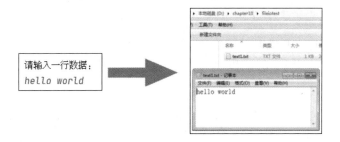

图 10.12　运行结果 1

【实例 10.9】通过 FileInputStream 类和 FileOutputStream 类复制文件。

```
import java.io.FileInputStream;
import java.io.FileOutputStream;
import java.io.IOException;
public class Example10_9 {
    public static void main(String[] args) throws IOException {
        // 创建文件输入流用于读取源文件
        FileInputStream fis = new FileInputStream(
            "D:\\chapter10\\chapter10\\src\\Example10_9.java");
        // 创建文件输出流，复制新文件
        FileOutputStream fos = new FileOutputStream(
            "D:\\chapter10\\back_Example10_9.java");
        // 创建一个 10KB 的缓存区
        byte[] data = new byte[1024*10];
```

```
        int len;
        long s = System.currentTimeMillis();
        // 从源文件中循环读取信息并存入新文件中
        while((len = fis.read(data))! = -1) {
            fos.write(data, 0, len);
        }
        // 返回当前时间（以毫秒为单位）
        long e = System.currentTimeMillis();
        // 求复制文件内容花费的时间
        System.out.println("复制花费的时间:"+(e-s));
        // 关闭输入流
        fis.close();
        // 关闭输出流
        fos.close();
    }
}
```

运行结果如图 10.13 所示。指定的文件夹中出现了复制的文件，复制内容花费 2 毫秒。

图 10.13　运行结果 2

10.3.4　BufferedInputStream 类和 BufferedOutputStream 类

BufferedInputStream 和 BufferedOutputStream 称为字节缓存流。它们本身并不具有输入/输出流的读取与写入功能，只是在其他流上加上缓存功能提高效率，就如同把其他流包装起来一样，因此，缓存流是一种处理流（装饰流）。当对文件或其他数据源执行频繁的读/写操作时，效率比较低，这时如果使用缓存流就能够更高效地读/写信息。使用字节缓存流内置一个缓存区，第一次调用 read() 方法时尽可能将数据源的数据读取到缓存区中，后续再用 read() 方法时先确定缓存区中是否有数据，若有则读取缓存区中的数据，若没有则再次从数据源读取数据到缓存区中，并从缓存区中返回一部分数据给 read() 方法的调用者，这样可以减少直接读数据源的次数。通过输出流调用 write() 方法写入数据时，先将数据写入缓存区中，缓存区满了之后或手动刷新时再将数据写入数据目的地。使用缓存字节流可以减少输入/输出操作的次数，以提高效率。

BufferedInputStream 和 BufferedOutputStream 是字节缓存流，通过内部缓存数组来提高操作流的效率。

（1）BufferedInputStream 类可以对所有 InputStream 类进行带缓存区的包装，以达到性能的优化。BufferedInputStream 类有以下两个构造方法。

- BufferedInputStream(InputStream in)：创建一个带 32 字节缓存区的缓存输入流。
- BufferedInputStream(InputStream in, int size)：按指定的大小创建缓存区。

（2）BufferedOutputStream 类可以对所有 OutputStream 类进行带缓存区的包装，以达到性能的优化。BufferedOutputStream 类也有两个构造方法。

- BufferedOutputStream(OutputStream out)：创建一个新的缓存输出流，以将数据写入指定的底层输出流中，缓存区的大小为 8192 字节。
- BufferedOutputStream(OutputStream out, int size)：创建一个新的缓存输出流，以便以指定大小的缓存区将数据写入指定的底层输出流中。

【实例 10.10】利用缓存流从一个文件中读取数据，并写入另一个文件中。

```java
import java.io.*;

public class Example10_10 {
    public static void main(String[] args) {
        BufferedInputStream in = null;
        BufferedOutputStream out = null;
        try{
            in = new BufferedInputStream(new FileInputStream(
                "D:\\chapter10\\chapter10\\src\\Example10_10.java"));
            out = new BufferedOutputStream(new FileOutputStream(
                "D:\\chapter10\\back_Example10_10.java"));
            int b = in.read();
            while(b! = -1) {
                out.write(b);
                b = in.read();
            }
        }catch (FileNotFoundException e){
            e.printStackTrace();
        }
        catch (IOException e){
            e.printStackTrace();
        }finally {
            try{
                if(in! = null){
                    in.close();
                }
                if(out! = null){
                    out.flush();
                    out.close();
                }
            }catch (IOException e){
```

```
                    e.printStackTrace();
            }
        }
    }
}
```

运行结果如图 10.14 所示。

图 10.14　运行结果 1

【实例 10.11】编写程序将字符'a'、'b'和'c'写入磁盘文件中，写入 10 万次（要求：分别使用 FileOutputStream 类和 BufferedOutputStream 类，并对比两者的效率）。

```java
import java.io.BufferedOutputStream;
import java.io.FileNotFoundException;
import java.io.FileOutputStream;
import java.io.IOException;
public class Example10_11 {
    public static void main(String[] args) {
        // 使用 FileOutputStream 类写入
        try {
            FileOutputStream out1 = new FileOutputStream(
                "D:\\chapter10\\1.txt");
            long starttime = System.currentTimeMillis();
            for (int i = 0; i < 100000; i++) {
                out1.write('a');
                out1.write('b');
                out1.write('c');
            }
            out1.flush();
            out1.close();
            long endtime = System.currentTimeMillis();
            System.out.println("使用 FileOutStream 类写入文件中的耗时: "+
                (endtime-starttime));
        } catch (FileNotFoundException e) {
            e.printStackTrace();
        } catch (IOException e) {
```

```
                e.printStackTrace();
            }
            // 使用 BufferedOutputStream 类写入
            try {
                BufferedOutputStream out2 = new BufferedOutputStream(
                    new FileOutputStream("D:\\chapter10\\1.txt"));
                long starttime = System.currentTimeMillis();
                for (int i = 0; i < 100000; i++) {
                    out2.write('a');
                    out2.write('b');
                    out2.write('c');
                }
                out2.flush();
                out2.close();
                long endtime = System.currentTimeMillis();
                System.out.println("使用 BufferedOutputStream 类写入文件中的耗时:"+
                    (endtime - starttime));
            } catch (FileNotFoundException e) {
                e.printStackTrace();
            } catch (IOException e) {
                e.printStackTrace();
            }
        }
    }
```

运行结果如图 10.15 所示。由此可知，使用 BufferedOutputStream 类的耗时远远小于使用 FileOutputStream 类的耗时。

```
使用 FileOutStream 类写入文件中的耗时：655
使用 BufferedOutputStream 类写入文件中的耗时：15
```

图 10.15　运行结果 2

10.3.5　DataInputStream 类和 DataOutputStream 类

数据输入/输出流允许程序以与机器无关的方式在底层输入/输出流中操作 Java 基本数据类型与字符串类型（如 int、double 和 String 等）。

DataInputStream 和 DataOutputStream 是处理流，可以对其他节点流或处理流进行包装，以增加一些更灵活、更高效的功能。

DataInputStream 类和 DataOutputStream 类的构造方法如下。

（1）DataInputStream(InputStream in)：使用指定的基础输入流创建一个 DataInputStream。

（2）DataOutputStream(OutputStream out)：创建一个新的数据输出流，将数据写入指定的基础输出流中。

DataInputStream 类提供的 readUTF()方法用来返回字符串，写入字符串的方法包括 writeBytes(String s)、writeChars(String s)和 writeUTF(String str)。

由于 Java 中的字符采用 Unicode 编码，因此是双字节的。writeBytes(String s)方法将字符串的每个字符的低字节内容写入目标设备中，writeChars()方法将字符串的每个字符的 2 字节的内容写入目标设备中，writeUTF()方法将字符串按照 UTF 编码后的字节长度写入目标设备中，之后才是每个字节的 UTF 编码。

【实例 10.12】DataInputStream 类和 DataOutputStream 类的应用。

```java
import java.io.*;
public class Example10_12 {
    public static void main(String[] args) {
        try(
            FileInputStream filein = new FileInputStream(
                "D:\\chapter10\\a.txt");
            FileOutputStream fileout = new FileOutputStream(
                "D:\\chapter10\\a.txt");
            DataInputStream datain = new DataInputStream(
                new BufferedInputStream(filein));
            DataOutputStream dataout = new DataOutputStream(
                new BufferedOutputStream(fileout));
        ){
            // 将以下各类数据写入指定文件中
            dataout.writeInt(5);
            // 产生[0,1)的随机数
            dataout.writeDouble(Math.random());
            dataout.writeChar('e');
            dataout.writeBoolean(true);
            dataout.writeUTF("欢迎来到 Java 世界！");
            dataout.flush();
            // 读取各个数据，读取的顺序要与写入的顺序一致
            // 否则不能正确读取各个数据
            System.out.println("整型数："+datain.readInt());
            System.out.println("双精度浮点数："+datain.readDouble());
            System.out.println("字符："+datain.readChar());
            System.out.println("布尔型值："+datain.readBoolean());
            System.out.println("字符串："+datain.readUTF());
        }catch (IOException e){
            e.printStackTrace();
        }
    }
}
```

运行结果如图 10.16 所示。

整型数：5
双精度浮点数：0.8964294668642411
字符：e
布尔型值：true
字符串：欢迎来到Java世界！

图 10.16 运行结果

10.3.6 对象流和序列化

ObjectInputStream 类和 ObjectOutputStream 类分别是 InputStream 类和 OutputStream 类的子类，以"对象"为数据源，但是必须将传输的对象进行序列化与反序列化操作。

ObjectInputStream 类和 ObjectOutputStream 类的构造方法如下。

- ObjectInputStream(InputStream in)。
- ObjectOutputStream(OutputStream out)。

ObjectOutputStream 类的指向是一个输出对象流，当准备将一个对象写入文件中时，先用 OutputStream 类的子类创建一个输出流。同样，ObjectInputStream 类的指向是一个输入流对象，当准备从文件中读入一个对象到程序中时，先用 InputStream 类的子类创建一个输入流。

当使用对象流写入或读取对象时，需要保证对象是可序列化的。这是为了保证能把对象写入文件中，并且能再把对象正确地读回到程序中。

序列化是指先将内存中对象的相关信息（包括类、数字签名、对象除 transient 和 static 之外的全部属性值，以及对象的父类信息等）进行编码，再写到外存中。如果与序列化的顺序相反，就叫反序列化，即从外存中读取序列化的对象信息，并重新解码组装为内存中一个完整的对象。

一个类如果实现了 Serializable 接口，那么这个类创建的就是可序列化的对象。Serializable 接口中的方法对程序是不可见的，因此实现该接口的类不需要实现额外的方法。如果把一个序列化的对象写入对象输出流中，Java 虚拟机就会实现 Serializable 接口中的方法，将一定格式的文本（对象的序列化信息）写入目的地中。当 ObjectInputStream 对象流从文件中读取对象时，就会从文件中读回对象的序列化信息，并根据对象的序列化信息创建一个对象。

【实例 10.13】ObjectInputStream 类和 ObjectOutputStream 类的应用。

```java
import java.io.*;
import java.util.Date;

public class Example10_13 {
    public static void main(String[] args) throws IOException,
        ClassNotFoundException {
        // 写文件
        write();
        // 读文件
```

```
            read();
    }

    // 使用对象输出流将数据写入文件中
    public static void write() {
        // 创建对象输出流, 并包装缓存流, 增加缓存功能
        try (
            OutputStream fileos = new FileOutputStream(
                "D:\\chapter10\\2.txt");
            BufferedOutputStream bufferos =
                new BufferedOutputStream(fileos);
            ObjectOutputStream objectos = new ObjectOutputStream(bufferos)
        ) {
            // 对象流也可以对基本数据类型执行读/写操作
            objectos.writeInt(5);
            objectos.writeDouble(Math.random());
            objectos.writeChar('A');
            objectos.writeBoolean(true);
            objectos.writeUTF("你好, Java! ");
            // Date 是系统提供的类, 已经实现了序列化接口
            // 如果是自定义类, 那么需要自己实现序列化接口
            objectos.writeObject(new Date());
        } catch (Exception e) {
            e.printStackTrace();
        }
    }

    // 使用对象输入流将数据读入程序中
    public static void read() {
        try (
            InputStream  fileis  =  new  FileInputStream("D:\\chapter10\\2.
txt");
            BufferedInputStream bufferis = new BufferedInputStream(fileis);
            ObjectInputStream objectis = new ObjectInputStream(bufferis);
        ) {
            // 使用对象输入流按照写入顺序读取
            System.out.println("读取整型数: " + objectis.readInt());
            System.out.println("读取浮点类型数: " + objectis.readDouble());
            System.out.println("读取字符: " + objectis.readChar());
            System.out.println("读取布尔类型数据:" + objectis.readBoolean());
            System.out.println("读取字符串: " + objectis.readUTF());
            System.out.println("读取一个对象: "+
                objectis.readObject().toString());
        } catch (Exception e) {
            e.printStackTrace();
        }
    }
```

```
}
```

运行结果如图 10.17 所示。

```
读取整型数：5
读取浮点类型数：0.8343602945381245
读取字符：A
读取布尔类型数据：true
读取字符串：你好，Java！
读取一个对象：Mon Aug 15 00:14:38 CST 2022
```

图 10.17　运行结果

需要注意的是，得益于包装类和自动装箱机制，使用对象流不仅可以读/写对象，还可以读/写基本数据类型。当使用对象流读/写对象时，该对象必须序列化与反序列化。系统提供的类（如 Date 等）已经实现了序列化接口，而用户自定义的类必须手动实现序列化接口。

10.4　字符流

字符流用于处理字符数据的读取和写入，以字符为单位。字符流有两个抽象类：Reader 和 Writer。这两个类定义了字符流读取和写入的基本方法。

10.4.1　Reader 类和 Writer 类

Reader 是所有字符输入流的父类，定义了操作字符输入流的各种方法。

Reader 类常用的方法如表 10.7 所示。

表 10.7　Reader 类常用的方法

方法名	功能描述
int read()	从源中读入一个字符。若已读到流末尾，则返回值为-1
int read(char[] cbuf)	从源中试图读取数组长度个字符并保存到 char[]数组内，返回读取的字符的数量。若已到达流末尾，则返回-1
abstract int read(char[] cbuf, int off, int len)	从源中试图读取 len 个字符并保存到 char[]数组内，off 是首字符在数组中的存放位置，返回实际读取的字符的数量。若已读到流末尾，则返回-1
void mark(int aheadLimit)	标注流中的当前位置。后续调用 reset()方法会尝试重新定位到该位置，需要注意的是，不是所有的输入流都支持该操作

续表

方法名	功能描述
void reset()	将当前输入流重新定位到最后一次调用 mark()方法时的位置
long skip(long n)	跳过参数 n 指定的字符数目，并返回所跳过的字符的数目
abstract void close()	关闭流并释放与之相关的任何系统资源。在关闭该流后，再调用 read()方法、ready()方法、mark()方法、reset()方法或 skip()方法抛出异常

Writer 是所有字符输出流的父类，定义了操作字符输出流的各种方法。

Writer 类常用的方法如表 10.8 所示。

表 10.8　Writer 类常用的方法

方法名	功能描述
abstract void close()	先向输出流中写入缓存区的数据，再关闭当前输出流，并释放与之相关的任何系统资源
void write(int c)	将字符 c 写入输出流中
void write(String str)	将字符串 str 写入输出流中
void write(String str, int off, int len)	将字符串 str 从索引为 off 开始的 len 个字符写入输出流中
void write(char[] cbuf)	将字符数组的数据写入字符输出流中
abstract void write(char[] cbuf, int off, int len)	将字符数组 cbuf[]从索引为 off 开始的 len 个字符写入输出流中
abstract void flush()	刷新当前输出流，并强制写入所有缓存的字符

10.4.2　InputStreamReader 类和 OutputStreamWriter 类

JV-10-v-003

InputStreamReader 类和 OutputStreamWriter 类是字节流通向字符流的桥梁。可以根据指定的编码方式，将字节流转换为字符流。

InputStreamReader 类的构造方法如下。

- InputStreamReader(InputStream in)：将字节流 in 转换为字符流对象，字符流使用默认字符集。
- InputStreamReader(InputStream in, String charsetName)：将字节流 in 转换为字符流对象，charsetName 指定字符流的字符集，字符集主要有 US-ASCII、ISO-8859-1、UTF-8 和 UTF-16。如果指定的字符集不支持，就抛出 UnsupportedEncodingException 异常。

OutputStreamWriter 类的构造方法如下。

- OutputStreamWriter(OutputStream out)：将字节流 out 转换为字符流对象，字符流使用默认字符集。
- OutputStreamWriter(OutputStream out,String charsetName)：将字节流 out 转换为字符流对象，charsetName 用于指定字符流的字符集。如果指定的字符集不支持，就会抛出 UnsupportedEncodingException 异常。

【实例 10.14】创建两个 File 类的对象，从其中一个文件中读取数据，并复制到另一个文件中，最终两个文件的内容相同。

```java
import java.io.*;
public class Example10_14 {
    public static void main(String[] args) {
        File filein = new File(
            "D:\\chapter10\\chapter10\\src\\Example10_14.java");
        File fileout = new File("D:\\chapter10\\back_Example10_14.java");
        FileInputStream fis;
        try{
            // 如果文件不存在
            if(!filein.exists())
            // 创建新文件
            filein.createNewFile();
            // 如果文件不存在
            if(!fileout.exists())
            // 创建新文件
            fileout.createNewFile();
            fis = new FileInputStream(filein);
            FileOutputStream fos = new FileOutputStream(fileout);
            InputStreamReader in = new InputStreamReader(fis);
            OutputStreamWriter out = new OutputStreamWriter(fos);
            int is;
            while ((is = in.read())! = -1){
                out.write(is);
            }
            in.close();
            out.close();
        }catch (IOException e){
            e.printStackTrace();
        }
    }
}
```

运行结果如图 10.18 所示。

图 10.18　运行结果

10.4.3　FileReader 类和 FileWriter 类

FileReader 是 Reader 类的子类，实现了从文件中读取字符数据，是文件字符输入流。该类所有的方法都是从 Reader 类继承的。

FileReader 类常用的构造方法如下。

- FileReader(File file)：通过给定的 File 对象创建字符输入流。
- FileReader(String fileName)：通过文件名字符串创建字符输入流。

FileWriter 类常用的构造方法如下。

- FileWriter(File file)：通过给定的 File 对象创建字符输出流。
- FileWriter(String fileName)：通过文件名字符串创建字符输出流。
- FileWriter(File file, boolean append)：通过给定的 File 对象创建字符输出流，若 append 值为 true，则将字符写到文件末尾处，而不是写到文件开始处。
- FileWriter(String fileName, boolean append)：通过文件名字符串创建字符输出流，若 append 值为 true，则将字符写到文件末尾处，而不是写到文件开始处。

在创建输入/输出流时，如果文件不存在，就会抛出 FileNotFoundException 异常。

【实例 10.15】使用 FileReader 类与 FileWriter 类实现文本文件的复制。

```java
import java.io.FileReader;
import java.io.FileWriter;
public class Example10_15 {
    public static void main(String[] args) {
        String inputPath = "D:\\chapter10\\chapter10\\src\\Example10_15.
java";
        String outputPath = "D:\\chapter10\\back_Example10_15.java";
        try(
            FileReader freader = new FileReader(inputPath);
            FileWriter fwriter = new FileWriter(outputPath);
        ){
```

```
            char[] buffer = new char[1024];
            int len = 0;
            while((len = freader.read(buffer)) != -1){
                fwriter.write(buffer,0,len);
            }
            fwriter.flush();
        }catch(Exception e){
            e.printStackTrace();
        }
    }
}
```

运行结果如图 10.19 所示。

图 10.19　运行结果

需要注意的是，上述代码中使用的 buffer 字节数组是作为一个缓存数据的容器存在的。当每次调用 read()方法时，都会从流中读取数组长度（实例 10.15 中是 1024）个字符写入该数组缓存内，此时会从头开始覆盖数组中原有的内容。但是当流中剩余的数据小于数组长度时，仅读取剩余长度个字符写入该数组中。此时需要特别注意的是，该数组中的前半部分是本次写入的数据，而后半部分是上次写入操作遗留的数据。在使用输出流的 write()方法将数组中的数据写出时，必须指定 len，仅使用数组中本次写入的内容，避免输出上一次遗留的数据。

10.4.4　BufferedReader 类和 BufferedWriter 类

10.3.4 节介绍了 BufferedInputStream 类和 BufferedOutputStream 类，本节介绍的是 BufferedReader 类和 BufferedWriter 类。

1. BufferedReader 类

BufferedReader 是 Reader 类的子类，与 BufferedInputStream 类在功能和实现上基本相同，但它适用于字符读入。在输入时，BufferedReader 类提供了按字符、数组和行进行高效读取的方法。BufferedReader 类的构造方法如下。

- BufferedReader(Reader in)：创建使用默认大小的输入缓存区的缓存字符输入流，默认大小一般为 8192 个字符。
- BufferedReader(Reader in, int size)：创建使用指定大小的输入缓存区的缓存字符输入流。

BufferedReader 类提供了 String readLine()方法，Reader 类没有提供此方法。使用 String readLine()方法能够读取文本的一行内容，读一行时，以字符换行符（\n）或回车符（r）作为行结束符。String readLine()方法的返回值为该行不包含结束符的字符串内容，若已到达流末尾，则返回 null。

2. BufferedWriter 类

BufferedWriter 是 Writer 类的子类，与 BufferedOutputStream 类在功能和实现上基本相同，但它适用于字符输出。在输出时，BufferedWrite 类提供了按字符、数组和字符串进行高效输出的方法。

BufferedWriter 类的构造方法如下。

- BufferedWriter(Writer out)：创建使用默认大小的输出缓存区的缓存字符输出流。
- BufferedWriter(Writer out, int size)：创建一个新的缓存字符输出流，使用给定大小的输出缓存区。

BufferedWriter 类的方法与 Writer 类的方法相同。除此之外，BufferedWrite 类增加了创建行分隔符的方法——String newLine()，行分隔符字符串由系统属性 line.separator 定义。

【实例 10.16】使用 BufferedReader 类与 BufferedWriter 类实现文本文件的复制。

```java
import java.io.BufferedReader;
import java.io.BufferedWriter;
import java.io.FileReader;
import java.io.FileWriter;

public class Example10_16 {
    public static void main(String[] args) {
        copyFile("D:\\chapter10\\chapter10\\src\\Example10_16.java",
            "D:\\chapter10\\back_Example10_16.java");
    }
    // 基于字符缓存流复制文件
    public static void copyFile(String srcfile,String desfile){
        try(
            BufferedReader br = new BufferedReader(new FileReader(srcfile));
            BufferedWriter bw = new BufferedWriter(new FileWriter(desfile));
        ){
            String temp = "";
            while((temp = br.readLine()) != null){
                bw.write(temp);
                // 每次写入完毕，再写入一个换行符
```

```
            bw.newLine();
        }
        bw.flush();
    }catch(Exception e){
        e.printStackTrace();
    }
}
}
```

运行结果如图 10.20 所示。

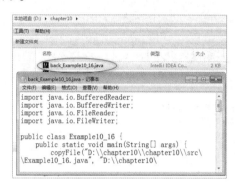

图 10.20　运行结果

10.5　RandomAccessFile 类

RandomAccessFile 类 既 不 是 输 入 流 类 的 子 类， 也 不 是 输 出 流 类 的 子 类。 使 用 RandomAccessFile 类可以实现以下两个目的。

（1）对一个文件执行读和写的操作。

（2）可以访问文件的任意位置，不像其他流只能按照先后顺序读取。

RandomAccessFile 类常用的构造方法如下。

- RandomAccessFile(File file, String mode)。
- RandomAccessFile(String name, String mode)。

其中，mode 用来决定创建的流对文件的访问权利，可以是 r、rw、rws 或 rwd。其中，r 代表只读，rw 代表可读/写，rws 代表同步写入，rwd 代表将更新同步写入。

除了构造方法，RandomAccessFile 类还有如下两个核心的方法。

- void seek(long pos)：用来定位流对象读/写文件的位置，使用 pos 确定读/写位置距离文件开头的字节个数。

- long getFilePointer()：获得流的当前读/写位置。

【实例 10.17】RandomAccessFile 类的应用。

```java
import java.io.RandomAccessFile;
public class Example10_17 {
    public static void main(String[] args) {
        RandomAccessFile randomf = null;
        try{
            randomf = new RandomAccessFile("D:\\chapter10\\3.txt","rw");
            // 将若干数据写入文件中
            int[] data = new int[]{3,8,34,333,78,21,24,43,93,555};
            for(int i = 0;i<data.length;i++){
                // 在文件中写入一个数组元素
                randomf.writeInt(data[i]);
            }
            // 定位到第 4 个字节处
            randomf.seek(4);
            // 读取当前位置的数据
            System.out.println(randomf.readInt());
            // 隔一个读一个数据
            for(int i = 0;i<10; i+ = 2){
                randomf.seek(i*4);
                System.out.print(randomf.readInt()+"\t");
            }
            System.out.println();
            // 在第 8 个字节的位置插入一个新的数据 38，替换之前的数据 34
            randomf.seek(8);
            randomf.writeInt(38);
            for(int i = 0;i<10; i++){
                randomf.seek(i*4);
                // 输出文件中的每个数据
                System.out.print(randomf.readInt()+"\t");
            }
        }catch(Exception e){
            e.printStackTrace();
        }finally {
            try{
                if(randomf ! = null){
                    randomf.close();
                }
            }catch(Exception e){
                e.printStackTrace();
            }
        }
    }
}
```

运行结果如图 10.21 所示。

```
8
3   34  78  24  93
3   8   38  333 78  21  24  43  93  555
```

图 10.21　运行结果

10.6　PrintStream 类和 PrintWriter 类

在 java.io 包中，OutputStream 是执行输出操作的核心控制类。但是，利用 OutputStream 类存在的问题是，所有的输出数据必须以字节类型为主。为了解决这个矛盾，java.io 包中专门提供了 PrintStream 类和 PrintWriter 类，以方便用户打印任何数据类型。例如，System.out 和 System.err 都是 java.io.PrintStream 类的实例。

1. PrintStream 类

PrintStream 类不限于控制台打印。PrintStream 是一个处理流，可以连接到任何其他流上。PrintStream 类常用的构造方法如下。

- PrintStream(OutputStream out)：使用 OutputStream 类的对象，创建一个不会自动刷新的 PrintStream 对象。
- PrintStream(OutputStream out, boolean autoFlush)：创建一个 PrintStream 对象，指定是否自动刷新，若 autoFlush 的值为 true，则自动刷新。

【实例 10.18】使用 PrintStream 类向文件中写入信息。

```java
import java.io.FileNotFoundException;
import java.io.FileOutputStream;
import java.io.PrintStream;
public class Example10_18 {
    public static void main(String[] args) {
        // 声明一个打印流对象
        PrintStream out = null;
        try{
            // 在文件输出流的上层创建打印流对象
            out = new PrintStream(
                new FileOutputStream("D:\\chapter10\\4.txt"));
            // 打印输出 int 型数值
            out.println(88);
            // 打印输出字符串
            out.println("你好 Java! ");
            // 打印输出布尔类型数值
```

```
            out.println(true);
            // 将指定的字符附加到此输出流上
            out.append('H');
            out.append('E');
        }catch (FileNotFoundException e){
            e.printStackTrace();
        }finally {
            out.flush();
            out.close();
        }
    }
}
```

运行结果如图 10.22 所示。

图 10.22　运行结果 1

2．PrintWriter 类

PrintWriter 类把 Java 的内构类型以字符形式传送到相应的输出流中，可以文本的形式浏览。
PrintWriter 类常用的构造方法如下。

- PrintWriter(Writer out)：使用 Writer 类的对象创建一个 PrintWriter 对象。
- PrintWriter(OutputStream out)：使用 OutputStream 类的对象创建一个 PrintWriter 对象。

【实例 10.19】使用 FileWriter 类向某个文件中写入信息。

```
import java.io.FileWriter;
import java.io.PrintWriter;
public class Example10_19 {
    public static void main(String[] args) {
        try {
            FileWriter filewriter = new FileWriter("D:\\chapter10\\5.txt");
            // 创建自动刷新的 PrintWriter 对象
            PrintWriter print = new PrintWriter(filewriter,true);
            // 在文件中写入字符串内容
            print.println("hello world! ");
            print.close();
        } catch (Exception e){
            e.printStackTrace();
        }
```

```
        }
    }
```

运行结果如图 10.23 所示。

图 10.23　运行结果 2

10.7　数组流

JV-10-v-004

流的源和目标不仅可以是常见的文件，还可以是计算机内存。下面介绍用流的读/写思想来操作数组，读/写查询会更加方便。根据处理数据单位的不同分为字节数组流和字符数组流。

需要注意的是，由于读取和写入都在内存中操作，因此流无须关闭，即关闭无效。

1. 字节数组流

字节数组输入流 ByteArrayInputStream 和字节数组输出流 ByteArrayOutputStream 分别使用字节数组作为流的源和目标。

1）ByteArrayInputStream 类

ByteArrayInputStream 类的构造方法如下。

- ByteArrayInputStream(byte[] buf)：创建一个 ByteArrayInputStream 对象，流的源是参数 buf 指定的数组的全部字节单元。
- ByteArrayInputStream(byte[] buf, int offset, int length)：创建一个 ByteArrayInputStream 对象，流的源是参数 buf 指定的数组从 offset 处按顺序取 length 个字节单元。

ByteArrayInputStream 类读取字节数据常用的方法如下。

- int read()：按顺序从源中读取一个字节，返回读取的字节值。
- int read(byte[] b, int off, int len)：按顺序从源中读取参数 len 指定的字节数，并将读取的字节保存到参数 b 指定的数组中，参数 off 指定数组 b 保存字节数据的起始位置。该方法返回实际读取的字节个数。如果未读取字节，那么 read()方法返回-1。

2）ByteArrayOutputStream 类

ByteArrayOutputStream 类的构造方法如下。

- ByteArrayOutputStream()：此输出流指向一个默认大小为 32 字节的缓存区，如果输出流向缓存区中写入的字节数大于缓存区的容量，那么缓存区的容量会自动增加。
- ByteArrayOutputStream(int size)：此输出流指向的缓存区的初始大小用参数 size 指定，如果输出流向缓存区中写入的字节数大于缓存区的容量，那么缓存区的容量会自动增加。

ByteArrayOutputStream 类写入字节数据常用的方法如下。

- void write(int b)：按顺序向缓存区中写入 b 字节的数据。
- void write(byte[] b, int off, int len)：将参数 b 指定的 len 字节按顺序写入缓存区中，参数 off 指定参数 b 中保存的字节的起始位置。
- byte[] toByteArray()：以字节数组的形式返回输出流写入缓存区中的所有字节。

2. 字符数组流

字符数组流包括 CharArrayReader 类和 CharArrayWriter 类。字符数组流使用字符数组作为流的源和目标。

字符数组流与字节数组流的构造方法和常用方法类似，所以这里不再赘述，读者也可以自行查阅 API 规范进行学习。

【实例 10.20】分别使用字节数组流和字符数组流向内存中写入一些数据，并从内存中读取曾写入的数据且显示在控制台上。

```java
import java.io.*;
public class Example10_20 {
    public static void main(String[] args) {
        try{
            System.out.println("------字节数组流实例------");
            // 创建字节数组输出流对象
            ByteArrayOutputStream outtype = new ByteArrayOutputStream();
            // 定义一个字节数组
            byte[] bytecontent = "hello world!".getBytes();
            // 将字节数组的内容写入内存缓存区中
            outtype.write(bytecontent);
            // 创建字节数组输入流对象
            // 数据源为已经写入缓存区中的字节数组
            ByteArrayInputStream inbyte =
                new ByteArrayInputStream(outtype.toByteArray());
            // 创建一个字节数组
            byte bytearray[] = new byte[outtype.toByteArray().length];
            // 按顺序读取字节数组输入流中的字节数据
            // 保存到数组 bytearray 中
            inbyte.read(bytearray);
```

```
            //  在控制台中将字节数组的内容以字符串形式显示
            System.out.println(new String(bytearray));
            System.out.println("------字符数组流实例------");
            // 创建字符数组输出流对象
            CharArrayWriter outchar = new CharArrayWriter();
            // 定义一个字符数组
            char []charcontent = "欢迎学习 Java! ".toCharArray();
            // 将字符数组的内容写入内存缓存区中
            outchar.write(charcontent);
            // 创建字符数组输入流对象
            // 数据源为已经写入缓存区中的字符数组
            CharArrayReader inchar =
                new CharArrayReader(outchar.toCharArray());
            // 创建一个字符数组
            char [] chararray = new char[outchar.toCharArray().length];
            inchar.read(chararray);
            System.out.println(new String(chararray));
        }catch (IOException e){
            e.printStackTrace();
        }
    }
}
```

运行结果如图 10.24 所示。

```
------字节数组流实例------
hello world!
------字符数组流实例------
欢迎学习Java！
```

图 10.24　运行结果

10.8　文件锁

文件锁在操作系统中很常见，当多个运行的程序需要并发修改同一个文件时，程序之间需要使用某种机制来进行通信。使用文件锁可以有效阻止多个程序或进程同时修改同一个文件，以免造成读/写文件的混乱。从 JDK 1.4 的 NIO 开始，Java 提供了文件锁的支持。

使用文件锁可以控制文件的全部或部分字节的访问。在 NIO 中，Java 提供的 FileLock 类支持文件锁定功能。FileChannel 类提供的 lock()方法和 tryLock()方法用来获得文件锁 FileLock 对象，从而锁定文件。有两种文件的锁定方式：排他锁和共享锁。FileLock 类在 java.nio 包中，FileChannel 类在 java.nio.channels 包中。

下面结合 RandomAccessFile 类来说明文件锁的使用方法。

RandomAccessFile 类创建的流在读/写文件时可以使用文件锁，只要不解除该锁，其他程序就无法操作被锁定的文件。使用文件锁的步骤如下。

（1）使用 RandomAccessFile 类创建指向文件的流对象，该对象的读/写属性必须是 rw，即可读可写。例如：

```
RandomAccessFile input=new RandomAccessFile("Example.java","rw");
```

（2）input 流调用 getChannel()方法获得一个连接底层文件的 FileChannel 对象（信道）。例如：

```
FileChannel fileChannel=input.getChannel();
```

（3）信道调用 tryLock()方法或 lock()方法获得一个 FileLock 对象，这个过程也被称为对文件加锁。例如：

```
FileLock lock=fileChannel.tryLock();
```

lock()方法和 tryLock()方法的区别包括以下几点。

- 当使用 lock()方法尝试锁定某个文件时，如果获得了文件锁，那么该方法会返回该文件锁，否则返回 null。
- 当使用 tryLock()方法尝试锁定文件时，将直接返回而不是阻塞。如果获得了文件锁，那么该方法会返回文件锁，否则返回 null。

如果只是想锁定文件的部分内容而不是锁定全部内容，那么可以使用如下方法。

- lock(long position, long size, boolean shared)：对文件从 position 开始且长度为 size 的内容加锁，该方法是阻塞式的。
- tryLock(long position, long size, boolean shared)：对文件从 position 开始且长度为 size 的内容加锁，该方法是非阻塞式的。

说明：当参数 shared 为 true 时，表示该锁是一个共享锁，允许多个进程来读取该文件，但是阻止其他进程获得对该文件的排他锁。当参数 shared 为 false 时，表示该锁是一个排他锁，将锁住对该文件的读/写。程序可以通过调用 FileLock 的 isShared 来判断获得的锁是否为共享锁。

（4）处理完文件之后通过 FileLock 对象的 release()方法释放文件锁。例如：

```
lock.release();
```

【实例 10.21】先对指定的文件执行加锁操作，并且程序暂停 1 秒，再释放文件锁。

```
import java.io.RandomAccessFile;
import java.nio.channels.FileChannel;
import java.nio.channels.FileLock;
public class Example10_21 {
    public static void main(String[] args) {
```

```
    try {
        // 创建指向某文件的输入/输出流对象
        RandomAccessFile input =
            new RandomAccessFile("D:\\chapter10\\a.txt", "rw");
        // 获得连接底层文件的信道
        FileChannel fileChannel = input.getChannel();
        // 获得 FileLock 对象，对文件加锁
        FileLock lock = fileChannel.tryLock();
        // 程序在此处暂停 1 秒
        Thread.sleep(1000);
        // 释放文件锁
        lock.release();
    }catch (Exception e){
        e.printStackTrace();
    }
    }
}
```

本实例的运行结果不可见，请读者自行验证。

10.9　编程实训——飞机大战案例（显示最高得分）

JV-10-v-005

1. 实训目标

（1）掌握输入/输出流的应用。

（2）理解序列化处理方式。

（3）理解游戏判断最高得分的逻辑。

（4）理解 map 从文件中存储和读取的处理方式。

2. 实训环境

实训环境如表 10.9 所示。

表 10.9　实训环境

软件	资源
Windows 10	游戏图片（images 文件夹）
Java 11	

本实训沿用第 9 章的项目，添加 **PlaneIO.java** 文件，用于读取和记录游戏最高得分。项目目录如图 10.25 所示。

图 10.25 项目目录

3. 实训步骤

步骤一：处理输入/输出文件。

创建 PlaneIO.java，实现序列化文件输入/输出操作。代码如下：

```java
package cn.tedu.shooter;

import java.io.*;
import java.util.Map;

public class PlaneIO {
    public static Map read_data(Map gameRecord) throws IOException
        , ClassNotFoundException {
        FileInputStream fis = new FileInputStream("game.obj");
        ObjectInputStream ois = new ObjectInputStream(fis);
        Map<String, Integer> p = (Map)ois.readObject();
        ois.close();
        return p;
    }
    public static void input_data(Map gameRecord) throws IOException {
        FileOutputStream fos = new FileOutputStream("game.obj");
        ObjectOutputStream oos = new ObjectOutputStream(fos);
        oos.writeObject(gameRecord);
        oos.close();
    }
}
```

步骤二：修改主代码。

修改 World.java 文件，添加判断最高得分的代码，将最高得分存储到文件中，并在游戏界面中显示。代码如下：

```java
package cn.tedu.shooter;

import java.awt.Color;
import java.awt.Graphics;
import java.awt.event.MouseAdapter;
import java.awt.event.MouseEvent;
import java.io.IOException;
import java.util.*;

import javax.swing.JFrame;
import javax.swing.JPanel;
import cn.tedu.shooter.PlaneIO.*;

public class World extends JPanel{
    //定义游戏的 4 个状态
    public static final int READY = 0;
    public static final int RUNNING = 1;
    public static final int PAUSE = 2;
    public static final int GAME_OVER = 3;

    //进入游戏的准备状态
    private int state = READY;
    private boolean record = true;

    private Sky sky;                        // 背景
    private Hero hero;
    private int index = 0;                  // 计数器
    private Bullet[] bullets;
    private FlyingObject[] planes;          // 所有可以被击毁的敌机

    // 生命与得分
    private int life = 3;
    private int score = 0;
    private int highScore = 0;

    // 游戏信息记录
    Map<String, Integer> gameRecord = new HashMap();
    int ap = 0;
    int bp = 0;
    int b = 0;

    // 此处省略 World 类的构造方法的代码展示，与第 9 章内容相比无变化
    // 此处省略 init()方法的代码展示，与第 9 章内容相比无变化
    // 此处省略 main()方法的代码展示，与第 9 章内容相比无变化
    // 此处省略 action()方法的代码展示，与第 9 章内容相比无变化
    // 此处省略 LoopTask 内部类的代码，与第 9 章内容相比无变化
```

```java
// 角色绘制
public void paint(Graphics g) {
    sky.paint(g);
        hero.paint(g);

    for(int i=0; i<bullets.length; i++) {
        bullets[i].paint(g);
    }
    //创建飞机
    for(int i=0; i<planes.length; i++) {
            planes[i].paint(g);
    }
    // 得分和生命
    g.setColor(Color.white);
    g.drawString("SCORE:"+score, 20, 40);
    g.drawString("LIFE:"+life, 20, 60);
    // 状态切换
    switch(state) {
    case READY:
        Images.start.paintIcon(this, g, 0, 0);
        record = true;
        break;
    case PAUSE:
        Images.pause.paintIcon(this, g, 0, 0);
        break;
    case GAME_OVER:
        Images.gameover.paintIcon(this,g,0,0);
        if (record){
            try {
                Map<String, Integer> p = PlaneIO.read_data(gameRecord);
                int fileScore = p.get("score");
                if (fileScore < score){
                    PlaneIO.input_data(gameRecord);
                    highScore = score;
                }else{
                    highScore = fileScore;
                    ap = p.get("airplane");
                    bp = p.get("bigplane");
                    b = p.get("bee");
                }
            } catch (Exception e) {
                try {
                    PlaneIO.input_data(gameRecord);
                } catch (IOException ex) {
                    throw new RuntimeException(ex);
```

```
                }
            } finally {
                gameRecord.put("score", 0);
                gameRecord.put("airplane", 0);
                gameRecord.put("bigplane", 0);
                gameRecord.put("bee", 0);
            }
        }
        g.drawString("历史最高记录:", 150, 350);
        g.drawString("得分:"+highScore, 150, 370);
        g.drawString("小飞机歼灭数量:"+ap, 150, 390);
        g.drawString("大飞机歼灭数量:"+bp, 150, 410);
        g.drawString("奖励机歼灭数量:"+b, 150, 430);
        record = false;
    }
}
// 此处省略 fireAction()方法的代码展示，与第 9 章内容相比无变化
// 此处省略 objectMove()方法的代码展示，与第 9 章内容相比无变化
// 此处省略 clean()方法的代码展示，与第 9 章内容相比无变化
// 此处省略 heroMove()方法的代码展示，与第 9 章内容相比无变化
// 此处省略 createPlane()方法的代码展示，与第 9 章内容相比无变化
// 此处省略 hitDetection()方法的代码展示，与第 9 章内容相比无变化
// 此处省略 scores()方法的代码展示，与第 9 章内容相比无变化
// 此处省略 runAway()方法的代码展示，与第 9 章内容相比无变化
}
```

运行代码，可以看到，游戏结束后会在界面中显示游戏最高得分，如图 10.26 所示。

图 10.26 游戏结束时显示得分

本章小结

　　本章主要介绍了输入/输出流技术和 Java 文件管理。首先介绍了 File 类常用的方法；然后对输入/输出流的概念和原理、流的分类进行概述；接下来详细介绍了 Java 提供的 4 个顶级抽象类，分别为 InputStream、OutputStream、Reader 和 Writer，以及它们的各个子类的使用方法和应用场景，其中包括一些常用的处理流，或者称为装饰器流，如缓存流、数据流、对象流、转换流和打印流等；最后对数组流和文件锁的使用进行阐述。通过学习本章，读者可以熟练掌握如何使用输入/输出流，以及如何对文件执行读/写操作等相关知识和技能。

习题

一、选择题

1．在使用 Java 输入/输出流实现对文本文件的读/写的过程中，需要处理（　　　）异常。

　　A．ClassNotFoundException　　　　　　　B．IOException

　　C．SQLException　　　　　　　　　　　　D．RemoteException

2．在 Java 中，关于读/写文件的描述错误的是（　　　　）。

　　A．Reader 类的 read()方法用来从源中读取一个字符的数据

　　B．Reader 类的 read(int n)方法用来从源中读取一个字符的数据

　　C．Writer 类的 write(int n)方法用来向输出流中写入单个字符

　　D．Writer 类的 write(String str)方法用来向输出流中写入一个字符串

3．下面的程序中共有（　　　　）处错误。

```
import java.io.*;
public class TestIO {
    public static void main(String [ ]args){
        String str = "文件写入练习";
        // 1
        FileWriter fw = null;
        try{
            // 2
            fw = new FileWriter("c:\mytext.txt");
            // 3
            fw.writerToEnd(str);
            // 4
        }catch(IOException e){
            e.printStackTrace();
```

```
        }finally{
            // 此处省略关闭流
        }
    }
}
```

    A．0　　　　　　　　B．1　　　　　　　　C．2　　　　　　　　D．3

4．下面关于 File 类的描述，错误的是（　　　）。

    A．File 类是 java.io 包中代表与平台无关的文件和目录

    B．在 Java 中，不管是文件还是目录都使用 File 类来操作

    C．如果需要在程序中操作文件和目录都可以通过 File 类来完成

    D．使用 File 类只能创建和删除文件与目录

5．下面关于访问文件和目录的描述，错误的是（　　　）。

    A．在 Java 中，因为反斜杠 "\" 是转义符，所以在使用它来表示 Windows 目录的分隔符时，需要使用 "\\" 来表示

    B．在 Windows 操作系统中，使用盘符和 "/" 来表示绝对路径，通过 File 类的字符串常量 seperator 可以获得对应目标操作系统的路径分割符

    C．在 Java 中，File 类定义的是一个抽象的、与操作系统无关的类

    D．创建一个 File 对象只是创建了一个表示相应的文件或路径的 File 类的实例

6．Java 提供的处理不同类型流的类在（　　　）包中。

    A．java.io　　　　　　　　　　　　B．java.sql

    C．java.util　　　　　　　　　　　D．java.net

7．（　　　）是 Java 系统的标准输入流对象。

    A．System.in　　　　　　　　　　B．System.exit

    C．System.out　　　　　　　　　　D．System.err

8．计算机中的流是指（　　　）。

    A．流动的字节　　　　　　　　　　B．流动的数据缓存区

    C．流动的文件　　　　　　　　　　D．流动的对象

9．FileInputStream 类的构造方法的有效参数是（　　　）。

    A．无参数　　　　　　　　　　　　B．InputStream 对象

    C．File 对象　　　　　　　　　　　D．以上所有选项

10．下列叙述中错误的是（　　　）。

    A．File 类能够存储文件　　　　　　B．File 类能够读/写文件

    C．File 类能够建立文件　　　　　　D．File 类能够获取文件目录信息

11．在下列数据流中，属于输入流的是（　　　）。

    A．从内存流向硬盘的数据流　　　　　　B．从键盘流向内存的数据流

    C．从键盘流向显示器的数据流　　　　　D．从网络流向显示器的数据流

12．字符流与字节流的区别是（　　　）。

    A．前者有缓存，后者没有　　　　　　　B．前者是块读写，后者是字节读写

    C．二者没有区别，可以互换使用　　　　D．每次读/写的字节数不同

13．使用了缓存区技术的是（　　　）流。

    A．BufferedReader　　　　　　　　　　B．FileInputStream

    C．DataOutputStream　　　　　　　　　D．FileReader

14．用 new FileOutputStream("data.txt",true);创建一个 FileOutputStream 类的实例对象，下列说法正确的是（　　　）。

    A．若存在 data.txt 文件，则抛出 IOException 异常

    B．若不存在 data.txt 文件，则抛出 IOException 异常

    C．若存在 data.txt 文件，则覆盖文件中已有的内容

    D．若存在 data.txt 文件，则在文件的末尾开始添加新内容

15．File 类提供了很多管理磁盘的方法，其中，用来建立目录的方法是（　　　）。

    A．delete　　　　　　　　　　　　　　B．mkdir

    C．makedir　　　　　　　　　　　　　　D．exists

二、填空题

1．JDK 的_____包中提供了多种输入/输出类。

2．Java 中的流根据处理数据的不同可分为两类：一是_____，二是_____。

3．Java 中的每个字符用_____个字节表示。

4．标准输出是指将数据输出到计算机的_____，标准输入是指从_____设备读取数据。

5．字符类输出流的各个子类都是抽象类_____的子类。

6．_____类是对文件和文件夹的一种抽象表示（引用或指针）。

7．_____类支持随机访问方式，可以跳转到文件的任意位置同时完成读/写基本数据类型的操作。

8．只有实现了 java.io._____接口的类的对象才能被序列化和反序列化。

三、判断题

1．在创建 File 对象 f 时，File f = new File("perrty.txt")，要求磁盘上必须有真实的 perrty.txt

文件。　　　　　　　　　　　　　　　　　　　　　　　　　　　　　　（　　　）

2．FileNotFoundException 是 IOException 类的子类。　　　　　　　　（　　　）

3．输入流的指向称为流的源。　　　　　　　　　　　　　　　　　　（　　　）

4．如果需要将程序中的数据写到程序"外部"，那么可以创建指向外部的输出流。
　　　　　　　　　　　　　　　　　　　　　　　　　　　　　　　（　　　）

5．如果磁盘中不存在路径 D:\1000\a.txt，那么代码 new File("D:/1000/a.txt");会触发
IOException 异常。　　　　　　　　　　　　　　　　　　　　　　（　　　）

四、简答题

1．输入/输出流的数据必须按照顺序依次读出吗？如果想读取某个文件的指定位置，那么
应该如何做到？

2．想复制一个文本数据应该使用哪些流？如果考虑效率问题，那么使用哪些流比较好？

3．如果想把一个字节流转换为字符流，那么应该使用什么流？

4．什么是 Java 序列化？如何实现 Java 序列化？

5．System.out.println 是什么？

五、编程题

1．使用 IO 包中的类读取 D 盘上 exam.txt 文本文件的内容，每次读取一行，将每行作为一
个输入放入 ArrayList 的泛型集合中，并将集合中的内容在控制台中输出显示。

2．编写一个程序，其功能是将两个文件的内容合并到一个文件中。

JV-10-c-001

第11章

JDBC 编程技术

本章目标

- 了解数据库和数据库管理工具。
- 掌握 JDBC 编程规范。
- 掌握预编译机制。
- 掌握数据库连接池的使用。

本章主要介绍数据库和数据库管理工具的基本概念、使用 JDBC 访问数据库的步骤、预编译机制，以及数据库连接池的相关原理和实现方法。

11.1 数据库和数据库管理工具

11.1.1 数据库的基础知识

数据库（Database，DB）是以电子方式存储和访问的有组织的数据集合。小型数据库可以存储在文件系统上，而大型数据库则托管在计算机集群或云存储上。

数据库管理系统（Database Management System，DBMS）是一种操作和管理数据库的大型软件，用于建立、使用和维护数据库。它对数据库进行统一的管理和控制，以保证数据库的安全性和完整性。用户通过数据库管理系统访问数据库中的数据，数据库管理员也通过数据库管理系统对数据库进行维护。它提供了多种功能，可以使多个应用程序和用户用不同的方法在相同的或不同的时刻建立、修改和询问数据库。它使用户能方便地定义和操作数据，维护数据的安全性和完整性，以及进行多用户下的并发控制和恢复数据库。

数据库管理系统可以按照其支持的数据库模型来分类，从整体上可以简单地分为三大类，分别为导航型（Navigational）、关系型（SQL/Relational）和非关系型（NoSQL）。导航型流行于 20 世纪 60 年代，主要代表是分层型数据库和网格型数据库；关系型始于 20 世纪 70 年代，自 20 世纪 80 年代一直流行至今；非关系型自 21 世纪初开始流行，目前已形成非常广泛的应用。

关系型数据库管理系统（Relational Database Management System，RDBMS）是指基于关系模型的数据库管理系统。关系型数据库系管理统建立了关系模型，并且用来处理数据。关系模型在表中将信息与字段关联起来，从而存储数据。简单来说，关系型数据库由多张能互相连接的二维行列表格组成。自 20 世纪 80 年代以来，关系型数据库管理系统一直是存储财务记录、制造和物流信息、人事数据及其他各类商务数据的常用选项。当前主流的关系型数据库有 Oracle、SQL Server 和 MySQL 等。

本章侧重介绍 Java 程序对关系型数据库进行访问的方法。

11.1.2　数据库管理工具

任何应用程序都需要强大的数据库管理工具，因此，开发者选择一款合适的数据库管理工具尤为重要。数据库管理工具，也就是数据库图形化（GUI）工具。数据库图形化工具是数据库管理员必需的工具之一，基于这种工具，可以形象、方便且快捷地查询数据信息。现阶段，数据库管理员经常使用的数据库管理工具主要有 Navicat、phpMyAdmin、DBeaver、MySQL Workbench 和 SQLyog 等。

1. Navicat

Navicat 是一个可多重连接的数据库管理工具。Navicat 的功能足以满足专业开发者的所有需求，但是对数据库服务器的新手来说又相当容易学习。它可以让用户以单一程序同时连接目前市面上所有版本的主流数据库并进行管理和操作，支持的数据库有 MySQL、SQL Server、SQLite、Oracle 及 PostgreSQL 等，使管理不同类型的数据库更加方便。

2. phpMyAdmin

phpMyAdmin 是一个受欢迎程度很高的基于 Web 的数据库管理工具，适用于 MySQL。使用 phpMyAdmin 可以建立和删除数据库，建立、删除和修改报表，删除、编辑和增加字段名，以及运行 SQL 脚本文件等。phpMyAdmin 唯一的缺陷在于，SQL 语句不能高亮显示。

3. DBeaver

DBeaver 是一个通用性很高的数据库管理工具，适用于 MySQL、PostgreSQL、Oracle、DB2、

MSSQL、Sybase、Mimer、HSQLDB 和 Derby，并且能适配 JDBC 的数据库。最关键的是，DBeaver 完全开源、完全免费，应用起来也很便捷，对数据库管理员而言，功能已经十分全面。

DBeaver 具有一个用户界面，用于查询数据库组织结构，运行 SQL 语句和脚本文件，访问数据，解决 BLOB/CLOB 数据信息，以及改动数据库构造等。

4. MySQL Workbench

MySQL Workbench 是为数据库系统架构师和开发者提供可视化数据库设计方案、管理方法的工具，用于建立繁杂的数据建模实体模型，顺向和反向数据库工程项目，以及运行一些时间开销很大且无法变动和管理的文本文档。

5. SQLyog

SQLyog 是一个迅速且简约的图形化数据库管理工具，适用于 MySQL，可以在任意地方高效地管理数据库。SQLyog 是由 Webyog 开发的一款简约高效、功能齐全的图形化 MySQL 数据库管理工具。应用 SQLyog 能够迅速地让用户在全世界任何地方通过互联网来维护远端的数据库。

11.1.3 SQL 语句的基础知识

SQL 是一种为管理关系型数据库中的数据而设计的领域特定语言（Domain-Specific Language，DSL），用于存取数据，以及查询、更新和管理关系型数据库管理系统。下面介绍一些基本的、常用的 SQL 语句的语法。

SQL 语句大致分为 3 类。

- 数据定义语言（Data Definition Language，DDL）：用来创建或删除存储数据用的数据库及数据库中的表对象。
- 数据操作语言（Data Manipulation Language，DML）：用来查询或变更表中的记录，主要是指对数据库进行增、删、改、查。
- 数据控制语言（Data Control Language，DCL）：用来设置或更改数据库用户或角色权限。

1. SQL 语句常用的数据类型

SQL 语句常用的数据类型如表 11.1 所示。

表 11.1 SQL 语句常用的数据类型

数据类型	描述
整型	代表整数数据

续表

数据类型	描述
浮点类型	代表浮点类型数据，可指定一共有 n 位，小数点后保留 m 位
日期类型	只包含年、月、日，如 yyyy-MM-dd
日期时间类型	包含年、月、日、时、分、秒，如 yyyy-MM-dd HH:mm:ss
时间戳类型	包含年月、日、时、分、秒，如 yyyy-MM-dd HH:mm:ss，可以设置为在插入/更新数据时自动使用系统的当前时间
字符串类型	需要指定该列能够存储的最大字符数目

2. 数据定义语言

（1）创建一个新的数据库的语法格式如下：

```
create database (if not exists) 数据库名 (character set 字符集名称);
```

说明：括号中的内容分别用于判断是否存在数据库和设定该数据库的字符集。

（2）创建数据表的语法格式如下：

```
create table 表名称(列名 1 数据类型 1,列名 2 数据类型 2,
列名 3 数据类型 3,...,列名 n 数据类型 n);
```

说明：最后一列不要加逗号和分号等，分号是结束标志。

（3）删除数据库名的语法格式如下：

```
drop database (if exits ) 数据库名;
```

（4）修改表名称和表结构。

修改表名称的语法格式如下：

```
alter table 表名称 rename to 新表名称;
```

修改表的字符集的语法格式如下：

```
alter table 表名称 character set 字符集名称;
```

修改列名称及数据类型的语法格式如下：

```
alter table 表名称 change 列名称 新列名称 新数据类型;
```

修改列的数据类型的语法格式如下：

```
alter table 表名称 modify 列名称 新数据类型;
```

（5）删除列的语法格式如下：

```
alter table 表名称 drop 列名称;
```

（6）添加列的语法格式如下：

```
alter table 表名称 add 列名称 数据类型;
```

3. 数据操作语言

（1）数据库中的插入语句的语法格式。

在表中插入对应列的值的语法格式如下：

```
insert into 表名 (表列名1,表列名2,...) values (值1, 值2,  ...);
```

在表中插入一行值的语法格式如下：

```
insert into 表 values (值1,值2,...)
```

（2）数据库中的删除语句的语法格式。

删除表中某个值的语法格式如下：

```
delete from 表 where 列=某值;
```

删除表中所有行的语法格式如下：

```
delete from 表;
```

（3）数据库更新语句的语法格式。

更新表中某一列的值的第一种语法格式如下：

```
update 表 set 列=新值 where 列=某值;
```

更新表中某一列的值的第二种语法格式如下：

```
update 表 set 列1=新值1, 列2=新值2 where 列=某值;
```

（4）数据库查询语句的语法格式如下：

```
SELECT [predicate] { * | 表中字段名1 [, 表中字段名2 [,...] ] } [ AS 别名1 [,
别名2 [,...] ] ] FROM table expression [ ,... ] [ IN externaldatabase ]
[WHERE...]
[GROUP BY...]
[HAVING...]
[ORDER BY...]
[WITH OWNERACCESS OPTION]
```

语法说明如下。

- [predicate]：包括 ALL、DISTINCT、DISTINCTROW 和 TOP，可以利用这样的语句限制查询后所得的结果。
- [WHERE...]：条件语句，其后不可以跟聚合函数。
- [GROUP BY...]：分组语句。
- [HAVING...]：在分组之后进行限定，如果不满足条件就不会被查询出来。在 HAVING 后面可以进行聚合函数的判断。

- [ORDER BY...]：排序语句。

4. 数据控制语言

（1）开启事务的语法格式如下：

```
start transaction;
```

（2）提交事务的语法格式如下：

```
commit;
```

（3）事务撤销、回退的语法格式如下：

```
rollback;
```

（4）授权。

为指定用户授予指定数据库和权限的语法格式如下：

```
grant 权限 1,权限 2,权限 n on ."数据库名" to 用户名@IP;
```

为用户授予所有数据库权限的语法格式如下：

```
grant all on to 用户名@IP;
```

11.2　JDBC 编程规范

　　Java 程序在运行中产生的各类变量，从本质上来说存储在计算机内存中。当应用程序结束或意外退出时，这些变量及它们存储的数据将被清除，即没有持久化保存。但在现实中，Java 程序对持久化存储的数据有很强的依赖性，需要使用持久化存储的数据作为计算的输入，并将计算结果写入持久化存储中。例如，在用户登录实例中，需要使用用户注册时提交的用户名和密码来验证本次提交的信息是否正确，用户登录成功后，需要将用户本次登录操作记录到日志中。

　　前面介绍了 Java 的输入/输出流 API，能够实现将 Java 程序的数据写入本地文件系统中。但是，这些数据在文件系统中是以纯文本或字节码的形式保存的，缺少高效的组织和管理方法，不利于应用程序的快速查询和更新。

　　在实际生产中，Java 程序一般和数据库管理系统配合使用，以满足 Java 程序对数据持久化存储和高效访问的需求。

　　早期，开发者想要在 Java 程序中实现数据库访问会面临诸多挑战，其中涉及网络访问协议、数据封装方式和数据库接口调用等。同时，不同厂商的数据库采用各自独立的设计，大大增加了开发者的工作量和数据库迁移的难度。

为了解决上述问题，Java 在 JDK 1.1 中提供了 JDBC（Java Database Connectivity，Java 数据库连接），有效降低了 Java 程序访问数据库的编程难度和工作量。由于 JDBC 发布时（1997年）主流的商用数据库均是关系型的，因此 JDBC 的设计是面向关系型数据库的。目前，也有一些非关系型数据库和中间件支持 JDBC 的访问。

11.2.1　JDBC 概述

JV-11-v-001

JDBC 是 Java 的应用程序编程接口，定义了客户端访问数据库的方法。

JDBC 是一种"开放"的方案，为数据库应用开发者、数据库前台工具开发者提供了一种标准的应用程序设计接口，使开发者可以用纯 Java 编程语言编写完整的数据库应用程序。JDBC 提供了两种 API，分别是面向开发者的 API 和面向底层的驱动程序 API，底层主要通过直接的 JDBC 驱动和 JDBC-ODBC 桥驱动实现与数据库的连接。Java 程序使用 JDBC 访问数据库的示意图如图 11.1 所示。

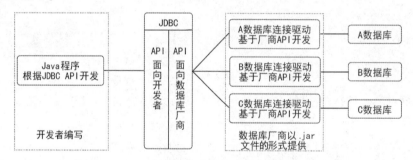

图 11.1　Java 程序使用 JDBC 访问数据库的示意图

JDBC 的设计使 Java 程序可以使用一套 API 访问不同厂商提供的关系型数据库。JDBC 提供了一种机制，用于动态加载正确的驱动程序并将它们注册到 JDBC 驱动程序管理器中。

11.2.2　JDBC 的编程步骤

JV-11-v-002

本节将通过一个具体的案例来介绍使用 JDBC 访问数据库的步骤，其中包含 JDBC API 中常用类、接口和方法的内容。相关 API 的详细介绍请参考 11.2.3 节。

在编写 Java 程序之前，需要先完成两步准备工作，分别是下载数据库连接驱动和为项目添加驱动。

1. 下载数据库连接驱动

可以从目标数据库的官方网站或
MVNRepository 网站上下载数据库连
接驱动。本案例以访问 MySQL 数据库
为例进行演示。可以在 MySQL 官方网
站的下载区下载 Connector/J，以及 Java
的连接驱动。MySQL 连接驱动的下载
页面如图 11.2 所示。

在下载数据库连接驱动时，需要
注意驱动的版本。在一般情况下，驱动

图 11.2　MySQL 连接驱动的下载页面

版本与数据库版本相匹配，需要根据要访问的数据库来决定下载的驱动版本。在大多数情况下，
高版本的驱动可以兼容低版本的驱动，但这并不是绝对的，而是取决于实际要访问的数据库类
型及版本。以访问 MySQL 数据库为例，目前使用频率较高的是 5.x 版本和 8.x 版本。对应的连
接驱动也是 5.x 版本和 8.x 版本。图 11.2 中显示的 8.0.30 是连接驱动的版本，根据官方说明，
该驱动可以同时支持 MySQL 8.x 和 MySQL 5.7。

在实际下载时，单击下载页面中的任意一个 Download 按钮均可，区别仅仅是压缩包的格
式不同，压缩包中实际提供的连接驱动的文件是相同的，均为 mysql-connector-java-8.0.30.jar 文
件，也就是开发者常说的.jar 文件或 jar 包。

2. 为项目添加驱动

在下载了数据库连接驱动的文件后，还需要将该文件添加到正在开发的 Java 项目中，只有
这样，项目在运行过程中才能动态地加载驱动文件
包含的内容。为项目添加驱动.jar 文件的操作相同，
一般都是通过 IDE 工具完成的。以 IDEA 为例，具
体的步骤如下。

首先，在项目的根路径下新建一个文件夹，命名
为 lib。

然后，将 mysql-connector-java-8.0.30.jar 文件复
制到 lib 文件夹下。

最后，右击 "lib/mysql-connector-java-8.0.30.jar"，
在弹出的快捷菜单中选择 "Add as Library..." 命令，
如图 11.3 所示。

图 11.3　在 IDEA 中添加 MySQL 连接驱动

为项目添加驱动后，可以在项目中基于 JDBC 编程的规范开发数据库访问程序。JDBC 编

程的 6 个步骤如图 11.4 所示。

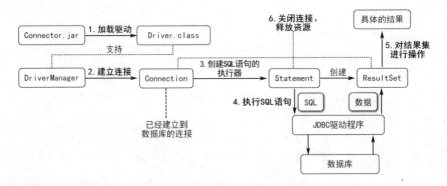

图 11.4　JDBC 编程的 6 个步骤

1）加载驱动

通常使用 Class.forName(String className)将驱动类动态加载到程序的内存中，其中 className 位置传入驱动类的包名和类名。例如，加载 MySQL 的连接驱动可以写成如下形式：

```
Class.forName("com.mysql.jdbc.Driver");
```

2）建立连接

当驱动加载完成后，可以调用驱动管理器 DriverManager 的 getConnection(String url, String user, String password)方法，建立 Java 程序与目标数据库的连接。其中，参数 url 是目标数据库的访问地址，参数 user 是数据库访问用户名，参数 password 是数据库访问密码。该方法会返回一个代表数据库连接的 Connection 对象，开发者可以基于该对象实现对数据库的各类操作。

以 MySQL 为例，参数 url 的格式如下：

```
jdbc:mysql://数据库服务器主机名(或 IP 地址):端口号/数据库名[?连接参数]
```

如果要访问运行在当前主机的 3306 端口上的数据库中的 ex 库，那么参数 url 可以写成如下形式：

```
jdbc:mysql://localhost:3306/ex
```

连接参数部分用于在创建数据库连接时传递约定的信息或进行特定的配置。例如，在 MySQL 8.x 的连接驱动中约定，建立连接时需要指定时区信息。此时，参数 url 需要写成如下形式：

```
jdbc:mysql://localhost:3306/ex?serverTimezone=Asia/Shanghai
```

3）创建 SQL 语句的执行器

在建立了 Java 程序与目标数据库的连接之后，Java 程序需要将要执行的 SQL 语句发送给数据库执行。该操作是通过 SQL 语句的执行器来实现的。可以通过 Connection 对象的

createStatement()方法创建一个 Statement 对象，用来表示 SQL 语句的执行器。Statement 对象具有多个执行 SQL 语句的实例方法可供使用。

4）执行 SQL 语句

可以调用 Statement 对象的 execute(String sql)方法来执行 SQL 语句，该方法适用于各类操作。另外，Statement 对象还提供了专门适用于查询操作的 executeQuery(String sql)方法和适用于其他操作的 executeUpdate(String sql)方法。

5）对结果集进行操作

如果 Statement 对象执行的是查询语句，那么返回一个 ResultSet 对象，存储查询结果。ResultSet 对象实际上是由查询结果组成的表，是一个通道式数据集，由统一形式的数据行组成，一行对应一条查询记录。ResultSet 对象中隐含了一个游标，一次只能获得游标当前所指的数据行，使用 next()方法可以获取下一个数据行。ResultSet 对象的设计如图 11.5 所示。如果 Statement 对象执行的是其他类型的操作，如增、删、改，那么不会返回 ResultSet 对象。因此，本步骤并不会在每个 JDBC 操作中都出现。

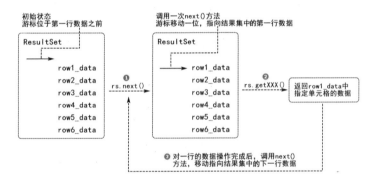

图 11.5 ResultSet 对象的设计

6）关闭连接，释放资源

JDBC 操作建立了 Java 程序到数据库管理系统的网络连接，通过该连接进行 SQL 语句和数据的交互，维持连接需要持续消耗系统的资源。在 JDBC 操作完成后，需要主动关闭连接，释放资源。通过调用 Connection 对象、Statement 对象和 ResultSet 对象的 close()方法可以关闭连接。

Java 7 提供了 try-with-resource 语法，可以用来简化关闭连接的编码，具体内容将在后续的编程实例中介绍。

下面通过具体的编程实例来演示访问 JDBC 的具体操作。在开发编程实例前，需要先在 MySQL 的 ex 库中创建一张表名为 info 的数据表，作为本次操作的目标表。info 表中有 3 个字段，分别是 id（int 型）、name（varchar 型）和 gender（varchar 型）。

MySQL 中的建库、建表语句的结构如下：

```
# 创建ex库
create database ex;
# 使用ex库
use ex;
# 创建info表
create table info(
id int primary key auto_increment comment '用户id',
name varchar(50) comment '用户姓名',
gender char(1) comment '用户性别'
);
```

info 表的结构如图 11.6 所示。

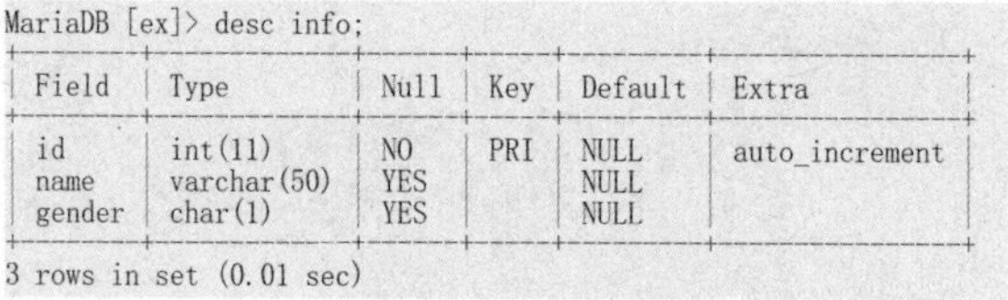

```
MariaDB [ex]> desc info;

Field    Type          Null   Key   Default   Extra

id       int(11)       NO     PRI   NULL      auto_increment
name     varchar(50)   YES          NULL
gender   char(1)       YES          NULL

3 rows in set (0.01 sec)
```

图 11.6　info 表的结构

接下来向 info 表中插入两条测试数据，SQL 语句如下：

```
insert into info values(1,'Tom','M'), (2,'Jerry','F');
```

当测试数据插入完成后，进入 Java 编程环节。需要注意的是，此时项目中应该已添加了
MySQL 的.jar 文件。

【实例 11.1】查询表中全部的数据。

```
import java.sql.*;
public class Example11_1{
    public static void main(String[] args) {
        String url =

"jdbc:mysql://localhost:3306/ex?serverTimezone=Asia/Shanghai";
        // 数据库用户名
        String user = "root";
        // 数据库密码
        String password = "root";
        // 声明要执行的SQL语句
        String sql = "select * from info";
        Connection conn = null;
        Statement stmt = null;
        ResultSet rs = null;
        try {
            // 1.加载驱动
            Class.forName("com.mysql.cj.jdbc.Driver");
```

```
        // 2.建立连接
        conn = DriverManager.getConnection (url,user,password);
        // 3.创建 SQL 语句的执行器
        stmt = conn.createStatement();
        // 4.执行 SQL 语句
        rs = stmt.executeQuery(sql);
        // 5.对结果集进行操作
        // 调用 rs.next()方法不断移动游标, 判断是否有结果
        while(rs.next()){
            // 获取第一列的值
            int id = rs.getInt(1);
            // 获取第二列的值
            String name = rs.getString(2);
            // 获取第三列的值
            String gender = rs.getString(3);
            // 调用 rs.getxxx()方法获取记录游标执行的行和列的值
            System.out.println(id+"\t"+name+"\t"+gender);
        }
    }catch (Exception e){
        e.printStackTrace();
    }finally {
        try {
            // 6.关闭连接, 释放资源
            // 关闭 ResultSet 对象
            if (rs ! = null) rs.close();
            // 关闭 Statement 对象
            if (stmt! = null) stmt.close();
            // 关闭 Connection 对象
            if (conn! = null) conn.close();
        }catch (SQLException e){
            e.printStackTrace();
        }
    }
}
}
```

运行结果如图 11.7 所示。

```
1    Tom  M
2    Jerry    F
```

图 11.7　运行结果 1

由上面的代码可以发现, 管理连接的代码不但与应用逻辑无关, 而且是重复的。可以使用 try-with-resource 语法对这部分代码进行优化。如果在 try()方法中声明并初始化 Connection 对象和 Statement 对象, 那么该语法会在 try-catch 语句块执行完后, 自动调用 Connection 对象和

Statement 对象的 close()方法。根据 JDBC 的设计，当 Statement 对象关闭后，它对应的 ResultSet 对象也会被关闭，不需要再显式调用 ResultSet 对象的 close()方法。

下面演示基于 JDBC 对数据库表中的数据进行增、改和删。

【实例 11.2】向表中插入数据。

```java
import java.sql.*;
public class Example11_2 {
    public static void main(String[] args) {
        String url =
"jdbc:mysql://localhost:3306/ex?serverTimezone=Asia/Shanghai";
        // 数据库用户名
        String user = "root";
        // 数据库密码
        String password = "root";
        // 声明要执行的 SQL 语句
        String sql = "insert into info(id,name,gender)values(null,'Lucy',
'女')";
        // 1.加载驱动
        try {
            Class.forName("com.mysql.cj.jdbc.Driver");
        } catch (ClassNotFoundException e) {
            e.printStackTrace();
        }
        // 2.建立连接
        try (
            Connection conn =
                DriverManager.getConnection (url,user,password);
            // 3.创建 SQL 语句的执行器
            Statement stmt = conn.createStatement();
        ){
            // 4.执行 SQL 语句的更新操作，返回受影响数据的行数
            int rows = stmt.executeUpdate(sql);
            // 输出受影响的行数
            System.out.println("受影响的行数为："+rows);
        }catch (Exception e){
            e.printStackTrace();
        }
    }
}
```

运行结果如图 11.8 所示。

受影响的行数为：**1**

图 11.8　运行结果 2

　　由上面的代码中执行的 SQL 语句可以发现，语句中对应 id 列传入的参数为 null。这是因为在创建 info 表时将 id 列设置为自增（auto_increment），当传入的参数为 null 时，数据库会根据自增规则，自动为该列生成 id 值。执行插入操作后，在 MySQL 终端中使用 SQL 语句查询 info 表中的数据，结果如图 11.9 所示。可以看到，插入记录的实际 id 值为 3。

```
MariaDB [ex]> select * from info;
+----+-------+--------+
| id | name  | gender |
+----+-------+--------+
|  1 | Tom   | M      |
|  2 | Jerry | F      |
|  3 | Lucy  | 女     |
+----+-------+--------+
3 rows in set (0.00 sec)
```

图 11.9　使用数据库自增规则生成 id 值

【实例 11.3】更新表中的数据。

```java
import java.sql.*;
public class Example11_3 {
    public static void main(String[] args) {
        String url =
"jdbc:mysql://localhost:3306/ex?serverTimezone=Asia/Shanghai";
        // 数据库用户名
        String user = "root";
        // 数据库密码
        String password = "root";
        // 声明要执行的 SQL 语句
        String sql1 = "update info set name = 'Lily' where id = 3";
        String sql2 = "select name from info where id = 3";
        // 1.加载驱动
        try {
            Class.forName("com.mysql.cj.jdbc.Driver");
        } catch (ClassNotFoundException e) {
            e.printStackTrace();
        }
        // 2.建立连接
        try (
            Connection conn =
                DriverManager.getConnection (url,user,password);
            // 3.创建 SQL 语句的执行器
            Statement stmt = conn.createStatement();
        ){
            // 4.执行 SQL 语句的更新操作, 返回受影响数据的行数
            int rows = stmt.executeUpdate(sql1);
            // 输出受影响的行数
            System.out.println("受影响的行数为: "+rows);
```

```
        // 查询更新后的结果
        ResultSet rs = stmt.executeQuery(sql2);
        // 将游标移动到第一行
        rs.next();
        String name = rs.getString(1);
        System.out.println("id 为 3 的用户的名称修改为: "+name);
    }catch (Exception e){
        e.printStackTrace();
    }
    }
}
```

运行结果如图 11.10 所示。

受影响的行数为: 1
id为3的用户的名称修改为: Lily

图 11.10　运行结果 3

实例 11.3 的代码中有一个关于 ResultSet 对象的访问细节值得注意。实例所执行的查询 SQL 语句中，没有使用 "*" 来查询所有列，而是使用 name 字段指定仅查询姓名这一列的值。因此，查询操作返回的 ResultSet 中仅包含一列的内容。在调用 rs.getString()方法时，想要获取 name 列的数据需要传入的参数是 1，而不是像实例 11.1 中那样传入参数 2。这说明，getString()方法中传入的列的编号需要与 SQL 语句中的查询结果相匹配，并不一定与数据库表中的列的顺序一致。

【实例 11.4】删除表中的数据。

```
import java.sql.*;
public class Example11_4 {
    public static void main(String[] args) {
        String url =

"jdbc:mysql://localhost:3306/ex?serverTimezone=Asia/Shanghai";
        // 数据库用户名
        String user = "root";
        // 数据库密码
        String password = "root";
        // 声明要执行的 SQL 语句
        String sql1 = "delete from info where id = 3";
        String sql2 = "select * from info where id = 3";
        // 1.加载驱动
        try {
            Class.forName("com.mysql.cj.jdbc.Driver");
        } catch (ClassNotFoundException e) {
            e.printStackTrace();
```

```
    }
    // 2.建立连接
    try (
        Connection conn =
            DriverManager.getConnection (url,user,password);
        // 3.创建 SQL 语句的执行器
        Statement stmt = conn.createStatement();
    ){
        // 4.执行 SQL 语句的更新操作, 返回受影响数据的行数
        int rows = stmt.executeUpdate(sql1);
        // 输出受影响的行数
        System.out.println("受影响的行数为: "+rows);
        // 查询更新后的结果
        ResultSet rs = stmt.executeQuery(sql2);
        // 判断是否查询到数据
        if (rs.next()){
            System.out.println("查询到 id 为 3 的记录");
        }else{
            System.out.println("未查询到 id 为 3 的记录");
        }
    }catch (Exception e){
        e.printStackTrace();
    }
  }
}
```

运行结果如图 11.11 所示。

```
受影响的行数为: 1
未查询到 id 为 3 的记录
```

图 11.11　运行结果 4

由上面的代码可知，当未查询到目标数据时，Statement 对象的 executeQuery()方法仍会返回 ResultSet 对象而非 null。可以通过调用 ResultSet 对象的 next()方法来判断能否查询到结果。如果返回 true，那么表示游标成功向下移动一位，即查询到了至少一行数据；如果返回 false，那么表示游标移动失败，即 ResultSet 对象中不包含任何数据。

11.2.3　JDBC 常用 API

JDBC API 定义了一系列抽象的 Java 接口，可以使开发者连接指定的数据库，以及执行 SQL 语句和处理返回结果。JDBC API 主要用于 java.sql 包中，该包定义了一系列访问数据库的接口类。

1. DriverManager 类

DriverManager 是 java.sql 包中用于管理数据库驱动程序的类，主要负责处理驱动程序的加载和建立新数据库连接。通常，应用程序只使用 DriverManager 类的 getConnection()静态方法，用来建立与数据库的连接，返回代表连接的 Connection 对象。

指定数据库的 URL、用户名和密码来创建 Connection 对象：

```
static Connection getConnection(String url, String username, String password)
```

URL 的语法格式如下：

```
jdbc:<数据库的连接机制>:<ODBC 数据库名>
```

2. Connection 接口

Connection 是 java.sql 包中用于处理与特定数据库连接的接口。Connection 实现类的对象（简称 Connection 对象）用来表示数据库连接，Java 程序对数据库的操作都是基于 Connection 对象实现的。Connection 对象的主要方法如下。

- Statement createStatement()：创建一个 Statement 对象。
- Statement createStatement(int resultSetType, int resultSetConcurrency)：创建一个 Statement 对象，生成具有特定类型的结果集。
- String getCatalog()：获得连接对象的当前目录。
- boolean isClose()：判断连接是否已关闭。
- boolean isReadOnly()：判断连接是否为只读模式。
- void setReadOnly()：设置连接为只读模式。
- void close()：释放连接对象的数据库和 JDBC 资源。
- void setAutoCommit(boolean autoCommit)：将此连接的自动提交模式设置为给定状态。如果连接处于自动提交模式，那么所有 SQL 语句将作为单独的事务执行和提交，否则，SQL 语句将被分为通过调用 commit()方法或 rollback()方法终止的事务。在默认情况下，新连接处于自动提交模式。
- void commit()：提交对数据库的改动并释放当前持有的数据库的锁。
- void rollback()：回滚当前事务中的所有改动并释放当前连接持有的数据库的锁。

3. Statement 接口

Statement 是 java.sql 包中用于在指定的连接中处理 SQL 语句的接口，用于执行静态 SQL 语句并返回它产生的结果。可以使用 Connection 对象的 createStatement()方法获取一个用于向当前连接的数据库发送 SQL 语句的 Statement 对象。Statement 类的主要方法如下。

- ResultSet executeQuery(String sql)：执行查询操作的 SQL 语句，返回一个封装了查询结果的 ResultSet 对象。
- int executeUpdate(String sql)：执行"更新"操作的 SQL 语句，可能是 insert 操作、update 操作、delete 操作或不返回任何结果的语句，如 DDL 语句，针对"更新"操作，返回受此次操作影响的数据行数。
- int executeUpdate(String sql, int autoGeneratedKeys)：执行"更新"操作的 SQL 语句，并指定是否可以查询 insert 操作产生的自增 id，参数 Statement.RETURN_GENERATED_KEYS（实际值为 1）表示允许查询，参数 Statement.NO_GENERATED_KEYS（实际值为 2）表示不允许查询。
- ResultSet getGeneratedKeys()：查询当前 Statement 对象执行 insert 操作所产生的自增 id，如果未产生任何自增 id，那么返回一个空的 ResultSet 对象。

4. ResultSet 接口

ResultSet 接口用于表示数据库的结果集，通常通过执行查询数据库的语句产生。ResultSet 对象实际上是由查询结果数据组成的表，是一个通道式数据集，由统一形式的数据行组成，一行对应一条查询记录。在 ResultSet 对象中隐含着一个游标，一次只能获取游标当前所指的数据行，用 next()方法可以获取下一个数据行。用数据行的字段（列）名称或位置索引（自 1 开始）调用形如 getXXX()的方法可以获得记录的字段值。以下是 ResultSet 对象的部分方法。

- byte getByte(int columnIndex)：返回指定字段的字节值。
- Date getDate(int columnIndex)：返回指定字段的日期值。
- float getFloat(int columnIndex)：返回指定字段的浮点值。
- int getInt(int columnIndex)：返回指定字段的整数值。
- String getString(int columnIndex)：返回指定字段的字符串值。
- double getDouble(String columnName)：返回指定字段的双精度值。
- long getLong(String columnName)：返回指定字段的 long 型值。
- boolean next()：尝试将游标从当前位置向下移动一行。如果新的行可用，那么返回 true；如果当前游标在移动前已指向最后一行，那么返回 false。

以上方法中的 columnIndex 是位置索引，用于指定获取哪一列的数据，索引值从 1 开始，代表结果集中的第一列。除了 columnIndex，还可以使用字段名 columnName。在明确知道结果集的列顺序的情况下，使用 columnIndex 会更简捷。但是使用 columnIndex 会对代码的可维护性造成影响，因此，在大部分情况下，推荐使用 columnName。

用户需要在查询结果集上浏览，或者前后移动，或者显示结果集的指定记录，这称为可滚动结果集。程序要获得一个可滚动结果集，只要在获得 SQL 语句的对象时增加指定结果集的两个参数即可。

例如：

```
Statement stmt = con.createStatement(type, concurrency);
ResultSet rs = stmt.executeQuery(SQL 语句)
```

使用语句对象 stmt 的 SQL 语句进行查询就能得到相应类型的结果集。

int 型参数 type 决定了可滚动集的滚动方式。

- ResultSet.TYPE_FORWORD_ONLY：结果集的游标只能向下滚动。
- ResultSet.TYPE_SCROLL_INSENSITIVE：游标可上下移动，当数据库发生变化时，当前结果集不变。
- ResultSet. TYPE_SCROLL_SENSITIVE：游标可上下移动，当数据库发生变化时，当前结果集同步改变。

int 型参数 concurrency 决定了数据库是否与可滚动集同步更新。

- ResultSet.CONCUR_READ_ONLY：不能用结果集更新数据库中的表。
- ResultSet.CONCUR_UPDATETABLE：能用结果集更新数据库中的表。

例如，以下代码利用连接对象 connect 创建 Statement 对象 stmt，指定结果集可滚动，并以只读方式读数据库：

```
stmt = connect.createStatement(ResultSet.TYPE_SCROLL_SENSITIVE,
ResultSet.CONCUR_READ_ONLY);
```

可滚动集上另外一些常用的方法如下。

- boolean previous()：将游标向上移动，当移到结果集的第一行时，返回 false。
- void beforeFirst()：将游标移到结果集的第一行之前。
- void afterLast()：将游标移到结果集的最后一行之后。
- void first()：将游标移到第一行。
- void last()：将游标移到最后一行。
- boolean isAfterLast()：判断游标是否在最后一行之后。
- boolean isBeforeFirst()：判断游标是否在第一行之前。
- boolean isLast()：判断游标是否在最后一行。
- boolean isFirst()：判断游标是否在第一行。
- int getRow()：获取当前所指的行（行号从 1 开始编号，结果集为空，返回 0）。
- boolean absolute(int row)：将游标移到第 row 行。

11.3　预编译机制

JV-11-v-003

11.3.1　预编译语句概述

预编译语句 PreparedStatement 是 java.sql 包中的一个接口，也是 Statement 接口的子接口。当通过 Statement 对象执行 SQL 语句时，需要将 SQL 语句发送给数据库管理系统，由数据库管理系统编译后再执行。和 Statement 对象不同，在创建 PreparedStatement 对象时就指定了 SQL 语句，语句中的参数使用占位符 "?" 来表示。该语句会立即被发送给数据库管理系统进行编译，并将编译后的执行流程缓存起来，这个过程被称为预编译。当需要执行具体的语句时，数据库管理系统会使用缓存的执行流程，将其中的占位符 "?" 替换成用户实际发来的参数，执行该 SQL 语句，而不需要像 Statement 对象那样每次都需要先编译再执行。

图 11.12 展示了 Statement 对象的 SQL 执行流程，可以看到，想要执行相同语义的插入操作，语句的编译过程需要执行多次。

图 11.12　Statement 对象的 SQL 执行流程

图 11.3 展示了 PreparedStatement 对象的 SQL 执行流程，可以看到，想要执行相同语义的插入操作，语句的编译过程仅需要执行一次，后续通过多次执行绑定参数的过程来插入不同的数据。

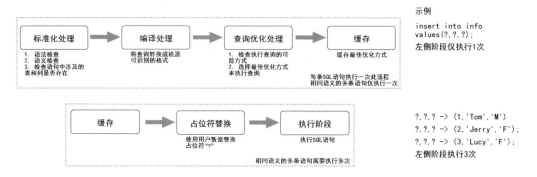

图 11.13　PreparedStatement 对象的 SQL 执行流程

在实际开发中，经常出现需要多次执行相同语义的语句的场景。例如，在商品查询业务中，需要基于商品品类查询商品信息。在并发度较高的场景下，这样的查询每秒可能需要执行上万次。如果使用 Statement 对象来执行，那么语句的编译过程需要执行上万次，这会严重影响语句的执行效率。如果使用 PreparedStatement 对象，那么语句的编译过程仅需要执行一次，后续反复执行的是占位符替换（也称为绑定参数）到执行语句的阶段，可以有效提高语句的执行效率。因此，在实际开发中，应优先使用 PreparedStatement 对象。

11.3.2 预编译语句的使用

PreparedStatement 对象的使用方法与 Statement 对象的略有不同，主要的不同体现在两个方面：创建和绑定参数。

与 Statement 对象相似，PreparedStatement 对象也是通过 Connection 对象的 API 来创建的，具体的方法为 preparedStatement(String sql)。与创建 Statement 对象不同的是，调用该方法需要传入要执行的 SQL 语句。需要注意的是，此时传入的 SQL 语句中不应该包含具体的参数，而应使用占位符 "?" 来表示这些参数，以便在后续复用预编译好的 SQL 语句。

当需要实际执行 SQL 语句时，先调用 PreparedStatement 对象的 setXxx() 方法将具体的数据绑定到指定的占位符上。setXxx() 方法有两个参数，第一个是设置的 SQL 语句中的参数的索引（从 1 开始），第二个是设置的 SQL 语句中的参数的值。setXxx() 是通用的叫法，在具体调用时，如果要绑定的是 int 型的参数，那么调用 setInt() 方法。

下面通过一个编程实例来演示 PreparedStatement 对象的具体的使用方法。该实例与 11.2 节使用相同的数据库。不同于 11.2 节的设计，该实例综合展示了增、删、改、查 4 类操作，每类操作使用单独的方法封装。

【实例 11.5】PreparedStatement 对象的应用。

```java
public class Example11_5 {

    public static final String URL =
        "jdbc:mysql://localhost:3306/ex?serverTimezone=Asia/Shanghai";
    // 数据库用户名
    public static final String USER = "root";
    // 数据库密码
    public static final String PASSWORD = "root";

    static {
        // 1.加载驱动，在当前类加载时执行一次
        try {
            Class.forName("com.mysql.cj.jdbc.Driver");
        } catch (ClassNotFoundException e) {
```

```
                    e.printStackTrace();
                }
            }

    public static void main(String[] args) {
        System.out.println("--------查询表中的全部数据--------");
        List<User> list = selectAll();
        list.forEach(System.out::println);
        // 执行插入操作
        User user1 = new User(null,"LiLei",'M');
        boolean flag1 = insertUser(user1);
        System.out.println("--------插入操作的结果: "+flag1+"--------");
        System.out.println("--------执行插入操作后，再次查询表中的全部数据------
--");
        selectAll().forEach(System.out::println);
        // 再次执行插入操作，获取自增的 id
        User user2 = new User(null,"MaLi",'M');
        int genKeys = insertAndGetID(user2);
        System.out.println("-------新的插入操作返回的 id 值为: "
            +genKeys+"--------");
        System.out.println("--------执行插入操作后，再次查询表中的全部数据------
--");
        selectAll().forEach(System.out::println);
        // 执行更新操作，修改用户性别为女
        user2.setGender('F');
        boolean flag2 = updateUserByID(genKeys,user2);
        System.out.println("--------更新操作的结果: "+flag2+"--------");
        System.out.println("--------执行更新操作后，再次查询表中的全部数据------
--");
        selectAll().forEach(System.out::println);
        // 删除新添加的用户记录
        boolean flag3 = deleteUserByID(genKeys);
        System.out.println("--------删除操作的结果: "+flag3+"--------");
        System.out.println("--------执行删除操作后，再次查询表中的全部数据------
--");
        selectAll().forEach(System.out::println);
    }

    /**
     * 基于 id 删除用户记录
     * @param id 用户 id
     * @return true 表示删除成功, false 表示删除失败
     */
    public static boolean deleteUserByID(int id){
        String sql = "delete from info where id = ?";
        boolean flag = false;
        try(
            Connection conn =
```

```
                    DriverManager.getConnection (URL,USER,PASSWORD);
        PreparedStatement ps = conn.prepareStatement(sql)
    ){
        ps.setInt(1,id);
        int rows = ps.executeUpdate();
        if (rows == 1){
            flag = true;
        }
    }catch (Exception e){
        e.printStackTrace();
    }
    return flag;
}

/**
* 基于 id 更新用户信息的方法
* @param id: 用户 id
* @param user：包含更新数据的用户对象
* @return truc 表示更新成功, false 表示更新失败
*/
public static boolean updateUserByID(int id,User user){
    String sql = "update info set name = ?, gender = ? where id = ?";
    boolean flag = false;
    try(
        Connection conn =
            DriverManager.getConnection (URL,USER,PASSWORD);
        PreparedStatement ps = conn.prepareStatement(sql)
    ){
        // 绑定参数, 注意参数顺序与语句中的 "?" 顺序一致
        ps.setString(1,user.getName());
        ps.setString(2,user.getGender().toString());
        ps.setInt(3,id);
        int rows = ps.executeUpdate();
        if (rows == 1){
            flag = true;
        }
    }catch (Exception e){
        e.printStackTrace();
    }
    return flag;
}

/**
* 执行插入操作并获得自增的 id 值
* @param user：准备添加的用户记录
* @return 自增的 id 值或 0
*/
```

```java
public static Integer insertAndGetID(User user){
    String sql = "insert into info values(?,?,?)";
    int generatedKeys = 0;
    try(
        Connection conn =
            DriverManager.getConnection (URL,USER,PASSWORD);
            // 在 prepareStatement()方法中可设置返回自增的 id
            PreparedStatement ps = conn.prepareStatement(sql,
                Statement.RETURN_GENERATED_KEYS)
    ){
        // 绑定参数
        // 为第一个参数绑定 null，使用数据库的自增功能生成 id 值
        ps.setNull(1,Types.INTEGER);
        // 绑定第二个参数
        ps.setString(2,user.getName());
        // 绑定第三个参数
        ps.setString(3,user.getGender().toString());
        // 执行 SQL 语句
        int rows = ps.executeUpdate();
        // 获取数据库生成的自增的 id
        ResultSet rs = ps.getGeneratedKeys();
        if (rs.next()){
            generatedKeys = rs.getInt(1);
        }
    }catch (Exception e){
        e.printStackTrace();
    }
    return generatedKeys;
}

/**
* 添加一行用户记录的方法
* @param user：准备添加的用户记录
* @return true 表示添加成功，false 表示添加失败
*/
public static boolean insertUser(User user){
    String sql = "insert into info values(?,?,?)";
    boolean flag = false;
    try(
        Connection conn =
            DriverManager.getConnection (URL,USER,PASSWORD);
        PreparedStatement ps = conn.prepareStatement(sql)
    ){
        // 绑定参数
        // 为第一个参数绑定 null，使用数据库的自增功能生成 id 值
        ps.setNull(1,Types.INTEGER);
        // 绑定第二个参数
```

```java
            ps.setString(2,user.getName());
            // 绑定第三个参数
            ps.setString(3,user.getGender().toString());
            // 执行 SQL 语句
            int rows = ps.executeUpdate();
            // 判断受影响的行数
            if (rows == 1){
                // 设置方法的返回值为 true
                flag = true;
            }
        }catch (Exception e){
            e.printStackTrace();
        }
        return flag;
    }


    /**
     * 查询数据库表中全部数据的方法
     * @return 封装了用户信息的集合
     */
    public static List<User> selectAll(){
        // 声明要执行的 SQL 语句
        String sql = "select * from info";
        // 保存用户对象的集合
        List<User> list = new ArrayList<>();
        // 2.建立连接
        try (
            Connection conn =
                DriverManager.getConnection (URL,USER,PASSWORD);
            // 3.创建 SQL 语句的执行器
            PreparedStatement ps = conn.prepareStatement(sql);
        ){
            // 4.执行 SQL 语句，注意这里不再绑定 SQL 语句
            ResultSet rs = ps.executeQuery();
            // 5.对结果集进行操作，封装 Bean
            while (rs.next()){
                int id = rs.getInt("id");
                String name = rs.getString("name");
                char gender = rs.getString("gender").charAt(0);
                // 创建用户对象，用来封装该行记录
                User user = new User(id,name,gender);
                // 将用户对象添加到集合中
                list.add(user);
            }
        }catch (Exception e){
            e.printStackTrace();
        }
```

```
            return list;
        }
}

/**
 * 用于封装用户信息的实体类
 */
class User{
    private Integer id;
    private String name;
    private Character gender;
    public User() {}
    public User(Integer id, String name, Character gender) {
        this.id = id;
        this.name = name;
        this.gender = gender;
    }
    public Integer getId() {
        return id;
    }
    public void setId(Integer id) {
        this.id = id;
    }
    public String getName() {
        return name;
    }
    public void setName(String name) {
        this.name = name;
    }
    public Character getGender() {
        return gender;
    }
    public void setGender(Character gender) {
        this.gender = gender;
    }
    @Override
    public String toString() {
        return "User{" +
        "id = " + id +
        ", name = '" + name + '\'' +
        ", gender = " + gender +
        '}';
    }
}
```

运行结果如图 11.14 所示。

图 11.14　运行结果

11.3.3　SQL 注入的原理与预防

SQL 注入是指攻击者在输入的表单参数中添加特殊的字符，修改服务器中实际执行的 SQL 语句的语义，实现对服务器的攻击。

接下来介绍一个 SQL 注入的具体案例。该案例的场景是网站访问中常见的登录操作。在登录操作中，用户需要先通过网页中的表单向网站服务器提交用户名和密码，再由服务器程序通过 JDBC 访问数据库，对用户提交的用户名和密码组合进行验证。假设此时服务器程序中使用的用来验证信息的 SQL 语句为"select * from info where username='参数 1' and password='参数 2'"。这条 SQL 语句的语义为使用用户名和密码作为参数查询用户信息，当且仅当用户输入的用户名和密码的组合在数据库的 info 表中存在时，才能查询到该用户的信息。由于使用 Statement 作为 SQL 的执行器时，需要一次性传入完整的 SQL 语句，因此一些开发者使用字符串拼接的方式，将用户传入的参数与 SQL 语句模板拼接生成要执行的 SQL 语句。如果用户输入的用户名是"Tom"，密码是"123"，那么拼接生成的语句为"select * from info where username='Tom' and password='123'"。这项操作看似合理，但实际上为网站埋下了安全隐患。假设用户提交的用户名是"Tom' # "，密码是"aaa"，那么拼接生成的 SQL 语句为"select * from info where username='Tom' # ' and password='aaa'"。这里需要注意的是，由于"#"在 SQL 语句中表示后续的内容为注释，不会实际生效，拼接生成的 SQL 语句的语义被修改为使用用户名查询用户的信息，当用户名在数据库的 info 表中存在时，即可查询到用户信息，进而实现输入错误的密码也可以登录成功的效果。

在 JDBC 操作中，预防 SQL 注入的一个重要方法是使用 PreparedStatement 作为 SQL 语句的执行器，并使用预编译的 SQL 语句，如使用"select * from info where username=? and password=?"形式。当使用 PreparedStatement 时，要执行的 SQL 语句的语义已经在预编译阶段确定，后续传入的参数中即使包含特殊字符（如"#"），也仅仅被当成普通字符串处理，不会修改 SQL 语句的语义，进而可以实现防止 SQL 注入的效果。

11.4　编程实训——飞机大战案例（游戏数据存入数据库中）

JV-11-v-004

1.　实训目标

（1）掌握 JDBC 的应用。
（2）掌握数据库 SQL 语句的编写。
（3）理解 JDBC 数据传输原理。
（4）理解展示最高得分的原理。

2.　实训环境

实训环境如表 11.2 所示。

表 11.2　实训环境

软件	资源
Windows 10	游戏图片（images 文件夹）
Java 11	mysql-connector-java-8.0.30.jar

本实训沿用第 10 章的项目，添加 JDBCUtils.java 文件，用于读取和记录游戏最高得分。项目目录如图 11.15 所示。

图 11.15　项目目录

3. 实训步骤

步骤一：创建数据库。

使用 MySQL 创建单独的 database，并设计表格格式，用于存储游戏数据。代码如下：

```
# 显示全部数据库
show databases;
# 创建 airplane database
create database airplane;
# 使用 airplane
use airplane;
# 显示表格信息
show tables;
# 创建游戏记录表，字段分别为当前时间、得分、被击毁的小飞机的数量、被击毁的大飞机的数
量、被击毁的奖励机的数量
create table play_score(
playtime datetime default CURRENT_TIMESTAMP,
score int,
airplane int,
bigplane int,
bee int
);
```

运行 SQL 语句，完成表格创建工作

步骤二：处理数据库（JDBC 关联）

导入 MySQL 的连接 jar 包，名称为 mysql-connector-java-8.0.30.jar。

创建 JDBCUtils.java 文件，内部用于连接数据库，进行游戏数据的插入，以及查看最高得分。代码如下：

```
package cn.tedu.shooter;

import java.sql.*;
import java.util.HashMap;
import java.util.Map;

public class JDBCUtils {
    // 通过 Java 访问 MySQL
    // 获取数据库连接
    // 注册驱动，输入连接地址、用户名和密码
    private static String driver = "com.mysql.cj.jdbc.Driver";
    // 访问本地主机的 MySQL
    private static String url = "jdbc:mysql://localhost:3306/airplane";
    private static String username = "root";
    // 根据自己设定的数值编写密码
    private static String password = "123";
    private static Connection connection = null;
    private static PreparedStatement ps = null;
```

```java
    private static ResultSet rs = null;

    // 开启数据库连接
    private static Connection getConnection() {
        try {
            // 1.注册 JDBC 驱动
            Class.forName(driver);
            /* 2.获取数据库连接 */
            connection =
                DriverManager.getConnection(url, username, password);
        } catch (ClassNotFoundException e) {
            e.printStackTrace();
        } catch (SQLException e) {
            e.printStackTrace();
        }
        return connection;
    }

    // 关闭结果集、数据库操作对象、数据库连接
    private static void release(Connection connection,
         PreparedStatement preparedStatement, ResultSet resultSet) {
        if(resultSet! = null) {
            try {
                resultSet.close();
            } catch (SQLException e) {
                e.printStackTrace();
            }
        }
        if(preparedStatement! = null) {
            try {
                preparedStatement.close();
            } catch (SQLException e) {
                e.printStackTrace();
            }
        }
        if(connection! = null) {
            try {
                connection.close();
            } catch (SQLException e) {
                e.printStackTrace();
            }
        }
    }

    // 数据库插入操作
    public static int insert_data(Map<String, Integer> gameRecord){
```

```
            int result = 0;
        try {
            // 获取数据库连接
            connection = JDBCUtils.getConnection();
            // 操作数据库，插入数据
            String   sql   =   "insert   into   play_score(score,   airplane,
bigplane, bee) values(?,?,?,?);";
            ps = connection.prepareStatement(sql);
            int score = gameRecord.get("score");
            ps.setInt(1, score);
            int airplane = gameRecord.get("airplane");
            ps.setInt(2, airplane);
            int bigplane = gameRecord.get("bigplane");
            ps.setInt(3, bigplane);
            int bee = gameRecord.get("bee");
            ps.setInt(4, bee);
            result = ps.executeUpdate();
            if (result! = 0){
                System.out.println("插入成功！");
            }
        } catch (SQLException e) {
            throw new RuntimeException(e);
        }
        release(connection, ps, rs);
        return result;
    }
    // 查看数据信息
    public static Map<String, Integer> high_score(){
        Map<String, Integer> map = new HashMap<String, Integer>();
        try {
            // 获取数据库连接
            connection = JDBCUtils.getConnection();
            // 操作数据库，查看最高得分
            String sql = "select * from play_score where score = (select
max(score) from play_score) order by playtime;";
            ps = connection.prepareStatement(sql);
            rs = ps.executeQuery();
            rs.next();
            int score = rs.getInt("score");
            int airplane = rs.getInt("airplane");
            int bigplane = rs.getInt("bigplane");
            int bee = rs.getInt("bee");
            map.put("score", score);
            map.put("airplane", airplane);
            map.put("bigplane", bigplane);
            map.put("bee", bee);
```

```
            } catch (SQLException e) {
                throw new RuntimeException(e);
            }
            release(connection, ps, rs);
            return map;
        }
    }
```

步骤三：切换数据库存储数据。

修改 World.java 文件，将原有序列化存储数据方式修改为数据库存储。代码如下：

```
package cn.tedu.shooter;

import java.awt.Color;
import java.awt.Graphics;
import java.awt.event.MouseAdapter;
import java.awt.event.MouseEvent;
import java.io.IOException;
import java.util.*;

import javax.swing.JFrame;
import javax.swing.JPanel;
import cn.tedu.shooter.PlaneIO.*;

public class World extends JPanel{
    // 此处省略静态常量及属性的代码展示，与第10章内容相比无变化
    // 此处省略 World 类的构造方法的代码展示，与第10章内容相比无变化
    // 此处省略 init()方法的代码展示，与第10章内容相比无变化
    // 此处省略 main()方法的代码展示，与第10章内容相比无变化
    // 此处省略 action()方法的代码展示，与第10章内容相比无变化
    // 此处省略 LoopTask 内部类的代码展示，与第10章内容相比无变化

    // 角色绘制
    public void paint(Graphics g) {
        sky.paint(g);
        hero.paint(g);

        for(int i = 0; i<bullets.length; i++) {
            bullets[i].paint(g);
        }
        // 创建飞机
        for(int i = 0; i<planes.length; i++) {
            planes[i].paint(g);
        }
        // 得分和生命
        g.setColor(Color.white);
```

```java
        g.drawString("SCORE:"+score, 20, 40);
        g.drawString("LIFE:"+life, 20, 60);
        // 切换状态
        switch(state) {
            case READY:
            Images.start.paintIcon(this, g, 0, 0);
            record = true;
            break;
            case PAUSE:
            Images.pause.paintIcon(this, g, 0, 0);
            break;
            case GAME_OVER:
            Images.gameover.paintIcon(this,g,0,0);
            if (record){
                JDBCUtils.insert_data(gameRecord);
                Map<String, Integer> dbMap = JDBCUtils.high_score();
                if(gameRecord.get("score") > = dbMap.get("score")){
                    highScore = gameRecord.get("score");
                    ap = gameRecord.get("airplane");
                    bp = gameRecord.get("bigplane");
                    b = gameRecord.get("bee");
                }else{
                    highScore = dbMap.get("score");
                    ap = dbMap.get("airplane");
                    bp = dbMap.get("bigplane");
                    b = dbMap.get("bee");
                }
                gameRecord.put("score", 0);
                gameRecord.put("airplane", 0);
                gameRecord.put("bigplane", 0);
                gameRecord.put("bee", 0);
            }

            g.drawString("历史最高记录:", 150, 350);
            g.drawString("得分:"+highScore, 150, 370);
            g.drawString("小飞机歼灭数量:"+ap, 150, 390);
            g.drawString("大飞机歼灭数量:"+bp, 150, 410);
            g.drawString("奖励机歼灭数量:"+b, 150, 430);
            record = false;
        }
    }
    // 此处省略 fireAction()方法的代码展示，与第 10 章内容相比无变化
    // 此处省略 objectMove()方法的代码展示，与第 10 章内容相比无变化
    // 此处省略 clean()方法的代码展示，与第 10 章内容相比无变化
    // 此处省略 heroMove()方法的代码展示，与第 10 章内容相比无变化
    // 此处省略 createPlane()方法的代码展示，与第 10 章内容相比无变化
```

```
        // 此处省略 hitDetection() 方法的代码展示，与第 10 章内容相比无变化
        // 此处省略 scores() 方法的代码展示，与第 10 章内容相比无变化
        // 此处省略 runAway() 方法的代码展示，与第 10 章内容相比无变化

    }
```

运行代码，游戏结束后会显示游戏最高得分（见图 11.16），并且可以在数据库中查看插入的数据信息（见图 11.17）。

图 11.16　游戏结束显示最高得分

	playtime	score	airplane	bigplane	bee
1	2022年9月30日 上午9:34:28	350	25	1	0

图 11.17　将得分存储到数据表中

本章小结

JDBC 编程技术在数据库开发中占有重要的地位。如果使用 JDBC，那么开发者可以使用一套统一的 API 实现对不同数据库的访问。JDBC 操作不同的数据库仅仅是在连接方式上存在差异而已，使用 JDBC 的应用程序一旦和数据库建立连接，就可以使用 JDBC 提供的 API 操作数据库。本章主要讲解了 JDBC 编程机制，包括什么是 JDBC、JDBC 常用 API，以及如何使用 JDBC 进行编程。读者应重点掌握 JDBC 的编程步骤，熟练应用每个步骤中用到的类和接口。

本章还介绍了 JDBC 中的预编译机制和数据库连接池的使用，用来提高程序的运行效率。

习题

一、选择题

JDBC 是一套用于执行（　　　）的 Java API。

   A．SQL 语句   B．数据库连接

   C．数据库修改   D．数据库驱动

二、填空题

1．JDBC 是＿＿＿＿＿的缩写，简称 Java 数据库连接。

2．JDBC API 主要位于＿＿＿＿＿包中。

三、判断题

使用 Statement 一定会导致 SQL 注入，使用 PreparedStatement 一定可以防止 SQL 注入。

                                    （　　　）

四、简答题

1．简述 JDBC 驱动的类型。

2．简述 JDBC 编程的步骤。

3．在 Java 中使用 PreparedStatement 有什么好处？

JV-11-c-001

第 12 章

Java 多线程机制

本章目标

- 了解线程的定义。
- 掌握线程的创建。
- 了解线程的生命周期和优先级。
- 掌握线程的状态转换。
- 掌握线程的同步。
- 掌握线程通信。

本章主要介绍线程的定义、线程的创建、Thread 类和 Runnable 接口的区别与联系、线程的生命周期和状态转换、线程通信的方式、多个线程安全访问共享数据的方法，以及通过对象的 wait()方法和 notify()方法实现线程间通信。

12.1 线程的定义

12.1.1 进程

在学习线程之前，需要先了解什么是进程。进程就是指一个在内存中运行的应用程序。每个进程都有自己独立的一块内存空间。一个进程可以有多个线程，如在 Windows 操作系统中，一个运行的 xx.exe 就是一个进程。以 Windows 操作系统为例，可以在 "任务管理器" 窗口的 "进程" 选项卡中查看当前操作系统的进程，如图 12.1 所示。

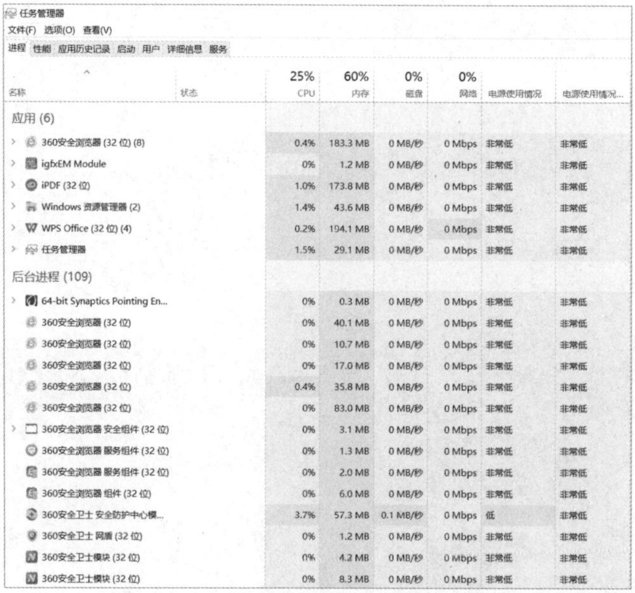

图 12.1　查看当前操作系统的进程

　　每个进程运行一个程序，多个进程就可以同时运行多个程序，这就是进程并发。多个进程通过分时技术分享 CPU 的计算资源，通过地址空间映射技术分享内存的存储资源。

　　操作系统全权负责进程的创建、管理、调度和删除，并为进程分配 CPU 时间片和内存空间。程序员可以忽略进程的存在，因为在编程时通常不需要为进程做什么事情。

12.1.2　线程

　　线程是操作系统能够进行运算调度的最小单位。线程被包含在进程中，是进程中的实际运作单位。一个线程指的是进程中一个单一顺序的控制流。在一个进程中可以并发处理多个线程，每个线程可以并行执行不同的任务。

　　例如，在街机游戏中，可以同时存在两个或更多个玩家操作各自的游戏角色进行协作或对战。启动的街机游戏是一个进程，在该进程中，不同玩家执行的操作是彼此独立的控制流，每个独立的控制流是一个线程。游戏中除了玩家操作的角色，还要有控制流负责背景的移动和转换，以及 NPC 或敌人的行动，甚至要有专门负责清理没有用的角色和释放资源的控制流，这些都可以由独立的线程来负责。

　　线程是独立调度和分派的基本单位。线程可以是操作系统内核调度的内核线程（如 Win32 线程）、由用户进程自行调度的用户线程（如 Linux 平台的 POSIX Thread），或者由内核线程与用户线程进行混合调整（如 Windows 7 的线程）。

同一进程中的多个线程将共享该进程的全部系统资源，如虚拟地址空间、文件描述符和信号处理等。但同一进程中的多个线程有各自的调用栈（Call Stack）、寄存器环境（Register Context）和线程本地存储（Thread-Local Storage）。

一个进程可以有多个线程，每个线程并行执行不同的任务。图 12.2 展示了进程和线程的关系。

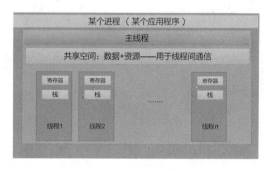

图 12.2　进程和线程的关系

12.2　线程的创建

Java 使用 Thread 类代表线程，所有的线程对象都必须是 Thread 类或其子类的实例，每个线程的作用是完成一项任务，实际上就是执行一段程序流（一段顺序执行的代码）。在 Java 中创建线程有 3 种方式。

（1）通过定义 Thread 类的子类创建线程。

（2）通过定义 Runnable 接口的实现类创建线程。

（3）通过 Callable 接口和 Future 接口创建线程。

12.2.1　Java 主线程

当启动 Java 程序时，一个线程立刻运行，通常将该线程叫作程序的主线程（Main Thread）。主线程的重要性体现在以下两方面。

（1）主线程是产生其他子线程的线程。

（2）通常主线程必须最后完成执行，因为由它执行各种关闭动作。

虽然主线程在程序启动时自动创建，但 Java 在 Thread 类中提供了静态方法 currentThread()，开发者通过调用该方法可以获取当前线程对象的引用。它的方法签名如下：

```
static Thread currentThread()
```

该方法返回一个调用它的线程的引用。一旦获得了主线程的引用，就可以像控制其他线程那样控制主线程。

【实例 12.1】控制主线程。

```java
public class Example12_1{
    public static void main(String args[]) {
        Thread t = Thread.currentThread();
        System.out.println("Current thread: " + t);
        // 修改线程名称
        t.setName("My Thread");
        System.out.println("After name change: " + t);
        try {
            for(int n = 5; n > 0; n--){
                System.out.println(n);
                // 当前线程休眠 1 秒
                Thread.sleep(1000);
            }
        }catch (InterruptedException e) {
            System.out.println("Main thread interrupted");
        }
    }
}
```

运行结果如图 12.3 所示。

```
Current thread: Thread[main,5,main]
After name change: Thread[My Thread,5,main]
5
4
3
2
1
```

图 12.3　运行结果

12.2.2　创建线程——继承 Thread 类

JV-12-v-001

Thread 是 Java 中代表线程的类，位于 java.lang 包中。Thread 类中包含封装线程具体信息的属性（如线程的名称、id 和优先级等），以及对线程进行操作的常用方法（如线程休眠和唤醒等）。在 Java 中，每个 Thread 类的对象代表一个具体的线程。

Thread 类常用的构造方法如下。

- public Thread()：分配一个新的线程对象。
- public Thread(String name)：分配一个指定名称的新的线程对象。

- public Thread(Runnable target)：分配一个带指定目标的新的线程对象。
- public Thread(Runnable target, String name)：分配一个带指定目标的且指定名称的新的线程对象。

Thread 类其他常用的方法如下。

- public String getName()：获取当前线程名称。
- public void start()：此线程开始执行，Java 虚拟机调用此线程的 run() 方法。
- public void run()：此线程要执行的任务在此处定义代码。
- public static void sleep(long millis)：使当前正在执行的线程以指定的毫秒数暂停（暂时停止执行）。
- public static Thread currentThread()：返回对当前正在执行的线程对象的引用。

使用 Thread 类实现线程的步骤如下。

（1）定义 Thread 类的子类并重写该类的 run() 方法，该方法的方法体代表该线程需要完成的任务。

（2）创建 Thread 类的实例，即创建线程对象。

（3）调用线程的 start() 方法来启动线程。

【实例 12.2】通过继承 Thread 类来创建线程。

```java
public class Example12_2 {
    public static void main(String args[]) {
        // 基于自定义线程类创建线程对象
        MyThread t1 = new MyThread( "Thread1");
        // 启动线程
        t1.start();
        MyThread t2 = new MyThread( "Thread2");
        t2.start();
    }
}

/**
 * 自定义线程类
 */
class MyThread extends Thread{
    public MyThread(String name) {
        // 调用父类的构造方法，初始化线程名称
        super(name);
        // 调用父类的 getName()方法，获取线程名称
        System.out.println("Creating " + this.getName());
    }

    @Override
    public void run() {
```

```
        System.out.println("Running " + this.getName());
        try {
            for(int i = 3; i > 0; i--) {
                System.out.println("Thread: " + this.getName() + ", " + i);
                // 让线程睡眠一段时间
                Thread.sleep(50);
            }
        }catch (InterruptedException e) {
            System.out.println("Thread " + this.getName() + "
interrupted.");
        }
        System.out.println("Thread " + this.getName() + " exiting.");
    }

    @Override
    public void start () {
        System.out.println("Starting " + this.getName());
        // 调用 Thread 类的 start()方法，启动线程
        super.start();
    }
}
```

运行结果如图 12.4 所示。

```
Creating Thread1
Starting Thread1
Creating Thread2
Starting Thread2
Running Thread1
Thread: Thread1, 3
Running Thread2
Thread: Thread2, 3
Thread: Thread2, 2
Thread: Thread1, 2
Thread: Thread2, 1
Thread: Thread1, 1
Thread Thread2 exiting.
Thread Thread1 exiting.
```

图 12.4　运行结果

从图 12.4 中可以看出，main()方法是程序的主入口，用于创建并启动子线程。线程是交互执行的。

12.2.3　创建线程——实现 Runnable 接口

Runnable 接口用来封装一个线程启动后所要执行的具体逻辑。在 Java 中，任何打算由线程执行的类，都应该实现 Runnable 接口，并提供其中定义的抽象方法 run()的具体逻辑。实际上，Thread 类也实现了 Runnable 接口。

Runnable 接口的设计，实现了线程管理和线程执行逻辑的分离。Thread 类负责线程属性的封装和线程状态的管理。Runnable 接口的实现类负责提供线程的具体执行逻辑。

使用 Runnable 接口创建线程的步骤如下。

（1）定义 Runnable 接口的实现类，并且重写它的 run() 方法，这个方法同样是该线程的执行体。

（2）创建 Runnable 实现类的实例，并且将此实例作为 Thread 类的 target 创建一个 Thread 对象，该对象才是真正的线程对象。

（3）调用 start() 方法启动该线程。

【实例 12.3】使用 Runnable 接口创建线程类。

```
public class Example12_3 {
    public static void main(String args[]) {
        // 创建 Runnable 接口实现类的对象
        MyRunner myRunner = new MyRunner();
        // 创建子线程对象，绑定 Runnable 接口实现类的对象
        Thread t1 = new Thread(myRunner,"Thread1");
        Thread t2 = new Thread(myRunner,"Thread2");
        // 启动子线程对象
        t1.start();
        t2.start();
    }
}

class MyRunner implements Runnable{
    @Override
    public void run() {
        // 获取当前正在执行的线程对象的名称
        String threadName = Thread.currentThread().getName();
        System.out.println("Running " + threadName );
        try {
            for(int i = 3; i > 0; i--) {
                System.out.println("Thread: " + threadName + ", " + i);
                // 让线程睡眠一段时间
                Thread.sleep(50);
            }
        }catch (InterruptedException e) {
            System.out.println("Thread " + threadName + " interrupted.");
        }
        System.out.println("Thread " + threadName + " exiting.");
    }
}
```

运行结果如图 12.5 所示。

```
Running Thread1
Thread: Thread1, 3
Running Thread2
Thread: Thread2, 3
Thread: Thread1, 2
Thread: Thread2, 2
Thread: Thread1, 1
Thread: Thread2, 1
Thread Thread2 exiting.
Thread Thread1 exiting.
```

图 12.5　运行结果

12.2.4　创建线程——Callable 接口和 Future 接口

通过 Thread 类和 Runnable 接口创建多线程，需要重写 run()方法，但该方法没有返回值，因此无法从多个线程中获取返回结果。Java 提供了一个 Callable 接口，既可以通过该接口创建多线程，又可以提供返回值。

Callable 是 JDK 1.5 推出的接口，与 Runnable 接口相似，其中只有一个方法 call()。call()方法可以抛出 Exception 类及其子类的异常，并且可以返回指定的泛型类对象。

FutureTask 类代表一个可取消的异步计算任务。FutureTask 是 Future 接口的基础实现类，包含启动异步和取消计算的方法、查看计算任务是否完成的方法和查询计算结果的方法。只有在计算完成后才能检索结果，如果计算尚未完成，那么 get()方法将被阻塞。一旦计算完成，就不能重新开始或取消计算（除非使用 runAndReset 调用计算）。

通过 Callable 接口和 Future 接口创建线程的步骤如下。

（1）创建 Callable 接口的实现类，同时实现 call()方法，该方法将作为线程执行体，并且有返回值。

（2）创建 Callable 接口的实现类的实例，使用 FutureTask 类来包装 Callable 对象，FutureTask 对象封装了 Callable 对象的 call()方法的返回值。

（3）使用 FutureTask 对象作为 Thread 对象的 target 创建并启动新线程。

（4）调用 FutureTask 对象的 get()方法获得子线程执行结束后的返回值。

【实例 12.4】使用 Callable 接口创建线程。

```java
import java.util.concurrent.Callable;
import java.util.concurrent.FutureTask;
public class Example12_4 {
    public static void main(String[] args){
        CallableDemo cd = new CallableDemo();
        FutureTask<Integer> ft = new FutureTask<>(cd);
        new Thread(ft, "有返回值的线程").start();
```

```
            try{
                System.out.println("子线程的返回值: "+ft.get());
            } catch (InterruptedException e){
                e.printStackTrace();
            } catch (Exception e){
                e.printStackTrace();
            }
        }
    }
class CallableDemo implements Callable<Integer> {
    public Integer call() throws Exception{
        int i = 0;
        for(;i<3;i++){
            System.out.println(Thread.currentThread().getName()+" "+i);
        }
        return i;
    }
}
```

运行结果如图 12.6 所示。可以看到，调用 FutureTask 对象的 get()方法返回的是 call()方法运行完成后得到的结果。

```
有返回值的线程 0
有返回值的线程 1
有返回值的线程 2
子线程的返回值: 3
```

图 12.6　运行结果

12.2.5　创建线程的 3 种方式的对比

当采用继承 Thread 类的方式创建线程类时，受 Java 单重继承机制的影响，该线程类无法继承其他类，可能对该线程类的扩展性造成影响。当使用 Runnable 接口和 Callable 接口创建线程类时，线程类不仅实现了 Runnable 接口和 Callable 接口，还可以继承其他类，扩展性更好。在大多数情况下，如果只打算覆盖 run()方法而不打算覆盖 Thread 类其他的方法，那么应该使用 Runnable 接口。这很重要，因为除非开发者打算修改或增强类的基本行为，否则不应将类子类化。

当采用继承 Thread 类的方式创建多线程时，编写简单，如果需要访问当前线程，就无须使用 Thread.currentThread()方法，直接使用 this 即可获得当前线程。

12.3 线程的状态控制

线程是一个动态执行的过程，包括从产生到死亡的整个过程。线程从创建到执行完毕的整个过程称为线程的生命周期。线程的整个生命周期可以分为 5 个状态。

1. 新建状态

使用关键字 new 和 Thread 类或其子类建立一个线程对象后，该线程对象就处于新建状态。该线程对象会保持这个状态直到程序调用了它的 start()方法。

2. 就绪状态

当线程对象调用 start()方法之后，该线程对象就进入就绪状态。就绪状态的线程处于就绪队列中，需要等待 Java 虚拟机中线程调度器的调度。

3. 运行状态

如果就绪状态的线程获取了 CPU 资源，就可以执行 run()方法，此时线程便处于运行状态。处于运行状态的线程最复杂，因为它可以变为阻塞状态、就绪状态和终止状态。

4. 阻塞状态

如果一个线程执行了 sleep()（睡眠）和 suspend()（挂起）等方法，失去所占用的资源之后，那么该线程就从运行状态进入阻塞状态。在睡眠时间已到或获得设备资源后可以重新进入就绪状态。阻塞状态可以分为 3 种。

- 等待阻塞：运行状态中的线程执行 wait()方法，可以使线程进入等待阻塞状态。
- 同步阻塞：线程在获取 synchronized 同步锁时失败（因为同步锁被其他线程占用）。
- 其他阻塞：当调用线程的 sleep()方法或 join()方法发出输入/输出请求时，线程就会进入阻塞状态。当 sleep()方法超时，join()方法等待线程终止或超时，或者输入/输出处理完毕时，线程重新转入就绪状态。

5. 终止状态

当一个处于运行状态的线程完成任务或其他终止条件发生时，该线程就切换为终止状态。

12.3.2　线程的状态转换

在生命周期的给定时间点上，一个线程只能处于其中一种状态。在线程的整个生命周期中，线程会在 5 种状态之间切换，图 12.7 所示为线程的状态转换过程。

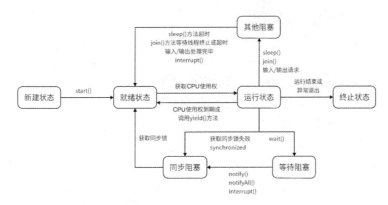

图 12.7　线程的状态转换过程

（1）从新建状态到就绪状态的转换：用 new Thread() 等方法创建的线程处于新建状态，当程序员显示调用线程的 start() 方法时线程就进入就绪状态。

（2）从就绪状态到运行状态的转换：Java 虚拟机按照线程调度的策略从就绪队列中选择一个线程，使其获得 CPU 使用权，从而进入运行状态。

（3）从运行状态到阻塞状态的转换：处于运行状态的线程可能由于发生等待事件而放弃 CPU 使用权，从而进入阻塞状态。

（4）从阻塞状态到就绪状态的转换：处于阻塞状态的线程等待事件结束时被唤醒进入就绪队列，由此进入就绪状态。

（5）从运行状态到终止状态的转换：线程结束运行，进入终止状态。

12.3.3　线程的操作

1. join() 方法

JV-12-v-002

在现实生活中，经常能碰到"插队"的情况，同样，Java 的 Thread 类中也提供了一个 join() 方法来实现这个功能。

join() 方法的作用是进行线程插队，也就是说，调用 join() 方法的线程相对于调用它的上级线程拥有更高的执行权。调用 join() 方法的线程的上级线程必须等待调用 join() 方法的线程执行完成才能继续执行。

Java 提供了如下 3 个重载的 join()方法。

- public final void join()：使当前线程处于等待状态，直到调用它的线程死亡。如果线程被中断，那么抛出 InterruptedException 异常。
- public final synchronized void join(long millis)：用于等待调用该方法的线程终止或等待指定的毫秒。由于线程执行依赖操作系统实现，因此不保证当前线程只等待给定时间。
- public final synchronized void join(long millis, int nanos)：用于等待线程死亡或等待指定的毫秒加纳秒。

下面演示 join()方法的用法，其中，主线程通过 join()方法实现流程控制，保证主线程能够执行到最后，同时控制第三个线程在第一个线程死亡后再启动。

【实例 12.5】join()方法的用法。

```java
public class Example12_5 {
    public static void main(String[] args) {
        Thread t1 = new Thread(new MyRunner2(), "t1");
        Thread t2 = new Thread(new MyRunner2(), "t2");
        Thread t3 = new Thread(new MyRunner2(), "t3");
        t1.start();
        // 主线程等待 t1 线程死亡或等待 2 秒后向下执行启动 t2 线程
        try {
            t1.join(2000);
        } catch (InterruptedException e) {
            e.printStackTrace();
        }
        t2.start();
        // 主线程等待 t1 线程死亡后再向下执行启动 t3 线程
        try {
            t1.join();
        } catch (InterruptedException e) {
            e.printStackTrace();
        }
        t3.start();
        // 主线程等待 t1 线程、t2 线程和 t3 线程死亡后再向下执行
        try {
            t1.join();
            t2.join();
            t3.join();
        } catch (InterruptedException e) {
            e.printStackTrace();
        }
        System.out.println("All threads are dead, exiting main thread");
    }
}

class MyRunner2 implements Runnable{
```

```
    @Override
    public void run() {
        System.out.println("Threadstarted:::"
            +Thread.currentThread().getName());
        try {
            Thread.sleep(4000);
        } catch (InterruptedException e) {
            e.printStackTrace();
        }
        System.out.println("Thread ended:::"
            +Thread.currentThread().getName());
    }
}
```

运行结果如图 12.8 所示。

```
Thread started:::t1
Thread started:::t2
Thread ended:::t1
Thread started:::t3
Thread ended:::t2
Thread ended:::t3
All threads are dead, exiting main thread
```

图 12.8　运行结果 1

2. sleep()方法

如果需要让当前正在执行的线程暂停一段时间,并进入阻塞状态,那么可以通过调用 Thread 类的静态方法 sleep()来实现。sleep()方法的作用是使当前调用该方法的线程进入阻塞状态。

sleep()方法有两种重载形式。

- static Thread sleep(long millis):暂停当前线程的执行,暂停时间由方法参数指定,单位为毫秒。需要注意的是,参数不能为负数,否则程序将抛出 IllegalArgumentException 异常。

- static Thread sleep(long millis, int nanos):暂停当前线程的执行,暂停时间为 millis 毫秒加 nanos 纳秒。纳秒允许的取值范围为 0～999999。

在使用 sleep()方法阻塞线程时,线程在阻塞了指定的时长后,并不一定马上恢复执行,这是因为在 Windows 环境下进程调度是抢占式的。一个线程处于运行状态时调用 sleep()方法,就会进入等待状态,睡眠结束以后,并不是直接回到运行状态,而是进入就绪队列,要等到其他线程放弃时间片后才能重新进入运行状态。所以,sleep(1000)表示,在 1000 毫秒以后,线程不一定会被唤醒。sleep(0)可以看成一个运行状态的进程产生一个中断,由运行状态直接转入就绪状态。使用 sleep()方法可以为其他处于就绪状态的线程提供使用时间片的机会。

当线程调用 sleep()方法进入阻塞状态后,在其睡眠时间段内,该线程不会获得执行的机会,即使系统中没有其他可执行的线程,使用 sleep()方法的线程也不会执行。因此,sleep()方法常用来暂停程序的执行。

【实例 12.6】sleep()方法的应用。

```java
public class Example12_6 {
    public static void main(String[] args) {
        Thread t1 = new Thread(new MyRunner3());
        System.out.println("主线程开始时间 = "+System.currentTimeMillis());
        t1.start();
        System.out.println("主线程结束时间 = "+System.currentTimeMillis());
    }
}

class MyRunner3 implements Runnable{
    @Override
    public void run(){
        try{
            System.out.println("正在运行的线程名称: "+
                Thread.currentThread().getName()+
                    " 开始时间 = "+System.currentTimeMillis());
            // 延时 2 秒
            Thread.sleep(2000);
            System.out.println("正在运行的线程名称: "+
                Thread.currentThread().getName()+
                    " 结束时间 = "+System.currentTimeMillis());
        }catch(InterruptedException e){
            e.printStackTrace();
        }
    }
}
```

运行结果如图 12.9 所示。

```
主线程开始时间=1657032627449
主线程结束时间=1657032627450
正在运行的线程名称: Thread-0 开始时间=1657032627450
正在运行的线程名称: Thread-0 结束时间=1657032629453
```

图 12.9　运行结果 2

3. yield()方法

Thread.yield()方法的作用是让当前处于运行状态的线程回到就绪状态，以允许具有相同优先级的其他线程获得运行机会。因此，使用 yield()方法的目的是让优先级相同的线程能适当地轮转执行。但是，实际上无法保证使用 yield()方法达到让步目的，因为让步的线程可能会被线程调度程序再次选中。

【实例 12.7】yield()方法的应用。

```
public class Example12_7 {
    public static void main(String[] args){
        YieldDemo t1 = new YieldDemo("高级");
        t1.start();
        YieldDemo t2 = new YieldDemo("低级");
        t2.start();
    }
}
class YieldDemo extends Thread{
    public YieldDemo(String name){
        super(name);
    }
    @Override
    public void run(){
        for (int i = 0;i<8;i++){
            System.out.println(getName()+":"+i);
            if(i == 5){
                Thread.yield();
            }
        }
    }
}
```

4. stop()方法

Java 提供的 stop()方法用来中止线程，线程会立即停止，并且拥有的资源不会释放。由于 stop()方法过于暴力，因此被定义为过期方法。使用 stop()方法停止线程可能会导致并发问题。如果开发者有停止一个线程的需求，那么可以设定一个变量，通过该变量的值来指示目标线程是否应该继续运行。目标线程应该定期检查这个变量，如果变量指示已停止运行，那么以有序的方式从它的 run()方法中返回。如果目标线程需要等待很长时间（如在条件变量上），那么应该使用 interrupt()方法中断等待。

5. interrupt()方法

interrupt()方法用来中断一个线程。与线程的 stop()方法不同，interrupt()方法旨在通过一种通知机制，为线程的中断过程带来缓冲，避免因强制中断一个线程而带来各类问题。Java 通过为每个线程对象提供一个中断标识来实现这种通知机制。简单来说，interrupt()方法的作用是修改该线程的中断标识，通知该线程应该被中断了，而不是实际中断该线程。

一个处于正常运行状态下的线程应该在运行过程中周期性地检查其自身的中断标识，如果发现中断标识被设置为 true，就应该有序地释放线程占用的资源，并中断该线程的运行。值得注意的是，这里提到的周期性检查自身的中断标识、有序释放资源、中断线程运行的操作，均需要开发者通过编写代码来实现。也就是说，如果开发者没有提供这些代码，那么调用一个线程对象的 interrupt()方法，仅会修改该线程对象的中断标识，不会实际中断该线程。

对于一个处于阻塞状态的线程（如因 sleep、wait 和 join 等操作而处于阻塞状态），调用它的 interrupt()方法会使该线程立刻退出阻塞状态，并抛出一个 InterruptedException 异常，可以理解为中断这个线程的阻塞状态。开发者可以使用 try-catch 语句块捕获 InterruptedException 异常，并在 catch 语句块中提供实际中断该线程的代码。

与 interrupt()方法相关的方法还有 interrupted()和 isInterrupted()。

- interrupted()方法：用于测试当前线程是否已经中断（静态方法）。如果连续调用该方法，那么第二次调用将返回 false。interrupted()方法具有将状态标识设置为 false 的功能。
- isInterrupted()方法：用于测试线程是否已经中断，但是不能清除状态标识。

【实例 12.8】中断线程的应用。

```java
public class Example12_8 {
    public static void main(String args[]) {
        Thread thread = new Thread(new Runnable(){
            public void run() {
                System.out.println("线程启动了");
                try {
                    Thread.sleep(1000 * 100);
                } catch (InterruptedException e) {
                    e.printStackTrace();
                }
                System.out.println("线程结束了");
            }
        });
        thread.start();
        try {
            Thread.sleep(1000 * 5);
        } catch (InterruptedException e) {
            e.printStackTrace();
        }
        // 在线程阻塞时抛出一个中断信号
        // 这样线程就得以退出阻塞状态
        thread.interrupt();
    }
}
```

运行结果如图 12.10 所示。

```
线程启动了
java.lang.InterruptedException Create breakpoint : sleep interrupted
    at java.lang.Thread.sleep(Native Method)
    at chapter12.Example12_8$1.run(Example12_8.java:9) <1 internal line>
线程结束了
```

图 12.10　运行结果 3

12.3.4　线程的优先级

线程的优先级被线程调度器用来判定每个线程何时可以运行。从理论上来说，优先级高的线程可以比优先级低的线程获得更多的 CPU 时间。实际上，线程获得的 CPU 时间通常由包括优先级在内的多个因素决定（例如，一个实行多任务处理的操作系统如何更有效地利用 CPU 时间）。

一个优先级高的线程自然比优先级低的线程优先。举例来说，当优先级低的线程正在运行，而一个优先级高的线程被恢复时，它将抢占优先级低的线程所使用的 CPU 时间。从理论上来说，同等优先级的线程有同等的权利使用 CPU 时间。

每个 Java 线程都有一个优先级，这样有助于操作系统确定线程的调度顺序。

Java 线程的优先级是一个整数，其取值范围是 1（Thread.MIN_PRIORITY）～10（Thread.MAX_PRIORITY）。

在默认情况下，为每个线程分配一个优先级 NORM_PRIORITY（5）。

设置线程的优先级应该使用 setPriority() 方法，该方法也是 Thread 类的成员。它的方法签名如下：

```
final void setPriority(int level)
```

level 指定了对所调用的线程的新的优先级的设置。level 的取值范围必须为 MIN_PRIORITY～MAX_PRIORITY，即 1～10。这些优先级在 Thread 类中都被定义为 final 型变量。

开发者可以通过调用 Thread 类的 getPriority() 方法来获得当前优先级的设置。它的方法签名如下：

```
final int getPriority()
```

具有较高优先级的线程对程序更重要，并且应该在较低优先级的线程之前分配处理器资源。但是，线程优先级不能保证线程执行的顺序，并且非常依赖底层平台。

【实例 12.9】线程优先级的应用。

```java
public class Example12_9 {
    public static void main(String[] args) {
        Thread min = new Thread() {
            public void run() {
                for (int i = 0; i <5; i++) {
                    System.out.println("min");
                    // 创造线程竞争机会
                    Thread.yield();
                }
            }
        };
```

```java
Thread max = new Thread() {
    public void run() {
        for (int i = 0; i <5; i++) {
            System.out.println("max");
            // 创造线程竞争机会
            Thread.yield();
        }
    }
};
// 设置线程的优先级
min.setPriority(Thread.MIN_PRIORITY);
max.setPriority(Thread.MAX_PRIORITY);
min.start();
max.start();
    }
}
```

运行结果如图 12.11 所示。

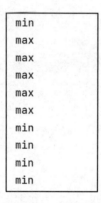

图 12.11　运行结果

由图 12.11 可知，max 线程获取了更多的执行机会，在 min 线程输出一次后，max 线程运行至结束，min 线程再运行。但是在实际测试时读者会发现，结果并不总是如此"理想"。因此，除了一些特殊的应用场景，开发者不应使用线程优先级来控制线程的执行顺序。如果读者想对多线程的执行顺序进行精准的控制，那么可以参考 12.4 节介绍的线程同步和互斥的相关内容。

12.3.5　后台线程

JV-12-v-003

一般来说，Java 虚拟机中一般包括两种线程，分别是用户线程和后台线程。

所谓的后台线程指的是程序运行时在后台提供的一种通用服务的线程，也就是为其他线程提供服务的线程，也称守护线程。

后台线程并不属于程序中不可或缺的部分。因此，当所有的非后台线程结束时，也就是用户线程都结束时，程序也就终止了，同时会杀死进程中所有的后台线程。

反过来说，只要有任何非后台线程还在运行，程序就不会结束。例如，执行 main()方法的就是一个非后台线程。基于这个特点，当虚拟机中的用户线程全部退出运行时，后台线程没有服务的对象后，Java 虚拟机也就会退出。

由于后台线程主要用于为系统中的其他对象和线程提供服务，因此它的优先级比较低。垃圾回收线程就是一个经典的守护线程，当程序中不再有任何运行的用户线程时，程序就不会再产生垃圾，垃圾回收器也就无事可做，所以，当垃圾回收线程是 Java 虚拟机上仅剩的线程时，垃圾回收线程会自动退出。垃圾回收线程始终在低级别的状态下运行，用于实时监控和管理系统中的可回收资源。

将一个用户线程设置为后台线程的方式是在线程对象创建之前使用线程对象的 setDaemon()方法。通过 setDaemon(true)来设置线程为后台线程。setDaemon()方法必须在 start()方法之前设定，否则会抛出 IllegalThreadStateException 异常。可以使用 isDaemon()方法判断一个线程是前台线程还是后台线程。

【实例 12.10】后台线程的应用。

```java
public class Example12_10 {
    public static void main(String[] args) {
        // 声明子线程执行逻辑并创建线程对象
        Thread daemonThread = new Thread(new Runnable() {
            public void run() {
                try {
                    while (true) {

System.out.println(Thread.currentThread().getName());
                        try{
                            Thread.sleep(1000);
                        }catch (InterruptedException e){
                            e.printStackTrace();
                        }
                    }
                }catch (Exception e) {
                    System.out.println("Exception");
                }
            }
        });
        // 设置子线程为后台线程
        daemonThread.setDaemon(true);
        // 启动子线程
        daemonThread.start();
        // 主线程的输出信息
        for(int i = 0;i<2;i++){
```

```java
            System.out.println(Thread.currentThread().getName());
            try{
                Thread.sleep(1000);
            }catch (InterruptedException e){
                e.printStackTrace();
            }
        }
        System.out.println("end main");
    }
}
public class Example12_10 {
    public static void main(String[] args) {
        // 声明子线程执行逻辑并创建线程对象
        Thread daemonThread = new Thread(new Runnable() {
            public void run() {
                try {
                    while (true) {

System.out.println(Thread.currentThread().getName());
                        try{
                            Thread.sleep(1000);
                        }catch (InterruptedException e){
                            e.printStackTrace();
                        }
                    }
                }catch (Exception e) {
                    System.out.println("Exception");
                }
            }
        });
        // 设置子线程为后台线程
        daemonThread.setDaemon(true);
        // 启动子线程
        daemonThread.start();
        // 主线程的输出信息
        for(int i = 0;i<2;i++){
            System.out.println(Thread.currentThread().getName());
            try{
                Thread.sleep(1000);
            }catch (InterruptedException e){
                e.printStackTrace();
            }
        }
        System.out.println("end main");
    }
}
```

运行结果（部分截图）如图 12.12 所示。

```
main
Thread-0
main
Thread-0
Thread-0
end main
```

图 12.12　运行结果（部分截图）

说明：上面的程序先将 daemonThread 线程设置成后台线程，再启动后台线程。在该线程中并没有线程退出的代码，但运行程序时发现该后台线程无法一直运行，因为当主线程结束后，Java 虚拟机会自动退出，所以后台线程也就结束了。

12.4　线程的同步和互斥

12.4.1　线程安全

多线程的并发操作可以有效地提高程序的效率，但在使用多线程访问同一个资源时，需要特别关注线程安全的问题。一个共享数据是可以由多个线程一起操作的，但是当一个共享数据在被一个线程操作的过程中，操作并未执行完毕，如果此时另一个线程也参与操作该共享数据，就会导致共享数据存在安全问题。

下面通过一个具体的实例来演示线程安全问题。模拟场景如下：一对夫妻使用相同的银行账户去银行取钱，一人拿着存折，另一人拿着银行卡。假如账户中有 2000 元，丈夫取 1500 元，妻子在同一时间也取 1500 元。如果取钱这段程序没有同步进行，也就是说，这两个操作可以同时进行，假设丈夫执行取钱操作时，程序刚刚判断了余额充足，还没有把钱从余额中扣除，妻子也执行取钱操作，此时妻子也可以取出 1500 元，即两个人从一个账户中取出 3000 元，这就涉及线程安全。

【实例 12.11】线程安全问题。

```java
public class Example12_11 {
    public static void main(String[] args) {
        Account account = new Account();
        account.withdraw();
    }
}
class Account{
    // 账户余额
```

```
public double balance = 2000;
/**
* 取钱测试方法
* 在该方法中，模拟丈夫和妻子同时取1500元
*/
public void withdraw(){
    MyThread t1 = new MyThread("丈夫",1500);
    MyThread t2 = new MyThread("妻子",1500);
    t1.start();
    t2.start();
}

/**
* 封装取钱操作的自定义线程类
*/
class MyThread extends Thread {
    private double money;
    private String name;
    public MyThread(String name, double money) {
        this.name = name;
        this.money = money;
    }
    public void run() {
        // MyThread是Account类的内部类，故可直接访问balance属性
        if(balance>money) {
            try{
                Thread.sleep(1000);
            }catch (InterruptedException e) {
                e.printStackTrace();
            }
            balance = balance-money;
            System.out.println(name + "取钱成功！");
        }
    }
}
}
```

运行结果如图 12.13 所示。

实例 12.11 演示了线程安全问题，也是线程并发操作的问题。两个线程操作同一个账户，账户中只有 2000 元，但为什么丈夫和妻子都能取出 1500 元呢？这是因为多线程在共享同一数据时，未进行线程同步，引发了数据安全问题。图 12.14 显示了取钱操作的过程和结果。

妻子取钱成功！
丈夫取钱成功！

图 12.13　运行结果

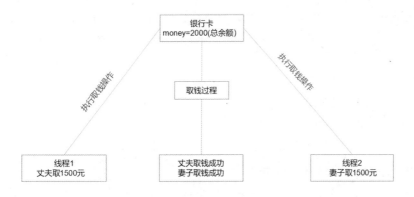

图 12.14　取钱操作的过程和结果

12.4.2　线程互斥

在 Java 中，可以通过线程互斥来解决线程安全问题。线程互斥是指不同线程通过竞争进入临界区（共享的数据和硬件资源），为了防止发生访问冲突，在有限的时间内只允许其中之一独自使用共享资源。但互斥无法限制访问者对资源的访问顺序，即访问是无序的。

Java 中有两种实现线程互斥的方法：一是通过同步（Synchronized）代码块或同步方法实现，二是通过锁（Lock）实现。本节介绍第一种实现方式。

1. 同步代码块（同步监听器）

同步代码块是使用关键字 synchronized 修饰的语句块。使用关键字 synchronized 修饰的语句块会自动被加上内置锁，从而实现同步。

同步代码块的语法格式如下：

```
synchronized (对象锁){
    // 需要同步访问控制的代码
}
```

利用关键字 synchronized 就可以为代码加上锁，在该关键字后面的圆括号中所放入的就是对象锁。对象锁可以是一个任意的类的对象，但是所有线程必须共用一个锁。

关键字 synchronized 使用的锁保存在 Java 的对象头中。JDK 提供了多种对象锁实现机制，这些机制的实现原理较为复杂，超出了本书的探讨范围。本书侧重于介绍如何基于关键字 synchronized 实现线程同步。

2. 同步方法

与同步代码块不同，同步方法将子线程要允许的代码放到一个方法中，在该方法的名称前面加上关键字 synchronized 即可,这里默认的锁为 this,即当前对象。在使用时,需要确认多线程访问的是同一个实例的同步方法才能实现同步效果。当使用关键字 synchronized 修饰方法时,内置锁会保护整个方法。在调用该方法前,需要获得内置锁,否则就处于阻塞状态。

同步方法的语法格式如下:

```
访问修饰符 synchronized 返回类型 方法名(){
}
```

或者:

```
synchronized 访问修饰符 返回类型 方法名(){
}
```

注:关键字 synchronized 也可以修饰静态方法,此时如果调用该静态方法,就会锁住当前类的 Class 对象。

下面对实例 12.11 的代码进行重构。首先在 MyThread 类中添加一个新的 Object 类型的属性,命名为 lock。然后在 MyThread 类的构造器中添加一个新的参数,接收外部传入的 lock 对象并为 lock 属性赋值。接下来在 MyThread 类的 run() 方法中添加同步代码块,使用 lock 作为对象锁,限定同一时间仅能有一个线程执行取钱操作。最后修改 Account2 类的 withdraw() 方法,创建一个 byte[] 类型的对象 lockObject,并将其作为参数传入 MyThread 类的构造器中。这里需要注意的是,lockObject 可以是任意类,使用 byte[] 类型主要是因为底层创建对象的步骤更少。

【实例 12.12】同步代码块的应用。

```
public class Example12_12 {
    public static void main(String[] args) {
        Account2 account = new Account2();
        account.withdraw();
    }
}
class Account2{
    // 账户余额
    public double balance = 2000;
    /**
     * 取钱测试方法
     * 在该方法中,模拟丈夫和妻子同时取 1500 元
     */
    public void withdraw(){
        // 创建多线程共用的锁对象
        byte[] lockObject = new byte[0];
        // 两个线程使用的是同一个锁对象
        MyThread t1 = new MyThread("丈夫",1500,lockObject);
        MyThread t2 = new MyThread("妻子",1500,lockObject);
        t1.start();
        t2.start();
```

```
        }

    /**
    * 封装取钱操作的自定义线程类
    */
    class MyThread extends Thread {
        private double money;
        private String name;
        // 保存当前线程使用的锁对象
        private Object lock;

        public MyThread(String name, double money,Object lock) {
            this.name = name;
            this.money = money;
            this.lock = lock;
        }
        public void run() {
            // 使用同步锁
            synchronized (lock){
                if(balance>money) {
                    try{
                        Thread.sleep(1000);
                    }catch (InterruptedException e) {
                        e.printStackTrace();
                    }
                    balance = balance-money;
                    System.out.println(name + "取钱成功! ");
                }else {
                    System.out.println(name + "取钱失败! ");
                }
            }
        }
    }
}
```

运行结果如图 12.15 所示。

```
丈夫取钱成功!
妻子取钱失败!
```

图 12.15　运行结果

图 12.16 显示了使用线程加锁机制后的取钱操作的过程和结果。

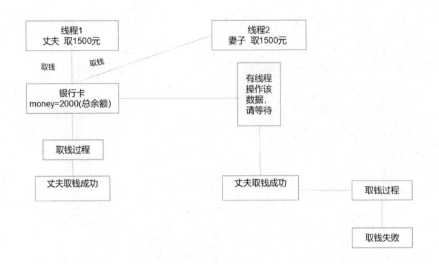

图 12.16 使用线程加锁机制后的取钱操作的过程和结果

12.4.3 线程同步

JV-12-v-004

广义的线程同步被定义为一种机制,用于确保两个或多个并发的线程不会同时进入临界区(共享的数据和硬件资源)。从该定义来看,线程同步和线程互斥是相同的。狭义的线程同步在线程互斥的基础上增加了对多个线程执行顺序的要求,即两个或多个并发的线程应按照特定的顺序进入临界区。可以简单地总结为,狭义的线程同步是一种强调执行顺序的线程互斥。本节介绍的是狭义的线程同步。

在 12.4.2 节介绍的夫妻取钱场景中,当夫妻共同取钱时,要求同一时间仅能有一个人进行余额检查和取钱,以防止出现账户余额为负数的情况。但是在该实例中,对丈夫取钱成功还是妻子取钱成功是没有限制的。如果代表妻子的线程优先抢到时间片,就会出现妻子取钱成功的情况。这是一个较为典型的线程互斥的案例。

下面对场景做一些修改,变为夫妻转账的案例。假设共同账户的初始余额为 0,丈夫负责向账户中存钱,每次存入 1000 元,妻子负责从账户中取钱,每次取出 1000 元,并要求账户余额不能出现负值。可以看出,丈夫线程和妻子线程不能以任意顺序对余额进行操作,必须以先存钱后取钱的顺序来执行,这就是本节要介绍的线程同步的场景。

下面通过编程实例来实现该场景。

【实例 12.13】线程同步的应用。

```
public class Example12_13 {
    public static void main(String[] args) {
```

```
        // 创建账户对象
        Account3 account = new Account3();
        SaveRunner saveRunner = new SaveRunner(account);
        WithdrawRunner withdrawRunner = new WithdrawRunner(account);
        // 创建线程对象
        Thread t1 = new Thread(saveRunner,"丈夫");
        Thread t2 = new Thread(withdrawRunner,"妻子");
        t1.start();
        t2.start();
    }
}
class Account3{
    // 账户余额
    double balance = 1000;
    // 控制程序执行的总次数
    int counter = 6;
    public synchronized void save(){
        if (balance<1000){
            balance+ = 1000;
            System.out.println(Thread.currentThread().getName()+
                "存钱1000");
            counter--;
        }
    }
    public synchronized void withdraw(){
        if (balance> = 1000){
            balance- = 1000;
            System.out.println(" == =>"+Thread.currentThread().getName()+
                "取钱1000");
            counter--;
        }
    }
    public synchronized int getCounter(){
        return this.counter;
    }
}
class SaveRunner implements Runnable{
    private Account3 account;
    public SaveRunner(Account3 account){
        this.account = account;
    }
    @Override
    public void run() {
        while (account.getCounter()>0){
            account.save();
        }
    }
```

```
    }
class WithdrawRunner implements Runnable{
    private Account3 account;
    public WithdrawRunner(Account3 account){
        this.account = account;
    }
    @Override
    public void run() {
        while (account.getCounter()>0){
            account.withdraw();
        }
    }
}
```

===>妻子取钱1000
丈夫存钱1000
===>妻子取钱1000
丈夫存钱1000
===>妻子取钱1000
丈夫存钱1000
===>妻子取钱1000

图 12.17　运行结果

运行结果如图 12.17 所示。

由运行结果可知，妻子线程和丈夫线程按设计先后输出取钱和存钱的结果。上述代码展示了线程同步的应用方法，Account3 类中的 3 个方法被设计成 synchronized 方法，这 3 个方法使用相同的锁对象——Account3 类的对象。通过这样的设计，可以保证多个线程在并发调用 account 对象的这 3 个方法时的同步性。同时，细心的读者会发现，该实例对线程的控制并不高效。妻子线程和丈夫线程处于不断尝试的状态，可能出现妻子线程尝试 10 余次失败后，丈夫线程才能执行 1 次的情况。更高效的控制应该是丈夫线程存钱成功后，通知妻子线程取钱，或者当妻子线程取钱失败时，通知丈夫线程存钱。此类线程控制属于线程通信的讨论范围，将在 12.4.4 节介绍。

12.4.4　线程通信

线程是操作系统调度的最小单位，有自己的栈空间，可以按照既定的代码独立运行。在现实应用中，有些场景可能需要多个线程按照指定的规则共同完成一项任务。这时就需要多个线程互相协调，这个过程被称为线程通信。

1. 线程通信的方式

线程通信主要分为 3 种方式，分别为共享内存、消息传递和管道流。

1）共享内存

一个进程下的多个线程共享该进程被分配的内存空间，内存空间中一些特定区域（主内存）的数据可以被该进程下的多个线程共同访问，这些数据被称为进程（程序）的公共状态。一个进程下的多个线程之间可以通过读/写内存中的公共状态来实现隐式通信。例如，A、B 两个线程配合完成一项工作，B 线程需要基于 A 线程处理后的结果向下进行。此时，可以设计两个公共状态，一个状态用来标记 A 线程是否已执行完毕，另一个状态用来保存 A 线程的处理结果。B 线程可以通过访问第一个公共状态来确认 A 线程是否已执行完毕，并在 A 线程执行完毕再访问第二个公共状态，取得 A 线程的处理结果。

　　基于共享内存的线程通信可能存在并发问题。这是因为 Java 内存模型规定，线程对公共状态的操作（读取、赋值等）必须在自己的栈空间中进行。因此，线程需要先从主内存中将公共状态的值复制到自己的栈空间中。后续如果读取，那么使用栈空间中的数据；后续如果修改，那么先修改自己的栈空间中副本的值，再将修改后的值写到主内存中。线程访问共享数据的示意图如图 12.18 所示。

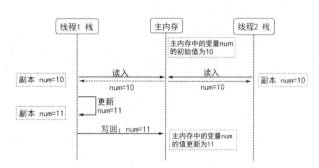

图 12.18　线程访问共享数据的示意图

　　从图 12.18 中可以看到，线程 2 的栈空间中保存的 num 变量的副本为 10，后续线程 1 对主内存中的变量进行更新，但是不会主动通知线程 2。在这种情况下，可能会出现并发问题，即资源不可见问题。

　　【实例 12.14】volatile 共享内存的应用。

```java
public class Example12_14{
    public static void main(String[] args) {
        // 创建保存共享数据的对象
        SharedData sharedData = new SharedData();
        // 启动一个线程修改 sharedData 对象的变量 flag，将变量 flag 的值改为 false
        new Thread(new Runnable() {
            @Override
            public void run() {
                String name = Thread.currentThread().getName();
                System.out.println("线程" + name + "正在执行");
                try {
                    Thread.sleep(3000);
                } catch (Exception e) {
                    e.printStackTrace();
                }
                sharedData.setFlagFalse();
                System.out.println("线程" + name + "更新后，flag 的值为"+
                    sharedData.flag);
            }
        }
        ).start();
```

```
            // 确定主线程的副本是否会自动更新
            while (sharedData.flag) {
                // 当上面的线程将变量 flag 的值改为 false 之后
                // 如果没有自动更新，就会一直在循环中执行
            }
            System.out.println("主线程运行终止");
        }
    }

class SharedData {
    boolean flag = true;
    // 将变量 flag 的值改为 false
    public void setFlagFalse(){
        this.flag = false;
    }
}
```

运行结果如图 12.19 所示。

线程**Thread-0**正在执行
线程**Thread-0**更新后，**flag**的值为**false**

图 12.19　运行结果 1

由此可知，虽然主线程和子线程 1 访问的都是 sharedData 对象的变量 flag，但是在子线程 1 对变量 flag 的值进行修改后，主线程并没有跳出循环，即主线程使用的是自己栈空间中保存的变量 flag 的副本，值始终是 true。

想要解决上述问题，可以使用 Java 提供的关键字 volatile。关键字 volatile 可以修饰字段（成员变量），即规定线程对该变量的访问均需要从共享内存中获取，对该变量的修改也必须同步刷新到共享内存中，以保证资源的可见性。

但需要注意的是，过多地使用关键字 volatile 可能会降低程序的效率。

【实例 12.15】关键字 volatile 共享内存的应用。

```
public class Example12_15{
    public static void main(String[] args) {
        // 创建保存共享数据的对象
        SharedData2 sharedData = new SharedData2();
        // 启动一个线程修改 sharedData 对象的变量 flag，将变量 flag 的值改为 false
        new Thread(new Runnable() {
            @Override
            public void run() {
                String name = Thread.currentThread().getName();
                System.out.println("线程" + name + "正在执行");
                try {
                    Thread.sleep(3000);
```

```
                    } catch (Exception e) {
                        e.printStackTrace();
                    }
                    sharedData.setFlagFalse();
                    System.out.println("线程" + name + "更新后, flag 的值为"+
                        sharedData.flag);
                }
            }).start();
            // 确定主线程的副本是否会自动更新
            while (sharedData.flag) {
                // 当上面的线程将变量 flag 的值改为 false 之后
                // 如果没有自动更新, 就会一直在循环中执行
            }
            System.out.println("主线程运行终止");
        }
    }
    class SharedData2 {
        // 使用关键字 volatile 修饰变量 flag
        volatile boolean flag = true;
        // 将变量 flag 的值改为 false
        public void setFlagFalse(){
            this.flag = false;
        }
    }
```

运行结果如图 12.20 所示。

```
线程Thread-0正在执行
主线程运行终止
线程Thread-0更新后, flag的值为false
```

图 12.20 运行结果 2

2) 消息传递

Java 模型中的多个线程在共享数据时, 需要交替地占用临界资源来执行各自的方法, 所以就需要线程通信。在线程通信的消息传递过程中, 最常用的就是等待通知 (wait/notify) 方式。等待通知方式就是将处于等待状态的线程由其他线程发出通知后重新获取 CPU 资源, 继续执行之前没有执行完的任务。Java 提供了如下 3 个方法来实现线程之间的消息传递。

- wait(): 导致当前线程等待, 释放同步监听器的锁定; 直到其他线程调用该线程的同步监听器的 notify() 方法或 notifyAll() 方法来唤醒该线程。
- notify(): 随机唤醒在此同步监听器上等待的其他单个线程 (再次调用 wait() 方法, 让当前线程等待, 释放同步监听器, 这样才可以执行被唤醒的线程)。
- notifyAll(): 唤醒所有在此同步监听器上等待的线程 (再次调用 wait() 方法, 让当前线程

等待，释放同步监听器，这样才可以执行被唤醒的线程）。

上述 3 个方法的调用者必须是同步代码块或同步方法中的同步监听器，否则会出现 IllegalMonitorStateException 异常。

这 3 个方法定义在 java.lang.Object 类中，属于 final 方法。

【实例 12.16】使用两个线程打印 1～10，线程 1 和线程 2 交替打印，实现线程通信。

```java
public class Example12_16 {
    public static void main(String[] args) {
        Number number1 = new Number();
        Thread t1 = new Thread(number1);
        Thread t2 = new Thread(number1);
        t1.setName("线程1");
        t2.setName("线程2");
        t1.start();
        t2.start();
    }
}

class Number implements Runnable{
    private int number = 1;
    @Override
    public void run() {
        while(true){
            synchronized (this) {
                // 必须在同步代码块中调用 notify()方法
                notify();
                if(number < = 10){
                    try {
                        Thread.sleep(10);
                    }catch (InterruptedException e){
                        e.printStackTrace();
                    }
                    System.out.println(
                    Thread.currentThread().getName() + "打印" + number);
                    number++;
                }else
                break;
                try {
                    wait();
                } catch (InterruptedException e) {
                    e.printStackTrace();
                }
            }
        }
    }
}
```

```
    }
```

运行结果如图 12.21 所示。

在多线程协调工作的场景中，有一个经典的生产者和消费者场景。假设有 m 个生产者和 n 个消费者共享一个可以存储 p 个产品的缓存区。m 个生产者将生产的产品放入缓存区中，当缓存区满时，生产者不能再放入产品。n 个消费者从缓存区中取产品，当缓存区为空时消费者不能再取走产品。根据描述，可以抽象出生产者和消费者问题的案例模型，如图 12.22 所示。

```
线程1打印1
线程2打印2
线程1打印3
线程1打印4
线程1打印5
线程2打印6
线程2打印7
线程2打印8
线程1打印9
线程2打印10
```

图 12.21　运行结果 3

图 12.22　生产者和消费者问题的案例模型

3）管道流

管道流是一种较少使用的线程间通信方式。和普通文件输入/输出流或网络输出/输出流不同，管道输入/输出流主要用于线程之间的数据传输，传输媒介为管道。

管道输入/输出流主要包括 4 种具体的实现，分别为 PipedOutputStream、PipedInputStream、PipedReader 和 PipedWriter，前两种面向字节，后两种面向字符。

Java 的管道的输入和输出实际上是使用循环缓存数组来实现的，默认为 1024，输入流从这个数组中读取数据，输出流从这个数组中写入数据。当数组已满时，输出流所在的线程就会被阻塞；当这个数组为空时，输入流所在的线程就会被阻塞。

【实例 12.17】使用管道流实现线程通信。

```java
import java.io.IOException;
import java.io.PipedReader;
import java.io.PipedWriter;

public class Example12_17 {
    public static void main(String[] args) throws IOException {
        PipedWriter writer = new PipedWriter();
        PipedReader reader = new PipedReader();
        writer.connect(reader);
        Thread t1 = new Thread(()->{
            System.out.println("writer running");
            try {
                for(int i = 0 ; i < 5 ; i++) {
                    writer.write(i);
                    Thread.sleep(1000);
                }
```

```
        } catch (Exception e) {
            e.printStackTrace();
        }finally {
            try {
                writer.close();
            } catch (IOException e) {
                e.printStackTrace();
            }
        }
        System.out.println("writer ending");
    });
    Thread t2 = new Thread(()->{
        System.out.println("reader running");
        int message = 0;
        try {
            while((message = reader.read()) != -1) {
                System.out.println("message = " + message + " , time
-- > " + System.currentTimeMillis());
            }
        }catch(Exception e) {
        }finally {
            try {
                reader.close();
            } catch (IOException e) {
                e.printStackTrace();
            }
        }
        System.out.println("reader ending");
    });
    t1.start();
    t2.start();
    }
}
```

运行结果如图 12.23 所示。

```
writer running
reader running
message = 0 , time -- > 1657428909901
message = 1 , time -- > 1657428911917
message = 2 , time -- > 1657428911917
message = 3 , time -- > 1657428913928
message = 4 , time -- > 1657428913929
writer ending
reader ending
```

图 12.23 运行结果 4

2. sleep()方法和 wait()方法的异同

sleep()方法和 wait()方法的相同点：一旦执行方法，就可以使当前线程进入阻塞状态。

sleep()方法和 wait()方法的不同点如下。

（1）声明两个方法的位置不同：Thread 类中声明的是 sleep()方法，Object 类中声明的是 wait()方法。

（2）调用的要求不同：sleep()方法可以在任何需要的场景下调用，wait()方法必须在同步代码块或同步方法中调用。

（3）是否释放同步监听器：如果两个方法都在同步代码块或同步方法中调用，那么 sleep()方法不释放同步监听器，wait()方法会释放同步监听器。

12.4.5　线程死锁

1. 什么是线程死锁

所谓死锁是指多个线程因竞争资源而造成的一种僵局（互相等待），如果无外力作用，那么这些进程都将无法向前推进。线程死锁的示意图如图 12.24 所示。

图 12.24　线程死锁的示意图

2. 产生死锁的原因

死锁主要是由以下 4 个因素造成的。

（1）互斥条件：是指线程对已经获取到的资源进行排他性使用，即该资源同时只由一个线程占用。如果此时还有其他线程请求获取该资源，那么请求者只能等待，直到占用资源的线程释放该资源。

（2）不可被剥夺条件：是指线程获取到的资源在自己使用完之前不能被其他线程占用，只有在自己使用完毕才由自己释放该资源。

（3）请求并持有条件：是指一个线程已经占用了至少一个资源，但又提出了新的资源请求，而新的资源已被其他线程占用，所以当前线程会被阻塞，但阻塞的同时并不释放自己已经获取的资源。

（4）环路等待条件：是指在发生死锁时，必然存在一个（线程 — 资源）环形链，即线程集合 $\{T_0,T_1,T_2,\cdots,T_n\}$ 中的 T_0 正在等待 T_1 占用的资源，T_1 正在等待 T_2 占用的资源，依次类推，T_n 正在等待 T_0 占用的资源。环路等待的示意图如图 12.25 所示。

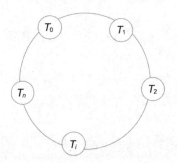

图 12.25　环路等待的示意图

当上述 4 个条件都成立时，便形成死锁。当然，在发生死锁的情况下，如果打破上述任何一个条件，就可以让死锁消失。

【实例 12.18】一个简单的产生死锁的应用。

```java
public class Example12_18 {
    public static void main(String[] args) {
        DeadDemo td1 = new DeadDemo();
        DeadDemo td2 = new DeadDemo();
        td1.flag = 1;
        td2.flag = 0;
        new Thread(td1,"td1").start();
        new Thread(td2,"td2").start();
    }
}

class DeadDemo implements Runnable {
    public int flag = 1;
    // 静态对象由类的所有对象共享
    private static Object o1 = new Object(), o2 = new Object();
    @Override
    public void run() {
        String threadName = Thread.currentThread().getName();
        System.out.println(threadName+": flag = "+flag);
        if(flag == 1){
            synchronized (o1){
                System.out.println(threadName+": 取得 o1 锁");
                try {
                    Thread.sleep(500);
```

```
                } catch (InterruptedException e) {
                    e.printStackTrace();
                }
                System.out.println(threadName+": 申请 o2 锁");
                synchronized (o2){
                    System.out.println("1");
                }
            }
        }
        if(flag == 0){
            synchronized (o2){
                System.out.println(threadName+": 取得 o2 锁");
                try {
                    Thread.sleep(500);
                } catch (InterruptedException e) {
                    e.printStackTrace();
                }
                System.out.println(threadName+": 申请 o1 锁");
                synchronized (o1){
                    System.out.println("0");
                }
            }
        }
    }
}
```

运行结果如图 12.26 所示。

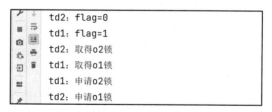

图 12.26 运行结果 1

程序分析：当 DeadDemo 类的对象（td1）flag==1 时，先锁定 o1 锁，睡眠 500 毫秒。而 td1 在睡眠的时候另一个对象（td2）flag==0 的线程启动，先锁定 o2 锁，睡眠 500 毫秒。td1 睡眠结束后需要锁定 o2 锁才能继续执行，而此时 o2 锁已被 td2 锁定；td2 睡眠结束后需要锁定 o1 锁才能继续执行，而此时 o1 锁已被 td1 锁定；td1 和 td2 相互等待，都需要得到对方锁定的资源才能继续执行，从而造成死锁。

3. 解决死锁的方法

要想解决死锁，只需要破坏至少一个产生死锁的必要条件即可。在操作系统中，互斥条件和不可剥夺条件是操作系统规定的，没有办法人为更改，并且这两个条件明显是一个标准的程序应该具备的特性。所以，目前只有请求并持有条件和环路等待条件是可以被破坏的。

产生死锁的原因其实和申请资源的顺序有很大的关系。使用资源申请的有序性原则就可以避免产生死锁。因此，解决死锁的方法有两种。

（1）设置加锁顺序（线程按照一定的顺序加锁）。

（2）设置加锁时限（线程获取锁的时候加上一定的时限，若超过时限则放弃对该锁的请求，并释放自己占用的锁）。

【实例 12.19】解决实例 12.18 中产生的死锁。

```java
public class Example12_19 {
    public static void main(String[] args) {
        UnDeadDemo td1 = new UnDeadDemo();
        UnDeadDemo td2 = new UnDeadDemo();
        td1.flag = 1;
        td2.flag = 0;
        new Thread(td1,"td1").start();
        new Thread(td2,"td2").start();
    }
}

class UnDeadDemo implements Runnable {
    public int flag = 1;
    // 静态对象由类的所有对象共享
    private static Object o1 = new Object(), o2 = new Object();
    @Override
    public void run() {
        String threadName = Thread.currentThread().getName();
        System.out.println(threadName + ": flag = " + flag);
        if (flag == 1) {
            synchronized (o1) {
                System.out.println(threadName + ": 取得 o1 锁");
                try {
                    Thread.sleep(500);
                } catch (InterruptedException e) {
                    e.printStackTrace();
                }
                System.out.println(threadName + ": 申请 o2 锁");
                synchronized (o2) {
                    System.out.println("1");
                }
            }
        }
        if (flag == 0) {
            synchronized (o1) {
                System.out.println(threadName + ": 取得 o2 锁");
```

```
        try {
            Thread.sleep(500);
        } catch (InterruptedException e) {
            e.printStackTrace();
        }
        System.out.println(threadName + ": 申请o1锁");
        synchronized (o2) {
            System.out.println("0");
        }
    }
}
}
}
```

运行结果如图 12.27 所示。

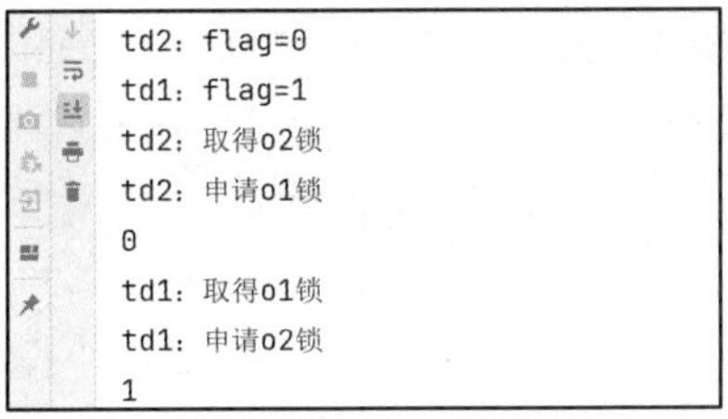

图 12.27　运行结果 2

程序分析：实例 12.19 只是对实例 12.18 的 td2 的代码进行修改，使在 td2 中获取资源的顺序和在 td1 中获取资源的顺序保持一致，这样就可以有效地避免产生死锁。

td1 和 td2 同时执行了 synchronized(o1)，只有一个线程可以获取到 o1 锁上的监听器锁，假如 td1 获取到了，那么 td2 就会被阻塞而不会再获取 o2 锁，td1 获取到 o1 锁的监听器锁之后会申请 o2 锁的监听器锁，这时 td1 是可以获取到的，td1 获取到 o2 锁并使用后先释放 o2 锁，再释放 o1 锁，释放 o1 锁之后 td2 才会从阻塞状态变为运行状态。所以，资源的有序性破坏了资源的请求并持有条件和环路等待条件，由此可以避免产生死锁。

12.5　并发工具包

12.5.1　并发工具包概述

通过学习本章前面的内容，读者可以了解到，多线程的应用在提高系统执行效率的同时，也为开发者带来了并发方面的挑战。开发者必须妥善处理程序中的并发问题，才能保证程序的正确性和可靠性，但这对初级开发者来说并不容易。为了解决这个问题，Java 1.5 中添加了专门为并发编程设计的 java.util.concurrent（缩写为 JUC）并发编程包。

java.util.concurrent 包的目的是实现 Collection 框架对数据结构所执行的并发操作。通过提供一组可靠的、高性能的并发构建块，开发者可以提高并发类的线程安全、可伸缩性、性能、可读性和可靠性。

java.util.concurrent 包主要包含如下模块。

- Executors：实现线程工作单元和线程执行机制分离的一套框架，开发者使用 Runnable 和 Callable 来提交线程的工作单元（线程启动后执行的具体逻辑），由 Executor 接口的实现类来提供线程具体的执行机制，如是否基于线程池、一次性任务还是周期性任务、同步还是异步等。Executors 模块的主要成员包括 ThreadPoolExecutor、ScheduledThreadPoolExecutor、Future 接口及实现类等。
- Queues：提供线程安全的非阻塞队列工具（如 ConcurrentLinkedQueue）和阻塞队列工具（如 BlockingQueue 接口的多种实现）。
- Synchronizers：提供了 5 个 Java 中非常常用的同步工具类，包括 Semaphore、CountDownLatch、CyclicBarrier、Phaser 和 Exchanger。
- Concurrent Collections：提供用于多线程上下文的集合实现类，包括 ConcurrentHashMap、ConcurrentSkipListMap、ConcurrentSkipListSet、CopyOnWriteArrayList 和 CopyOnWriteArraySet。当多线程访问给定的集合时，ConcurrentHashMap 通常比同步的 HashMap 更可取，ConcurrentSkipListMap 通常比同步的 TreeMap 更可取。当预期的读取和遍历次数远远超过对列表的更新次数时，CopyOnWriteArrayList 比同步的 ArrayList 更可取。

java.util.concurrent 包中还包括 java.util.concurrent.atomic（原子操作）及 java.util.concurrent.locks（锁）两个子包。

12.5.2 并发工具包常用的工具类和接口

1. BlockingQueue 接口

BlockingQueue 接口代表一个特殊的队列，支持在检索元素时等待队列变为非空，并在存储元素时等待队列中的空间变为可用。

BlockingQueue 接口包含 4 种处理队列满或队列空的机制。
- 抛异常：若队列已满还试图写或队列已空还试图读（简称越界），则抛出一个异常。
- 返回值：若越界，则返回 false 或 null；若正常，则返回 true 或对象。
- 阻塞：若越界，则阻塞线程。
- 超时：设定一个时间，若越界，则等待这段时间。若时间耗尽队列还是满的或空的，则返回 false 或 null。

BlockingQueue 接口包含 4 组方法，分别对应上面提到的每种越界处理机制。

（1）插入数据。

- 抛异常：boolean add(E e);，满时抛出 IllegalStateException 异常。
- 返回值：boolean offer(E e)。
- 阻塞：void put(E e) throws InteruptedException。
- 超时：offer(E e, long time, TimeUnit timeunit)。

（2）取出数据。

- 抛异常：E remove();，空时抛出 NoSuchElementException 异常。
- 返回值：E poll();，空时返回 null。
- 阻塞：E take() throws InteruptedException。
- 超时：E poll(long time, TimeUnit timeunit)。

BlockingQueue 接口有如下常用的实现类。

- ArrayBlockingQueue：队列底层基于数组实现。
- LinkedBlockingQueue：队列底层基于链表实现。
- DelayQueue：当指定时间到了才能取出元素。
- PriorityBlockingQueue：具有优先级的阻塞队列。
- SynchronousQueue：内部同时只能容纳单个元素的队列。

【实例 12.20】用 BlockingQueue 接口实现插入数据。

```java
import java.util.concurrent.ArrayBlockingQueue;
import java.util.concurrent.BlockingQueue;
import java.util.concurrent.TimeUnit;
public class Example12_20 {
    public static void main(String[] args) throws InterruptedException{
        BlockingQueue<Integer> queue = new ArrayBlockingQueue<>(15);
        // 使用循环填满队列
        for (int i = 0; i < 15; ++i) {
            queue.add(i);
        }
        // 向已满的队列中添加新的元素
        System.out.println("return "+queue.offer(100,5, TimeUnit.SECONDS));
    }
}
```

运行结果如图 12.28 所示。

```
return false
```

图 12.28　运行结果 1

2. CountDownLatch

CountDownLatch 是一个多功能同步工具，一般用于一个或多个线程等待其他线程的一系列指定操作完成后再执行的场景。

CountDownLatch 使用给定的计数值进行初始化。由于调用了 countDown()方法，await()方法会一直被阻塞，直到当前计数值变为零，并释放所有等待的线程。

CountDownLatch 有多种用途。使用 1 作为计数值初始化的 CountDownLatch 用作简单的开/关锁或门：所有调用 await()方法的线程在门处等待，直到它被调用 countDown()方法的线程打开。初始化为 N 的 CountDownLatch 可以使一个线程处于等待状态，直到 N 个线程完成某个动作，或者某个动作已完成 N 次。

需要特别注意的是，当计数值变为零后，后续的任何 await()方法调用都会立即返回，即计数器无法重置。如果应用于需要重置计数器的场景，那么可以使用 CyclicBarrier。

【实例 12.21】使用 CountDownLatch 模拟一个简单的用餐前场景：在用餐前，需要准备好主食、蔬菜和餐具。做这 3 项准备工作的顺序无所谓，但是要保证用餐时这 3 项准备工作必须是做好的，同时假设这 3 项准备工作可以同时做。

```
import java.util.concurrent.CountDownLatch;
public class Example12_21 {
    public static void main(String[] args) throws InterruptedException {
        // 要做 3 项准备工作
        CountDownLatch count = new CountDownLatch(3);
        // 启动 3 个线程开始准备工作
        new Thread(new ReadyRice(count)).start();
        new Thread(new ReadyVegetable(count)).start();
        new Thread(new ReadyDishware(count)).start();
        // 此处产生阻塞，直到 count 变为 0
        count.await();
        System.out.println("可以用餐啦！");
    }
}

class ReadyRice implements Runnable {
    private CountDownLatch count;
    ReadyRice(CountDownLatch count) {
        this.count = count;
    }
    @Override
    public void run() {
        try {
            Thread.sleep(300);
            System.out.println("主食准备好啦！");
            // 完成一项准备工作，count 减 1
```

```
                    count.countDown();
                } catch (InterruptedException e) {
                    e.printStackTrace();
                }
            }
        }
class ReadyVegetable implements Runnable {
    private CountDownLatch count;
    ReadyVegetable(CountDownLatch count) {
        this.count = count;
    }
    @Override
    public void run() {
        try {
            Thread.sleep(500);
            System.out.println("蔬菜准备好啦！");
            count.countDown();
        } catch (InterruptedException e) {
            e.printStackTrace();
        }
    }
}
class ReadyDishware implements Runnable {
    private CountDownLatch count;
    ReadyDishware(CountDownLatch count) {
        this.count = count;
    }
    @Override
    public void run() {
        try {
            Thread.sleep(1000);
            System.out.println("餐具准备好啦！");
            count.countDown();
        } catch (InterruptedException e) {
            e.printStackTrace();
        }
    }
}
```

运行结果如图 12.29 所示。

3. CyclicBarrier

CyclicBarrier，也叫循环栅栏，是一种同步辅助工具，允许一组线程相互等待以达到共同的障碍点。 CyclicBarriers 在涉及固定大小的线程组的程序中很有用，这些线程组必须偶尔相互等待。栅栏之所以是循环

```
主食准备好啦！
蔬菜准备好啦！
餐具准备好啦！
可以用餐啦！
```

图 12.29　运行结果 2

的，是因为它可以在等待线程被释放后重新使用。

CyclicBarrier 支持一条可选的 Runnable 命令，该命令在每个障碍点运行一次，具体是在队列中的最后一个线程到达之后，但在任何线程被释放之前运行一次。

调用 await()方法后，线程会被阻塞在调用处，并且使 CyclicBarrier 的计数器减 1。直到 CyclicBarrier 的计数器减到 0，阻塞才会被解除。

【实例 12.22】模拟约会聚餐场景。聚餐开始的前提是所有参会人员均已到达餐厅。为了增加随机性，下面以 5 个人聚餐为例进行介绍。这 5 个人到达餐厅的时间是随机的，在所有人到达餐厅以后，聚餐开始。

```java
import java.util.concurrent.BrokenBarrierException;
import java.util.concurrent.CyclicBarrier;
public class Example12_22{
    public static void main(String[] args) {
        // 假设有 5 人聚餐
        CyclicBarrier barrier = new  CyclicBarrier(5);
        for (int i = 1; i< =5; ++i) {
            new Thread(new Guest(barrier, "宾客" + i,
            Math.random()*10000)).start();
        }
    }
}
class Guest implements Runnable {
    private CyclicBarrier barrier;
    private String name;
    private double prepareTime;
    Guest(CyclicBarrier barrier, String name,
    double prepareTime) {
        this.barrier = barrier;
        this.name = name;
        this.prepareTime = prepareTime;
    }
    @Override
    public void run() {
        System.out.println(name + "在约会的路上...");
        try {
            Thread.sleep((long)prepareTime);
            System.out.println(name + "到达餐厅！");
            // 在其他线程准备好之前，该线程将被阻塞在这里
            barrier.await();
            System.out.println(name + "开始聚餐！");
        } catch (InterruptedException | BrokenBarrierException e) {
            e.printStackTrace();
        }
    }
}
```

```
}
```

运行结果如图 12.30 所示。

```
宾客1在约会的路上...
宾客2在约会的路上...
宾客3在约会的路上...
宾客5在约会的路上...
宾客4在约会的路上...
宾客4到达餐厅!
宾客5到达餐厅!
宾客2到达餐厅!
宾客1到达餐厅!
宾客3到达餐厅!
宾客3开始聚餐!
宾客4开始聚餐!
宾客1开始聚餐!
宾客2开始聚餐!
宾客5开始聚餐!
```

图 12.30　运行结果 3

4. Exchanger

Exchanger 可以提供一个同步点，线程可以在该点配对和交换元素。每个线程在进入交换方法时会提交一些对象，与伙伴线程匹配，并在方法返回时接收其伙伴的对象。可以将 Exchanger 看作 SynchronousQueue 的双向形式。交换器在遗传算法和管道设计等应用中可能很有用。

【实例 12.23】模拟商店购物情景。假设有一家商店和一个顾客，商店把商品卖给顾客，顾客把钱交给商店。

```java
import java.util.concurrent.Exchanger;
public class Example12_23 {
    public static void main(String[] args) {
        Exchanger<String> exchanger = new Exchanger<>();
        new Thread(new Shopping(exchanger)).start();
        new Thread(new Customer(exchanger)).start();
    }
}
class Shopping implements Runnable {
    private Exchanger<String> exchanger;
    public Shopping(Exchanger<String> exchanger) {
        this.exchanger = exchanger;
    }
    @Override
    public void run() {
        String goods = "The apples";
        try {
            String result = exchanger.exchange(goods);
            System.out.println("卖出商品，收益: " + result);
```

```
        } catch (InterruptedException e) {
            e.printStackTrace();
        }
    }
}
class Customer implements Runnable {
    private Exchanger<String> exchanger;
    public Customer(Exchanger<String> exchanger) {
        this.exchanger = exchanger;
    }
    @Override
    public void run() {
        String money = "10¥";
        try {
            String result = exchanger.exchange(money);
            System.out.println("花费 10¥，收获：" + result);
        } catch (InterruptedException e) {
            e.printStackTrace();
        }
    }
}
```

运行结果如图 12.31 所示。

```
卖出商品，收益：10¥
花费10¥，收获：The apples
```

图 12.31　运行结果 4

5．ConcurrentMap

ConcurrentMap 内部把整个集合拆分成多个子集合。对集合中的某个元素进行操作时，ConcurrentMap 会把该元素所在的子集合锁住，而不是锁住整个集合，也就是所谓的"分段锁"的原则。ConcurrentMap 是一个接口，常用其 ConcurrentHashMap 实现类。ConcurrentMap 的用法和一般的 Map 的用法一样。

6．ConcurrentNavigableMap

ConcurrentNavigableMap 是一种特殊的 Map，其特殊之处在于它可以取出指定的子 Map。ConcurrentNavigableMap 有 3 个方法。

- headMap(key)：表示取出从 key 到头部的元素，按照 key 的顺序取出，不包括 key 本身。
- tailMap(key)：表示取出从 key 到尾部的元素，按照 key 的顺序取出，包括 key 本身。
- subMap(key1, key2)：表示取出从 key1 到 key2 的元素，按照 key 的顺序取出，包括 key1 但是不包括 key2。

需要注意的是，这里 key 的顺序是按照 key 排序的顺序，不是插入元素的顺序。

【实例 12.24】取出指定的 Map 的数据。

```java
import java.util.concurrent.ConcurrentNavigableMap;
import java.util.concurrent.ConcurrentSkipListMap;
public class Example12_24 {
    public static void main(String[] args) {
        ConcurrentNavigableMap<String, String> map =
            new ConcurrentSkipListMap<>();
        map.put("M", "2");
        map.put("N", "4");
        map.put("S", "1");
        map.put("P", "5");
        map.put("Q", "6");
        map.put("T", "7");
        ConcurrentNavigableMap<String,String> headMap =
            map.headMap("N");
        System.out.println("headMap = " + headMap);
        ConcurrentNavigableMap<String,String> subMap =
            map.subMap("M","P");
        System.out.println("subMap = " + subMap);
        ConcurrentNavigableMap<String,String> tailMap = map.tailMap("P");
        System.out.println("tailMap = " + tailMap);
    }
}
```

运行结果如图 12.32 所示。

```
headMap = {M=2}
subMap = {M=2, N=4}
tailMap = {P=5, Q=6, S=1, T=7}
```

图 12.32　运行结果 5

7. 线程池 ExecutorService

ExecutorService 接口代表一种异步执行机制，允许开发者提交的任务在后台并行执行。ExecutorService 名称中的 Executor 表示一个用于执行被提交的 Runnable 任务的对象。ExecutorService 在 Executor 的基础上扩展了对 Executor 进行控制的方法，如提供的 submit()方法用于提交 Runnable 任务，invokeAll()方法用于执行相关的任务，shutdown()方法用于停止之前启动的任务。

ExecutorService 名称中的 Service 可以理解为该工具用于提供执行器的服务。一个线程可以使用 Runnable 接口的实现类来封装线程的工作单元（线程启动后执行的具体逻辑），首先将该工作单元看作一个要被执行的任务，然后线程将任务委派给 ExecutorService 接口来执行。

在 Java 中，ExecutorService 接口的实现类基于线程池来实现，这也是 ExecutorService 接口在很多场景下被简单地看成一个线程池工具的原因。常用的 ExecutorService 接口的实现类包括 ThreadPoolExecutor 和 ScheduledThreadPoolExecutor。

创建 ExecutorService 接口的方法有如下几个。

- Executors.newSingleThreadExecutor()：创建一个使用单个工作线程在无界队列上运行的 Executor。
- Executors.newFixedThreadPool(int nThreads)：创建一个线程池，该线程池重用在共享无界队列上运行的固定数量的线程。
- Executors.newScheduledThreadPool(int corePoolSize)：创建一个线程池，可以配置为在给定延迟后运行，或者定期执行。

ExecutorService 接口常用的方法如下。

- void execute(Runnable command)：在将来的某个时间执行给定的任务。根据实际使用的 Executor 的实现类，该任务可以在新线程、线程池或调用线程中执行。
- Future<?> submit(Runnable task)：提交 Runnable 任务以供执行，并返回代表该任务的 Future。
- <T> Future<T> submit(Callable<T> task)：提交一个带返回值的任务以供执行，并返回一个表示该任务待处理结果的 Future。
- <T> List<Future<T>> invokeAll(Collection<? extends Callable<T>> tasks)：执行给定的任务，返回一个 Futures 列表，在所有任务完成时保存它们的状态和结果。
- <T> T invokeAny(Collection<? extends Callable<T>> tasks)：执行给定的任务，返回已成功完成的任务的结果（即不抛出异常），未执行完的任务将被取消。

【实例 12.25】使用线程池。

```java
import java.util.concurrent.ExecutorService;
import java.util.concurrent.Executors;
import java.util.concurrent.TimeUnit;
import java.util.concurrent.atomic.AtomicInteger;
public class Example12_25 {
    public static void main(String[] args) {
        ExecutorService executorService = Executors.newFixedThreadPool(20);
        AtomicInteger atomicInteger = new AtomicInteger(0);
        long startTime = System.currentTimeMillis();
        for (int i = 0; i < 2000; i++) {
            executorService.execute(new Runnable() {
                @Override
                public void run() {
                    atomicInteger.incrementAndGet();
                }
            });
        }
```

```
executorService.shutdown();
try {
    executorService.awaitTermination(1, TimeUnit.DAYS);
} catch (InterruptedException e) {
    e.printStackTrace();
}
System.out.println(System.currentTimeMillis() - startTime);
System.out.println(atomicInteger);
}
}
```

运行结果如图 12.33 所示。

```
18
2000
```

图 12.33　运行结果 6

12.6　编程实训——飞机大战案例（添加游戏音乐）

JV-12-v-005

1.　实训目标

（1）掌握线程的应用。

（2）掌握周期性计时器的应用。

（3）掌握在程序中实现播放音乐的方法。

2.　实训环境

实训环境如表 12.1 所示。

表 12.1　实训环境

软件	资源
Windows 10	游戏图片（images 文件夹）
	mysql-connector-java-8.0.30.jar
Java 11	7790.wav

本实训沿用第 11 章的项目，新增 res 文件夹，并在该文件夹下添加 7790.wav 文件（7790.wav 文件是本案例使用的背景音乐的音频文件）。在 cn.tedu.shooter 包下添加 Music.java 文件，用于播放音乐。项目目录如图 12.34 所示。

图 12.34　项目目录

3. 实训步骤

步骤一：实现游戏音乐的播放。

创建 Music.java 文件，用于添加音乐文件并进行播放处理。代码如下：

```
package cn.tedu.shooter;

import java.io.File;
import java.io.IOException;
import javax.sound.sampled.AudioFormat;
import javax.sound.sampled.AudioInputStream;
import javax.sound.sampled.AudioSystem;
import javax.sound.sampled.DataLine;
import javax.sound.sampled.SourceDataLine;

// 播放声音的线程
public class Music extends Thread {
    private String filename;

    public Music(String wavfile) {
        filename = "res/" + wavfile;
    }

    public void run() {
        File soundFile = new File(filename);
        AudioInputStream audioInputStream = null;
        try {
            // 获得音频输入流
```

```
                audioInputStream =
AudioSystem.getAudioInputStream(soundFile);
            } catch (Exception e1) {
                e1.printStackTrace();
                return;
            }
            // 指定声音流中特定数据的安排
            AudioFormat format = audioInputStream.getFormat();
            SourceDataLine auline = null;
            DataLine.Info  info  =  new  DataLine.Info(SourceDataLine.class,
format);
            try {
                // 从混频器中获得源数据行
                auline = (SourceDataLine) AudioSystem.getLine(info);
                // 打开具有指定格式的行
                // 这样可以使行获得所有所需的系统资源并变得可操作
                auline.open(format);
            } catch (Exception e) {
                e.printStackTrace();
                return;
            }
            // 允许数据行执行数据输入/输出
            auline.start();
            int nBytesRead = 0;
            // 这是缓存
            byte[] abData = new byte[512];
            try {
                while (nBytesRead ! = -1) {
                    // 从音频流中读取指定的最大数量的数据字节
                    // 并将其放入给定的字节数组中
                    nBytesRead = audioInputStream.read(abData, 0,
                                    abData.length);
                    if (nBytesRead > = 0)
                    // 通过此源数据行将音频数据写入混频器中
                    auline.write(abData, 0, nBytesRead);
                }
            } catch (IOException e) {
                e.printStackTrace();
                return;
            } finally {
                auline.drain();
                auline.close();
            }
        }
    }
```

步骤二：在主程序中添加线程处理。

修改 World.java 文件，在内部创建 Play 类用于播放音乐，在 action() 方法中设置调度方式，用于游戏开始后播放音乐。代码如下：

```java
package cn.tedu.shooter;

import java.awt.Color;
import java.awt.Graphics;
import java.awt.event.MouseAdapter;
import java.awt.event.MouseEvent;
import java.util.*;

import javax.swing.JFrame;
import javax.swing.JPanel;

public class World extends JPanel{

    // 此处省略静态常量及属性的代码展示，与第 11 章内容相比无变化
    // 此处省略 World 类的构造方法的代码展示，与第 11 章内容相比无变化
    // 此处省略 init()方法的代码展示，与第 11 章内容相比无变化
    // 此处省略 main()方法的代码展示，与第 11 章内容相比无变化

    public void action() {
        // 设置定时器
        Timer timer = new Timer();
        LoopTask task = new LoopTask();
        timer.schedule(task, 100, 1000/100);
        Play play = new Play();
        timer.schedule(play, 100, 21*1000);

        // 使用匿名内部类实现鼠标事件
        this.addMouseListener(new MouseAdapter() {
            @Override
            public void mouseClicked(MouseEvent e) {
                // 鼠标单击执行的方法
                if(state == READY) {
                    state = RUNNING;
                }else if(state == GAME_OVER) {
                    init();
                    state = READY;
                }
            }
            @Override
            public void mouseEntered(MouseEvent e) {
                // 鼠标指针进入
                if(state == PAUSE) {
                    if((Math.abs((hero.x+48.5) - e.getX())>30) ||
                        (Math.abs((hero.y+69.5) - e.getY())>30)) {
```

```
                    state = PAUSE;
                }else {
                    state = RUNNING;
                }
            }
        }
        @Override
        public void mouseExited(MouseEvent e) {
            if(state == RUNNING) {
                state = PAUSE;
            }
        }
    });

    // 通过移动鼠标控制飞机的移动
    this.addMouseMotionListener(new MouseAdapter() {
        @Override
        public void mouseMoved(MouseEvent e) {
            heroMove(e);
        }

        @Override
        public void mouseDragged(MouseEvent e) {
            heroMove(e);
        }
    });
}
// 此处省略 LoopTask 内部类的代码，与第 11 章内容相比无变化
// 此处省略 paint() 方法的代码展示，与第 11 章内容相比无变化
// 此处省略 fireAction() 方法的代码展示，与第 11 章内容相比无变化
// 此处省略 objectMove() 方法的代码展示，与第 11 章内容相比无变化
// 此处省略 clean() 方法的代码展示，与第 11 章内容相比无变化
// 此处省略 heroMove() 方法的代码展示，与第 11 章内容相比无变化
// 此处省略 createPlane() 方法的代码展示，与第 11 章内容相比无变化
// 此处省略 hitDetection() 方法的代码展示，与第 11 章内容相比无变化
// 此处省略 scores() 方法的代码展示，与第 11 章内容相比无变化
// 此处省略 runAway() 方法的代码展示，与第 11 章内容相比无变化

private class Play extends TimerTask{
    public void run() {
        Music music = new Music("7790.wav");
        music.start();
    }
}
}
```

运行代码，可以听到游戏音乐，但此时游戏不会正常运行。

本章小结

　　本章主要介绍了 Java 多线程机制。首先介绍线程的定义和线程的生命周期，然后介绍线程的操作和线程通信，最后介绍线程的并行机制和并行流的应用。读者需要重点掌握的是基于 Java 的线程的状态转换，以及线程的同步和互斥。

习题

一、选择题

1．下列关于 Java 线程的说法正确的是（　　　）。

　　A．每个 Java 线程可以看成由代码、真实的 CPU 及数据组成

　　B．创建线程的两种方法中，从 Thread 类中继承的创建方式可以防止出现多父类问题

　　C．Thread 类属于 java.util 程序包

　　D．以上说法无一正确

2．运行下列程序，产生的结果是（　　　）。

```java
public class X extends Thread implements Runnable{
    public void run(){
        System.out.println("this is run()");
    }
    public static void main(String args[]) {
        Thread t = new Thread(new X());
        t.start();
    }
}
```

　　A．第一行会产生编译错误　　　　　　B．第六行会产生编译错误

　　C．第六行会产生运行错误　　　　　　D．程序会运行和启动

3．不可以在任何时候被任何线程调用的是（　　　）方法。

　　A．wait()　　　　　　　　　　　　　B．sleep()

　　C．yield()　　　　　　　　　　　　 D．synchronized(this)

4．下列关于线程优先级的说法正确的是（　　　）。

　　A．线程的优先级是不能改变的

　　B．线程的优先级是在创建线程时设置的

　　C．在创建线程后的任何时候都可以设置优先级

D．B 和 C

5．线程的生命周期中正确的状态是（　　　）。

　　A．新建状态、运行状态和终止状态

　　B．新建状态、运行状态、阻塞状态和终止状态

　　C．新建状态、就绪状态、运行状态、阻塞状态和终止状态

　　D．新建状态、就绪状态、运行状态、恢复状态和终止状态

6．Thread 类中能运行线程体的方法是（　　　）。

　　A．start()　　　　　　　　　　　　　B．resume()

　　C．init()　　　　　　　　　　　　　　D．run()

7．在线程同步中，为了唤醒另一个等待的线程，可以使用（　　　）方法。

　　A．sleep()　　　　　　　　　　　　　B．wait()

　　C．notify()　　　　　　　　　　　　　D．join()

8．为了得到当前正在运行的线程对象，可以使用（　　　）方法。

　　A．getName()　　　　　　　　　　　　B．Thread.currentThread()

　　C．sleep()　　　　　　　　　　　　　D．run()

9．不属于线程的状态的是（　　　）。

　　A．就绪状态　　　　　　　　　　　　B．运行状态

　　C．阻塞状态　　　　　　　　　　　　D．独占状态

10．当线程被创建后，其处于（　　　）。

　　A．阻塞状态　　　　　　　　　　　　B．运行状态

　　C．就绪状态　　　　　　　　　　　　D．新建状态

二、简答题

1．线程有哪几个基本状态？它们之间是如何转化的？简述线程的生命周期。

2．简述 Thread 类的子类或实现 Runnable 接口的两种方法的异同。

JV-12-c-001

第 13 章

Java 网络编程技术

本章目标

- 了解计算机网络的基础知识。
- 掌握 Java 网络编程的地址类。
- 掌握 TCP Socket 编程。
- 掌握 UDP Socket 编程。

本章简要介绍了计算机网络的基础知识，包括 IP 地址和端口等概念，这些知识是网络编程的基础。本章详细介绍了 InetAddress 类和 ServerSocket 类的相关应用，论述了使用 Java 套接字实现基于 TCP/IP 协议和 UDP 协议的网络通信。

13.1　计算机网络的基础知识

13.1.1　网络编程基础

1. 计算机网络

计算机网络是指将地理位置不同的计算机通过通信线路连接起来，实现资源共享和信息传递。

在计算机网络中实现通信必须有一定的规则和约定，将这些规则和约定称为通信协议。通信协议中对计算机的传输速率、传输代码、传输控制步骤和出错标准等做了统一规定。为了使网络中的计算机可以通信，通信双方必须遵守通信协议才能完成信息交换。

网络编程就是通过程序实现两台（或多台）主机之间的数据通信。

2. 计算机网络体系结构

计算机的各层及其协议的集合称为网络体系结构。计算机网络体系结构通常具有可分层的特性，将复杂的大系统分成若干较容易实现的层次。分层的基本原则如下。

（1）每层都实现一种相对独立的功能，降低大系统的复杂度。

（2）各层之间界面自然清晰，易于理解，相互交流尽可能少。

（3）各层功能的精确定义独立于具体的实现方法，可以采用最合适的技术来实现。

（4）保持下层对上层的独立性，上层单向使用下层提供的服务。

（5）整个分层结构应能促进标准化工作。

3. 网络体系结构的参考模型

目前的网络体系结构的参考模型主要有 OSI 参考模型和 TCP/IP 参考模型。

1）OSI 参考模型

OSI（Open System Interconnect，开放系统互连）一般称为 OSI 参考模型，是国际标准化组织提出的网络互联模型。OSI 参考模型定义了网络互联的七层框架（物理层、数据链路层、网络层、传输层、会话层、表示层和应用层）。七层的 OSI 参考模型具体如下。

（1）物理层。

物理层是 OSI 参考模型的第一层。物理层的主要功能是利用传输介质完成相邻节点之间原始比特流的传输。物理层常用的网络设备有调制解调器、中继器和集线器。

（2）数据链路层。

数据链路层是 OSI 参考模型的第二层。该层在物理层提供的服务的基础上向网络层提供服务。它通常被分成两部分，分别为媒体访问控制子层和逻辑链路控制子层。数据链路层的主要功能是在不可靠的物理线路上把数据封装成帧的形式进行可靠的数据传输。数据链路层常用的网络设备有网桥、交换机和网卡等。

（3）网络层。

网络层的主要功能是将接收到的数据段从一台计算机传输到不同网络中的另一台计算机上。网络层的数据单元称为数据包（Packets）。它传输数据依据的是主机的 IP 地址。该层常用的网络设备有路由器和三层交换机等。

（4）传输层。

传输层提供的是端到端的数据服务。传输层的主要功能是通过 TCP 协议和 UDP 协议完成网络中不同主机上的用户进程之间可靠的数据通信。

（5）会话层。

会话层允许不同主机上的用户建立会话关系。会话层提供的服务就是建立、管理和终止实体之间的会话连接。

（6）表示层。

表示层是 OSI 参考模型的第六层。表示层将从应用层接收的字符和数据转换成机器的二进制格式。通常将表示层称为"翻译"。

（7）应用层。

应用层为 OSI 参考模型的最上层，是为用户完成不同任务而设计的。应用层的功能是为终端用户使用的应用提供网络服务。

OSI 参考模型如图 13.1 所示。

第七层	应用层
第六层	表示层
第五层	会话层
第四层	传输层
第三层	网络层
第二层	数据链路层
第一层	物理层

图 13.1　OSI 参考模型

2）TCP/IP 参考模型

TCP/IP 是 ARPANET 及其后继的 Internet 使用的参考模型。ARPANET 是由美国国防部 DoD（Department of Defense）赞助研究的网络，之后通过租用的电话线连接了数百所大学和政府部门。当无线网络和卫星出现以后，现有的协议在和它们相连的时候出现了问题，所以需要一种新的体系结构。这种体系结构在它的两个主要协议出现以后采被提出来，所以将其称为 TCP/IP 参考模型。

TCP/IP 是一组用于实现网络互联的通信协议。Internet 网络体系结构以 TCP/IP 为核心。基于 TCP/IP 参考模型将协议分成 4 个层次，分别是网络接入层、网际互联层（网络层）、传输层和应用层。

（1）应用层。

应用层对应 OSI 参考模型的应用层、表示层和会话层，为用户提供各种所需的服务，如 FTP、Telnet、DNS 和 SMTP 等。

（2）传输层。

传输层对应 OSI 参考模型的传输层，为应用层实体提供端到端的通信功能，可以保证数据包的顺序传送及数据的完整性。该层定义了两个主要协议，分别为传输控制协议（Transmission Control Protocol，TCP）和用户数据报协议（User Datagram Protocol，UDP）。

（3）网络互联层（网络层）。

网络互联层（网络层）对应 OSI 参考模型的网络层，是整个 TCP/IP 协议栈的核心。它先将数据链路层提供的帧组成数据包，再选择合适的网间路由和交换节点，以确保数据可以及时传送。

（4）网络接入层（从主机到网络层）。

网络接入层与 OSI 参考模型中的物理层和数据链路层相对应。它负责监视数据在主机和网络之间的交换。

TCP/IP 参考模型如图 13.2 所示。

第四层	应用层
第三层	传输层
第二层	网络互联层
第一层	网络接入层

图 13.2　TCP/IP 参考模型

3）OSI 参考模型和 TCP/IP 参考模型的异同

OSI 参考模型和 TCP/IP 参考模型的共同点：都是描述网络通信的概念模型，具有分层协议；两个参考模型的网络层功能相同；上层应用都是依赖传输层提供的端到端服务完成的。

OSI 参考模型和 TCP/IP 参考模型的不同点：TCP/IP 参考模型分为 4 层，比 OSI 参考模型（7 层）更简化。与 TCP/IP 参考模型相比，OSI 参考模型有更好的网络管理功能。OSI 参考模型与 TCP/IP 参考模型的对比示意图如图 13.3 所示。

图 13.3　OSI 参考模型与 TCP/IP 参考模型的对比示意图

13.1.2 TCP/IP 协议

TCP/IP 协议是一个协议族，包括 IP 协议、TCP 协议和 ICMP 协议。

IP 协议是 TCP/IP 协议的核心。IP 协议为上层提供统一的 IP 数据报，同时提供无连接的、不可靠的、尽力而为的数据报投递服务。

TCP 是传输层的一种可靠的、面向连接的传输协议。每个 TCP 连接只能是点对点的，只能连接两个端点，可以提供全双工通信。由于通信双方必须事先建立连接，因此其特点是效率低，但数据传输比较安全。

ICMP（Internet Control Message Protocol，Internet 控制报文协议）是一种面向无连接的协议，主要用于在主机与路由器之间传递控制信息，包括报告错误、交换受限控制和状态信息等。

13.1.3 UDP 协议

UDP 是一种无连接的传输层协议，提供的是非面向连接的、不可靠的数据流传输。"无连接"就是在通信前不必与对方先建立连接，不管对方状态就直接发送。其特点是效率高，但数据传输不安全，容易丢包。常用的 UDP 端口号有 53（DNS）、69（TFTP）和 161（SNMP）。可以使用的 UDP 协议包括 TFTP、SNMP、NFS、DNS 和 BOOTP。

13.1.4 IP 地址

IP 地址是 IP Address 的缩写。IP 地址为互联网上的每个网络和每台主机分配一个逻辑地址，用于标识其网络身份。每个 IP 地址在整个网络中都是唯一的。IP 地址分为 IPv4 和 IPv6 两个版本。IPV4 版本的 IP 地址使用 32 位数字构成，由 4 个 8 位的二进制数组成，每 8 位之间用圆点隔开，通常用点分十进位表示，如 125.123.23.46。IPv6 版本的 IP 地址使用 128 位数字表示一个地址，采用十六进制数表示。

IPv4 版本的 IP 地址根据网络 ID 不同可分为 A、B、C、D 和 E 五大类。

- A 类地址用于大型网络，地址范围为 1.0.0.1~126.155.255.254。
- B 类地址用于中型网络，地址范围为 128.0.0.1~191.255.255.254。
- C 类地址用于小型网络，地址范围为 192.0.0.1~223.255.255.254。
- D 类地址用于多目的地信息的传输，或者作为备用。
- E 类地址保留仅作为实验和开发使用。

另外，有时还会用到一个特殊的 IP 地址——127.0.0.1。将 127.0.0.1 称为回送地址，主要用于网络软件测试及本地主机进程间通信，使用回送地址发送数据时，不进行任何网络传输，只在本地主机进程间通信。

13.1.5　端口

一个 IP 地址标识一台计算机，每台计算机又有很多网络通信程序在运行，提供网络服务或进行通信，这就需要使用不同的端口进行通信。如果把 IP 地址比作电话号码，那么端口就是分机号码，进行网络通信时不仅要指定 IP 地址，还要指定端口号。

TCP/IP 系统中的端口号是一个 16 位的数字，它的范围是 0～65535，小于 1024 的端口号保留给预定义的服务，如 HTTP 的端口号是 80，FTP 的端口号是 21，Telnet 的端口号是 23，E-mail 的端口号是 25。除非要和那些服务进行通信，否则不应该使用小于 1024 的端口号。

13.2　Java 网络编程的地址类

13.2.1　Web 资源和 URL

Web 资源代表存在于或连接到万维网上的任何可识别资源（数字、物理或抽象）。通俗来说，访问互联网时看到的网页、图片、音频、视频，或者使用的一些基于互联网的服务，如认证服务、支付服务等，都可以理解为 Web 资源。随着互联网的普及和发展，用户可以访问到的 Web 资源如恒河沙数，数不胜数。在浩瀚的互联网中，用户应该如何准确、高效地访问到想要的资源呢？1994 年，Tim Berners-Lee 和互联网工程任务组（IETF）在 RFC 1738 中定义的 URL 可以用来解决这一问题。

URL（Uniform Resource Locator，统一资源定位符）是计算机 Web 网络相关的术语，通俗来说就是 Web 地址，用于指定 Web 资源在计算机网络上的位置和检索它的机制。每个 Web 资源都有只属于自己的 URL 地址（俗称网址），它具有全球唯一性。

一个典型的 URL 由三部分组成：协议、存放资源的主机域名和资源文件名。

URL 的一般语法格式如下（带 "[]" 的为可选项）：

```
protocol://hostname[:port]/path/[parameters][?query]#fragment
```

例如：

```
http://www.example.com/index.html
```

13.2.2　URL 类

用户在浏览器中使用 URL 时，一般是在浏览器的地址栏中输入 URL，此时的 URL 是以字符串的形式存在的。在 Java 中，基于面向对象的编程思想，使用 java.net.URL 类对 URL 进行抽象，使用类中的属性封装 URL 的各组成部分的内容，如协议、主机名和端口号等，使用一个 URL 类的对象代表现实中的一个 URL。值得注意的是，URL 类中还包含基于该 URL 创建网络连接的方法。

URL 类常用的构造方法如下。

- URL(String spec)：根据字符串表示形式创建 URL 对象。
- URL(String protocol, String host, String file)：根据指定的协议名、主机名和文件名创建 URL 对象。
- URL(String protocol, String host, int port, String file)：根据指定的协议名、主机名、端口号和文件名创建 URL 对象。

URL 类常用的方法如下。

- InputStream openStream()：打开到此 URL 的网络连接，并返回一个输入流。
- URLConnection openConnection()：打开到此 URL 的网络连接，并返回一个 URLConnection 对象。
- public String getPath()：返回 URL 路径部分。
- public String getQuery()：返回 URL 查询部分。
- public String getAuthority()：获取此 URL 的授权部分。
- public int getPort()：返回 URL 端口部分。
- public int getDefaultPort()：返回协议的默认端口号。
- public String getProtocol()：返回 URL 的协议。
- public String getHost()：返回 URL 的主机。
- public String getFile()：返回 URL 文件名部分。
- public String getRef()：获取此 URL 的锚点（也称为引用）。

【实例 13.1】使用 URL 类获取 URL 相关的参数信息。

```
import java.io.IOException;
import java.net.URL;
public class Example13_1 {
    public static void main(String [] args){
        try{
            // www.broadview.com.cn/");
            URL url = new URL("http:
            System.out.println("URL 为: " + url.toString());
            System.out.println("协议为: " + url.getProtocol());
            System.out.println("验证信息: " + url.getAuthority());
```

```
            System.out.println("文件名及请求参数: " + url.getFile());
            System.out.println("主机名: " + url.getHost());
            System.out.println("路径: " + url.getPath());
            System.out.println("端口: " + url.getPort());
            System.out.println("默认端口: " + url.getDefaultPort());
            System.out.println("请求参数: " + url.getQuery());
            System.out.println("定位位置: " + url.getRef());
        }catch(IOException e){
            e.printStackTrace();
        }
    }
}
```

运行结果如图 13.4 所示。

```
URL 为: http://www.broadview.com.cn/
协议为: http
验证信息: www.broadview.com.cn
文件名及请求参数: /
主机名: www.broadview.com.cn
路径: /
端口: -1
默认端口: 80
请求参数: null
定位位置: null
```

图 13.4　运行结果

【实例 13.2】使用 URL 类读取网页内容。

```
import java.io.BufferedReader;
import java.io.InputStream;
import java.io.InputStreamReader;
import java.net.URL;
public class Example13_2 {
    public static void main(String [] args){
        try{
            // www.broadview.com.cn/");
            URL url = new URL("http:
            InputStream is = url.openStream();
            InputStreamReader isr = new InputStreamReader(is, "utf-8");
            BufferedReader br = new BufferedReader(isr);
            String data = br.readLine();
            while(data! = null){
                System.out.println(data);
                data = br.readLine();
            }
            br.close();
            isr.close();
```

```
            is.close();
        }catch(Exception e){
            e.printStackTrace();
        }
    }
}
```

运行结果（部分截图）如图 13.5 所示。

```
<html lang="zh-CN">
<head>
    <meta charset="utf-8">
    <title>首页 - 博文视点</title>
    <meta http-equiv="X-UA-Compatible" content="IE=edge,chrome=1">
    <meta name="viewport" content="width=device-width,initial-scale=1.0,
    <meta name="apple-mobile-web-app-capable" content="yes" />
    <meta name="format-detection" content="telephone=no" />
    <link rel="shortcut icon" href="/staticbv/images/favicon.png">
```

图 13.5　运行结果（部分截图）

13.2.3　InetAddress 类

除了 URL，Java 还提供了一个专门用于表示 IP 地址的类 java.net.InetAddress。InetAddress 类的对象中包含一个 Internet 主机的 IP 地址，并且可能包含相对应的域名。InetAddress 类提供了操作 IP 地址的各种方法。该类本身没有构造方法，而是通过调用相关的静态方法来获取实例的。

InetAddress 类提供了获取任何主机名的 IP 地址的方法。IP 地址由 32 位或 128 位无符号数表示。使用 InetAddress 类可以处理 IPv4 协议和 IPv6 协议。

InetAddress 类常用的方法如下。

- byte[] getAddress()：返回此 InetAddress 对象的原始 IP 地址。
- static InetAddress[] getAllByName(String host)：在给定主机名的情况下，根据系统配置的名称，服务器返回其 IP 地址所组成的数组。
- static InetAddress getByAddress(byte[] addr)：在给定原始 IP 地址的情况下，返回 InetAddress 对象。
- static InetAddress getByAddress(String host)：在给定主机名的情况下确定主机的 IP 地址。
- String getCanonicalHostName()：获取此 IP 地址的完全限定域名。
- String getHostAddress()：返回 IP 地址的字符串（以文本形式表示）。
- String getHostName()：返回 IP 地址的主机名。
- static InetAdderss getLocalHost()：返回包含本地主机名和地址的 InetAddress 类的实例。

【实例 13.3】使用 InetAddress 对象获取 IP 地址的字符串和主机名。

```java
import java.net.InetAddress;
public class Example13_3 {
    public static void main(String [] args){
        try{
            // 调用 getByName()方法并传递参数
            InetAddress ia1 =
                InetAddress.getByName("www.broadview.com.cn");
            System.out.println(ia1.getHostName());
            System.out.println(ia1.getHostAddress());
            // 创建一个 InetAddress 对象，用于获取本地主机的信息
            InetAddress ia2 = InetAddress.getLocalHost();
            System.out.println("主机名: "+ia2.getHostName());
            System.out.println("本地 IP 地址: "+ia2.getHostAddress());
        }catch(Exception e){
            e.printStackTrace();
        }
    }
}
```

运行结果如图 13.6 所示。

```
www.broadview.com.cn
123.57.7.104
主机名: LAPTOP-83I5SME4
本地IP地址: 192.168.56.1
```

图 13.6　运行结果

13.3　TCP Socket 编程

13.3.1　Java 套接字

JV-13-v-001

在网络编程中，套接字（Socket）为网络上两台计算机之间的通信提供了一种机制。两台计算机之间的通信通过套接字创建一条通信信道，程序员使用这条通信信道在两台计算机之间发送数据。在客户机/服务器工作模式下，将端口号与 IP 地址的组合称为网络套接字。

Java 中的套接字分为 TCP 套接字（由 Socket 类实现）和 UDP 套接字（由 DatagramSocket 类实现）两种形式。在客户机/服务器工作模式下，每个 Socket 可以进行读和写两种操作。Socket 通信模型如图 13.7 所示。

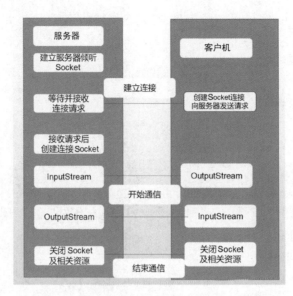

图 13.7　Socket 通信模型

由图 13.7 可知，Socket 通信分为 4 个步骤。

（1）创建 ServerSocket 和 Socket。

（2）打开连接 Socket 的输入/输出流。

（3）按照协议对 Socket 执行读/写操作。

（4）关闭输入/输出流和 Socket。

13.3.2　Socket 类

JV-13-v-002

在 Java 中，使用 java.net.Socket 类对套接字进行抽象，封装两台主机之间通信的端点的信息。Socket 类的实际工作由 SocketImpl 类的实例执行。应用程序通过更改创建套接字实现的套接字工厂，可以将自己配置为创建适合本地防火墙的套接字。Socket 类的对象既可以是客户端Socket, 也可以是服务器端接收到客户端建立连接（accept()方法）的请求后返回的服务器端Socket。

Socket 类的构造方法如下。

Socket(String host, int port)：创建一个客户端流套接字 Socket，并与运行在目标主机上的目标端口的进程建立连接。

Socket 类的常用方法如下。

• InetAddress getInetAddress()：返回套接字所连接的地址。

- InputStream getInputStream()：放回此套接字的输入流中。
- OutputStream getOutputStream()：放回此套接字的输出流中。

【实例 13.4】使用 Socket 类完成标准设备的网络客户端程序。该程序向服务器发送一个问候字符串，并显示服务器端响应的字符串信息。

```java
import java.io.DataInputStream;
import java.io.DataOutputStream;
import java.net.Socket;

public class ClientDemo {
    public static void main(String [] args){
        String ip = "127.0.0.1";
        int port = 8080;
        try(
            // 创建 Socket 对象
            // 尝试和 ip 主机的 port 端口上的程序建立连接
            Socket client_socket = new Socket(ip,port);
            DataInputStream in =
                new DataInputStream(client_socket.getInputStream());
            DataOutputStream out =
                new DataOutputStream(client_socket.getOutputStream());
        ){
            out.writeUTF("hello,I'm client");
            System.out.println("client has started");
            // 等待读取服务器端的响应信息
            String str = in.readUTF();
            System.out.println("服务器端的响应信息："+str);
        }catch(Exception e){
            e.printStackTrace();
        }
    }
}
```

运行结果如图 13.8 所示。

```
java.net.ConnectException Create breakpoint : Connection refused: connect
    at java.net.DualStackPlainSocketImpl.connect0(Native Method)
    at java.net.DualStackPlainSocketImpl.socketConnect(DualStackPlainSocketImpl.java:79)
    at java.net.AbstractPlainSocketImpl.doConnect(AbstractPlainSocketImpl.java:350)
    at java.net.AbstractPlainSocketImpl.connectToAddress(AbstractPlainSocketImpl.java:206)
    at java.net.AbstractPlainSocketImpl.connect(AbstractPlainSocketImpl.java:188)
```

图 13.8　运行结果

实例 13.4 的代码在运行时抛出了 ConnectionException 异常，产生该异常的原因是本地主机的 8080 端口目前并没有服务器程序正在运行，导致客户端尝试建立连接失败。接下来将演示服务器端的开发方法，当客户端程序能够和服务器端程序正常建立连接时，就不会再出现该异常。

13.3.3　ServerSocket 类

java.net.ServerSocket 类实现了服务器套接字。该类是遵循 TCP 协议的，所以必须和客户端 Socket 建立连接，这样才能完成信息的接送服务器套接字等待来自网络的请求。它先基于该请求执行某些操作，再向请求者返回结果。

ServerSocket 类的构造方法如下。

- ServerSocket()：创建一个服务器套接字，未绑定到端口。
- ServerSocket(int port)：创建一个服务器套接字，绑定到指定的端口。
- ServerSocket(int port, int backlog)：创建一个服务器套接字，并将其绑定到指定的本地端口，通过 backlog 设置连接请求的最大队列长度。
- ServerSocket(int port, int backlog, InetAddress bindAddr)：用指定的端口创建一个服务器，并绑定到指定的本地地址。

利用 ServerSocket 类的构造方法可以在服务器上建立接收客户套接字的服务器套接字对象。ServerSocket 类常用的方法如下。

- Socket accept()：开始监听指定的端口（创建时绑定的端口），有客户端连接后，返回一个服务器端 Socket 对象，并基于该对象建立与客户端的连接，否则阻塞等待。
- void close()：关闭该套接字，防止内存泄漏。
- ServerSocketChannel getChannel()：返回与此套接字关联的独特的 ServerSocketChannel 对象。
- InetAddress getInetAddress()：返回此服务器套接字的本地地址。
- int getLocalPort()：返回此套接字正在监听的端口号。
- SocketAddress getLocalSocketAddress()：返回此套接字绑定的端口的地址。

【实例 13.5】服务器端应用程序。应用程序在 8080 端口监听，当检测到有客户端请求时，会产生一个内容为"客户，你好，我是服务器"的字符串，并输出到客户端。

```java
import java.io.DataInputStream;
import java.io.DataOutputStream;
import java.io.IOException;
import java.net.ServerSocket;
import java.net.Socket;

public class ServerDemo {
    public static void main(String args[]){
        ServerSocket server = null;
        Socket client = null;
        String s = null;
        DataOutputStream out = null;
        DataInputStream in = null;
        try{
```

```
        server = new ServerSocket(8080);
        System.out.println("服务器端正常启动");
    }catch(IOException e1){
        System.out.println("ERROR:" +e1);
    }
    try{
        // 线程阻塞，等待客户端连接后继续向下执行
        client = server.accept();
        // 获取客户端信息
        String clientInfo = client.getRemoteSocketAddress().
toString();

        System.out.println("收到客户端"+clientInfo+"发来的访问");
        in = new DataInputStream(client.getInputStream());
        out = new DataOutputStream(client. getOutputStream());
        while(true){
            s = in.readUTF();
            if(s! = null){
                break;
            }
        }
        // 向客户端发送消息
        out.writeUTF("客户，你好，我是服务器");
        out.close();
    }catch(IOException e){
        System.out.println("ERROR:"+e);
    }
    }
}
```

　　启动 ServerDemo 程序，可以看到，ServerDemo 程序在控制台中输出"服务器端正常启动"
后进入阻塞状态，等待客户端主动建立连接。此时再启动 13.3.2 节中开发的 ClientDemo 程序，
可以看到，13.3.2 节中的异常没有再出现。ClientDemo 程序在控制台中输出收到的服务器消息
后结束运行。整体运行情况如图 13.9 所示。

图 13.9　整体运行情况

13.3.4　多线程 Java Socket 编程

　　当网络中的多个用户请求服务器服务时，服务器将利用多线程机制来实现客户请求。当服

务器通过端口监听到有客户发送请求时，服务器就会启动一个线程来响应该客户的请求，当服务器在启动完线程之后又立刻进入监听状态，监听下一个客户请求并予以响应。

【实例 13.6】多线程 Java Socket 编程。

服务器端程序如下：

```java
import java.io.*;
import java.net.*;
import java.util.concurrent.*;
public class MultiThreadServer {
    private int port = 8821;
    private ServerSocket serverSocket;
    // 线程池
    private ExecutorService executorService;
    // 单个CPU线程池的大小
    private final int POOL_SIZE = 10;
    public MultiThreadServer() throws IOException{
        serverSocket = new ServerSocket(port);
        // Runtime 的 availableProcessor()方法返回当前系统的 CPU 数目
        executorService =
            Executors.newFixedThreadPool(Runtime.getRuntime()
            .availableProcessors()*POOL_SIZE);
        System.out.println("服务器启动");
    }
    public void service(){
        while(true){
            Socket socket = null;
            try{
                // 接收客户连接请求，当客户发起连接请求时，就会触发 accept()方法
                socket = serverSocket.accept();
                executorService.execute(new Handler(socket));
            }catch(Exception e){
                e.printStackTrace();
            }
        }
    }
    public static void main(String[] args) throws IOException {
        new MultiThreadServer().service();
    }
}

class Handler implements Runnable {
    private Socket socket;
    public Handler(Socket socket) {
        this.socket = socket;
    }
    private PrintWriter getWriter(Socket socket) throws IOException {
```

```
            OutputStream socketOut = socket.getOutputStream();
            return new PrintWriter(socketOut, true);
        }
        private BufferedReader getReader(Socket socket) throws IOException {
            InputStream socketIn = socket.getInputStream();
            return new BufferedReader(new InputStreamReader(socketIn));
        }
        public String echo(String msg) {
            return "echo:" + msg;
        }
        public void run() {
            try {
                System.out.println("New connection accepted"
                + socket.getInetAddress() + ":" + socket.getPort());
                BufferedReader br = getReader(socket);
                PrintWriter pw = getWriter(socket);
                String msg = null;
                while ((msg = br.readLine()) != null) {
                    System.out.println(msg);
                    pw.println(echo(msg));
                    if (msg.equals("bye"))
                    break;
                }
            } catch (IOException e) {
                e.printStackTrace();
            } finally {
                try {
                    if (socket ! = null) {
                        socket.close();
                    }
                } catch (IOException e) {
                    e.printStackTrace();
                }
            }
        }
    }
```

客户端程序如下:

```
public class MultiThreadClient {
    public static void main(String[] args) {
        int numTasks = 10;
        ExecutorService exec = Executors.newCachedThreadPool();
        for (int i = 0; i < numTasks; i++) {
            exec.execute(createTask(i));
        }
    }
    // 定义一个简单的任务
```

```
private static Runnable createTask(final int taskID) {
    return new Runnable() {
        private Socket socket = null;
        private int port = 8821;
        public void run() {
            System.out.println("Task " + taskID + ":start");
            try {
                socket = new Socket("localhost", port);
                // 发送关闭命令
                OutputStream socketOut = socket.getOutputStream();
                socketOut.write("shutdown\r\n".getBytes());
                // 接收服务器的反馈
                BufferedReader br = new BufferedReader(
                new InputStreamReader(socket.getInputStream()));
                String msg = null;
                while ((msg = br.readLine()) != null){
                    System.out.println(msg);
                }
            } catch (IOException e) {
                e.printStackTrace();
            }
        }
    };
}
}
```

13.4　UDP Socket 编程

13.4.1　DatagramSocket API

　　java.net 包中的 DatagramSocket 类用于发送和接收数据报的套接字，即 UDP Socket。DatagramSocket 类是数据报传递服务的发送点或接收点。在 DatagramSocket 上发送或接收的每个数据报包（Datagram Packet）都被单独寻址和路由。从一台机器发送到另一台机器的多个数据报包可能会以不同的方式路由，并且可能以任何顺序到达。

　　DatagramSocket 类的构造方法如下。

- DatagramSocket()：创建一个 UDP 数据报套接字的 Socket，并绑定到本地主机的任意一个端口上（一般用于客户端）。
- DatagramSocket(int port)：创建一个 UDP 数据报套接字的 Socket，并绑定到本地主机的指定端口上（一般用于服务器端）。

DatagramSocket 类常用的方法如下。

- void receive(DatagramPacket p)：从此套接字接收数据包（如果没有接收到数据包，那么该方法会阻塞等待）。
- void send(DatagramPacket p)：从此套接字发送数据包（不会阻塞等待，直接发送）。
- void close()：关闭此 DatagramSocket。

13.4.2　DatagramPacket 类

java.net 包中的 DatagramPacket 类用来表示数据报包，数据报包用来实现无连接包投递服务。每条报文仅根据该包中包含的信息从一台机器路由到另一台机器。

DatagramPacket 类的构造方法如下。

- DatagramPacket(byte[] buf,int length)：构造 DatagramPacket 类，用来接收长度为 length 的数据包，length 必须小于或等于缓存数组 buf 的长度。
- DatagramPacket(byte[] buf,int offset,int length)：构造 DatagramPacket 类，用来接收长度为 length 的数据包，并指定了缓存区中的偏移量。
- DatagramPacket(byte[] buf,int length,InetAddress address,int port)：构造 DatagramPacket 类，用来将长度为 length 的数据包发送到指定主机的指定端口上。
- DatagramPacket(byte[] buf,int length,SocketAddress address)：构造 DatagramPacket 类，用来将长度为 length 的数据包发送到指定主机的指定端口上。

DatagramPacket 类常用的方法如下。

- InetAddress getAddress()：返回某台机器的 IP 地址，此数据包将要发往该机器或从该机器接收。
- byte[] getData()：返回数据缓存区。
- int getLength()：返回将要发送或接收的数据的长度。
- int getOffset()：返回将要发送或接收的数据的偏移量。
- int getPort()：返回某台远程主机的端口号，此数据包将要发往该主机或从该主机接收。
- void setAddress(InetAddress addr)：设置要将此数据包发往的目的机器的 IP 地址。
- void setData(byte[] buf,int offset,int length)：为此数据包设置数据缓存区。
- void setPort(int port)：设置要将此数据包发往的远程主机的端口号。

【实例 13.7】循环从键盘上输入字符串并发送到本地主机的 1000 端口上，直到输入 "exit" 结束。

```
import java.net.*;
import java.util.Scanner;
public class UDPSendDemo {
```

```java
    public static void main(String[] args) throws Exception{
        DatagramSocket ds = new DatagramSocket();
        Scanner sc = new Scanner(System. in );
        System.out.print("请输入要发送到本地主机1000端口上的数据：");
        String str = sc.nextLine() ;
        DatagramPacket dp = null;
        while (!str.equals("exit")){
            dp = new DatagramPacket(str.getBytes(), str.getBytes().length
                , InetAddress.getByName("localhost" ), 1000);
            ds.send(dp);
            System.out.print("请输入要发送到本地主机1000端口上的数据: ");
            str = sc.nextLine();
        }
        ds.close();
    }
}
```

运行结果如图 13.10 所示。

```
请输入要发送到本地主机1000端口上的数据: hello
请输入要发送到本地主机1000端口上的数据: welcome
请输入要发送到本地主机1000端口上的数据: you
请输入要发送到本地主机1000端口上的数据: exit
```

图 13.10 运行结果

【实例 13.8】循环接收发送到本地主机 1000 端口上的数据，直到收到"exit"结束。

```java
import java.net.*;
public class UDPReceiveDemo {
    public static void main(String[] args) throws Exception{
        DatagramSocket ds = new DatagramSocket(1000) ;
        byte[] buf = new byte [1024];
        // 构建长度为 1024 的缓存区，用于接收数据
        DatagramPacket dp = new DatagramPacket(buf,buf.length);
        while ( true ){
            ds. receive(dp);
            String s = new String(dp.getData(), 0, dp.getLength());
            System.out.printf("从%s: %d 接收的数据:%s\n",
                dp.getAddress().getHostAddress(), dp.getPort(),s);
            if (s.equals("exit")){
                break;
            }
        }
    }
}
```

13.5　编程实训——飞机大战案例（设置服务器端及客户端）

JV-13-v-003

1. 实训目标

（1）掌握 Socket 原理。

（2）掌握服务器端和客户端的运行原理。

（3）理解服务器端和服务器端代码的原理。

（4）理解 JSON 数据格式及处理原理。

2. 实训环境

实训环境如表 13.1 所示。

表 13.1　实训环境

软件	资源
Windows 10	游戏图片（images 文件夹） mysql-connector-java-8.0.30.jar
Java 11	7790.wav fastjson-1.2.79.jar

本实训沿用第 12 章的项目，添加客户端和服务器端相关的代码。项目目录如图 13.11 所示。

图 13.11　项目目录

该项目使用客户端运行游戏，最终将本次游戏的得分发送到服务器端的数据库中，数据库再将最高得分返回客户端。

3. 实训步骤

步骤一：客户端的实现。

创建 Client.java 文件，用于与服务器端进行连接。代码如下：

```java
package cn.tedu.socket;

import java.io.*;
import java.net.Socket;
import java.net.UnknownHostException;

public class Client {
    public static void main(String[] args) {
        System.out.println("客户端启动!!!");
        Socket socket;
        try {
            // 连接主机地址
            socket = new Socket("127.0.0.1", 8000);
            // 启动
            new Thread(new ToServiceDialog(socket)).start();
        } catch (UnknownHostException e) {
            e.printStackTrace();
        } catch (IOException e) {
            e.printStackTrace();
        }
    }
}
```

创建 ToServiceDialog.java 文件，用于处理客户端相关信息的传送，如服务器端数据的接收、游戏运行、JSON 数据转换。代码如下：

```java
package cn.tedu.socket;

import cn.tedu.shooter.World;
import com.alibaba.fastjson.JSON;

import java.io.BufferedReader;
import java.io.IOException;
import java.io.InputStreamReader;
import java.io.PrintWriter;
import java.net.Socket;
import java.util.HashMap;
import java.util.Map;
```

```java
public class ToServiceDialog implements Runnable {

    private Socket dialogSocket = null;
    BufferedReader in;
    PrintWriter out;
    public ToServiceDialog(){
    }

    // 初始化
    public ToServiceDialog(Socket socket){
        dialogSocket = socket;
        System.out.println("连接"+socket.getInetAddress().getHostName()+
            "主机成功");
        // 接收
        try {
            in = new BufferedReader(new InputStreamReader(
            dialogSocket.getInputStream()));
            // 输出
            out = new PrintWriter(dialogSocket.getOutputStream(), true);
        } catch (IOException e) {
            throw new RuntimeException(e);
        }
    }

    public void run() {
        if (dialogSocket ! = null) {
            World world = new World(this);
            world.fighting();
        }
    }
    public  Map<String, Integer> communication(Map<String, Integer> map){
        Map<String, Integer> dbMap = new HashMap<String, Integer>();
        try {
            // 向服务器端发送数据
            out.println(map);
            // 接收服务器端发送的数据
            String msg = in.readLine();
            msg = msg.replace('=', ':');
            dbMap = (Map<String, Integer>) JSON.parse(msg);
            // out.close();
            //  in.close();
        } catch (IOException e) {
            e.printStackTrace();
        }
        return dbMap;
    }
    public void close(){
```

```
        // 关流的代码
    }
}
```

修改 World.java 文件，将 main()方法修改为 fitting()方法，以便在客户端启动。代码如下：

```java
package cn.tedu.shooter;

import cn.tedu.socket.ToServiceDialog;

import java.awt.Color;
import java.awt.Graphics;
import java.awt.event.MouseAdapter;
import java.awt.event.MouseEvent;
import java.net.Socket;
import java.util.*;

import javax.swing.JFrame;
import javax.swing.JPanel;

public class World extends JPanel{

    // 此处省略静态常量及属性的代码展示，与第 12 章内容相比无变化
    // 此处省略 World 类的构造方法的代码展示，与第 12 章内容相比无变化
    // 此处省略 init()方法的代码展示，与第 12 章内容相比无变化

    // 调用主函数
    public void fighting() {
        JFrame frame = new JFrame();
        // 添加初始化信息
        frame.add(this);
        // 尺寸
        frame.setSize(400, 700);
        frame.setLocationRelativeTo(null);
        frame.setDefaultCloseOperation(JFrame.EXIT_ON_CLOSE);
        frame.setVisible(true);
        // 调用 action()方法启动定时器
        this.action();
    }

    // 此处省略 action()方法的代码展示，与第 12 章内容相比无变化
    // 此处省略 LoopTask 内部类的代码，与第 12 章内容相比无变化
    // 此处省略 paint()方法的代码展示，与第 12 章内容相比无变化
    // 此处省略 fireAction()方法的代码展示，与第 12 章内容相比无变化
    // 此处省略 objectMove()方法的代码展示，与第 12 章内容相比无变化
    // 此处省略 clean()方法的代码展示，与第 12 章内容相比无变化
    // 此处省略 heroMove()方法的代码展示，与第 12 章内容相比无变化
    // 此处省略 createPlane()方法的代码展示，与第 12 章内容相比无变化
    // 此处省略 hitDetection()方法的代码展示，与第 12 章内容相比无变化
```

```
        // 此处省略 scores()方法的代码展示，与第 12 章内容相比无变化
        // 此处省略 runAway()方法的代码展示，与第 12 章内容相比无变化
        // 此处省略 Play 内部类的代码展示，与第 12 章内容相比无变化
}
```

步骤二：服务器端的实现。

添加用于解析 JSON 格式数据的 jar 包，名称为 fastjson-1.2.79.jar。

创建 Server.java 文件，用于开启服务器连接。代码如下：

```java
package cn.tedu.socket;

import java.io.*;
import java.net.ServerSocket;
import java.net.Socket;

public class Server {
    public static void main(String[] args){
        System.out.println("服务器启动！");
        try {
            // 创建服务器，并开放 8000 端口
            ServerSocket server = new ServerSocket(8000);
            while(true){
                // 从连接队列中取出一个连接，若没有则等待
                Socket socket = server.accept();
                // 启动线程
                new Thread(new ToClientDialog(socket)).start();
                System.out.println("客户端连接成功        地址:  "+
                    socket.getInetAddress()+"   端口::"+socket.getPort());
            }
        } catch (IOException e) {
            e.printStackTrace();
        }
    }
}
```

创建 ToClientDialog.java 文件，用于开启服务器连接。代码如下：

```java
package cn.tedu.socket;

import cn.tedu.shooter.JDBCUtils;
import com.alibaba.fastjson.JSON;

import java.io.BufferedReader;
import java.io.IOException;
import java.io.InputStreamReader;
import java.io.PrintWriter;
```

```java
import java.net.Socket;
import java.text.SimpleDateFormat;
import java.util.Date;
import java.util.Map;

public class ToClientDialog implements Runnable{

    private Socket dialogSocket = null;
    public ToClientDialog() {
        super();
    }
    // 初始化
    public ToClientDialog(Socket socket){
        dialogSocket = socket;
    }
    public void run() {
        SimpleDateFormat sdf =
            new SimpleDateFormat("yyyy-MM-dd HH:mm:ss");
        if (dialogSocket ! = null) {
            BufferedReader in;
            PrintWriter out;
            try {
                System.out.println(dialogSocket.getClass());
                // 接收
                in = new BufferedReader(new InputStreamReader(
                        dialogSocket.getInputStream()));
                // 输出
                out =  new  PrintWriter(dialogSocket.getOutputStream(),
true);
                String msg = in.readLine();
                while(true){
                    while (msg! = null){
                        // 接收客户端发送的数据
                        msg = msg.replace('=', ':');
                        Map<String, Integer> map =
                            (Map<String, Integer>) JSON.parse(msg);
                        JDBCUtils.insert_data(map);
                        Map<String, Integer> dbMap =
                            JDBCUtils.high_score();
                        if(msg.equals("end")){
                            break;
                        }
                        // 向客户端发送用户输入的数据
                        out.println(dbMap);
                        msg = in.readLine();
                    }
                    if (dialogSocket.isClosed()){
```

```
                    System.out.println("closed...");
                    out.close();
                    in.close();
                    break;
                }
            }
        } catch (IOException e) {
            e.printStackTrace();
        }
    }
}
```

步骤三：运行代码。

先运行 Server.java 文件，开启服务器，显示"服务器启动！"。再运行 Client.java 文件，开启客户端，显示连接服务器成功，运行游戏。每次客户端游戏的得分也可以通过 Socket 传送到服务器端数据库中存储。

本章小结

本章主要介绍了 Java 网络编程的相关知识。先介绍一些网络方面的基础知识，再重点介绍 Java 网络编程的地址类，以及 TCP Socket 编程和 UDP Socket 编程等内容。

读者需要重点掌握的是基于 Java 的 TCP/IP 协议的网络编程，以及 ServerSocket 类和 Socket 类的使用，以及如何建立服务器端和客户端，并且进行通信。本章还简单介绍了 UDP 协议的网络编程，读者只需要掌握 UDP 协议的通信过程，以及熟练使用其中的类和接口即可。

习题

选择题

1．Java 提供的（　　）类可以执行有关 Internet 地址的操作。

　　A．Socket　　　　　　　　　　　　B．ServerSocket

　　C．DatagramSocket　　　　　　　　D．InetAddress

2．为了获取远程主机的文件内容，当创建 URL 对象后，需要使用（　　）方法获取信息。

　　A．getPort()　　　　　　　　　　　B．getHost()

　　C．openStream()　　　　　　　　　D．openConnection()

3．在 Java 程序中，使用 TCP 套接字编写服务器端程序的套接字类是（   ）。

A．Socket   B．ServerSocket

C．DatagramSocket   D．DatagramPacket

4．ServerSocket 类的监听方法 accept() 的返回值的类型是（   ）。

A．void   B．Object

C．Socket   D．DatagramSocket

5．ServerSocket 类的 getInetAddress() 方法的返回值的类型是（   ）。

A．Socket   B．ServerSocket

C．InetAddress   D．URL

JV-13-c-001